Fertigungs- messtechnik

von
Prof. Dr.-Ing. Dr. h.c. mult. Prof. h.c. mult. Tilo Pfeifer
und
Prof. Dr.-Ing. Robert Schmitt

3., überarbeitete und erweiterte Auflage

Oldenbourg Verlag München

Prof. Dr.-Ing. Dr. h.c. mult. Prof. h.c. mult. Tilo Pfeifer, Jahrgang 1939, Studium der Elektrotechnik, Fachrichtung Nachrichtentechnik an der RWTH Aachen. 1968 Promotion, danach Tätigkeit in führender Position in der Industrie. Nach seiner Habilitation war er seit 1972 als Professor im Werkzeugmaschinenlabor (WZL) an der RWTH Aachen tätig und dort bis zu seiner Emeritierung im September 2004 Inhaber des Lehrstuhls Fertigungsmesstechnik und Qualitätsmanagement. Im Fraunhofer-Institut für Produktionstechnologie (IPT) leitete er bis Ende 2004 die Abteilung Mess- und Qualitätstechnik. Er ist Vorsitzender des wissenschaftlichen Beirates der Deutschen Gesellschaft für Qualität e.V. (DGQ), Vorsitzender der Gesellschaft für Qualitätswissenschaft (GQW), Mitglied des Vorstands der PhotonAix und Mitglied der International Academy of Quality (IAQ).

Prof. Dr.-Ing. Robert Schmitt, Jahrgang 1961, schloss 1989 sein Studium der Elektrotechnik in der Fachrichtung Elektrische Nachrichtentechnik an der RWTH Aachen ab. Anschließend war er wissenschaftlicher Mitarbeiter am Lehrstuhl für Fertigungsmesstechnik und Qualitätsmanagement. 1997 wechselte Professor Schmitt zur MAN Nutzfahrzeuge AG in München, wo er leitende Positionen im Qualitätsbereich und in der Produktion innehatte. Zum 1. Juli 2004 wurde er als Professor an die RWTH Aachen berufen. Seit 1. September 2004 ist er als Inhaber des Lehrstuhls für Fertigungsmesstechnik und Qualitätsmanagement Direktor des Werkzeugmaschinenlabors WZL der RWTH Aachen. Seit Januar 2005 ist er Direktoriumsmitglied des Fraunhofer-Instituts für Produktionstechnologie IPT und leitet dort die Abteilung Mess- und Qualitätstechnik.

Bibliografische Information der Deutschen Nationalbibliothek

Die Deutsche Nationalbibliothek verzeichnet diese Publikation in der Deutschen Nationalbibliografie; detaillierte bibliografische Daten sind im Internet über <http://dnb.d-nb.de> abrufbar.

© 2010 Oldenbourg Wissenschaftsverlag GmbH
Rosenheimer Straße 145, D-81671 München
Telefon: (089) 45051-0
oldenbourg.de

Lektorat: Anton Schmid
Herstellung: Anna Grosser
Coverentwurf: Kochan & Partner, München
Gedruckt auf säure- und chlorfreiem Papier
Gesamtherstellung: Grafik + Druck GmbH, München

ISBN 978-3-486-59202-3

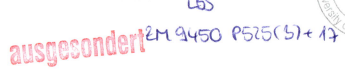

Vorwort der dritten Auflage

Die Entwicklung der Fertigungsmesstechnik ist eng verbunden mit den aktuellen Trends und den daraus resultierenden Leistungs- und Präzisionsparametern moderner Prozess- und Produktionstechnologien. Die sich hieraus für die Fertigungsmesstechnik ergebenden Herausforderungen heißen nicht nur „Schneller und Genauer", sondern es sind auch zunehmend kleinere, komplexere und mehrdimensionelle Qualitätsparameter fertigungsnah, effizient und sicher zu erfassen. So sind z.B. im Bereich der stark an Bedeutung gewinnenden Mikro- und Nanobauteile nicht nur Maß-, Form- und Lagetoleranzen mit Sub-Mikrometer-Präzision zu bestimmen, sondern darüber hinaus auch mehrdimensionelle Parameter mit zum Teil extremem Aspektverhältnis mit ausreichend kleiner Messunsicherheit zu prüfen. Interessante Lösungen bieten hier miniaturisierte optische Messsysteme, von denen stellvertretend ein faserbasiertes interferometrisches Messverfahren zur Abstands-, Oberflächen- und Formprüfung in die hier vorliegende dritte Auflage aufgenommen wurde (Kapitel 4.8).

Zur 3D-Charakterisierung von Mikrosystemen und funktionalen Nanostrukturen sowie zur Erfassung von Material-, Montage- und Funktionsfehlern sowohl im Mikro- als auch im Makrobereich komplexer Spritz- und Druckgussteile liefert das große Potenzial röntgentomografischer Messverfahren vielversprechende Lösungen. Im neu aufgenommenen Kapitel 4.9 wird hierauf näher eingegangen.

Wiederum wurden Rückmeldungen und Anregungen von Experten aus Wissenschaft und Industrie dankbar aufgenommen und bei der Überarbeitung der zweiten Auflage weitestgehend berücksichtigt.

Den Mitarbeitern des Lehrstuhls:
Carsten Behrens, Klaus Eder, Peter Fritz, Philipp Jatzkowski, Friedel Körfer, Maria Nau, Christian Niggemann, Susanne Nisch, Sebastian Pollmanns, Alexander Schönberg,
die sich engagiert an der Überarbeitung der zweiten Auflage beteiligt haben, sei herzlich gedankt. Unser besonderer Dank gilt dabei Herrn Christian Niggemann, der die Koordination der Buchüberarbeitung übernommen hat.

Aachen im Dezember 2009

Prof. Dr. Ing. Dr. hc. mult. Prof. hc. mult. T. Pfeifer

Prof. Dr.-Ing. Robert Schmitt

Vorwort der zweiten Auflage

Vor dem Hintergrund eines Qualitätsverständnisses, das zunehmend die Qualität, dabei unter anderem auch die Wirtschaftlichkeit, aller Prozesse in der Produkt-entstehungskette in den Vordergrund stellt, gewinnen der gezielte Einsatz der Fertigungsmesstechnik und die konsequente Nutzung der Qualitätsdaten immer stärker an Bedeutung.

Das große Interesse an diesem Themenkomplex in Industrie, Forschung und Lehre spiegelt sich in der erfreulich regen Nachfrage nach diesem Buch wider, die bereits nach drei Jahren die Erstellung der vorliegenden zweiten überarbeiteten Fassung erforderlich gemacht hat. Dabei wurde die bewährte Struktur beibehalten und um aktuelle Themenfelder ergänzt. Insbesondere die optische Mess- und Prüftechnik hat in dieser kurzen Zeit verstärkt Einzug in die praktische Anwendung gefunden. Daher wurden entsprechende Applikationsbeispiele in den betreffenden Kapiteln aufgenommen.

Ich möchte mich an dieser Stelle für die hilfreichen Rückmeldungen der Experten aus Industrie und Wissenschaft bedanken, welche wir in die Überarbeitung des Werkes haben einfließen lassen. Ein herzlicher Dank gebührt darüber hinaus meinen Mitarbeitern, die an der Erstellung dieser zweiten Auflage beteiligt waren. Zu nennen sind im Einzelnen:

Alexander Bai, Manfred Benz, Frank Bitte, Benno Bröcher, Gerd Dussler, Sascha Driessen, Dirk Effenkammer, Jörg Feldhoff, Michael Glombitza, Ingo Krohne, Frank Lesmeister, Andreas Napierala, Dominik Sack, Karsten Schneefuß und Michael Zacher.

Mein besonderer Dank gilt schließlich Herrn Feldhoff, der wiederum die Koordination der Bucherstellung übernommen hat.

Aachen, im Mai 2001   Prof. Dr.-Ing. Dr. h.c. Prof. h.c. T. Pfeifer

Vorwort der ersten Auflage

„Aus Fehlern lernen" ist nicht nur eine Kernforderung des modernen Qualitätsmanagements, sondern auch Maxime jeder Unternehmung, die auf wirtschaftlichen Erfolg und Sicherung der Wettbewerbsfähigkeit ausgerichtet ist.

Fehler, oder besser Abweichungen von produkt- bzw. prozesskritischen Merkmalen, als Chance zu begreifen und als Basis für Verbesserungsmaßnahmen zu verwenden setzt voraus, dass die entsprechenden Größen zunächst einmal sicher, d. h. mit hoher Präzision, Dynamik und Robustheit am richtigen Ort und zur richtigen Zeit erfasst werden. Hierzu müssen geeignete Mess- und Prüftechniken, prozesstaugliche Sensoren sowie Stellglieder und Aktoren zur Verfügung gestellt und in die komplexe Szene integriert werden.

Um die Strategie der Fehlervermeidung durch Rückführung von aus den Messsignalen abgeleiteten Korrekturgrößen in die vorgelagerten Prozesse realisieren zu können, ist es darüber hinaus jedoch zwingend notwendig, dass durch eine Prozessanalyse und -modellierung eindeutige Korrelationen zwischen den Qualitätsmerkmalsausprägungen am Produkt und den sie verursachenden Parametern der beteiligten Prozesse erarbeitet werden. Schließlich sind leistungsfähige Algorithmen und Nachstell- oder Regelmechanismen erforderlich, die aus den gemessenen Abweichungen überwachter Produkte und Prozesskenngrößen durch Ein- oder Mehrgrößenregelung die Qualitätsausprägung der relevanten Parameter innerhalb zulässiger Toleranzgrenzen stabilisieren. Also insgesamt liegt eine komplexe Aufgabenstellung vor, die ein sehr profundes Wissen auf dem Gebiet der Fertigungsmesstechnik, der Signalverarbeitung und der Regelungs- und Kommunikationstechnik voraussetzt.

Wir reden heute von der Wissensgesellschaft als einer entscheidenden Voraussetzung für die zukünftigen Entwicklungen und die Bewältigung der vor uns liegenden Herausforderung. Wir reden in diesem Zusammenhang auch von „Wissensmanagement". Doch bevor Wissen gemanagt werden kann, muss Wissen zunächst einmal vermittelt werden. Hierzu will das vorliegende Fachbuch einen Beitrag leisten und zwar fokussiert auf das Gebiet der Fertigungsmesstechnik als einer Schlüsseltechnologie für die Beherrschung leistungsfähiger Produktionssysteme. Es entstand auf der Basis meiner, an der RWTH Aachen gehaltenen Vorlesung und ist das Gemeinschaftswerk eines engagierten Teams junger Wissenschaftler und Experten aus der Industrie, die ihr Grundlagenwissen sowie ihre Erfahrungen aus zahlreichen Forschungs- und Entwicklungsprojekten sowie vielfältigen Industrieapplikationen in das Werk haben einfließen lassen.

Aus der Entstehungsgeschichte leitet sich auch unmittelbar die Zielgruppe des Fachbuches ab, die sowohl die Studenten an Hoch- und Fachhochschulen im

Fachgebiet Maschinenwesen mit Schwerpunkt Mess- und Automatisierungstechnik beinhaltet, als auch Techniker, Meister und Ingenieure in der industriellen Praxis einschließt.

Ich danke allen Experten aus Wissenschaft, Forschung und Industrie für ihre hilfreichen und wertvollen Beiträge über aktuelle Entwicklungen und Anwendungen der Fertigungsmesstechnik, die in die inhaltliche Ausgestaltung des Buches eingeflossen sind. Vor allem aber gilt mein Dank meinen Mitarbeitern, die durch ihren hohen persönlichen Einsatz die Entstehung dieses Buches erst haben möglich werden lassen. Zu nennen sind im Einzelnen:

Frank Bitte, Benno Bröcher, Dirk Effenkammer, Jörg Feldhoff, Christian Glöckner, Michael Glombitza, Jürgen Großer, Dietrich Imkamp, Stefan Koch, Frank Lesmeister, Stefan Meyer, Horst Mischo, Peter Scharsich, Peter Sowa, Dietmar Steins, Harald Thrum und Lorenz Wiegers.

Herrn Feldhoff gebührt schließlich ein ganz besonderer Dank für die umfangreiche Koordination der gesamten Buchbearbeitung.

Aachen im April 1998   Prof. Dr.-Ing. Dr. h.c. Prof. h.c. T. Pfeifer

Inhalt

Vorwort   **V**

1   Einführung   **1**

1.1   Aufgaben und Ziele der Fertigungsmesstechnik 1

1.2   Geschichtliche Entwicklung der Fertigungsmesstechnik 5

1.3   Fertigungsmesstechnik als Komponente des Qualitätsmanagements 8

1.4   Fertigungsmesstechnik im Überblick 13

2   Grundlagen der Fertigungsmesstechnik   **21**

2.1   Grundbegriffe 21

    2.1.1   Einführung in das SI-Einheitensystem 21

    2.1.2   Begriffsbestimmung 25

    2.1.3   Messmethoden 29

    2.1.4   Messstrategien 31

2.2   Maßverkörperungen 33

    2.2.1   Endmaße 33

    2.2.2   Inkrementale Maßverkörperungen 38

    2.2.3   Absolut codierte Maßverkörperungen 44

2.3   Messunsicherheit und Messabweichung 46

    2.3.1   Definitionen und Begriffe 46

    2.3.2   Einflussgrößen auf die Messabweichung 49

    2.3.3   Verfahren zur Abschätzung der Messunsicherheit 61

    2.3.4   Messunsicherheit und Toleranz 68

2.4   Messräume 69

2.5   Zeichnungseintragungen und Tolerierungen 73

  2.5.1   Maße, Maßtoleranzen und Passungen... 75

  2.5.2   Form- und Lagetoleranz... 80

  2.5.3   Tolerierungsgrundsätze.. 97

  2.5.4   Geometrische Produktspezifikation und -prüfung (GPS) 99

3   Prüfplanung   107

3.1   Aufgaben der Prüfplanung.. 109

3.2   Vorgehensweise bei der Prüfplanerstellung.. 110

  3.2.1   Bestimmung der Prüfplankopfdaten 111

  3.2.2   Auswahl des Prüfmerkmals... 111

  3.2.3   Festlegung des Prüfzeitpunktes.. 114

  3.2.4   Festlegung der Prüfart.. 115

  3.2.5   Festlegung des Prüfumfangs 116

  3.2.6   Festlegung von Prüfort und Prüfpersonal 118

  3.2.7   Auswahl der Prüfmittel... 118

  3.2.8   Prüftext und Dokumentation.. 121

3.3   Verwendung der Ergebnisse 122

3.4   Einsatzmöglichkeiten der EDV.. 123

4   Prüfdatenerfassung   127

4.1   Werkstattprüfmittel 127

  4.1.1   Messschieber und Höhenmessgeräte.. 128

  4.1.2   Messschrauben... 131

  4.1.3   Anzeigende Aufnehmer mit mechanischer Übersetzung................. 134

  4.1.4   Winkelmesser... 136

4.2   Messwertaufnehmer.. 138

  4.2.1   Potenziometeraufnehmer.. 138

  4.2.2   Induktive Sensoren... 141

  4.2.3   Kapazitive Sensoren... 149

4.2.4   Pneumatische Aufnehmer 151

4.2.5   Ultraschallmessverfahren 154

4.2.6   Messwertaufnehmer mit inkrementaler Maßverkörperung 158

4.2.7   Aufnehmer mit codierten Maßverkörperungen 165

4.3   Optische und optoelektronische Prüfmittel 167

4.3.1   Optische und optoelektronische Elemente 168

4.3.2   Kameramesstechnik 177

4.3.3   Lasermesstechnik 214

4.3.4   Optische Messgeräte 238

4.4   Koordinatenmesstechnik 249

4.4.1   Grundlagen der Koordinatenmesstechnik 249

4.4.2   Systemkomponenten und Bauarten von Koordinatenmessgeräten ... 262

4.4.3   Einsatz der Koordinatenmesstechnik 271

4.5   Form- und Oberflächenprüftechnik 276

4.5.1   Formprüftechnik 276

4.5.2   Oberflächenprüftechnik 292

4.6   Lehrende Prüfung 303

4.6.1   Taylorscher Grundsatz 304

4.6.2   Arten der lehrenden Prüfung 305

4.6.3   Normen zur lehrenden Prüfung 312

4.6.4   Prinzip der virtuellen Lehrung 312

4.7   Integration von Prüfmitteln in automatisierte Messvorrichtungen 314

4.7.1   Elektronische handgeführte Messmittel am rechnergestützten
         Messplatz 315

4.7.2   Robotergestützte Messvorrichtungen 318

4.7.3   Vielstellenmessvorrichtungen 320

4.8   Faseroptische Sensoren 330

4.8.1   Grundlagen zur Lichtwellenleitung 330

4.8.2   Anwendungen von Lichtwellenleitern zur Prüfdatenerfassung 334

4.8.3   Faserbasierte Messverfahren 337

4.9   Röntgen-Computertomografie 346

  4.9.1   Grundlagen der Röntgen-Computertomografie 347

  4.9.2   Einsatz der Röntgen-Computertomografie 366

5   Prüfdatenauswertung   375

5.1   Statistische Grundlagen... 376

  5.1.1   Deskriptive Statistik.. 377

  5.1.2   Verteilungen... 387

  5.1.3   Induktive Statistik 395

5.2   Statistische Prozessregelung 408

  5.2.1   Stichprobenprüfpläne... 409

  5.2.2   Aufbau, Design und Anwendung von
           Shewart-Qualitätsregelkarten.. 410

  5.2.3   Statistischer Hintergrund.. 415

  5.2.4   Praktischer Einsatz der Regelkartentechnik............................... 418

  5.2.5   Neuere Typen von Qualitätsregelkarten..................................... 422

  5.2.6   Randbedingungen für den Einsatz von Regelkarten 425

5.3   Fähigkeit von Fertigungsprozessen... 427

6   Prüfmittelmanagement   437

6.1   Prüfmittelüberwachung... 439

  6.1.1   Rückführbarkeit 441

  6.1.2   Prüfmittelbezogene Überwachung.. 443

  6.1.3   Prüfaufgabenbezogene Überwachung... 446

  6.1.4   Dynamisierung der Prüfmittelüberwachung 452

6.2   Prüfmittelplanung und -bereitstellung 453

6.3   Prüfmittelverwaltung 455

Stichwortverzeichnis   461

1 Einführung

Fertigungsmesstechnik steht als Oberbegriff für alle mit Mess- und Prüfaufgaben verbundenen Tätigkeiten, die beim industriellen Entstehungsprozess eines Produktes zu erbringen sind. Diese umfassende Definition ergibt sich aus den veränderten Produktionsbedingungen, die durch hohe Automatisierung, kurze Produktlebensdauer und geringere Fertigungstiefe geprägt werden, und den gestiegenen Qualitätsforderungen an die Produkte. Diese Aspekte prägen die Aufgaben und Ziele der Fertigungsmesstechnik. Sie hat sich von einer reinen Kontrollinstanz zu einer wichtigen Komponente des Qualitätsmanagements entwickelt.

1.1 Aufgaben und Ziele der Fertigungsmesstechnik

Zentrale Aufgabe der Fertigungsmesstechnik ist die messtechnische Erfassung von Qualitätsmerkmalen an einem Messobjekt. Ein Messobjekt ist häufig ein Werkstück; es kann jedoch auch ein Werkzeug, eine Maschine oder im Rahmen der Prüfmittelüberwachung ein Messgerät sein.

Der Begriff der Fertigungsmesstechnik ist eng mit dem Begriff der Prüfung (Abschnitt 2.1.2) von Produkten verknüpft. Dabei wird festgestellt, ob eine Eigenschaft eines Objektes den vorgegebenen Forderungen entspricht. Das Prüfen kann mit Hilfe von Messungen durchgeführt werden, worin die wesentliche Aufgabe der Fertigungsmesstechnik besteht. In der industriellen Produktion steht der Begriff der Prüfung von Produkten häufig im Vordergrund, was sich beispielsweise bei den eingeführten Begriffen „Prüfplanung" und „Prüfdatenerfassung" äußert. Auch wenn hier ausdrücklich darauf hingewiesen wird, dass die Aufgaben der Fertigungsmesstechnik weit über das Prüfen hinausgehen, werden hier die gängigen Bezeichnungen in Verbindung mit dem Begriff „Prüfen" verwendet.

Die messtechnisch erfassbaren Qualitätsmerkmale eines Produktes haben verschiedene Ausprägungen. Im Wesentlichen wird zwischen Merkmalen unterschieden, die die Werkstoffeigenschaften, die Geometrie und die Funktion eines Produktes betreffen (**Bild 1.1-1**).

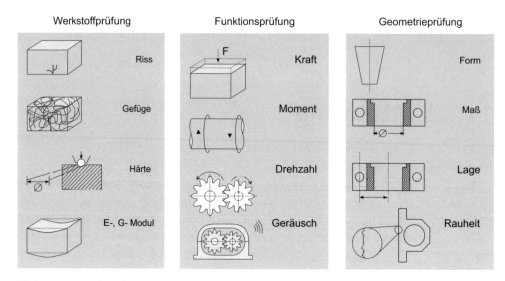

Bild 1.1-1:   Prüf- und Messaufgaben innerhalb der Fertigungsmesstechnik

Die *Werkstoffprüfung* hat die Ermittlung von Werkstoffkenngrößen wie z.B. der Härte oder dem Elastiziäts-Modul, aber auch die Beurteilung von Makrostrukturen wie Rissen oder Gefügen zum Ziel. Anwendung findet diese Messtechnik vor allem in der Eingangsprüfung oder nach Werkstoffbehandlungen wie dem Härten [Blu 87], [Ste 88].

Die *Funktionsprüfung* hat in der Regel die Funktionalität eines ganzen Produktes zum Gegenstand, sie findet sich daher überwiegend am Ende einer Prozesskette, z.B. in der Endprüfung. Das Aufgabenspektrum reicht von der manuellen Sichtprüfung durch den menschlichen Prüfer bis zu automatischen elektronischen Systemen, die z.B. durch die Geräuschmessung an Getrieben einen Rückschluss auf die Qualität der Verzahnung erlauben [Pf 96b].

Die mit nahezu 90%-Anteil gängigste Prüfung im Rahmen der Fertigungsmesstechnik stellt die *Geometrieprüfung* von Merkmalen an Werkstücken dar [Dut 96]. Neben der Vermessung von Form, Maß oder Lage der Geometrieelemente stellt für die Funktionstüchtigkeit eines späteren Produktes oft auch die Oberflächenbeschaffenheit eine wichtige Werkstückeigenschaft dar.

Wegen der großen Bedeutung der „Geometrieprüfung" für die Fertigungsmesstechnik, ist diesem Anwendungsfeld der Schwerpunkt des Buches gewidmet. Hier sind im Wesentlichen Maß-, Lage-, Form- und Positionskenngrößen sowie Oberflächenkennwerte zu bestimmen.

Das Aufgabenfeld der Fertigungsmesstechnik ist jedoch nicht auf die Mess- und Prüfvorgänge beschränkt. Die Fertigungsmesstechnik steht neuen Forderungen gegenüber, die einerseits durch die veränderten Produktionsbedingungen und andererseits durch die gestiegenen Qualitätsforderungen geprägt sind.

Das Produktionsumfeld ist durch hohe Automatisierung, kurze Produktlebensdauer und sinkende Fertigungstiefe gekennzeichnet. Der hohe Automatisierungsgrad hat auch zur Automatisierung vieler Messaufgaben geführt und hat es durch die einhergehende Verringerung der Taktzeiten erforderlich gemacht, die Messvorgänge zu beschleunigen. Die kürzere Produktlebensdauer erfordert eine laufende Anpassung der Messgeräte an die veränderten Prüfmerkmale. Durch die verringerte Fertigungstiefe steigt der Anteil der zugelieferten Teile. Um den Aufwand bei der Überprüfung dieser Teile auf Seiten des Kunden möglichst gering zu halten, ist es erforderlich, dass er sich auf die Messergebnisse des Zulieferers verlassen kann. Eine wesentliche Voraussetzung dafür ist uneingeschränkte Vergleichbarkeit der Messergebnisse. Schon ein Messergebnis beim Kunden, das sich vom Ergebnis des Zulieferers unterscheidet, kann das Vertrauen zwischen beiden empfindlich stören.

Diese technischen Maßnahmen reichen jedoch allein nicht aus, um den Forderungen an die Fertigungsmesstechnik insbesondere unter dem Einfluss der gestiegenen Qualitätserwartungen des Marktes gerecht zu werden. Die hohen Qualitätserwartungen äußern sich einerseits in geringer werdenden Toleranzen und andererseits in kleineren Fehlerraten. Akzeptierte Fehlerraten liegen heutzutage im ppm-Bereich (parts per million).

Gesteigerte Anforderungen an die Qualität der Werkstücke

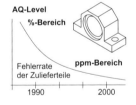

AQ-Level
%-Bereich

Fehlerrate
der Zulieferteile   ppm-Bereich

1990   2000

Mit reiner Post-Prozess-Messtechnik nicht erfüllbar !

Qualitätsverbesserung durch prozessbegleitende Regelung
Minimierung der Fehlerrate im Prozess
Präventive Sensorik nahe am Prozess
Prozess-Überwachung durch die Post-Prozess-Messtechnik

Gesteigerte Anforderungen an die Integration verlässlicher Qualitätsdaten

Archivierung der Messergebnisse verbessert nichts !

Aufbau von kleinen und großen Qualitätsregelkreisen
Eingriff bei negativen Trends in den Prozessen
Einsatz geeigneter Maschinen für die Prozesse
Prozessgerechte Produkt-Konstruktion

Bild 1.1-2: Forderungen an die Fertigungsmesstechnik

Um diesen Forderungen gerecht zu werden kommt der Fertigungsmesstechnik die Aufgabe zu, zur kontinuierlichen Verbesserung des Produktentstehungsprozesses beizutragen. Durch die Rückführung der bei der Produktion gewonnenen Messdaten an die Produktionsverantwortlichen werden prozessbegleitende Regelungen aufgebaut. In Form von ebenenübergreifenden, großen Regelkreisen werden Informationen in die planerischen Bereiche zurückgeführt. Dabei unterstützt die Fertigungsmesstechnik die frühen Phasen der Produktentwicklung bei der Definition von qualitätsrelevanten Produktmerkmalen und bei der Planung ihrer messtechnischen Erfassung. Die Erfahrungswerte in Form von Messdatenarchiven und praktischen Erfahrungen der Fertigungsmesstechnik helfen bei der Auswahl und Auslegung von Produktionsprozessen sowie prozessgerechter Konstruktion (**Bild 1.1-2**).

Durch zielgerichtete Rückführung der Messdaten, die bei und nach dem Fertigungsprozess gewonnen werden, informiert die Fertigungsmesstechnik über die Abweichung vom Sollzustand in der Fertigung. Sie bildet damit den Ausgangspunkt für alle Qualitätsverbesserungsmaßnahmen und stellt einen wesentlichen Bestandteil des Qualitätskreises [Pf 96] dar. Sie begleitet alle Phasen der Produktentstehung von der Produktplanung bis zum Verkauf (**Bild 1.1-3**).

Bild 1.1-3   Fertigungsmesstechnik im Qualitätskreis

Damit ist eine Definition gerechtfertigt, welche die Fertigungsmesstechnik als Oberbegriff für alle mit Messaufgaben verbundenen Tätigkeiten, die beim industriellen Entstehungsprozess eines Produktes zu erbringen sind, bezeichnet.

Diese Definition geht über das bisherige Verständnis der Fertigungsmesstechnik, die sie als Messtechnik in der industriellen Fertigung bezeichnet [Dut 96], weit hinaus.

1.2 Geschichtliche Entwicklung der Fertigungsmesstechnik

Schon lange vor dem Zeitalter der Industrialisierung bestand die Notwendigkeit geometrische Größen an verschiedenen Gütern zu vergleichen. Da ein direkter Vergleich oft nicht möglich war, mussten geometrische Maße definiert und geeignete Maßverkörperungen hergestellt werden. Bereits 4000 v. Christus wurden in Ägypten die Maße eines Menschen, zum Beispiel die des Herrschers, als Basisgröße festgelegt. Diese Art der Definition wurde bis ins Mittelalter und auch darüber hinaus verwendet. Typische Maße waren Fingerbreite, Handbreite, Fuß, Elle und Schritt [Dut 96]. Die Definition dieser verschiedenen Begriffe war durchaus nicht immer eindeutig.

Im 16. und 17. Jahrhundert hat es mehrere Vorschläge gegeben, die Längeneinheiten einheitlich zu definieren. Während der französischen Revolution wurde der Vorschlag aufgegriffen, die Definition einer Längeneinheit vom Erdumfang abzuleiten. Auf Basis der zugrunde liegenden geodätischen Messungen wurde 1799 in Paris ein erstes Urmeter hergestellt [Dut 96], [Lot 88]. Dieses bildet den Ausgangspunkt der weiteren Entwicklung der Meterdefinition (Abschnitt 2.1.1).

Eines der ältesten erhaltenen Messgeräte ist ein laut Aufschrift im 9. Jahrhundert hergestellter Messschieber aus China. Schon vor Christi Geburt wurden im europäischen Mittelmeerraum Messgeräte hergestellt. Sie spielten eine wichtige Rolle bei der Herstellung von astronomischen Instrumenten und Navigationsgeräten. Besonders die Anfordernisse der Astronomie förderten den Bau genauer Messgeräte. Anfang des 17. Jahrhunderts wurden Messschieber und Messschrauben an astronomischen Geräten verwendet. Diese waren zunächst aus Holz, später aus Messing. Dabei wurde zur Erleichterung der Bestimmung von Zwischenwerten bereits der Nonius eingesetzt [Häu 95].

Die Industrialisierung im 19. Jahrhundert ist durch das Aufkommen des Austauschbaus und der Massenfertigung charakterisiert. Im Gegensatz zu der davor üblichen Paarung von Passteilen, bei der die zu kombinierenden Teile gemeinsam gefertigt werden, und die Funktion der Passung durch direkten Vergleich bestimmt wird, erfordert der Austauschbau die Fertigung mehrerer Teile mit Anschluss an eine bestimmte Einheit, wie beispielsweise das Längenmaß Meter, und kleinen Toleranzen. Der Gedanke des Austauschbaus geht bis ins 18. Jahrhundert zurück.

Das Fehlen geeigneter Messgeräte dürfte ein Grund dafür gewesen sein, dass dieser Gedanke erst später umgesetzt werden konnte.

Die Industrialisierung war aus den genannten Gründen mit der Entwicklung und Fertigung von Messgeräten verbunden. Es entstanden Messgeräte, wie beispielsweise 1790 der Messschieber mit Nonius und 1848 die Messschraube (**Bild 1.2-1**), die auch heute noch gebräuchlich sind. Um die Messgenauigkeit weiter zu verbessern, wurden Standmessschrauben gebaut. Daraus entwickelten sich die ersten mechanischen Messmaschinen, die bereits damals im Rahmen einer Prüfmittelüberwachung zur Kalibrierung von Endmaßen eingesetzt wurden. Kurz vor der Jahrhundertwende begann der Schwede Johansson, ganze Endmaßsätze zu fertigen. Die Überprüfung dieser Endmaßsätze ergab, dass sie bereits damals Toleranzen von 2 µm einhielten [Häu 95].

Bild 1.2-1:   Messschraube nach Palmer, Frankreich 1848 [Häu 95]

Optische Verfahren wurden zur gleichen Zeit im Wesentlichen zur Vergrößerung der Messwertanzeige eingesetzt. Die Entwicklung des Interferometers durch Michelson nutzte die Eigenschaften des Lichtes in Form der Lichtwellenlänge direkt zur Messung. Die ersten werkstatttauglichen optischen Geräte waren 1920 Profilprojektoren [Häu 95].

Die ersten pneumatischen Messgeräte entstanden 1930 zur Prüfung von Durchmessern [Häu 95].

Um 1970 begann der Einzug der Elektronik in die geometrische Messtechnik. Die Elektronik prägt heute selbst einfache Messgeräte wie beispielsweise einen Messschieber mit Digitalanzeige. Einen Höhepunkt der Anwendung von elektronischen Komponenten stellt sicher ihre Verwendung bei Koordinatenmessgeräten und Bildverarbeitungssytemen dar, die ohne den Einsatz von modernen Rechnern nicht realisierbar sind. Auch bei der Messdatenauswertung und der Messdatenübertragung spielt heute EDV eine wesentliche Rolle.

Neben der technischen Entwicklung hat sich die Rolle und das Aufgabenfeld der Fertigungsmesstechnik im Rahmen der Qualitätssicherung verändert (**Bild 1.2-2**).

Bild 1.2-2   Entwicklung der Qualitätssicherung

In den 20er-Jahren dieses Jahrhunderts fiel ihr die Aufgabe zu, die Ergebnisse des Produktionsprozesses zu kontrollieren. Auf Basis der Messergebnisse wurde nach Gut- und Schlechtteilen sortiert. In Anlehnung an den Leitspruch, dass Qualität nicht erprüft werden kann, sondern produziert werden muss, finden sich schon in den 30er-Jahren Ansätze zur Sicherung der Fertigungsprozesse durch statistische Verfahren für eine Prozessüberwachung und -regelung. Hier steht nicht mehr nur das Produkt im Vordergrund, vielmehr liefert die Fertigungsmesstechnik die Istdaten für die Optimierung der Fertigungsprozesse und -maschinen [Lei 54]. Mit der steigenden Komplexität der Erzeugnisse und den gehobenen Forderungen an die Fertigungsgenauigkeit wurden in den 80er-Jahren Verfahren entwickelt, die in den planerischen Bereichen ansetzen und eine an den Belangen der Fertigung orientierte Produkt- und Prozessgestaltung verfolgen. Diese präventiven Methoden tragen dazu bei, die Konstruktionen „fertigungs-freundlich" zu gestalten, mögliche Fehlerquellen für die nachfolgende Fertigung zu minimieren und die Festlegung von anspruchsvollen Fertigungstoleranzen auf die wesentlichen Teile zu beschränken. Der grundlegend neue Aspekt der 90er-Jahre ist in einem ganzheitlichen Ansatz des Qualitätsgedankens zu sehen, d.h. Qualität darf nicht mehr auf die produzierenden Bereiche im Unternehmen beschränkt bleiben, sondern muss im ganzen Unternehmen mitgetragen werden. Voraussetzung dafür ist eine geeignete Unternehmenskultur und die Integration der Qualitätssicherung in alle Unternehmensbereiche im Sinne eines „Total Quality Management" [Pf 96]. Das Aufgabenfeld der Fertigungsmesstechnik hat sich damit vom Ende des Produktenstehungsprozesses immer weiter nach vorne in die frühen Phasen der Prozesskette ausgedehnt. Zu den Aufgaben einer On-Line-Qualitätssicherung am Produkt und Fertigungsprozess sind Aufgaben einer Off-Line-Qualitätssicherung in den planerischen Bereichen hinzugekommen.

1.3   Fertigungsmesstechnik als Komponente des Qualitätsmanagements

Die veränderten Rahmenbedingungen (s.o.), verschärfte Produkthaftung und ein zunehmender „Qualitätswettbewerb", um nur einige Gründe zu nennen, bedingen, dass Unternehmen zunehmend in die Pflicht genommen werden, ein Qualitätsmanagementsystem im Unternehmen zu realisieren. Ziel des Qualitätsmanagementsystems ist die Sicherstellung der Qualität von materiellen und imateriellen Produkten unter Berücksichtigung technologischer und ökonomischer Randbedingungen. Für die Umsetzung dieses Zieles bedarf es einer Vielzahl von Aktivitäten, die alle Unternehmensbereiche erfassen. Zusammengefasst bilden diese Tätigkeiten das Qualitätsmanagementsystem [Pf 96].

Spezifische Qualitätsmanagementsysteme verschiedener Unternehmen besitzen gleiche oder ähnliche Elemente der Aufbau- und Ablauforganisation, wenn auch mit individueller Auswahl und Ausprägung. Dies führte dazu, dass allgemeine Forderungen an Qualitätsmanagementsysteme definiert und in Regelwerken festgehalten wurden [Pf 96]. Die festgelegten Forderungen dienen auch dazu das System überprüfbar und gegenüber Kunden und Dritten transparent zu machen. Am bekanntesten und sicher auch am stärksten verbreitet ist in diesem Zusammenhang die Normenreihe DIN EN ISO 9000ff. In der Normenreihe DIN EN ISO/IEC 17025 werden Forderungen an Qualitätsmanagementsysteme im Bereich der Akkreditierung und Zertifizierung definiert, die besonders bei der Zertifizierung von Prüf- und Kalibrierlaboratorien zu berücksichtigen sind.

Eine wesentliche Rolle innerhalb des Qualitätsmanagementsystems spielt die Fertigungsmesstechnik. Ihr Aufgabenschwerpunkt liegt oft bei der Prüfung der Produkte. Dies wird deutlich, wenn man die Qualitätsmanagementelemente „Prüfungen", „Prüfmittelüberwachung", „Prüfstatus" und „Lenkung von Qualitätsaufzeichnungen" der DIN EN ISO 9001 betrachtet, die mit der Fertigungsmesstechnik direkt in Verbindung gebracht werden.

Von einem Qualitätsmanagementsystem wird gefordert, Regelungen zur Eingangs-, Zwischen- und Endprüfung festzulegen. Die *Eingangsprüfung* schützt das Unternehmen vor der Verwendung von eingekauften Produkten mit unzureichender Qualität. Sofern der Lieferant die Qualität seiner Waren durch eigene Prüfungen oder die Fähigkeit seiner Produktionsprozesse im Rahmen eines zertifizierten Qualitätsmanagementsystems nachweist, kann auf eine Eingangsprüfung weitgehend verzichtet werden. Die *Zwischenprüfung* informiert über die Qualitätssituation in der Produktion. Dabei können verschiedene Techniken zur Datenauswertung und Prozessbeurteilung (Kapitel 5) verwendet werden. Durch die *Endprüfung* wird sichergestellt, dass keine Produkte zum Kunden gelangen, die die Qualitätsforderungen nicht erfüllen. Auch die Endprüfung erfolgt oft nur stichprobenartig oder wird ganz weggelassen, wenn durch geeignete Maßnahmen, wie beispielsweise Prozessfähigkeitsuntersuchungen (Abschnitt 5.3), die Produktqualität sichergestellt ist.

Im Rahmen der Prüfmittelüberwachung werden alle bei den Prüfungen verwendeten Geräte überwacht, kalibriert und instandgehalten. Damit wird das Ziel verfolgt, die Richtigkeit des Prüfergebnisses sicherzustellen (Abschnitt 6).

Durch eine eindeutige Kennzeichnung muss der Prüfstatus eines Produktes, welcher die Konformität oder Nichtkonformität im Hinblick auf die durchgeführten Qualitätsprüfungen anzeigt, zu erkennen sein. Im Rahmen der Regelungen zur Lenkung von Qualitätsaufzeichnungen wird unter anderem auch die Dokumentation von Prüfaufzeichnungen festgelegt. Die Tätigkeiten im Zusammenhang mit diesen Elementen sind oft direkt mit der Fertigungsmesstechnik verknüpft.

Die Konzentration der Fertigungsmesstechnik im Rahmen der genormten Qualitätsmanagementsysteme auf die Prüftätigkeiten ist auf die klassische Rolle der Fertigungsmesstechnik als Kontrollinstanz zurückzuführen. In dieser Rolle kann sie jedoch den gestiegenen Forderungen nicht gerecht werden. Vielmehr ist die Fertigungsmesstechnik im Rahmen der Unternehmensstrategie des Total Quality Management, das ein ganzheitliches Qualitätsdenken mit einer gleichzeitigen Anpassung der Unternehmenskultur verlangt [Pf 96], aufgefordert, mit allen Unternehmensbereichen in Kontakt zu treten, die ihre Informationen benötigen. Es geht nicht nur darum, die Abweichung vom Sollzustand zu ermitteln, sondern gemeinsam mit anderen Unternehmensbereichen diese Abweichung zu verringern. Dazu sind die ermittelten Informationen an die verantwortlichen Bereiche über Regelkreisstrukturen zurückzuführen. Dabei kann zwischen drei Stufen unterschieden werden (**Bild 1.3-1**). In Stufe 1 wird direkt am Prozess kontinuierlich oder prozessintermittierend gemessen. Die gewonnenen Informationen werden zur Prozessregelung verwendet. Die klassische Post-Prozess-Messtechnik (Stufe 2) wird oft in Form der statistischen Prozesskontrolle (SPC) zur Überwachung an sich fähiger Prozesse genutzt (Kapitel 5). Zur langfristigen Nutzung der Messdaten müssen diese verdichtet werden und in vernetzten Datenstrukturen bereitgehalten werden, um in großen Qualitätsregelkreisen (Stufe 3) die indirekten Produktionsbereiche wie die „Entwicklung und Konstruktion" und die „Arbeitsvorbereitung" zu unterstützen. Stufe 1 und 2 stellen ebeneninterne und Stufe 3 ebenenübergreifende Regelkreise dar (Abschnitt 1.1).

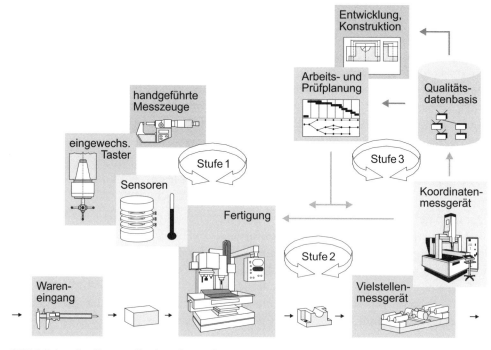

Bild 1.3-1:   Qualitätsregelkreisstrukturen in der Produktion

Der Aufbau von Qualitätsregelkreisen wird im Folgenden an Hand zweier Beispiele erläutert. **Bild 1.3-2** zeigt einen kleinen Regelkreis (Stufe 1) am Beispiel der prozessintermittierenden Regelung eines Bohrprozesses.

Der Bohrauftrag wird durch den Fertigungsauftrag vorgegeben. Nach der Bohrung eines Loches wird laut Prüfauftrag durch einen eingewechselten Messtaster der gefertigte Durchmesser auf der Maschine ermittelt. Die Auswertung der Messung und der Vergleich mit dem geometrischen Sollwert nach Fertigungsauftrag erlaubt die Berechnung eines Korrekturwertes, mit dem das verstellbare Bohrwerkzeug reguliert und damit die Toleranzlage des Prozesses verbessert werden kann. Diese Methode ist zum Beispiel denkbar, um im Rahmen einer Statistischen Prozessregelung (SPC) die Prozessfähigkeit eines Bohrwerkes zu überwachen und zu regeln. Dazu wird im Prüfauftrag ein Stichprobenumfang vorgegeben, der auf der Maschine gemessen wird.

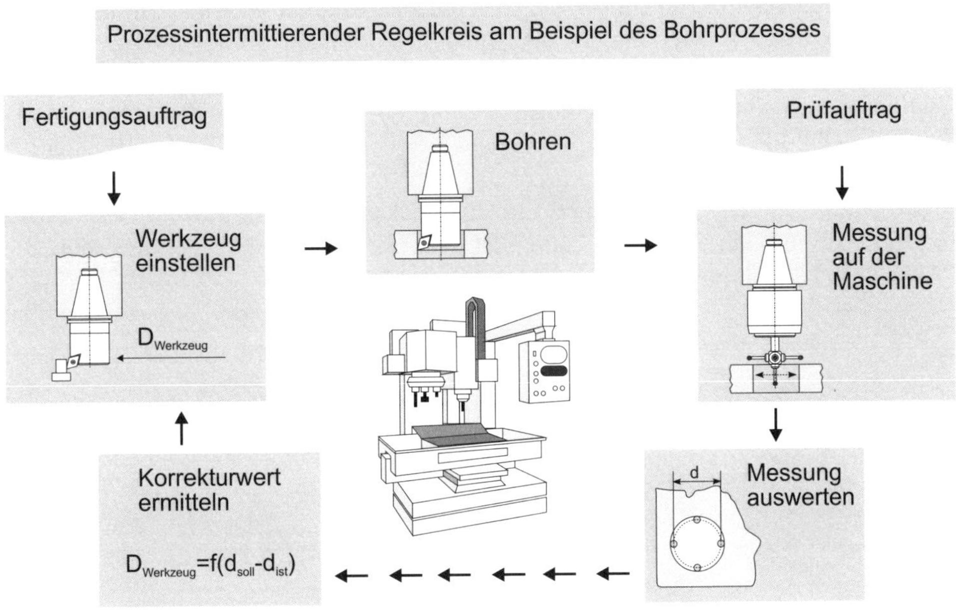

Bild 1.3-2: Beispiel für einen prozessintermittierenden Regelkreis

In **Bild 1.3-3** werden ebenenübergreifende Regelkreise (Stufe 3) dargestellt. Die in den Produktionsbereichen erfassten Prüfdaten werden in der Prüfdatenauswertung verarbeitet und zu Kennwerten (z.B. c_p- und c_{pk}-Werten) in einer Qualitätsdatenbasis verdichtet. Diese Datenbasis wird in den planerischen Bereichen zur Unterstützung herangezogen.

So kann der Konstrukteur z.B. einen Überblick über die momentane Qualitätslage der einzelnen Merkmale wie z.B. „Innendurchmesser" mit dem Sollwert „35 mm" abrufen und die Realisierbarkeit eines fertigungstechnischen Merkmals hinterfragen. Die hinterlegte Prüfdatenanalyse wird daher auch merkmalorientiert genannt. Die Analyse kann maschinenorientierte (z.B. c_p-Wert einer Maschine) oder maschinenübergreifende Kennwerte (z.B. Mittelwert der c_p-Werte aller relevanten Maschinen) bereitstellen. Auf dieser Grundlage wird eine positive bzw. negative Bewertung für ein Merkmal und die damit verbundene Toleranz getroffen, die Merkmaltoleranz wird damit durch den Konstrukteur freigegeben oder nicht.

Die Arbeitsplanung legt den Zeitpunkt und die konkrete Fertigungsmaschine fest, mit der ein Merkmal gefertigt werden soll. Dabei haben Kriterien wie z.B. die Verfügbarkeit und die Maschinenstundensätze eine wichtige Bedeutung. Aus Gesichtspunkten der Qualitätsoptimierung kann die Auswahl der Maschine durch die Analyse der c_p-Kennwerte in der Qualitätsdatenbasis unterstützt werden.

Im Rahmen der Prüfplanung ist sicherzustellen, dass durch die Art der Prüfung und des Prüfumfanges die Einhaltung der Toleranzen gesichert ist. Der Prüfumfang ist dazu bei kritischen Merkmalen aus Sicherheitsgründen so hoch wie möglich anzusetzen, aus Kosten- und Zeitgründen sollte er aber auf ein aus Qualitätsgesichtspunkten vertretbares Minimum gesenkt werden. Durch die Analyse der Prüfdaten von bereits gefertigten Teilen bietet sich dem Prüfplaner die Möglichkeit zu einer geeigneten Prüfdynamisierung. So kann er bei einem Merkmal, das in der Vergangenheit immer sicher gefertigt wurde, den Prüfumfang reduzieren, auf der anderen Seite ist bei sinkenden Fähigkeitswerten die Prüfschärfe zu erhöhen.

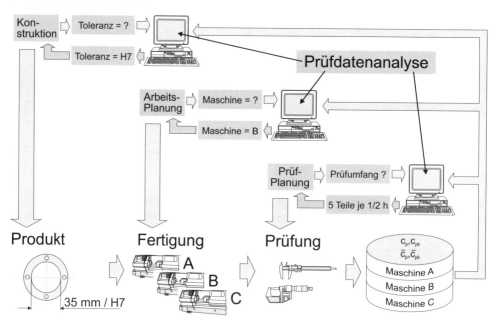

Bild 1.3-3:   Ebenenübergreifende Qualitätsregelkreise

1.4 Fertigungsmesstechnik im Überblick

Fertigungsmesstechnik, wie sie heute verstanden wird, umfasst mehr als nur die Technik, Qualitätsmerkmale im Fertigungsbereich zu erfassen. Vielmehr ist es von Bedeutung die Methoden der Fertigungsmesstechnik in allen Variationen zu beherrschen. Erst hierdurch wird es möglich, für beliebige Mess- und Prüfaufgaben die optimalen Systeme und Verfahren auszuwählen, damit wertschöpfende Prozesse ohne eine zusätzliche Belastung durch Nebenzeiten angemessen beurteilt werden können. Der folgende Abschnitt bietet dem Leser die Möglichkeit, einen schnellen Überblick über die Inhalte dieses Buches zu gewinnen, indem die wesentlichen Elemente der Fertigungsmesstechnik kurz zusammengefasst sind.

Die Methoden der Fertigungsmesstechnik lassen sich in die „klassische" Qualitätsprüfung und in die präventiven Verfahren der Qualitätssicherung unterteilen **(Bild 1.4-1)** [Pf 96].

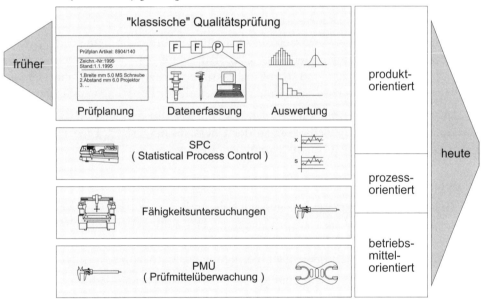

Bild 1.4-1: Methoden der Fertigungsmesstechnik

Die Methoden der „klassischen" Qualitätsprüfung haben zum Ziel, durch eine geplante Qualitätsprüfung während oder unmittelbar nach der Produktentstehung eine einwandfreie Produktqualität sicherzustellen. Zu dieser Prüfung zählen im „klassischen" Sinne die Aspekte der *Prüfplanung*, *Prüfdatenerfassung* und der *Prüfdatenauswertung*.

In Anlehnung an den Leitspruch, dass Qualität nicht erprüft werden kann, sondern produziert werden muss, hat sich die Qualitätssicherung in den vergangenen Jahren dahin entwickelt, durch fähige Prozesse von vornherein einen hohen Qualitätsstandard zu erzielen. Es ist daher anzustreben, Abweichungen in der Produktqualität möglichst früh zu erkennen und korrigierend in den Fertigungsprozess einzugreifen. Damit haben sich die Objekte der Fertigungsmesstechnik – wie bereits dargestellt – von einer rein produkt-orientierten Ausrichtung auch auf die Prozesse und die Betriebsmittel erweitert.

Die *Statistische Prozessregelung (SPC)* erlaubt hier in einem fertigungsnahen Regelkreis durch die statistische Auswertung von Produktmerkmalen direkt an der Bearbeitungsmaschine eine schnelle Korrektur des Fertigungsprozesses, bevor fehlerhafte Teile produziert werden. Durch *Fähigkeitsuntersuchungen* wird die Eignung des Prozesses oder einer Maschine zur Gewährleistung einer stabilen und sicheren Produktion nachgewiesen und kann so als Planungsgrundlage mit in die Konstruktion und Produktionsplanung einfließen. Beide Methoden sind im weiteren Sinne der Prüfdatenauswertung (Kapitel 5) zuzuordnen.

Letztendlich können alle Verfahren der Qualitätssicherung nur dann greifen, wenn die Prüfmittel als Lieferanten für den Istzustand in der Fertigung einer Überwachung unterliegen und damit verlässliche Daten liefern. Daher ist die *Prüfmittelüberwachung* ein wesentlicher Bestandteil der Fertigungsmesstechnik.

In den folgenden Abschnitten werden die oben aufgegriffenen Methoden der Fertigungsmesstechnik jeweils kurz in der Übersicht dargestellt. Eine eingehende Betrachtung erfolgt in den Hauptkapiteln des Buches.

Prüfplanung

Der Begriff der Prüfplanung ist heute noch eng mit der Prüfung von Werkstücken verknüpft. Die Prüfplanung entspricht damit der traditionellen Anschauung, dass den Fertigungsbereichen vollständige und eindeutige Vorgaben für die Durchführung ihrer Prüfaufgaben zur Verfügung gestellt werden (Kapitel 3).

Zu den Aufgaben der Prüfplanung im klassischen Sinne gehören folgende Festlegungen:

- Was wird geprüft, d.h. welche Merkmale am Werkstück werden ausgewählt
- Wann wird geprüft, d.h. an welcher Stelle im Fertigungsablauf wird geprüft
- Wie wird geprüft, d.h. wird gemessen oder mit einer Lehre verglichen
- Wieviel wird geprüft, d.h. 100%-Prüfung oder Stichproben
- Wo wird geprüft, d.h. wird in der Fertigung oder im Messraum geprüft
- Womit wird geprüft, d.h. die Auswahl der Prüfmittel
- Welche Auswertung erfolgt, d.h. wie werden die Prüfergebnisse umgesetzt

Die Planung erstreckt sich also auf die Werkstücke und auf die Prüfmittel. Ausgehend von Planungsunterlagen, wie Zeichnungen, Arbeitsplänen und Prüfungsvorschriften wird der Prüfplan auf der Basis eines Formulars erstellt. Rechnerunterstützte Systeme können die Prüfplanung erheblich erleichtern. Zwischen der Arbeits- und der Prüfplanung ist eine enge Verzahnung sinnvoll, da beide vergleichbar vorgehen und sich die Planungsgebiete wie z.B. der Prüfzeitpunkt im Fertigungsablauf überschneiden.

Prüfdatenerfassung

Wie in Abschnitt 1.1 ausgeführt wurde, stellt die Prüfdatenerfassung die zentrale Aufgabe der Fertigungsmesstechnik dar. Zur Erfüllung dieser Aufgabe steht eine breite Palette von Messmitteln zur Verfügung, welche sich in der Genauigkeit, der Messgeschwindigkeit und dem Automatisierungsgrad unterscheiden.

Gegenstand der traditionellen Prüfdatenerfassung sind Messmittel für die Messung im Anschluss an einzelne Bearbeitungsschritte und am Ende der gesamten Fertigung. Objekt dieser Messtechnik ist das Werkstück bzw. ein komplettes Produkt.

Die gängigste Form der Post-Prozess-Messtechnik stellt die Erfassung von einfachen Werkstückgeometrien direkt an der Bearbeitungsmaschine in Form einer Werkerselbstprüfung mit z.B. handgeführten Messmitteln dar. Die Erfassung der Messergebnisse, welche in jüngerer Zeit zunehmend rechnerunterstützt durchgeführt werden kann, erfolgt nach Festlegungen in Prüfplänen. Für die Realisierung von SPC-Regelkreisen in der Großserienfertigung eignen sich dagegen auftragsspezifische Sonder-Messmittel, welche eine schnelle Messung relevanter Merkmale ermöglichen.

Die Nutzung von mobilen Messplätzen erlaubt einen flexibleren Einsatz der verfügbaren Messmittel und eignet sich vor allem für kostenintensive Standardprüfmittel. Für die Erfassung der Prüfergebnisse werden mobile Rechner genutzt. Mobile Messplätze eignen sich zur statistischen Qualitätskontrolle, z.B. zur Stichprobenprüfung in der Kleinserie.

Um komplexe Werkstückgeometrien mit kurzen Messzeiten im Fertigungstakt überwachen zu können, haben sich in der Praxis Vielstellenmesssysteme etabliert. Nachteilig ist, dass sie in der Regel auf eine konkrete Messaufgabe zugeschnitten sind und daher häufig nur mit größerem Aufwand auf eine andere Anwendung umgerüstet werden können. Dieser Investitionsaufwand rechtfertigt sich normalerweise nur für die Großserienfertigung.

Neben den in Vielstellenmesseinrichtungen eingesetzten taktilen (z.B. induktiven) Messsystemen bieten optische und optoelektronische Messsysteme die Möglichkeit einer schnellen Aufnahme von Messdaten im Fertigungstakt, so dass diese Systeme ein großes Spektrum von Messaufgaben im Bereich der Fertigungsmesstechnik abdecken. Da diese Systeme zumeist an moderne Rechnersysteme angebunden sind, bieten sie die Voraussetzung für eine automatische Prüfdatenerfassung und -verarbeitung und damit eine Rückführung der Messdaten zur Steuerung von Prozessregelkreisen. Durch die Entwicklung auf dem Gebiet der Rechnertechnik ist insbesondere die industrielle Bildverarbeitung in vielen Produktionsbereichen zu einer Art Schlüsseltechnologie geworden. Im Bereich der Fertigungsmesstechnik werden diese Systeme verstärkt für die schnelle Erfassung von Objektgeometrien oder zur optischen Überwachung von Prozesszuständen eingesetzt.

Als flexibles Werkzeug zur Messung komplexer Werkstückgeometrien haben sich Koordinatenmessgeräte bewährt. Dabei finden sowohl taktile als auch optische Messwertaufnehmer Verwendung. Bei hohen Genauigkeitsforderungen werden die Koordinatenmessgeräte meist in Messräumen (Abschnitt 2.4) eingesetzt. Um schnelle Prozess-Regelkreise im Fertigungsumfeld zu realisieren, ist jedoch der Einsatz von Koordinatenmessgeräten erforderlich, bei denen durch geeignete Maßnahmen Störeinflüsse kompensiert werden, wie sie in der Fertigungsumgebung auftreten. Speziell ausgelegte Geräte können auch zur Formprüfung eingesetzt werden. In der Regel werden für die Überprüfung von Form und Oberflächeneigenschaften jedoch spezielle Messgeräte eingesetzt. Diese basieren auf verschiedenen taktilen und optischen Messprinzipien.

Prüfdatenauswertung

Aufgabe der Prüfdatenauswertung ist die Bewertung und Verdichtung der Prüfergebnisse zu Prüfaussagen. Sie bildet damit die wesentliche Basis zum Aufbau eIbeneninterner als auch ebenenübergreifender Qualitätsregelkreise (Kapitel 5).

In der untersten Ebene der Auswertung werden die Prüfmittel-Urwerte zu statistischen Kennwerten verdichtet. Für die kurzfristige Datenauswertung werden dazu Größen wie der Mittelwert $\bar{x}$, die Streuung s oder die Spannweite R innerhalb eines Fertigungsloses bestimmt und für die Losfreigabe oder die Steuerung von Ausschuss und Nacharbeit herangezogen. Letztendlich kann der Hersteller damit einer notwendigen Dokumentationspflicht nachkommen.

Für eine langfristige Beobachtung der Fertigungsqualität interessieren statistische Werte über viele Lose hinweg und die Verknüpfung von Prozess- und Produktdaten. Die dabei verfolgte Zielsetzung ist die Aufdeckung von Schwachstellen in der Fertigung. Dazu wird auf Grundlage der statistischen Kennwerte über mehrere Abstraktionsniveaus eine Qualitätsdatenbasis zur Beschreibung der Produkt-, Prozess- und Maschinendaten im Unternehmen aufgebaut.

Diese Qualitätsdatenbasis dient den planerischen Bereichen als Entscheidungshilfe für die zukünftigen Planungsschritte. Insbesondere kann in der Prüfplanung der

Prüfaufwand an den notwendigen Bedarf angepasst und damit die Prüfkosten optimiert werden. Im Bereich der Qualitätslenkung werden die Daten für die Einleitung gezielter qualitätsverbessernder Maßnahmen genutzt.

Statistische Prozessregelung (SPC)

Die statistische Prozessregelung (SPC) ist eine der gängigsten Qualitätstechniken zur Überwachung und Regelung der Prozessfähigkeit. Dazu wird über Qualitätsregelkarten das statistische Verhalten eines Prozesses beschrieben. Die Qualitätsregelkarten geben Hinweise auf Prozessstörungen und ermöglichen damit den Aufbau von fertigungsnahen Regelkreisen. Diese Systematik eignet sich grundsätzlich nur für die Regelung von fähigen Prozessen, daher muss in einem Vorlauf die Fähigkeit ermittelt werden (Abschnitt 5.2).

Nach dem Vorlauf werden die Eingriffsgrenzen für die Regelung bestimmt und in die Regelkarte eingetragen. Der Bediener der Bearbeitungsmaschine trägt im Betrieb nach festgelegten Stichprobenplänen die zu regelnde Geometriegröße in die Karte ein. Bei Überschreiten der Eingriffsgrenzen wird der Prozess nachgeregelt. Wird die zulässige Toleranz verlassen, liegt ein Systemfehler vor und der Prozess muss untersucht werden.

Fähigkeitsuntersuchungen

Es werden drei Fälle von Fähigkeitsuntersuchungen unterschieden: die Prozessfähigkeit, die Maschinenfähigkeit und die Prüfmittelfähigkeit.

Die Prüfmittelfähigkeit kennzeichnet anhand von geeigneten Parametern die Fähigkeit eines ausgewählten Prüfmittels zur Beurteilung eines Prozesses. Zur Sicherung der Prüfmittelfähigkeit sind die Prüfmittel einer regelmäßigen Überwachung zu unterziehen (Kapitel 6).

Während die Prozessfähigkeit ein Maß dafür ist, ob ein Prozess in der Lage ist, die an ihn bezüglich eines Produktionsmerkmals gestellten Forderungen zu erfüllen, beschreibt die Maschinenfähigkeit die Leistungsmerkmale der Maschine unter Idealbedingungen. Die Maschinenfähigkeitsuntersuchung wird deshalb z.B. bei Abnahmeuntersuchungen eingesetzt. Da in der betrieblichen Praxis solche Idealbedingungen jedoch nicht vorliegen, wird innerhalb der Produktion überwiegend mit der Prozessfähigkeit gearbeitet.

Die Berechnung der Prozess- und Maschinenfähigkeit erfolgt aus der statistischen Auswertung von Messgrößen an gefertigten Werkstücken, wobei die Methodik für beide Fähigkeitswerte identisch ist (Kapitel 5).

Prüfmittelüberwachung

Durch die kontinuierliche Überwachung von Prozesszuständen mit Hilfe fertigungsnah installierter Sensoren werden Produktionseinrichtungen befähigt, maßhaltige Teile herzustellen, deren Qualität mit den Geräten der Post-Prozess-Messtechnik überwacht wird. Um diese Regelmechanismen auch langfristig optimal einsetzen zu können, muss gewährleistet sein, dass die eingesetzten Produktionsmittel zuverlässig arbeiten und die Messtechnik aussagefähige Ergebnisse liefert. Daher müssen Überwachungsverfahren etabliert werden, mit denen die Zuverlässigkeit aber auch die Qualitätsfähigkeit aller am Prozess beteiligten Anlagen und Sensoren sowie der eingesetzten handgeführten Messzeuge und automatisierten Messgeräte geprüft werden (Kapitel 6).

Abhängig vom Automatisierungsgrad der Komponenten muss die Überwachung der am Fertigungsprozess beteiligten Betriebs- und Prüfmittel im Offline-Betrieb außerhalb der Fertigungslinie erfolgen, oder kann – z.B. durch Online-Messung geeigneter kalibrierter Normale – in den Fertigungsablauf integriert werden.

Für die Überwachung von fertigungsnah in Werkzeugmaschinen eingesetzten Sensoren müssen diese entweder ausgebaut und offline bei definierten Randbedingungen geprüft, oder – praxisnäher – gegen bereits geprüfte Exemplare ausgewechselt werden.

Die Überwachung der Fähigkeit von handgeführten Prüfmitteln und Messzeugen kann sowohl offline im Messraum, als auch online durch eine Rückführung auf kalibrierte Endmaße geschehen. Während speziell hier die Überwachung im Messraum eine universelle Kalibrierung zum Ziel hat, befähigt die Überwachungsmessung in der Fertigungslinie das Prüfmittel jedoch vorwiegend für den Einsatz als Komparator – das Messzeug wird also nur für eine spezielle und nicht für alle Messaufgaben kalibriert.

Zur Offline-Überwachung des gesamten Messvolumens von universellen Koordinatenmessgeräten werden konventionelle Prüfmittel verwendet, während sich zur schnelleren Online-Überwachung z.B. kalibrierte Kugelplatten in unterschiedlichen Größen etabliert haben. Angeregt durch immer komplexere Prüfaufgaben an Freiformflächen von z.B. Verzahnungen wurden auch neuere, aufgabenspezifische Prüfkörper entwickelt, mit denen sich die Fähigkeiten von Koordinatenmessgeräten für spezielle Messaufgaben ermitteln lassen.

Schrifttum

[Blu 87]   Blumenauer, H. (Hrsg.): Werkstoffprüfung. Leipzig: VEB Verlag für Grundstoffindustrie 1987

[Dut 96]   Dutschke, W.: Fertigungsmesstechnik. Stuttgart: Teubner Verlag 1996

[Häu 95]   Häuser, K.: Die Messschraube, Technikgeschichte Modelle und Rekonstruktion. München: Deutsches Museum 1995

[Lei 54]   Leinweber, P. (Hrsg.): Taschenbuch der Längenmesstechnik. Berlin, Göttingen, Heidelberg: Springer Verlag 1954

[Lot 88]   Lotze, W.: Die Entwicklung der industriellen Fertigungsmesstechnik. Technische Rundschau. (1988) Nr. 41 S. 38-45

[Pf 96a]   Pfeifer, T.: Qualitätsmanagement: Strategien, Methoden, Techniken. Wien, München: Carl Hanser Verlag 1996

[Pf 96b]   Pfeifer, T., Imkamp, D. et al.: Optimierungspotential Fertigungsmesstechnik. Wettbewerbsfaktor Produktionstechnik, Aachener Perspektiven. Aachener Werkzeugmaschinenkolloquium (Hrsg.). Düsseldorf: VDI-Verlag 1996

[Pf 97a]   Pfeifer, T., Imkamp, D.: Auswirkungen der DIN EN ISO 9000 ff. auf die Fertigungsmesstechnik. GMA-Jahrbuch. Düsseldorf: VDI-Verlag 1997

[Pf 97b]   Pfeifer, T.: Ohne Fertigungsmesstechnik geht nichts. Qualität und Zuverlässigkeit QZ 42 (1997) 9 S. 942-943

[Ste 88]   Steeb, S., Basler, G., Deutsch, V., Gauss, G., Griese, A.: Zerstörungsfreie Werkstück- und Werkstoffprüfung. Ehningen: Expert Verlag 1988

Normen und Richtlinien

DIN EN ISO 9000ff.   DIN EN ISO 9000ff. Normen zum Qualitätsmanagement und zur Qualitätssicherung/QM-Darlegung. 2005 bis 2008

DIN EN ISO/IEC 17025   DIN EN ISO/IEC 17025 Allgemeine Anforderungen an die Kompetenz von Prüf- und Kalibrierlaboratorien. 2005

2 Grundlagen der Fertigungsmesstechnik

2.1 Grundbegriffe

Heute ist es eine Selbstverständlichkeit, dass auch unabhängig voneinander gefertigte Bauteile zueinander passen, z.B. Schrauben und Muttern. Dieses Prinzip ist als Austauschbarkeit bekannt und eine fundamentale Voraussetzung für die moderne Fertigung. Um diese Austauschbarkeit sicherzustellen, ist festzustellen, ob sich bestimmte Merkmale eines Werkstückes innerhalb vorgegebener Toleranzen bewegen. Dazu ist eine Prüfung des relevanten Merkmals notwendig. Grundlage für die Vergleichbarkeit der gewonnenen Messergebnisse ist neben einem einheitlichen Maßsystem unter anderem auch das Wissen um die angewendete Messstrategie.

2.1.1 Einführung in das SI-Einheitensystem

Grundvoraussetzung für das Messen ist, dass die zu messende Größe eindeutig definiert sein muss.

Diese Voraussetzung ist bei physikalischen Größen immer erfüllt. In der allgemeinen Fertigungsmesstechnik müssen bei bestimmten Messaufgaben allerdings die Voraussetzungen erst durch besondere Vereinbarungen geschaffen werden. Bei wichtigen technologischen Größen sind die Prüfverfahren nur durch Normung festgelegt (z.B. Prüfung der Härte).

Die zweite Voraussetzung ist, dass für die Messung ein Bezugsnormal eindeutig festgelegt sein muss.

Die Gesamtheit aller Basisgrößen, die als Bezug einer Messung dienen können, und der daraus abgeleiteten Einheiten bilden ein Einheitensystem. Im Laufe der technischen Entwicklung wurden die verschiedenartigsten Größen als Basiseinheiten definiert und entsprechend die unterschiedlichsten Einheiten eingeführt. Diese Vielfalt an Größen birgt eine Quelle von Fehlermöglichkeiten und Missverständnissen und behindert insbesondere den weltweiten Austausch von Waren, Dienstleistungen und nicht zuletzt Forschungsergebnissen.

In Anbetracht der im Laufe der historischen Entwicklung entwickelten Vielfalt von Maßsystemen wurde im Jahr 1948 ein einheitliches Einheitensystem, das SI ("Systeme International d'Unités"), vorgeschlagen [Tra 97]. Mit der Annahme dieses Systems im Jahre 1960 und nachfolgenden Ergänzungen wurde damit zum ersten Mal ein international anerkanntes Einheitensystem geschaffen und eingeführt. Dieses System beruht auf sieben physikalischen Größen mit ihren Einheiten und Einheitenzeichen (**Tabelle 2.1-1**).

Tabelle 2.1-1:   Basiseinheiten des Internationalen Einheitensystems (SI)

Größe	SI-Einheit	Einheitenzeichen
Länge	Meter	m
Masse	Kilogramm	kg
Zeit	Sekunde	s
Thermodynamische Temperatur	Kelvin	K
Elektrische Stromstärke	Ampere	A
Stoffmenge	Mol	mol
Lichtstärke	Candela	cd

Die aus den Basiseinheiten abgeleiteten SI-Einheiten sind ausschließlich mit dem Zahlenfaktor 1 abgeleitete Potenzprodukte. Ein solches System wird als kohärentes System bezeichnet. Die abgeleiteten Einheiten unterliegen den gleichen algebraischen Beziehungen wie die jeweils zugeordneten Größen. Dabei haben verschiedene abgeleitete Einheiten einen eigenen Namen und eine besondere Einheit erhalten. Als Beispiel steht dafür die Grundgleichung der Mechanik mit den Größen (und Einheiten):

$$Kraft = Masse \cdot Beschleunigung; \quad (1 \ N = 1 \ \frac{kg \cdot m}{s^2}) \quad\quad (2.1\text{-}1)$$

Bei ausschließlicher Verwendung der kohärenten Einheiten werden für Größenangaben unhandlich große und kleine Zahlenwerte notwendig. Um Zahlenwerte in einer überschaubaren Größe zu halten, können die Einheiten mit dezimalen Faktoren multipliziert werden (Beispiel: 1 km statt 1000 m). Diese Faktoren werden SI-Vorsätze genannt (**Tabelle 2.1-2**).

In Technik und Wirtschaft werden zusätzlich zu den SI-Einheiten weitere Einheiten verwendet. Die Zulässigkeit der Verwendung von Einheiten ist gesetzlich geregelt.

Ebenso unterliegt die Darstellung, Bereitstellung und Verbreitung der Einheiten Organisationen, die vom Gesetzgeber mit diesen Aufgaben beauftragt werden (Bundesrepublik Deutschland: Physikalisch-Technische Bundesanstalt (PTB) in Braunschweig und Berlin). Dazu müssen die Einheiten entweder bleibend realisiert werden (z.B. Internationaler Kilogramm-Prototyp als Definition und Realisierung der Basiseinheit Masse) oder reproduzierbar sein (Caesium-Atomuhr als Zeitnormal).

Tabelle 2.1-2: SI-Vorsätze und Vorsatzzeichen

SI-Vorsatz	Vorsatzzeichen	Zehnerpotenz	Name
Exa	E	10^{18}	Trillion
Peta	P	10^{15}	Billiarde
Tera	T	10^{12}	Billion
Giga	G	10^{9}	Milliarde
Mega	M	10^{6}	Million
Kilo	k	10^{3}	Tausend
Hekto	h	10^{2}	Hundert
Deka	da	10^{1}	Zehn
Dezi	d	10^{-1}	Zehntel
Zenti	c	10^{-2}	Hundertstel
Milli	m	10^{-3}	Tausendstel
Mikro	μ	10^{-6}	Millionstel
Nano	n	10^{-9}	Milliardstel
Piko	p	10^{-12}	Billionstel
Femto	f	10^{-15}	Billiardstel
Atto	a	10^{-18}	Trillionstel

Die Definition einer Basiseinheit sagt nichts über ihre Darstellbarkeit aus. So verknüpft die seit 1983 gültige Definition des Meters die Basiseinheit mit einer Naturkonstante:

Definition: Das **Meter** ist die Länge der Strecke, die das Licht in Vakuum während der Dauer von 1 / 299 792 458 s durchläuft [PTB 94].

Die Naturkonstante c ist in dieser Laufzeitdefinition durch die Beziehung

$$c = \lambda \cdot f \qquad\qquad (2.1\text{-}2)$$

mit der Länge und der Zeit verbunden. Da die Lichtgeschwindigkeit c unveränderlich ist, kann nur eine der beiden Größen Länge λ oder Frequenz f frei definiert werden. Da sich zurzeit die Einheit Sekunde genauer als die Einheit Meter darstellen lässt, wurde die Einheit der Länge über die Lichtgeschwindigkeit c an die Zeit angebunden.

Für die Realisierung werden zur Zeit drei Möglichkeiten zur Verfügung gestellt. Die für die Fertigungsmesstechnik wichtigste beruht auf einer Frequenzmessung. Für eine interferentielle Längenmesstechnik wird dabei ein frequenzstabilisierter Laser als Lichtquelle in mehreren Stufen an das Zeitnormal der Cs-Atomuhren angeschlossen und damit die Frequenz seiner ausgesandten Strahlung sehr genau bestimmt. Diese Realisierung ist wie jede andere Realisierung mit Unsicherheiten behaftet, während eine Definition stets exakt ist.

Die Notwendigkeit zunehmend geringer werdender Unsicherheiten bei der Realisierung von Basiseinheiten wird besonders in der für die Fertigungsmesstechnik wichtigen Größe Länge deutlich. Ausgehend von einem "Naturmaß", dem 10.000.000 sten Teil des durch Paris laufenden Meridianquadranten im Jahre 1799 (erstes Urmeter), wurden zunächst weitere Urmeter als materielle Maßverkörperungen mit einer Unsicherheit von $\pm\,0{,}2\ \mu m$ hergestellt (1875). Über eine auf bestimmten Spektrallinien spezieller Lampen beruhende erste (1927) und zweite (1960) Wellenlängendefinition gelang eine Realisierungsunsicherheit von $\pm\,4$ nm [War 84]. Die heutige Realisierungsunsicherheit mit Jod- oder Calcium-stabilisierten Lasern liegt bei wenigen 10^{-11} m. In aktuellen Forschungsarbeiten der PTB werden bereits Unsicherheiten von 10^{-12} m erreicht.

Diese genaueren Realisierungen wurden nicht zuletzt durch die Fortschritte der Fertigungstechnik notwendig, da die Unsicherheit von Anschlussmessungen in der Regel eine Größenordnung über der Realisierungsunsicherheit liegt. Der Lebensraum des Menschen ist auf eine Kugel von $6{,}4 \cdot 10^6$ m Radius, die Erde, beschränkt. Seine unmittelbaren Sinneswahrnehmungen sind so entwickelt, dass sie ihm Informationen über einen Bereich von mehreren 10^3 m (Sehen, Hören) bis zu einigen 10^{-5} m (Tasten) vermitteln. Damit entgehen seiner Wahrnehmung bereits Kleinstlebewesen. Zulässige Maßabweichungen von Präzisionswerkstücken liegen bereits heute zwei und mehr Größenordnungen unter dieser Wahrnehmungsschwelle (**Bild 2.1-1**). Die Längenmaße der Messobjekte, die die moderne Fertigungsmesstechnik bewältigen muss, liegen dabei in dem Bereich von einigen Metern (Karosserien) bis hinunter in den Bereich von einigen Mikrometern (mikro-mechanische Bauelemente). Gleichzeitig werden die Toleranzen der Werkstücke immer enger. Daher befindet sich die Fertigungsmesstechnik in einem ständigen Entwicklungsprozess, um den wachsenden Anforderungen Rechnung tragen zu können.

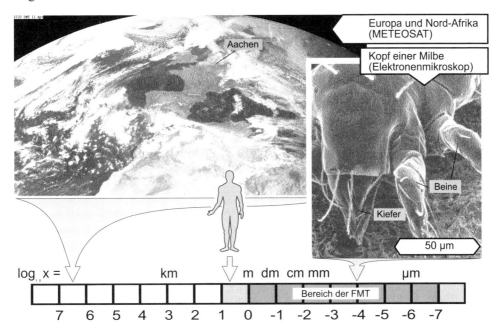

Bild 2.1-1:   Die Größe "Länge"

2.1.2   Begriffsbestimmung

Die folgenden Grundbegriffe der Messtechnik sind in DIN 1319 Teil 1 festgelegt. Sie sind in ähnlicher Form auch im Internationalen Wörterbuch der Metrologie beschrieben [DIN 94].

Definition: Die **Messgröße** ist die physikalische Größe, der die Messung gilt (z.B. Länge, Dichte, Temperatur).

Eine Messgröße hängt im Allgemeinen von mehreren physikalischen Größen ab; insbesondere kann sie zeit- oder ortsabhängig sein.

Definition: **Messen** ist das Ausführen von geplanten Tätigkeiten zum quantitativen Vergleich der Messgröße mit einer Einheit.

Das Auswerten von Messwerten bis zum Messergebnis wird dem Begriff "Messen" zugerechnet, dagegen gehört die weitere Verwendung und Verwertung von Messergebnissen nicht zum Messen.

Definition: Zählen ist das Ermitteln des Wertes der Messgröße „Anzahl der Elemente einer Menge".

Gezählt wird durch Sinneswahrnehmung oder mit Zähleinrichtungen. Dabei wird stets die Anzahl gleichartiger Elemente getrennt von andersartigen ermittelt (Zählwert).

Die Messtechnik bedient sich häufig des Zählens zur Ermittlung von Messwerten. Ein Beispiel ist das Messen der Frequenz durch das Zählen der Perioden eines Signals innerhalb einer vorgegebenen Zeitspanne.

Das Beispiel zeigt, dass Zählen zum Zwecke des Messens eingesetzt werden kann. Es kann aber auch das Messen zum Zwecke des Zählens verwendet werden. Beispielsweise kann die Anzahl von Elementen gleicher Masse durch Wiegen der Gesamtheit aller Elemente bestimmt werden (Zählwaage).

Definition: Prüfen heißt feststellen, inwieweit ein Prüfobjekt eine Forderung erfüllt.

Mit dem Prüfen ist immer der Vergleich mit einer Forderung verbunden, die festgelegt oder vereinbart sein kann. Das Prüfobjekt kann ein Probekörper, eine Probe oder auch ein Messgerät sein. Vorgegebene Bedingungen sind insbesondere Fehlergrenzen und Toleranzen. Das Prüfen kann sich auf messbare oder zählbare Merkmale beziehen (**Bild 2.1-2**).

Eine Prüfung der qualitativen Merkmale erfolgt häufig mit einer nicht maßlichen Prüfung durch die Sinneswahrnehmungen eines Prüfers. Insbesondere können so bereits Aussagen über die Beschaffenheit von Werkstücken gemacht werden, z.B.

- "Das Werkstück ist sehr heiß."
- "Die Oberfläche des Werkstückes ist sehr rau."
- "Das Werkstück weist Risse und Ausbrüche auf."
- "Die Oberfläche des Werkstückes ist ungleichmäßig."
- "Das Getriebe ist zu laut."

Das maßliche Prüfen mit Hilfe von Prüfmitteln führt dagegen zu einer objektiven Aussage darüber, ob ein Prüfgegenstand die geforderten Bedingungen erfüllt.

- "Die Länge der Welle beträgt 149,97 mm."

- "Der Durchmesser liegt innerhalb der geforderten Toleranz."

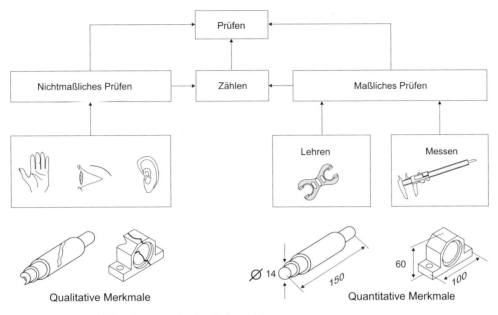

Bild 2.1-2:   Begriffsbestimmung: Prüfen, Lehren, Messen

Kennzeichnend für die Prüfung ist, dass sie stets mit einer Entscheidung verbunden ist. Diese Entscheidung bezieht sich

- unmittelbar auf das Prüfobjekt, z.B. auf die weitere Bearbeitung oder Ausschuss des Werkstückes,

- den Zustand des Fertigungsprozesses, z.B. seine Fähigkeit,

- oder auf den Lieferanten bezüglich der Einhaltung zugesicherter Eigenschaften gelieferter Ware.

Definition: Das **Messergebnis** bezeichnet den aus Messungen gewonnenen Schätzwert für den wahren Wert einer Messgröße.

Grundlage für das Schätzen des wahren Wertes sind Messwerte und bekannte systematische Messabweichungen. Auch bekannte physikalische Beziehungen und sonstige Kenntnisse und Erfahrungen gehören dazu. Eine vollständige Angabe des Messergebnisses enthält eine Information über die Messunsicherheit [DIN 94] (Abschnitt 2.3).

Definition: Ein **Messgerät** ist ein Gerät, das allein oder in Verbindung mit anderen Einrichtungen für die Messung einer Messgröße vorgesehen ist.

Ein Gerät ist auch dann ein Messgerät, wenn seine Ausgabe übertragen, umgeformt, bearbeitet oder gespeichert wird und nicht zur direkten Aufnahme durch den Beobachter geeignet ist. Weitere Begriffe für die Anwendung von Messgeräten finden sich in der DIN 1319 Teil 2.

Definition: Unter **Kalibrieren** versteht man das Ermitteln des Zusammenhangs zwischen Messwert oder Erwartungswert der Ausgangsgröße und dem zugehörigen wahren oder richtigen Wert, der als Eingangsgröße vorliegenden Messgröße für eine betrachtete Messeinrichtung bei vorgegebenen Bedingungen.

Bei der Kalibrierung erfolgt kein Eingriff, der das Messgerät verändert. Neben dem „Kalibrieren" gibt es auch den Begriff „Eichen", der jedoch nur in solchen Fällen benutzt werden sollte, in denen eine Eichbehörde – das Eichamt – ein Normal oder ein Messgerät nach gesetzlichen Vorschriften (Eichordnung) prüft [Dut 96].

Definition: **Justieren** ist das Einstellen oder Abgleichen eines Messgerätes, um systematische Messabweichungen so weit zu beseitigen, wie es für die vorgesehene Messung erforderlich ist.

Bei der Justierung erfolgt im Gegensatz zum Kalibrieren ein Eingriff, der das Messgerät bleibend verändert.

Definition: Das **Messprinzip** bildet die physikalische Grundlage der Messung.

Ein Beispiel für ein Messprinzip ist die Ausnutzung des thermoelektrischen Effekts als Grundlage für eine Temperaturmessung. Das Messprinzip erlaubt es, anstelle der Messgröße eine andere Größe zu messen, um aus ihrem Wert eindeutig den der Messgröße zu ermitteln.

Definition: Unter **Messmethode** versteht man eine spezielle, vom Messprinzip unabhängige Art des Vorgehens bei der Messung.

Beispiele hierfür sind die Vergleichs-Messmethode, die Differenz-Messmethode oder die Nullabgleich-Messmethode.

Definition: Ein **Messverfahren** bezeichnet die praktische Anwendung eines Messprinzips und einer Messmethode.

Messverfahren werden mitunter nach dem Messprinzip eingeteilt und benannt, auf dem sie beruhen (z.B. interferenzielle Längenmessung). Ein Beispiel für ein Messverfahren ist die Stromstärkemessung mit Drehspulmessgerät (magnetische Induktion) nach der Ausschlag-Messmethode.

2.1.3 Messmethoden

Beim Messen unterscheidet man grundsätzlich zwischen direkten und indirekten Messmethoden.

Bei der direkten Messmethode (**Bild 2.1-3**) wird die zu messende Größe direkt mit einem Normal derselben physikalischen Größe verglichen. Ein Beispiel für eine derartige Methode stellt der Vergleich der Länge eines Werkstückes mit der eines Parallelendmaßes dar.

a) Vergleich mit bekannter Maßverkörperung

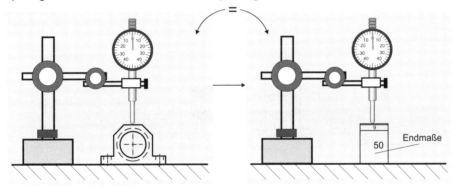

b) Unmittelbare Anzeige des Größenwertes der Messgröße

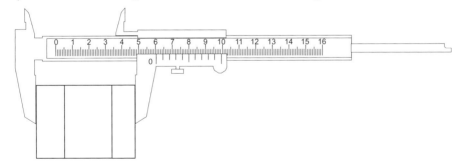

Bild 2.1-3:   Direkte Messmethoden

Zunächst wird ein Messgerät, z.B. eine Messuhr, mit einem Stativ so eingestellt, dass sie beim Antasten des Werkstückes einen bestimmten Wert – vorzugsweise den Wert "Null" – anzeigt. In einem zweiten Schritt wird anstelle des zu messenden Werkstückes eine Kombination von Parallelendmaßen gemessen, die so lange verändert wird, bis der zuvor eingestellte Wert angezeigt wird (**Bild 2.1-3, a**). Die dabei vorhandene Kombination der Parallelendmaße entspricht dann genau der gesuchten Länge des Werkstückes. Diese Vorgehensweise wird auch als Null-abgleich-Messmethode bezeichnet. Ihr Vorteil besteht darin, dass beide Messungen unter genau denselben Bedingungen durchgeführt werden und mögliche Fehler-einflüsse durch unterschiedliche Messbedingungen minimiert werden.

Eine typische Messung nach der Ausschlag-Messmethode stellt die Messung einer Länge mit einem Messschieber dar (**Bild 2.1-3, b**). Dabei werden die Messflächen des Messschiebers in Kontakt mit dem Werkstück gebracht und die Länge direkt an der Skala des als Maßverkörperung dienenden Strichmaßstabes abgelesen.

Bei der indirekten Messmethode wird nicht die zu messende Größe direkt auf-genommen, sondern eine Hilfsgröße, die in einem bekannten und beschreibbaren Zusammenhang mit der Messgröße steht. Die Messung einer Bohrung mit einem pneumatischen Bohrungsmessdorn ist ein Beispiel für eine indirekte Messmethode (**Bild 2.1-4**).

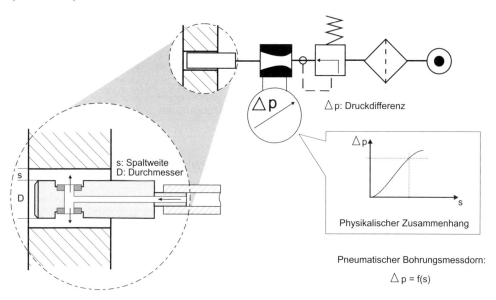

Bild 2.1-4:   Indirekte Messmethode

Pneumatische Längenmessgeräte beruhen auf dem Prinzip, dass die zu messende Länge den engsten Querschnitt eines Strömungskanals beeinflusst, der von Luft durchströmt wird. Der Volumenstrom wird vom engsten Querschnitt des Strö-mungskanals   bestimmt,   der   zwischen   der   Austrittsöffnung   des

Bohrungsmessdornes und der Bohrungswand gebildet wird. Damit repräsentiert der Volumenstrom die gesuchte Messgröße, die Breite des Spaltes. Wird ein Bohrungsmessdorn mit konstantem Druck beaufschlagt, so kann über eine Düse ein Differenzdruck abgenommen werden, der dem Volumenstrom und damit der Spaltweite entspricht.

Die Unterteilung in direkte und indirekte Messmethoden ist unabhängig vom Messprinzip. Das Messprinzip legt fest, auf welche Art und Weise der quantitative Vergleich zwischen Messgröße und Einheit der physikalischen Größe erfolgt. Es beruht auf bekannten physikalischen Effekten, die eine bekannte Abhängigkeit zwischen Messgröße und anderen physikalischen Größen aufweisen (z.B. Änderung des elektrischen Widerstandes eines Drahtes bei Dehnung). Dabei können sich Messmittel für dieselbe Größe auf verschiedene physikalische Effekte abstützen. Unabhängig davon sind die Aufnahme und Repräsentierung der Eingangs- und Ausgangsgrößen (analog und digital) gerätespezifisch (Abschnitt 4.2).

2.1.4   Messstrategien

Messverfahren und Messmethode müssen unter dem Aspekt der Minimierung von Fehlereinflüssen, Flexibilität, Zeit und somit auch Kosten ausgewählt werden. Einen Ansatz bietet beispielsweise die bereits vorgestellte Nullabgleich-Messmethode, bei der die unbekannte Länge eines Werkstückes mit einer genau bekannten Länge verglichen wird. Da es sich aber um eine Vergleichsmessung handelt, bei der die Messabweichung auf Null abgeglichen wird, wirken sich wegen der identischen Bedingungen während beider Teilmessungen die Fehlereinflüsse auf das Ergebnis der Messung nicht aus.

Die Wahl der Antaststrategie hat entscheidenden Einfluss auf das Ergebnis der Messung. Grundsätzlich unterscheidet man zwischen 1-, 2- und 3-Punkt-Antastung. Die Bezeichnung erfolgt dabei nach der Anzahl der zur Längenmessung benutzten Antastpunkte mit berührenden oder auch berührungslosen Antastelementen (**Bild 2.1-5**).

- Die 1-Punkt-Antastung liefert einen Messwert durch Antasten einer Fläche eines Messobjektes. Voraussetzung ist, dass ein gemeinsamer Bezug zwischen Messobjekt und Messmittel hergestellt wurde. Das kann dadurch geschehen, dass Maßverkörperung und Messobjekt eine gemeinsame Bezugsfläche aufweisen. Dies ist beispielsweise der Fall bei der Tiefenmessung einer Bohrung, bei der das Messmittel auf der Fläche, in der sich die Bohrung befindet, aufgesetzt wird. Der Bezug kann auch durch die definierte Anordnung des Messmittels zu einer ausgezeichneten Achse gegeben sein, wie sie beispielsweise bei der Formprüfung durch die Rotationsachse eines Drehtisches gegeben ist.

- Bei der 2-Punkt-Antastung wird das Messobjekt an zwei Punkten angetastet, die durch die Schnittpunkte einer senkrechten Durchstoßungsgeraden mit den ange-tasteten Flächen gegeben sind. Beispiele sind die Messung von Durchmessern oder Dicken von Kleinteilen mit Hilfe von Bügelmessschrauben oder Mess-schiebern.

- Die 3-Punkt-Antastung dient zum Bestimmen von Außen- und Innendurch-messern. Dabei geht man von der Eigenschaft aus, dass drei Punkte einen Kreis eindeutig festlegen. Die Messung erfolgt entweder mit einem Antastelement und einem V-förmigen Prisma als Zweipunktauflage oder mit drei radial ange-ordneten Antastelementen. Beispiele sind die Bestimmung von Durchmessern oder Bohrungen.

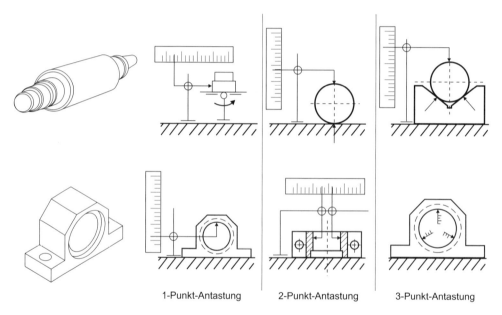

1-Punkt-Antastung   2-Punkt-Antastung   3-Punkt-Antastung

Symbole der Längenprüftechnik nach DIN 2258

Bild 2.1-5:   Antaststrategien

2.2   Maßverkörperungen

Da dieses Buch in erster Linie Messverfahren zur Messung von Geometriemerkma-
len behandelt, beschränken sich die im Folgenden betrachteten Maßverkörperungen auf solche zur Darstellung geometrischer Maße. Geometrische Maßverkörperungen lassen sich nach ihrer physikalischen Beschaffenheit in die materiellen und
die immateriellen Verkörperungen unterteilen. Während die materiellen Maßverkörperungen das jeweilige Maß durch ihre geometrische Gestalt darstellen, stellen
immaterielle Maßverkörperungen das Maß durch ein ihnen eigenes Merkmal dar.
Beispiele hierfür sind die Wellenlänge des Lichtes oder die Strecke, die ein Licht-
oder Schallsignal in einer definierten Zeit zurücklegt.

Definition: Unter einer **Maßverkörperung** ist allgemein ein fassbares Objekt
oder auch ein Naturphänomen zu verstehen, das durch ein bestimmtes,
unveränderliches Merkmal das zu verkörpernde Maß darstellt. Maßverkörperungen haben keine während der Messung beweglichen Teile.

Eine weitere Definition ist in [DIN 94] gegeben. Hier wird eine Maßverkörperung
als Gerät bezeichnet, „mit dem in stets gleichbleibender Weise während seines
Gebrauchs ein oder mehrere Werte einer Größe wiedergegeben oder geliefert
werden sollen."

2.2.1   Endmaße

Endmaße gehören zur Gruppe der materiellen Maßverkörperungen. Sie sind eine
gebräuchliche Grundlage für industrielles Messen und Prüfen. Parallelendmaße
verkörpern eine Länge durch den Abstand zweier paralleler Flächen, der Messflächen. Übliche Parallelendmaße sind quaderförmige Körper mit Längen von
0,5 mm bis 3000 mm und bestehen aus einem verschleißfesten, formbeständigen
Werkstoff, wie beispielsweise Hartmetall oder Keramik. Die Messflächen müssen
frei von Oberflächenfehlern sein.

Unterschiedliche Längenmaße lassen sich durch sogenanntes „Ansprengen" von
Endmaßen verschiedener Längen verkörpern. Unter Ansprengen ist eine vollständige Berührung der Messflächen zweier Endmaße zu verstehen, wobei
Anziehungskräfte zwischen den Flächen diese aneinander halten. Auf diese Weise
lassen sich mit einer geringen, sinnvoll gestuften Zahl von Endmaßblöcken viele
verschiedene Maße bilden (**Bild 2.2-1**). Parallelendmaße werden daher in Sätzen
mit unterschiedlicher Zusammenstellung geliefert, wobei die Zusammenstellung
der Sätze den Messbereich und die kleinstmögliche Abstufung der Messwerte
bestimmt.

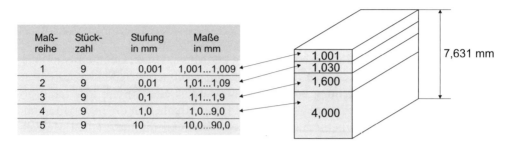

Maß- reihe	Stück- zahl	Stufung in mm	Maße in mm
1	9	0,001	1,001...1,009
2	9	0,01	1,01...1,09
3	9	0,1	1,1...1,9
4	9	1,0	1,0...9,0
5	9	10	10,0...90,0

Bild 2.2-1:   Angesprengte Parallelendmaße

Nach den Definitionen der DIN EN ISO 3650 werden Endmaße in die Genauigkeitsklassen K, 0, I, II eingeteilt, die die Ebenheit der Messflächen, die zulässige Abweichung vom Nennmaß sowie die Rechtwinkligkeitstoleranz zwischen Mess- und Seitenflächen festlegen [DIN EN ISO 3650]. Die Parallelendmaße sind mit ihrem Nennmaß und dem Genauigkeitsgrad gekennzeichnet, wobei die Wahl des Genauigkeitsgrades sich nach dem Verwendungszweck richten sollte (**Tabelle 2.2-1**).

Tabelle 2.2-1:   Geeignete Verwendung für Parallelendmaße unterschiedlicher Genauigkeitsklassen

Genauig- keitsklasse	geeignete Verwendung
K:	Überprüfung der Endmaße darunter liegender Genauigkeitsklassen (Die Genauigkeitsklasse K wird auch Kalibriergrad genannt)
0:	Genaue Längenmessungen und Kontrolle von in Betrieb befindlichen Endmaßen
I:	Kontrolle von Lehren und Einstellungen von Messgeräten
II:	Messung und Prüfung im Vorrichtungs- und Maschinenbau

Durch die Verwendung von speziellem Zubehör lässt sich eine direkte Maßübertragung von Endmaßen auf Werkstücke realisieren.

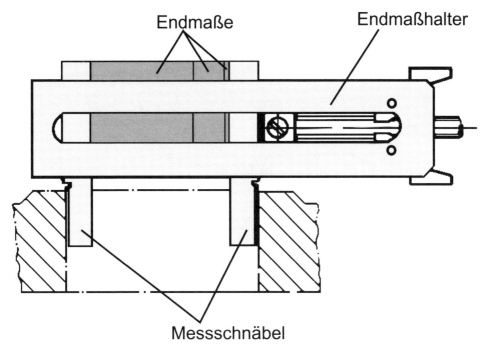

Bild 2.2-2:   Messwerkzeug mit Endmaßen zur Prüfung von Nutbreiten

So lassen sich beispielsweise in Verbindung mit Messschenkeln oder Anreißspitzen verschiedene Werkzeuge für Mess- und Prüfaufgaben zusammenstellen (**Bild 2.2-2**). Hersteller bieten daher neben den Endmaßen selbst auch komplette Zubehörsätze an.

Ein bedeutender eindimensionaler Prüfkörper für die Überwachung von Koordinatenmessgeräten ist das bidirektionale Stufenendmaß (**Bild 2.2-3**). Dieser Prüfkörper verwirklicht mehrere Maßarten (Innen-, Außen-, vorderes und hinteres Stufenmaß, Mittelpunktsabstand von Block und Lücke) und verkörpert gestufte Abstandsgrößen zur Erfassung kurz- und langperiodischer Fehler.

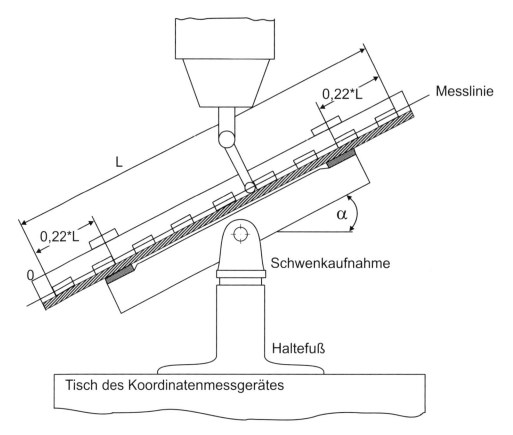

Bild 2.2-3:   Bidirektionales Stufenendmaß

Beim bidirektionalen Stufenendmaß sind zylindrische Endmaße in die neutrale (d.h. die ungedehnte) Faser eines Tragkörpers eingebettet. Auf diese Weise bleibt der Abstand der Endmaße auch bei Durchbiegung des Tragkörpers annähernd konstant. Um die Durchbiegung des Tragkörpers aufgrund seines Eigengewichtes dennoch zu minimieren, sind die Stützstellen an geeigneten Punkten angesetzt. In der Festigkeitslehre lässt sich herleiten, dass ein Balken, mit zwei Stützstellen genau dann die geringste Durchbiegung erfährt, wenn die Stützen an den Stellen $(0{,}22 \times l)$ ansetzen. Diese Punkte werden auch Besselpunkte genannt, da sie sich über eine Besselfunktion ermitteln lassen.

Das Stufenendmaß kann mit Hilfe einer Schwenkaufnahme in unterschiedlichen räumlichen Stellungen angebracht werden und entlang einer Messlinie angetastet werden. Auf diese Weise ist eine Untersuchung der Längenmessunsicherheit eines Koordinatenmessgerätes in mehreren Raumrichtungen möglich.

Winkelendmaße verkörpern einen Winkel durch zwei Messflächen. Ähnlich den Parallelendmaßen lassen sich unterschiedliche Winkel durch Ansprengen verschiedener Winkelendmaße darstellen. Durch die Anordnung einzelner Winkelendmaße ist sowohl die Addition als auch die Subtraktion von Teilwinkeln möglich. Somit lassen sich mit wenigen Winkelendmaßen viele verschiedene Winkel verkörpern. Beispielsweise lassen sich mit einem Winkelendmaßsatz von nur 14 Endmaßen Winkel von 0° 0' 0" bis 90° 0' 0" mit einer Abstufung von 10" bilden.

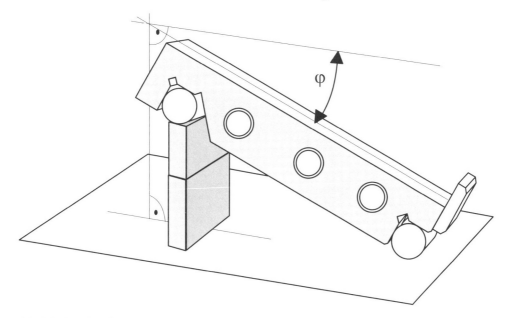

Bild 2.2-4:   Sinuslineal

Winkelendmaße sind jedoch wenig verbreitet, da sie durch Anordnungen aus einem Sinuslineal in Verbindung mit Parallelendmaßen ersetzt werden können. Das Sinuslineal besitzt eine feste Länge und liegt auf zwei unterschiedlich hohen Kombinationen aus Parallelendmaßen auf. Damit bildet es die Hypotenuse eines rechtwinkligen Dreiecks. Eine Kathete des Dreieckes wird durch den bekannten Höhenunterschied zwischen den Parallelendmaßkombinationen gebildet. Mit diesen beiden Maßen lässt sich über die Sinusbeziehung ein definierter Winkel bilden (**Bild 2.2-4**).

Lehren stellen eine spezielle Form der Maßverkörperung dar. Sie verkörpern das Gesamtmaß oder die Form des zu prüfenden Objektes, also keine Einheiten oder Teile von Einheiten, wie die bisher betrachteten Maßverkörperungen. Aus diesem Grund kann mit Lehren kein quantitatives Ergebnis in Form eines Messwertes ermittelt werden. Der Prüfgegenstand wird mit der Lehre qualitativ verglichen, um ein Resultat der Form „Gut", „Nacharbeit" oder „Ausschuss" zu erhalten. Lehren können für verschiedenartige Prüfungen gestaltet sein. Typische Vertreter zur Prüfung von Innen- oder Außendurchmessern sind Bohrungsmessdorne oder Grenzrachenlehren (**Bild 2.2-5**).

Eine genauere Behandlung der lehrenden Prüfung findet im Abschnitt 4.6 statt.

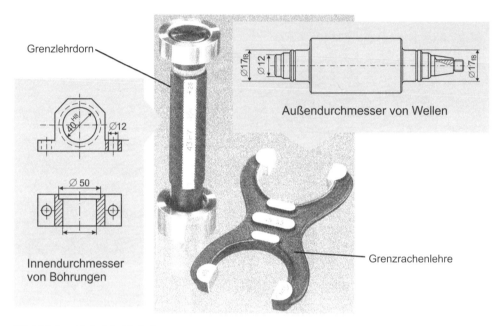

Bild 2.2-5:   Beispiele für Lehren

2.2.2   Inkrementale Maßverkörperungen

Beim Einsatz inkrementaler Maßstäbe wird die Anzahl von Messschritten einer Verschiebung erfasst. Diese Anzahl wird mit der Schrittweite multipliziert und gibt die Gesamtverschiebung wieder. Allerdings lässt sich mit inkrementalen Maßstäben die Richtung der Verschiebung nur durch Zusatzeinrichtungen (wie z.B. ein Richtungssignal) oder durch Verwendung zweier gegeneinander versetzter Maßstäbe erkennen.

Weiterhin ist es wichtig, besonders beim Einsatz in NC-Maschinen, dass zur Initialisierung eine Referenzmarke angefahren wird, um die Absolutposition zu ermitteln. Im ungünstigsten Falle erfordert dies jedoch das Überfahren großer Teile des Messbereiches. Daher sind moderne Messsysteme mit abstandscodierten Referenzmarken versehen, bei denen mehrere Referenzmarken mit definierten unterschiedlichen Abständen angebracht sind. Die absolute Position ist somit nach Überfahren von nur zwei benachbarten Referenzmarken verfügbar.

Der entscheidende Vorteil von inkrementalen Maßstäben besteht darin, dass sie nur eine einzige Spur zur Codierung der Länge erfordern, was sie relativ preisgünstig macht (Abschnitt 2.2.3). Aus diesem Grund werden sie in vielfältigen industriellen Applikationen eingesetzt.

Gängige inkrementale Maßstabsverkörperungen sind z.B. Strichmaßstäbe, Polygonspiegel, Interferometer und diverse mechanische und elektrische Maßstäbe, die in den folgenden Abschnitten kurz beschrieben werden. Für weitergehende Einzelheiten sei auf die Abschnitte 4.2 und 4.3.3 verwiesen.

2.2.2.1   Strichmaßstäbe

Glasmaßstäbe

Bei Glasmaßstäben liegen zwei Glasplatten, auf die jeweils streifenförmige Chromschichten äquidistant angebracht sind, übereinander. Die Maßverkörperung erfolgt hierbei durch die Breite der Streifen und durch ihren Abstand zueinander. Beide Größen sind betragsmäßig gleich und werden als Inkrement τ bezeichnet.

Eine der beiden Platten ist fest während die andere beweglich angeordnet ist. Die fest angeordnete Platte wird als Maßstab bezeichnet, die bewegliche als Abtastplatte. Bei einer Verschiebung der Abtastplatte relativ zum Maßstab um die Teilungsperiode $T = 2\tau$ wird durch die Veränderung der wirksamen lichtdurchlässigen beziehungsweise reflektierenden Fläche genau ein Lichtimpuls registriert. Über die Anzahl der Lichtimpulse, die photoelektrisch aufgenommen werden, kann der Verschiebeweg bei bekannter Teilungsperiode ermittelt werden (Abschnitt 4.2.6).

Für die Teilungsperiode T sind Werte von 8, 10, 20, 40 oder 200 µm gebräuchlich, wobei durch Interpolation eine Auflösung von bis zu 0,1 µm erreicht werden kann. Für eine möglichst exakte Antastung ist es erforderlich, dass die Striche besonders kontrastreich sind, daher erfolgt die Herstellung der Raster entweder durch Aufdampfen oder auf photochemischem Wege.

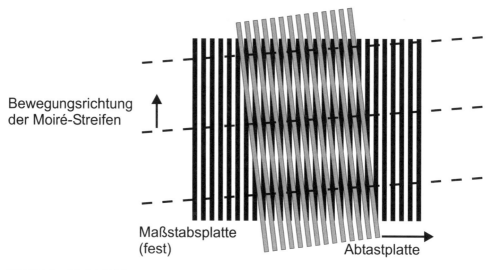

Bild 2.2-6:　Moiré-Effekt

Typischerweise sind die Linien der Abtast- und der Maßstabsplatte parallel zueinander angeordnet. Beim Moiré-Verfahren sind jedoch die Linien der Abtastplatte
um einen festen Winkel (z.B. 5°-10°) gegen den Maßstab gedreht (**Bild 2.2-6**).

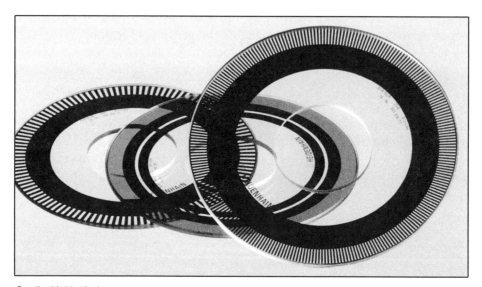

Quelle: Heidenhain

Bild 2.2-7:　Teilungsträger aus Glas zur inkrementalen Winkelmessung

In diesem Fall findet keine völlige Überlagerung der Streifen von Abtastplatte und Maßstabsplatte mehr statt, sondern es entstehen sog. Moiré-Streifen, die sich bei horizontaler Verschiebung der Abtastplatte, in vertikaler Richtung bewegen. Das Moiré-Verfahren erfordert zwar einen höheren Auswerteaufwand, erlaubt dafür aber eine feinere Messauflösung als über die Streifenbreite. Weitere Einzelheiten zum Moiré-Verfahren sind im Abschnitt 4.3.2.5 zu finden.

Inkrementale Maßverkörperungen werden in der geometrischen Messtechnik sowohl zur Längen- als auch zur Winkelmessung eingesetzt. Das Winkelmaß ist dabei durch Teilungsmarkierungen verkörpert, die auf einer kreisförmigen Bahn angeordnet sind (**Bild 2.2-7**), ansonsten geschieht die Winkelmessung nach dem gleichen Prinzip wie die Längenmessung.

Elektrische Strichmaßstäbe

Die Rasterung von Strichmaßstäben erfolgt nicht immer auf optischem Wege, sondern vielfach auch auf elektrischem, wobei im Wesentlichen das Prinzip der Induktions- oder der Kapazitätsveränderung ausgenutzt wird. Die jeweilige Maßverkörperung erfolgt durch die entsprechenden Abstände und Ausmaße von Leiterbahnen, Dielektrika, Magneten oder Kondensatorplatten. Elektrische Strichmaßstäbe erfordern zwar im Allgemeinen einen relativ hohen Justageaufwand insbesondere bei großen Messlängen, dafür arbeiten sie jedoch sehr robust, verschleißfrei und vergleichsweise unempfindlich gegenüber Verschmutzung wie Staub oder Ölnebel. Einen Überblick über gängige elektrische Maßstäbe verschafft **Bild 2.2-8**.

Beim Inductosyn-Maßstab (**Bild 2.2-8, a**) wird an eine mäanderförmige Leiterbahn (Lineal), die als Primärspule eines Transformators fungiert, eine Wechselspannung angelegt. Durch die Bewegung einer ebenfalls mäanderförmigen Sekundärspule (Reiter) über das Lineal verändert sich periodisch die magnetische Kopplung zwischen Primär- und Sekundärspule und damit die Höhe der sekundärseitig induzierten Spannung. Die Verschiebungsrichtung kann ermittelt werden, wenn im Reiter zwei zueinander versetzte Spulen verwendet werden.

Der Accupin-Maßstab (**Bild 2.2-8, b**) verändert mit verschiebbaren ferromagnetischen Zapfen die magnetische Kopplung zwischen zwei mit Metallkernen versehenen Spulen. Wird an die Primärwicklung eine Wechselspannung angelegt, so kann an der Sekundärwicklung die induzierte Spannung, die von der Position der Zapfen abhängig ist, abgegriffen und ausgewertet werden.

Beim magnetischen Maßstab (**Bild 2.2-8, c**) wird eine Folge von Spulen über eine Folge von Dauermagneten und somit durch ein Magnetfeld bewegt. Nach dem Induktionsgesetz werden dadurch in den Spulen Spannungsimpulse induziert, die gezählt werden und deren Anzahl zu der erfolgten Verschiebung proportional ist.

Der kapazitive Maßstab (**Bild 2.2-8, d**) besteht aus dünnen Metallstreifen auf der Maßstabs- und Abtastplatte, die zusammen Kondensatoren bilden. Bei Verschiebung der Abtastplatte über die Maßstabsplatte verändert sich die wirksame Plattenfläche der Kondensatoren und damit die Kondensatorspannung, die über einen Widerstand eingekoppelt wird. Die Verschiebung ist proportional zur Anzahl der aufgetretenen Spannungsmaxima oder -minima am Kondensator.

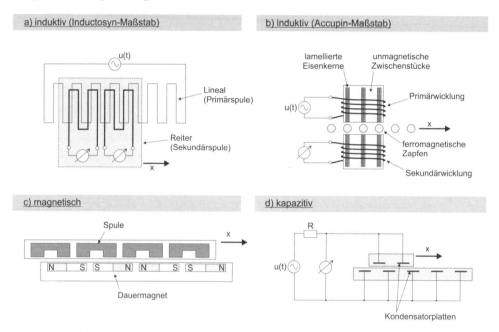

Bild 2.2-8:   Übersicht über elektrische Maßstäbe

Weitere Einzelheiten zur optischen bzw. elektrischen Antastung der beschriebenen Strichmaßstäbe sind unter Abschnitt 4.2 zu finden.

2.2.2.2   Polygonspiegel

Polygonspiegel stellen mit ihren üblicherweise 4, 8, 12, 36 oder 72 Flächen eine relativ grob gerasterte Winkelverkörperung dar. Die Winkelteilung ergibt sich aus der Anzahl der Flächen. Spiegelpolygone bestehen in der Regel aus einem spannungsfreien Block (Keramik, Zerodur oder Stahl) oder aus einzeln angeordneten Spiegeln. Die Antastung des Spiegelpolygons kann mit einem Autokollimationsfernrohr (AKF) erfolgen, das unter Abschnitt 4.3.4.2 behandelt wird. Dabei wird nach jeder Drehung des Polygons um den Teilungswinkel α der Strahl wieder in sich selbst reflektiert (**Bild 2.2-9**).

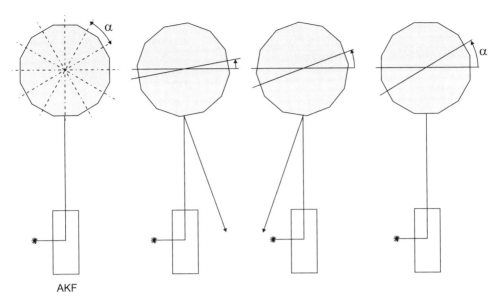

Bild 2.2-9: Spiegelpolygon in Verbindung mit einem Autokollimationsfernrohr (AKF)

2.2.2.3 Lichtwellenlänge als Maßstab (Interferometer)

Im Gegensatz zu den zuvor beschriebenen Maßverkörperungen, ist die Maßverkörperung durch die Wellenlänge des Lichtes eine immaterielle Maßverkörperung.

Um die Lichtwellenlänge als Maßstab einzusetzen, ist ein sog. Interferometer erforderlich, das 1882 erstmals von Michelson vorgestellt wurde. Beim Michelson-Interferometer wird ein Laserstrahl in einen Referenz- und einen Messstrahl zerlegt, die jeweils unterschiedliche Strecken zurücklegen. Beide Teilstrahlen werden nach Durchlaufen der Referenz- und Messstrecke in sich zurückreflektiert und wieder zusammengeführt. In Abhängigkeit des Wegunterschiedes stellt sich ein Phasenunterschied zwischen beiden Strahlen ein, der eine Intensitätsveränderung der resultierenden Welle zur Folge hat. Wird die Länge der Messstrecke verändert, so werden von dem Photodetektor Intensitätsmaxima und -minima erfasst, deren Anzahl proportional zur erfolgten Verschiebung ist. Auch beim Michelson-Interferometer kann die Richtung der Bewegung erst durch zusätzliche Maßnahmen erkannt werden. Einzelheiten zur Interferometrie, siehe Abschnitt 4.3.3.6.

2.2.2.4 Mechanische Maßstäbe

Längen- und Winkelmaße lassen sich auf einfache Weise durch die Teilung von Ritzeln oder Spindeln verkörpern. Derartige mechanische Maßverkörperungen haben den Vorteil, dass sie einerseits die zu messende Größe verkörpern und andererseits eine Kraftübertragung zum Beispiel zur Positionierung von Maschinenkomponenten ermöglichen.

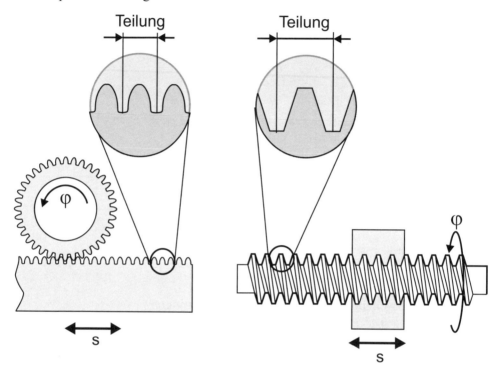

Bild 2.2-10: Maßverkörperung durch Zahnteilung

Bei einer Anordnung mit Zahnstange und Ritzel erfolgt die Antastung der Zahnstange durch das Abrollen des Ritzels auf der Zahnstange (**Bild 2.2-10**). Über die Messung des Drehwinkels des Ritzels ist die Relativverschiebung zwischen Zahnstange und Ritzel zu ermitteln.

Ein ähnliches Prinzip liegt der Anordnung mit Spindel und Mutter zugrunde. Durch die Messung des Drehwinkels der Spindel kann die Verschiebung der Mutter ermittelt werden.

2.2.3   Absolut codierte Maßverkörperungen

Bei den absolut codierten Maßstäben liegt eine eindeutige Zuordnung zwischen Position und Anzeige vor. Sie können, wie auch die inkrementalen Maßstäbe, sowohl zur Verkörperung von Längen als auch von Winkeln eingesetzt werden. Zur Codierung der jeweiligen Position wird z.B. der Dual-Code oder der Gray-

Code verwendet. Beim Dual-Code können allerdings schon geringfügige Lageabweichungen der Codemarkierungen zu falschen Ergebnissen führen, während der
Gray-Code den Vorteil hat, dass sich zwischen zwei Positionen immer genau eine
Codestelle ändert, wodurch Fehler reduziert werden können. **Bild 2.2-11** verdeutlicht die Unterschiede zwischen den verschiedenen Maßstabscodierungen.

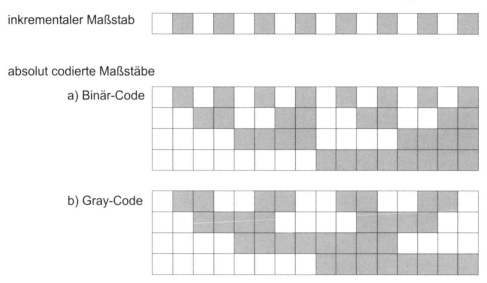

Bild 2.2-11: Verschiedene Längenmaßstäbe im Vergleich

Zur Verkörperung von Winkeln sind die Teilungsmarkierungen entsprechend auf
einer kreisförmigen Scheibe angeordnet.

Anders als bei inkrementalen Maßstäben ist bei absolut codierten Maßstäben eine
Vielzahl von Spuren und Detektoren erforderlich. Allgemein ergibt sich die Anzahl
N der benötigten Spuren bei Verwendung eines dualen Codes aus der Länge L
des Messbereiches und der gewünschten Auflösung a, wobei auf die nächst
größere ganze Zahl aufgerundet werden muss:

$$N = \log_2\left(\frac{L}{a}\right). \tag{2.2-1}$$

Für einen Messbereich von 300 mm und eine vergleichsweise geringe Auflösung
von 10 μm sind so beispielsweise bereits 15 Spuren und Detektoren notwendig.

Die relativ hohe Anzahl von Spuren macht absolut codierte Messsysteme vergleichsweise teuer, weswegen sie sich in der Praxis kaum durchsetzen konnten
[Dut 96]. Ferner ist keine Interpolation möglich, so dass die Auflösung ausschließlich durch die Anzahl der verwendeten Spuren festgelegt ist.

Die Vorteile der absolut codierten Maßstäbe sind in erster Linie ihre Unempfindlichkeit gegenüber zählfehlerverursachenden Störimpulsen, sowie ihre Fähigkeit ohne Zusatzeinrichtung die Bewegungsrichtung zu erkennen. Darüber hinaus entfällt bei absolut codierten Maßstäben das zeitaufwendige Anfahren von Referenzmarken zur Positionsbestimmung.

2.3   Messunsicherheit und Messabweichung

Ein Messergebnis ohne die Angabe einer Messunsicherheit ist wertlos. Dieser Sachverhalt ist eigentlich trivial. Dennoch ist es immer noch die Regel, dass Messergebnisse ohne Messunsicherheit angegeben werden, obwohl sich ein vollständiges Messergebnis immer aus einem Messergebnis und der zugehörigen Messunsicherheit zusammensetzt [DIN 1319-1, DIN 1319-3, DIN 95, DIN EN ISO 14253]. Sofern die Messunsicherheit im Vergleich zu der zu prüfenden Toleranz als „klein" angesehen wird, bleibt diese heute vielfach noch unberücksichtigt (Abschnitt 2.3.4). Durch die steigenden Anforderungen an die Produktion und die damit einhergehende Verringerung der Fertigungstoleranzen wird die Messunsicherheit jedoch zu einer Einflussgröße, die bei der Entscheidung, ob ein Merkmal innerhalb der Toleranz liegt, berücksichtigt werden muss (Abschnitt 2.5). Definierte Regeln sorgen dafür, dass die getroffenen Entscheidungen für alle Beteiligten nachvollziehbar sind (Abschnitt 2.5.4.1).

2.3.1   Definitionen und Begriffe

Das Ziel der Messung einer Messgröße ist es, ihren wahren Wert zu ermitteln. Aufgrund der bei der Messung wirkenden Einflüsse treten jedoch unvermeidliche Messabweichungen auf. Es wird dabei zwischen systematischen und zufälligen Einflüssen unterschieden (Abschnitt 2.3.2). Wegen der Beeinflussung des Messergebnisses ist es nicht möglich, den wahren Wert genau zu finden. In der Regel wird daher ein als richtig vereinbarter Wert verwendet.

Definition: Ein **richtiger Wert** ist ein durch Vereinbarung anerkannter Wert, der einer betrachteten speziellen Größe zugeordnet wird, und der mit einer dem jeweiligen Zweck angemessenen Unsicherheit behaftet ist. [DIN 94, DIN 95].

Lediglich das Messergebnis als Schätzwert für den wahren Wert einer Messgröße und die Messunsicherheit lassen sich aus den Messwerten und anderen Informationen zu der Messung bestimmen [DIN 1319-3].

Definition: Die **Messunsicherheit** ist ein dem Messergebnis zugeordneter Parameter, der die Streuung der Werte kennzeichnet, die vernünftigerweise der Messgröße zugeordnet werden könnte [DIN 94, DIN 95].

Die Messunsicherheit wird oft unter Berücksichtigung von Kenntnissen über Messabweichungen ermittelt. Sie entspricht jedoch nicht der Messabweichung, sondern kennzeichnet vielmehr einen Bereich, von dem angenommen wird, dass er größer oder gleich der tatsächlichen Messabweichung ist [DIN 1319-1].

Definition: Die **Messabweichung** ist die Abweichung eines aus Messungen gewonnenen und der Messgröße zugeordneten Wertes vom wahren Wert [DIN 1319-1] bzw. Messergebnis minus wahren Wert der Messgröße [DIN 94].

Da der wahre Wert nicht festgestellt werden kann, wird an dieser Stelle in der Praxis ein richtiger Wert benutzt.

Messunsicherheit und Messabweichung beziehen sich auf eine bestimmte Messung. Als Kenngröße eines Messgerätes ist in diesem Zusammenhang der Begriff der Fehlergrenze zu verwenden.

Definition: Die **Fehlergrenze** ist der Abweichungsgrenzbetrag für Messabweichungen eines Messgerätes [DIN 1319-1].

Die Fehlergrenze ist ein Betrag und wird daher ohne Vorzeichen angegeben [DIN 1319-1]. Die Extremwerte der Messabweichung eines Messgerätes, die natürlich ein Vorzeichen haben, werden als Grenzabweichungen bezeichnet [DIN 94]. Dieser Begriff findet auch bei der Angabe der Extremwerte der Abweichung von Kenngrößen Verwendung (**Tabelle 2.3-1**).

Der Begriff der *Messgenauigkeit* ist ein qualitativer Begriff [DIN 94], der im Zusammenhang mit der quantitativen Bestimmung der Messunsicherheit von Messungen nicht verwendet werden sollte [DIN 55350].

Der erste Schritt bei einer Messung ist die Spezifikation der Messgröße in Form einer Beschreibung (**Bild 2.3-1**). Bei der Messung von verkörperten Längen ist beispielsweise die Angabe einer Temperatur, bei der die Messung durchzuführen ist, ein wichtiger Bestandteil der Beschreibung. Vom Prinzip her ist diese Beschreibung jedoch ohne eine unendliche Menge von Informationen niemals vollständig. Daher trägt sie in dem Maße, wie sie Raum für Interpretationen lässt, zur Unsicherheit des Messergebnisses bei [DIN 95]. Der wahre Wert selbst ist also mit einer Unsicherheit behaftet. Zur Vereinfachung soll jedoch hier von einem eindeutigen wahren Wert ausgegangen werden.

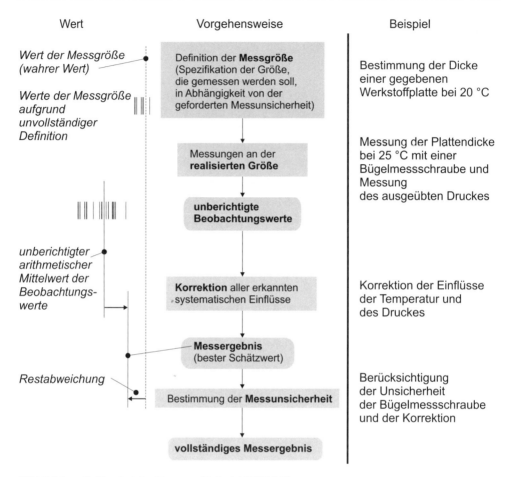

Bild 2.3-1:   Größen bei der Messung (Beispiel [DIN 95])

Die Messung wird an der realisierten Größe durchgeführt, die im Idealfall der Spezifikation der Messgröße entspricht. Durch Wiederholungen der Messung kann der Einfluss zufälliger Messabweichungen verringert werden (Abschnitt 2.3.3). In diesem Fall ist der Mittelwert aus allen Messungen zu bestimmen. Die unberichtigten Beobachtungswerte sind auf Basis der Informationen über erkannte systematische Einflüsse zu korrigieren. Die Korrektion kann vor oder nach der Mittelwertbildung erfolgen. Das nach der Korrektion ermittelte Messergebnis stellt einen Schätzwert für die Messgröße dar. Durch die Bestimmung der Messunsicherheit wird schließlich das aus Messergebnis und Messunsicherheit bestehende vollständige Messergebnis ermittelt. Die verbleibende Restabweichung, die genau wie der wahre Wert nicht erfassbar ist, bildet eine Komponente der Messunsicherheit. Dabei ist zu berücksichtigen, dass auch die Restabweichung aufgrund der unvollständigen Definition nicht eindeutig festgelegt ist.

2.3.2 Einflussgrößen auf die Messabweichung

Wegen der bei einer Messung wirkenden Einflüsse treten unvermeidliche Messabweichungen auf, die durch die Messunsicherheit nach oben abgeschätzt werden. Die Einflüsse lassen sich genauso wie die daraus resultierenden Abweichungen zum einen nach ihrer Ursache und zum anderen nach ihrer Art einteilen.

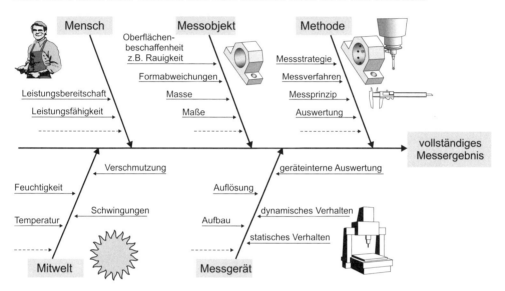

Bild 2.3-2: Ursache-Wirkungs-Diagramm der Fertigungsmesstechnik

Zur Darstellung der Ursachen für die Messabweichungen kann ein Ursache-Wirkungs-Diagramm (Ishikawa-Diagramm) [Pf 96] verwendet werden, wie es beispielsweise zur Analyse von Fertigungsprozessen und auch in der Koordinatenmesstechnik [Wec 96] genutzt wird. Mit den Haupteinflussgrößen bei einer Messung, die sich analog zu den 6 Ms eines Fertigungsprozesses (Mensch, Material, Methode, Mitwelt, Maschine, Messung) ergeben, lässt sich ein Ursache-Wirkungs-Diagramm für den Messprozess in der Fertigungsmesstechnik aufstellen (**Bild 2.3-2**). Da die Messung als Einflussgröße entfällt, ergeben sich für die Fertigungsmesstechnik 5 Ms. Die aufgezählten Einzeleinflüsse erheben keinen Anspruch auf Vollständigkeit. In Abhängigkeit von der einzelnen Messung ist zu prüfen, welche Einflüsse so groß sind, dass sie bei der Ermittlung des vollständigen Messergebnisses in Form einer Korrektur oder der Messunsicherheitsbestimmung (Abschnitt 2.3.3) zu berücksichtigen sind.

Bei der Art der Einflussgrößen bzw. Messabweichungen wird im Wesentlichen zwischen systematischen und zufälligen Einflüssen unterschieden (**Bild 2.3-3**). Die durch die bekannten systematischen Einflussgrößen hervorgerufenen Abweichungen werden zur Korrektion des Messergebnisses verwendet. Die aus der Unsicherheit der Korrektion hervorgehende Restabweichung, die unbekannte systematische Abweichung und die zufälligen Abweichungen müssen durch die Bestimmung der Messunsicherheit nach oben abgeschätzt werden.

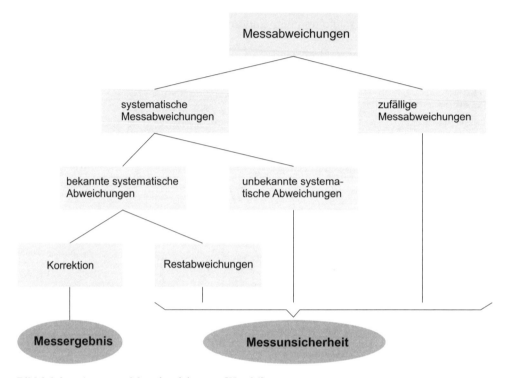

Bild 2.3-3:   Arten von Messabweichungen [Her 96]

In den folgenden Abschnitten wird die Wirkung wesentlicher Einflussgrößen auf die Messabweichung geordnet nach Haupteinflussgrößen aus **Bild 2.3-2** kurz dargestellt. In Abhängigkeit von dem eingesetzten Messgerät ergeben sich darüber hinaus gerätespezifische Einflüsse, die in Zusammenhang mit den einzelnen Geräten in Abschnitt 4 dargestellt werden.

2.3.2.1   Mensch

Der Mensch bzw. Werker, der die Messung durchführt, muss sowohl im Hinblick auf seine Leistungsfähigkeit als auch auf seine Leistungsbereitschaft für die Durchführung einer Messung geeignet sein. Die Leistungsfähigkeit bezieht sich neben der körperlichen Eignung (z.B. Sehschärfe für die Sichtprüfung) hauptsächlich auf eine entsprechende Ausbildung und Schulung.

Die Leistungsbereitschaft wird durch die persönliche Motivation beeinflusst. Weiterhin steigert ein ergonomisch gestalteter Messplatz die Leistungsbereitschaft. Das bezieht sich sowohl auf die Anordnung der Mess- und Messhilfsmittel, als auch auf die Beleuchtung, Geräuschpegel usw.

Dennoch sind Ablese- und Handhabungsfehler sowie Übertragungs- und Rechenfehler bei der Auswertung nicht auszuschließen. Besonders das Ablesen einer Skala (Parallaxe) unter schrägem Blickwinkel kann, da es ein Fehler erster Ordnung ist, das Ergebnis erheblich beeinflussen [Dut 96].

Durch die Automatisierung der Messung kann der menschliche Einfluss verringert werden. Ganz auszuschließen ist der Einfluss des Menschen jedoch niemals, da selbst bei einer vollautomatischen Messeinrichtung der Mensch für den Bau dieser Einrichtung und für die Interpretation der Ergebnisse verantwortlich ist.

2.3.2.2 Mitwelt: Schwingungen, Verschmutzung, Klima, Temperatur

Die wesentlichen Messabweichungen in diesem Bereich resultieren aus Schwingungen, Verschmutzung, Feuchtigkeit und Temperatureinflüssen.

Bodenschwingungen spielen besonders bei Messgeräten eine Rolle, die, wie beispielsweise Koordinatenmessgeräte [Pre 97], direkt auf dem Boden installiert sind. Auch Bestandteile des Messgerätes wie zum Beispiel Antriebe können Schwingungen verursachen, die das Messergebnis beeinflussen. Weiterhin ist in diesem Zusammenhang der Einfluss von schwingenden elektromagnetischen Feldern und der Einfluss von Schalldruck zu nennen.

Sowohl die Verschmutzung des Messgerätes als auch des Messobjektes kann das Messergebnis durch die Vortäuschung von Maß-, Form- und Oberflächenfehlern beeinflussen. Ursachen für die Verschmutzung sind Öl, Staub und grobe Schmutzpartikel, zum Beispiel in Form von Spänen. Besonders im fertigungsnahen Bereich ist auch mit Kühl- und Schmiermittelnebel zu rechnen.

Feuchtigkeit verursacht Korrosion sowohl am Messgerät als auch am Messobjekt, was die Messung und unter Umständen sogar die Funktionsfähigkeit von Messgeräten stört. Granit, der oft für Messplatten und andere Messgerätebauteile Verwendung findet, verformt sich durch das Eindringen von Feuchtigkeit [Pre 97].

Als besonders wesentlich ist der Einfluss der Temperatur auf die Messaufgaben im Bereich der Fertigungsmesstechnik anzusehen. Dies bezieht sich besonders auf die Längenmessung. So kann man durchaus sagen: „In der Längenmesstechnik ist Temperaturmessung nicht alles, aber ohne sie ist alles nichts [Pre 97]". Ein Temperatureinfluss wird durch Wärmeübertragung bewirkt, die durch Wärmeleitung, Konvektion oder Temperaturstrahlung erfolgen kann.

Es ist zwischen drei verschiedenen Arten des Temperatureinflusses zu unterscheiden [Pre 97]:

- Abweichung des Temperaturniveaus von der Bezugstemperatur,

- zeitliche Temperaturschwankungen (Temperaturgradienten), die sowohl lang-
  (Sommer und Winter, Tag und Nacht) als auch kurzperiodisch (pro Stunde) sein
  können und

- räumliche Temperaturschwankungen (Temperaturgradienten).

Durch den Einfluss der Temperatur dehnen sich die meisten – insbesondere die
metallischen – Werkstoffe mit zunehmender Temperatur reversibel aus. Dieses
lineare Ausdehnungsverhalten wird durch die Gleichung

$$\Delta L = L \cdot \alpha \cdot \Delta t \qquad\qquad (2.3\text{-}1)$$

beschrieben. ΔL bezeichnet die Längenänderung, L die Nennlänge, α den linearen
Ausdehnungskoeffizienten (**Tabelle 2.3-1**) und Δt die Temperaturänderung.

Tabelle 2.3-1:   Thermische Längenausdehnungskoeffizienten fester Körper [Her 97, Pre 97].

Stoff	Längenausdehnungs-koeffizient α [10^{-6}/K]	Grenzabweichung [10^{-6}/K] u_α
Aluminium-Legierung	23..24	0,5..2
Glas	8..10	0,5
Grauguss	9,5..10	0,5
Stahl	10..12	0,5..1,5
Zerodur (Glaskeramik)	0..0,05	0,05

Für genaue Messungen ist bereits die Wärmestrahlung des Prüfers ausreichend, um
ein Messergebnis entscheidend zu verändern. Gemäß Gleichung 2.3-1 dehnt sich
ein 100 mm langes Stahllineal bei einer Temperaturdifferenz von 1 K bereits um
mehr als 1 µm.

Bei einer Messung ist neben der Längenänderung des Messobjektes zusätzlich die
Längenänderung des Maßstabes zu berücksichtigen. Dann gilt

$$\Delta L = L \cdot (\alpha_{Werk} \cdot \Delta t_{Werk} - \alpha_M \cdot \Delta t_M) \qquad\qquad (2.3\text{-}2)$$

Der Index *Werk* bezeichnet das Werkstück bzw. das Messobjekt und der Index M
den Maßstab bzw. das Messgerät. Die Bezugstemperatur für die
Längenmesstechnik beträgt 20 °C [DIN EN ISO 1]. Mit der Temperaturänderung
bzw. -abweichung Δt ist die Abweichung von dieser Bezugstemperatur gemeint.
Gleichung 2.3-1 kann bei einer Messung nur dann verwendet werden, wenn
Maßstab und Messobjekt den gleichen Ausdehnungskoeffizienten besitzen. Δt
bezeichnet dann die Temperaturdifferenz zwischen Maßstab und Messobjekt.

Die Auswirkungen der Längenänderung sind unter folgenden Bedingungen Null oder vernachlässigbar [Dut 96]:

- Längenausdehnungskoeffizienten sind sehr klein ($\alpha \approx 0$)

- Längenausdehnungskoeffizienten und Temperaturen von Werkstück und Messgerät sind gleich ($\alpha_{Werk} = \alpha_M$ und $t_{Werk} = t_M$)

- sowohl Werkstück als auch Messmittel haben Bezugstemperatur

Der erste Fall ist nur bei Messobjekten und Maßverkörperungen aus Glas oder Zerodur zu erreichen. Der zweite Fall tritt bei der Messung von Stahlwerkstücken und Verwendung von Maßstäben aus dem gleichen Material ein. Der dritte Fall wird durch Ausführung der Messung in einem klimatisierten Messraum (Abschnitt 2.4) realisiert.

Die durch die Gleichungen 2.3-1 und 2.3-2 beschriebenen Effekte beschränken sich auf einen Temperatureinfluss, der durch eine Abweichung von der Bezugstemperatur bzw. einen Temperaturgradienten zwischen Messgerät und Messobjekt hervorgerufen wird. Räumliche Temperaturgradienten innerhalb des Messgerätes bzw. Messobjektes und zeitliche Temperaturgradienten können so nicht berücksichtigt werden. Ihre mathematische Beschreibung ist erheblich umfangreicher. Zur Kompensation von Temperatureinflüssen innerhalb der Messgeräte werden komplexe Korrekturverfahren eingesetzt [Bre 93, Tra 89]. Der Temperaturgradient im Werkstück lässt sich nur durch eine ausreichend lange Lagerung des Werkstückes bei konstanter Temperatur ausgleichen, die beispielsweise durch eine Luftdusche verkürzt werden kann. Der Einfluss zeitlicher Temperaturgradienten wird bei Messgeräten durch die Verwendung von Bauteilen mit hoher Wärmeleitfähigkeit wie beispielsweise Aluminium verringert. Durch Verwendung einer Klimatisierung beispielsweise in einem Messraum oder einer Schutzkabine können die Temperaturgradienten gezielt begrenzt werden.

Die mit den aufgeführten Gleichungen ermittelten Größen können zur Korrektion der Messergebnisse verwendet werden. Dazu wird die berechnete Abweichung von der gemessenen Länge subtrahiert. Sofern auf eine Korrektion verzichtet wird, kann damit die durch den Temperatureinfluss verursachte systematische Messabweichung abgeschätzt werden [Her 97].

Der berechenbare Einfluss der Temperatur ist mit einer Unsicherheit behaftet, die aus der Unsicherheit der Temperaturmessung und der Unsicherheit der Ausdehnungskoeffizienten (**Tabelle 2.3-1**) resultiert. Dieser Unsicherheitseinfluss muss zusätzlich berücksichtigt werden. Rechnerisch geschieht dies durch partielles Differenzieren der Gleichungen 2.3-1 bzw. 2.3-2. Für Gleichung 2.3-2 ergibt sich nach quadratischer Addition der einzelnen Anteile (Abschnitt 2.3.3) folgender Ausdruck, wobei u_α die Unsicherheit des Ausdehnungkoeffizienten (**Tabelle 2.3-1**) und $u_{\Delta t}$ die Unsicherheit der Temperaturmessung bezeichnet:

$$u = L \cdot \sqrt{\left(u_{\alpha Werk} \cdot \Delta t_{Werk}\right)^2 + \left(u_{\Delta t Werk} \cdot \alpha_{Werk}\right)^2 + \left(u_{\alpha M} \cdot \Delta t_M\right)^2 + \left(u_{\Delta t M} \cdot \alpha_M\right)^2} \qquad (2.3\text{-}3)$$

Die Unsicherheit der Temperaturmessung ist im Einzelfall genau zu bestimmen [VDI/VDE 3511]. Die Grenzabweichungen für Temperaturmessungen liegen je nach Messbedingungen üblicherweise zwischen 0,2 und 1 Kelvin [Her 97]. Die Unsicherheit für Gleichung 2.3-2 kann analog bestimmt werden. Es ist zu beachten, dass alle Unsicherheitsgrößen, die addiert werden, das gleiche Vertrauensniveau haben. Grenzabweichungen rechteckverteilter bzw. gleichverteilter Größen, wie sie hier angegeben sind, sind daher immer auf eine Standardunsicherheit umzurechnen (Abschnitt 2.3.3).

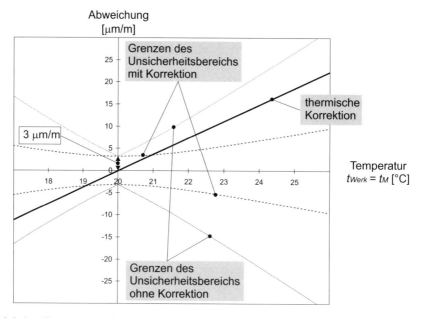

Bild 2.3-4:   Temperaturbedingte Längenmessabweichung

Den Einfluss der Temperatur, wie er durch die Gleichungen 2.3-2 und 2.3-3 beschrieben wird, ist in **Bild 2.3-4** durch ein Beispiel verdeutlicht, bei dem ein Stahlwerkstück ($\alpha_{Werk} = 11,5 \cdot 10^{-6}/\text{K}$, $u_\alpha = 1,2 \cdot 10^{-6}/\text{K}$) mit einem Glasmaßstab ($\alpha_M = 7,8 \cdot 10^{-6}/\text{K}$, $u_\alpha = 0,5 \cdot 10^{-6}/\text{K}$) gemessen wird, unter der Voraussetzung, dass Werkstück und Maßstab die gleiche Temperatur haben und die Unsicherheit der Temperaturmessung $u_{\Delta t} = 0,2$ K beträgt. Bei einer Messung mit Berücksichtigung der thermischen Korrektion, die nach Gleichung 2.3-2 zu berechnen ist, ergibt sich der durch die gestrichelten Linien gekennzeichnete Unsicherheitsbereich. Seine Grenzen werden durch Gleichung 2.3-3 beschrieben. Dabei wurde von einer erweiterten Messunsicherheit mit dem Erweiterungsfaktor zwei ausgegangen. Außerdem wurde angenommen, dass die Angaben zur Unsicherheit der Ausdehnungskoeffizienten und der Temperaturbestimmung als Grenzabweichungen einer Rechteckverteilung anzusehen sind. Das Ergebnis von 2.3-3 wurde daher mit dem Faktor $2/\sqrt{3}$ multipliziert (Abschnitt 2.3.3). Es ist deutlich zu sehen, dass selbst eine Messung bei 20 °C aufgrund der Unsicherheit der Ausdehnungskoeffizienten und der Temperaturbestimmung mit einer thermisch bedingten Messunsicherheit von 3 μm/m behaftet ist.

Sofern keine Korrektur durchgeführt wird, ist die durch Gleichung 2.3-2 beschriebene Längenmessabweichung eine Komponente der Messunsicherheit in Form einer rechteckverteilten Grenzabweichung. Da sie einen systematischen Einfluss hat, wird sie einfach zu der mit Gleichung 2.3-3 berechneten Komponente, die mit $2/\sqrt{3}$ multipliziert wurde, addiert.

In beiden Fällen ergibt sich ein symmetrischer Unsicherheitsbereich, der mit zunehmender Entfernung von der Bezugstemperatur 20 °C wächst. Das Wachstum des Bereiches ohne Korrektur ist deutlich stärker. Der systematische Einfluss wird schnell zur dominierenden Komponente der Messunsicherheit.

Dieses Beispiel macht einerseits deutlich, dass bei starken Abweichungen von der Bezugstemperatur eine Korrektur die Messunsicherheit erheblich verringern kann. Andererseits verbleibt trotz Korrektur eine Messunsicherheit, die nur durch eine genauere Temperaturmessung und eine verbesserte Bestimmung des Ausdehnungskoeffzienten verringert werden kann.

2.3.2.3 Messobjekt

Auch Eigenschaften des Messobjektes selbst können die Messabweichungen beeinflussen. Dies betrifft insbesondere die Formabweichungen (Abschnitt 4.5) des Messobjektes, die zur Folge haben, dass die bei einer Messung angetasteten Punkte für die Gestalt nicht repräsentativ sind. Daneben kann die Oberflächenbeschaffenheit eine wichtige Rolle spielen. Optische Eigenschaften, wie beispielsweise das Reflexionsverhalten, beeinflussen das Messergebnis beim Einsatz optischer Messgeräte (Abschnitt 4.3). Beim Einsatz taktiler Geräte können die Rauigkeit und die Welligkeit eine Rolle spielen.

Bei taktilen Geräten ist mit einer Verformung der Gestalt des Messobjektes durch die vom Messgerät aufgebrachte Messkraft zu rechnen. Dies gilt besonders für labile Messobjekte. Aber auch bei Stahlwerkstücken, die beispielsweise mit einer Stahlkugel von einem Messtaster angetastet werden, kann es infolge einer Abplattung an der Tastspitze und der Werkstückoberfläche zu Messabweichungen kommen. Diese Abplattung durch Hertz'sche Pressung kann berechnet werden (**Bild 2.3-5**). Bei einem Radius der Tastspitze von mehr als 1,5 mm und einer Messkraft von bis zu 1,5 N kann dieser Effekt vernachlässigt werden [Dut 96].

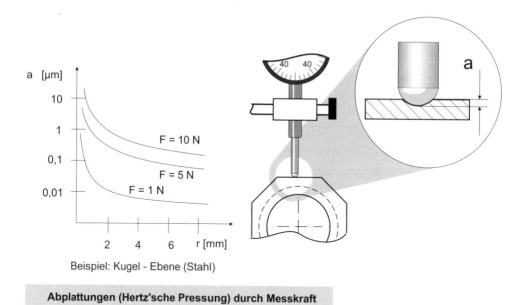

Beispiel: Kugel - Ebene (Stahl)

Abplattungen (Hertz'sche Pressung) durch Messkraft

Bild 2.3-5:   Messabweichung durch Verformung [Dut 96]

Der Einfluss, der durch die Lagerung und Aufspannung des Messobjektes verursacht wird, kann sowohl dem Begriff Messobjekt als auch Messmethode zugeordnet werden. Da Lagerung und Aufspannung erheblich durch die Maße und das Gewicht des Messobjektes bestimmt werden, wird der Einfluss dem Messobjekt zugeordnet. Beim Aufspannen von Messobjekten ist darauf zu achten, dass das Werkstück nicht verformt wird. Eine statisch bestimmte Lagerung mit einer Dreipunktauflage ist vorteilhaft. Bei der Verwendung von Spannmagneten ist auf eine ebene Anlagefläche zu achten. Dabei ist immer zu berücksichtigen, dass Messobjekte durch die flächige Anlage beim Einsatz von Magneten deformiert werden können.

Schlanke oder dünnwandige Messobjekte verformen sich unter ihrem Eigengewicht. Die Unterstützung von Rohren, Wellen, Linealen oder Platten an ihren Enden stellt die ungünstigste Form der Lagerung dar (**Bild 2.3-6, a**). Eine Unterstützung an Stellen, die jeweils das 0,22-fache der Länge von den Außenkanten entfernt sind (Besselpunkte), reduziert bei homogenen Objekten die Verformung auf ca. 2% (**Bild 2.3-6, b**).

$F = m \, g \downarrow$

Für die Durchbiegung gleichförmiger Messobjekte (Rohre, Lineale, Platten) unter ihrem Eigengewicht gilt:

a) Unterstützung an den Enden: maximale Durchbiegung

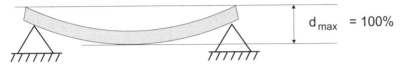

$d_{max} = 100\%$

b) Unterstützung bei jeweils 0,22 l: minimale Durchbiegung

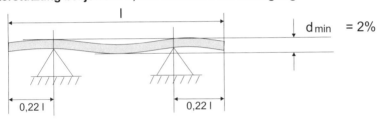

$d_{min} = 2\%$

Bild 2.3-6:   Durchbiegung schlanker Messobjekte

2.3.2.4   Messgerät: Fehler erster und zweiter Ordnung, Abbe'sches Prinzip

Auch wenn die gerätespezifischen Einflüsse in Abschnitt 4 im Zusammenhang mit der Beschreibung der Geräte dargestellt werden, sind in diesem Abschnitt dennoch einige grundlegende Effekte und die damit verbundenen Begriffe, die bei vielen Geräten auftreten, erläutert.

Bei Messgeräten mit eingebauter Maßverkörperung spielen Messabweichungen durch Führungsungenauigkeiten eine wichtige Rolle. Das technisch notwendige Spiel in Führungen von Messbolzen, Tastern oder Okularen verursacht Verkippungen. Diese haben einen mehr oder weniger großen Einfluss auf das Messergebnis, je nachdem, wie die Anordnung von Maßverkörperung und Messobjekt gestaltet ist.

Bei Parallelversatz von Messstrecke und Vergleichsstrecke verursachen bereits kleine Verkippungen Messabweichungen, die nicht mehr vernachlässigbar sind. Ein Beispiel für eine solche Anordnung stellt der Messschieber dar (**Bild 2.3-7**).

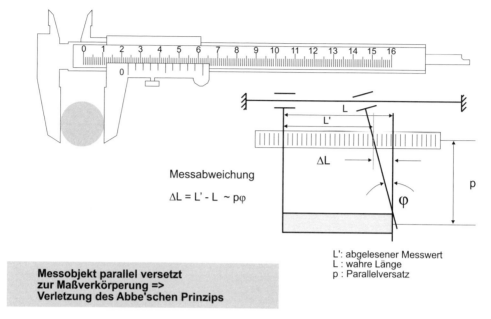

Messabweichung

ΔL = L' - L ~ pφ

L': abgelesener Messwert
L : wahre Länge
p : Parallelversatz

**Messobjekt parallel versetzt
zur Maßverkörperung =>
Verletzung des Abbe'schen Prinzips**

Bild 2.3-7:   Fehler erster Ordnung

In Abhängigkeit vom Berührpunkt des zu prüfenden Werkstückes mit den Messschenkeln tritt ein Parallelversatz p zwischen Messobjekt und Maßverkörperung
auf (**Bild 2.3-7**). Dabei beträgt die Messabweichung

$$\Delta L = L - L' = p \cdot \tan(\varphi) \tag{2.3-4}$$

und für kleine Winkel ($\varphi \ll 1$) mit φ im Bogenmaß

$$\Delta L = p \cdot \varphi. \tag{2.3-5}$$

Es ist mit Verkippungen von $\varphi = 0{,}35'$ bis 2,6' (Winkelminuten) zu rechnen
[Dut 96]. Für eine Verkippung von $\varphi = 2'$ und einen Parallelversatz $p = 30$ mm
ergibt sich eine Messabweichung $\Delta L = 17$ µm.

Der auftretende Fehler wird als Fehler erster Ordnung bezeichnet. Die Bezeichnung
"erster Ordnung" weist auf die Ordnung der Fehler verursachenden Größe hin, in
diesem Fall auf die Ordnung des Winkels φ.

Zur Vermeidung dieses Fehlers erster Ordnung ist der Maßstab des Messgerätes so
anzuordnen, dass die zu messende Strecke die geradlinige Fortsetzung des
Maßstabes bildet. Diese bereits 1893 formulierte Regel wird als Abbe'sches Prinzip
oder als Komparatorprinzip bezeichnet. Ein Beispiel für eine Messanordnung, die
dem Abbe'schen Prinzip entspricht, stellt die Bügelmessschraube dar (**Bild 2.3-8**).
Dabei sind Messobjekt, Messflächen und die Gewindespindel, deren Steigung als
Maßverkörperung dient, fluchtend hintereinander angeordnet.

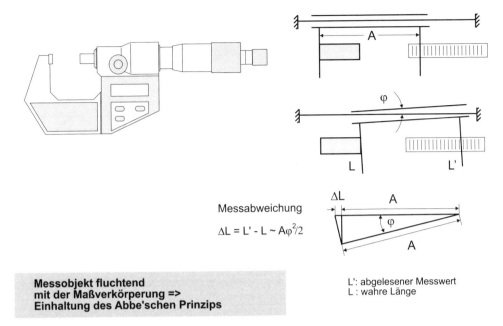

Messabweichung

$\Delta L = L' - L \sim A\varphi^2/2$

**Messobjekt fluchtend
mit der Maßverkörperung =>
Einhaltung des Abbe'schen Prinzips**

L': abgelesener Messwert
L : wahre Länge

Bild 2.3-8:   Abbe'sches Prinzip, Fehler zweiter Ordnung

Die Messabweichung beträgt dabei ($\varphi \ll 1$)

$$\Delta L = A\left(\frac{1}{\cos(\varphi)} - 1\right) = A\left(\sqrt{1 + \tan^2\varphi} - 1\right) \approx A\left(\sqrt{1 + \varphi^2} - 1\right) \qquad (2.3\text{-}6)$$

und vereinfacht sich mit φ im Bogenmaß zu

$$\Delta L \approx A\left(\frac{\varphi^2}{2}\right). \qquad (2.3\text{-}7)$$

Bei einer Anordnung nach dem Abbe'schen Prinzip tritt ein Fehler zweiter Ordnung auf, der proportional zur zweiten Potenz des Kippwinkels ist. Da dieser Winkel sehr klein ist, ist sein Quadrat nahezu Null, so dass der entstehende Fehler meistens vernachlässigbar ist.

Eine Verkippung des Messgerätes bewirkt ebenfalls einen Fehler zweiter Ordnung (**Bild 2.3-9**). Dieser Fehler tritt beispielsweise dann auf, wenn zuvor eine Einstellung der Messanordnung mit einem Normal erfolgt ist, dessen geometrische Abmessung von der des Messobjektes stark abweicht. Aufgrund der Größendifferenz unterscheidet sich die Auslenkung des Tasterelementes bei der Messung des Messobjektes von der Auslenkung bei der Antastung des Normales. Ist das Messmittel nicht fluchtend zur gesuchten Größe ausgerichtet, entsteht eine Messabweichung, die vom Winkel der Verkippung und der unterschiedlichen Länge zwischen Werkstück und Normal abhängt (**Bild 2.3-9, a**).

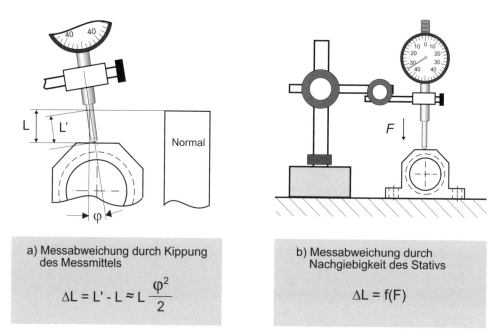

a) Messabweichung durch Kippung des Messmittels

$$\Delta L = L' - L \approx L\,\frac{\varphi^2}{2}$$

b) Messabweichung durch Nachgiebigkeit des Stativs

$$\Delta L = f(F)$$

Bild 2.3-9:   Messabweichung durch Verkippung

Eine solche Verkippung kann auch durch eine fehlerhafte Einspannung oder nicht fluchtende Ausrichtung auftreten. Sie kann jedoch auch durch die vom Messgerät aufgebrachte Messkraft verursacht werden. Die Kraft führt zu einer Verformung des Stativs durch Aufbiegen der einzelnen Gelenke und Arme. Sogar eine Anhebung des Stativfußes ist denkbar. Der Verkippungswinkel und damit auch die Messabweichung sind dann eine Funktion der Messkraft F (**Bild 2.3-9, b**).

Neben den Verkippungseffekten in den Führungen verursachen Reibung und Spiel Umkehrspannen bzw. Hysteresen.

Das Auflösungsvermögen eines Messgerätes kann eine sehr wesentliche Komponente der Messunsicherheit sein. Die *Auflösung* bezeichnet die kleinste Differenz zweier noch eindeutig zu unterscheidenden Anzeigen einer Anzeigeeinrichtung [DIN 94, DIN 1319-1]. Die Auflösung bildet daher in jedem Fall die Grenze der mit einem Messgerät erreichbaren Messunsicherheit.

Eine weitere wichtige Ursache für Messabweichungen sind fehlerhafte Maßverkörperungen (Abschnitt 2.2).

Schließlich ist der gesamte Bereich der Signalübertragung und -verarbeitung innerhalb eines Messgerätes ein möglicher Verursacher von Messabweichungen. Gerade bei elektrischen Messgeräten und CNC-gesteuerten Geräten, wie beispielsweise Koordinatenmessgeräten, können auch dynamische Effekte die Messabweichung beeinflussen [Pro 97].

2.3.2.5   Methode

Von grundlegender Bedeutung für den Einfluss der Messabweichung ist die Auswahl des Messprinzips. So können bei einer Längenmessung, die sich auf die Interferenzeffekte des Lichtes in Form eines Lasers stützt (Abschnitt 4.3.3.6), geringere Messabweichungen realisiert werden als bei einer Längenmessung, bei der die Steigung einer Gewindespindel, wie bei der Bügelmessschraube (Abschnitt 4.1), als Maßverkörperung Verwendung findet.

Die Vorgehensweise bei der Messung, die Messmethode, und die praktische Anwendung des Messprinzips bzw. der Messmethode sind ebenfalls entscheidend für die Größe der Messabweichung. Beispielsweise ist die direkte Positionsmessung eines Schlittens an einer mit einem Spindelantrieb ausgerüsteten Verfahreinheit mit Hilfe eines Inkrementalmaßstabes genauer als die indirekte Messung über einen Drehgeber an der Spindel. Im letzteren Fall wirken zusätzlich die Übertragungsfehler zwischen Schlitten und Drehgeber [Wk 95].

Da viele Messergebnisse erst durch die Auswertung in eine interpretierbare Form überführt werden, kann auch die Auswertung einen Einfluss auf die Messabweichung haben. Dies spielt beispielsweise bei der Koordinatenmesstechnik (Abschnitt 4.4) eine wesentliche Rolle, bei der durch das Messgerät selbst nur einzelne Objektpunkte in Form von Koordinaten erfasst werden. Die eigentlichen Maße werden durch eine rechnergestützte Auswertung ermittelt.

2.3.3   Verfahren zur Abschätzung der Messunsicherheit

Die Messabweichungen, die durch verschiedene Einflüsse (Abschnitt 2.3.2) hervorgerufen werden, überlagern sich. Sie verursachen eine Abweichung zwischen Messwert und wahrem Wert. Das bedeutet, dass jede Messung mit einer Unsicherheit behaftet ist. Im Rahmen der Auswertung der Messung ist diese Messunsicherheit abzuschätzen.

Basis jedes Verfahrens zur Abschätzung der Messunsicherheit bildet der „Leitfaden zur Angabe der Unsicherheit beim Messen", der entsprechend der Anfangsbuchstaben seines englischen Titels „Guide to the Expression of Uncertainty in Measurement" auch kurz „GUM" genannt wird [DIN 95]. Um diesen umfangreichen Leitfaden leichter anwenden zu können, wird in den internationalen Normungsgremien auf Basis des GUM eine einfache Prozedur zur Bestimmung der

Messunsicherheit erarbeitet. Mit Hilfe einer iterativen Methode, wird dabei für eine bestimmte Messaufgabe eine kostenoptimale Lösung unter Berücksichtigung der Messunsicherheit bestimmt. Die Methode wird PUMA-Methode (Procedure for Uncertainty Management) genannt [ISO 14253-2]. In Deutschland wurden innerhalb der DIN 1319 Methoden zur Auswertung von Messungen zusammengestellt, die sich am GUM orientieren [DIN 1319-3], [DIN 1319-4]. Sie bilden die Grundlage der folgenden Darstellung.

Die Auswertung einer Messung einschließlich der Abschätzung der Messunsicherheit kann in vier Schritten durchgeführt werden [DIN 1319-3], [DIN 1319-4]. (Das Vorgehen gemäß GUM ist in 8 Schritte untergliedert):

a) Aufstellung eines Modells, das die Beziehung der Messgrößen (Ergebnisgrößen) zu allen anderen beteiligten Größen (Eingangsgrößen) mathematisch beschreibt.

b) Vorbereitung der gegebenen Messwerte und anderer verfügbarer Daten. (Dabei wird der Mittelwert bei mehrmals gemessenen Größen berechnet und die Messunsicherheit jeder einzelnen Eingangsgröße ermittelt.)

c) Berechnung des Messergebnisses und der Messunsicherheit der Messgröße aus den vorbereiteten Daten.

d) Angabe des vollständigen Messergebnisses und Ermittlung der erweiterten Unsicherheit.

Diese Vorgehensweise wird hier am Beispiel der Auswertung einer einzelnen Messgröße, wie sie in der Fertigungsmesstechnik meistens bestimmt wird, näher erläutert. Eine allgemeinere Darstellung kann [DIN 95] und [DIN 1319-4] entnommen werden.

Ausgangspunkt einer Messunsicherheitsabschätzung ist ein Modell, das in Form einer mathematischen Funktion den Zusammenhang zwischen der Messgröße y als Ergebnisgröße und den Eingangsgrößen x_1, x_2,..,x_n beschreibt:

$$y = f(x_1, x_2, .., x_n) \qquad (2.3\text{-}8)$$

Sofern die Messgröße mehrfach gemessen wurde, ist aus den einzelnen Messergebnissen der arithmetische Mittelwert (Abschnitt 5.1) zu berechnen. Er stellt das unberichtigte Messergebnis dar, das bei einer einzigen Messung direkt vorliegt.

Wenn mehrere Messungen durchgeführt wurden, ist die Standardabweichung des Mittelwertes u zu ermitteln (Abschnitt 5.1). Sie berechnet sich aus der Standardabweichung der Beobachtungswerte s, wobei n die Anzahl der Beobachtungswerte bezeichnet:

$$u = \frac{s}{\sqrt{n}} \qquad (2.3\text{-}9)$$

Durch sie werden die Einflüsse, die sich zwischen den einzelnen Messungen verändert haben, erfasst. Sie stellt eine Komponente der Messunsicherheit dar. Die durch diese Komponente erfassten Einflüsse sind abhängig von der Anzahl der Messungen und den Bedingungen unter denen sie durchgeführt wurden. Alle Einflüsse, die sich während der Messungen ändern, werden erfasst. Alle anderen Einflüsse müssen zusätzlich berücksichtigt werden.

Die Einflüsse auf eine Messung rufen zufällige und systematische Messabweichungen hervor. Die bekannte systematische Abweichung wird zur Korrektion des Messergebnisses verwendet. Die unbekannte systematische und die zufälligen Abweichungen bilden die Messunsicherheit (**Bild 2.3-3**). Ihr Einfluss muss, sofern er nicht durch die Wiederholmessungen berücksichtigt wurde, abgeschätzt werden. Dazu können beispielsweise Daten aus früheren Messungen, Herstellerangaben oder Kenntnisse über das Verhalten und die Eigenschaften der Messobjekte und Messgeräte verwendet werden.

Die Ermittlung des Unsicherheitsanteils durch Wiederholmessungen wird auch als Methode A und die Ermittlung auf andere Weise als Methode B bezeichnet [DIN 95].

Von entscheidender Bedeutung für die anschließende Zusammenfassung der einzelnen Messunsicherheitskomponenten ist, dass die verwendeten Streuungskenngrößen der einzelnen Komponenten gleichwertig und damit auch übertragbar sind [DIN 95]. Dies wird erreicht, indem die Messunsicherheit als Standardabweichung ausgedrückt wird. Man spricht auch von der Standardunsicherheit [DIN 95].

Zur Bestimmung der Messunsicherheit nach Methode B ist aus den vorliegenden Informationen die Standardabweichung bzw. die Standardunsicherheit zu bestimmen. Einige einfache Beispiele sind in **Bild 2.3-10** dargestellt [DIN 95].

Zur Ermittlung des vollständigen Messergebnisses ist die Korrektion, der negative Wert der Messabweichung, zum unberichtigten Beobachtungswert, der bei mehreren Messungen durch ihren Mittelwert gebildet wird, zu addieren. Das Ergebnis stellt den besten Schätzwert für die Messgröße dar, der durch diese Messung bestimmt werden kann.

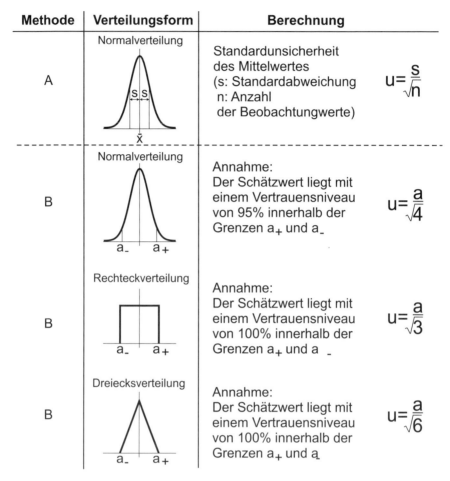

Methode	Verteilungsform	Berechnung	
A	Normalverteilung	Standardunsicherheit des Mittelwertes (s: Standardabweichung n: Anzahl der Beobachtungwerte)	$u=\dfrac{s}{\sqrt{n}}$
B	Normalverteilung	Annahme: Der Schätzwert liegt mit einem Vertrauensniveau von 95% innerhalb der Grenzen a_+ und a_-	$u=\dfrac{a}{\sqrt{4}}$
B	Rechteckverteilung	Annahme: Der Schätzwert liegt mit einem Vertrauensniveau von 100% innerhalb der Grenzen a_+ und a_-	$u=\dfrac{a}{\sqrt{3}}$
B	Dreiecksverteilung	Annahme: Der Schätzwert liegt mit einem Vertrauensniveau von 100% innerhalb der Grenzen a_+ und a_-	$u=\dfrac{a}{\sqrt{6}}$

Bild 2.3-10: Bestimmung der Standardunsicherheit u

Die Messunsicherheit der Messgröße, die kombinierte *Standardunsicherheit u_c*, wird durch die quadratische Addition der einzelnen Unsicherheitskomponenten ermittelt. Sofern alle Eingangsgrößen unabhängig voneinander sind, gilt:

$$u_c=\sqrt{\left(\frac{df}{dx_1}u_{x1}\right)^2+\left(\frac{df}{dx_2}u_{x2}\right)^2+...+\left(\frac{df}{dx_n}u_{xn}\right)^2} \qquad (2.3\text{-}10)$$

$\dfrac{df}{dx_i}$ stellt dabei die partielle Ableitung der Gleichung 2.3-9 dar.

Diese *Sensitivitätskoeffizienten* quantifizieren die Empfindlichkeit des Modells bezüglich Änderungen der Eingangsgrößen und bestimmen so den Beitrag, den die einzelnen Unsicherheitsbeiträge zur Standardmessunsicherheit leisten, welche der Ergebnisgröße beigeordnet wird.

Falls die Eingangsgrößen nicht unabhängig voneinander sind, sind diese Korrelationen im Allgemeinen zusätzlich zu berücksichtigen [DIN 95, DIN 1319-3]. Die Vergrößerung der Standardunsicherheit durch die Korrelation ist jedoch bei Messungen im Bereich der Fertigungsmesstechnik meistens vernachlässigbar [Dut 97].

Für den Fall, dass die Größen x_1, x_2 bis x_n aus Gleichung 2.3-9 linear miteinander verknüpft und gleich gewichtet sind, vereinfacht sich Gleichung 2.3-10 zu:

$$u_c = \sqrt{u_{x1}^2 + u_{x2}^2 + ... + u_{xn}^2} \qquad (2.3\text{-}11)$$

Die Form dieser Gleichung entspricht der des *Fehlerfortpflanzungsgesetzes*.

In der Fertigungsmesstechnik wird die Messunsicherheit jedoch nicht als Standardmessunsicherheit, sondern in der Form eines Bereiches angegeben, in dem 95% der Messwerte zu erwarten sind [DIN 95, DIN EN ISO 14253-1]. Die dazu eingesetzten Bestimmungsmethoden setzen zumeist voraus, dass die Messwerte normal verteilt sind [Dut 96]. Das hier dargestellte Verfahren gemäß [DIN 95, DIN 1319-3, DIN 1319-4] ist von der Verteilungsform unabhängig.

Wird vorausgesetzt, dass die Messwerte normal verteilt sind, entspricht die Angabe der Messunsicherheit in Form einer Standardabweichung einem Vertrauensbereich von 68,3%. Ein Vertrauensbereich von 95% lässt sich dann durch Multiplikation der Standardabweichung mit dem Faktor zwei bestimmen. Für einen anderen Vertrauensbercich ist ein anderer Faktor zu verwenden (Abschnitt 5.1). Liegt keine Normalverteilung vor, ist der Faktor ebenfalls anzupassen. Mit einem Wert von zwei liegt man jedoch auf der sicheren Seite.

Diese Faktoren werden als Erweiterungsfaktoren bezeichnet. Durch die Multiplikation mit dem *Erweiterungsfaktor k* erhält man die *erweiterte Messunsicherheit*:

$$U = k \cdot u_c \qquad (2.3\text{-}11)$$

Definition: Die **erweiterte Messunsicherheit** ist ein Kennwert, der einen Bereich um das Messergebnis kennzeichnet, von dem erwartet werden kann, dass er einen großen Anteil der Verteilung der Werte umfasst, die der Messgröße vernünftigerweise zugeordnet werden könnten [DIN 95].

Bei der Angabe einer erweiterten Messunsicherheit ist immer auch der Erweiterungsfaktor anzugeben. Er kennzeichnet nur dann einen Vertrauensbereich, wenn die Verteilung der Messwerte bekannt ist.

Das Verfahren zur Bestimmung der Messunsicherheit wird an einer einfachen Messaufgabe erläutert. Weitere Beispiele finden sich bei [DIN 95, Kes 95, DIN 1319-3, DIN 1319-4].

Bei der Messaufgabe wird eine Messuhr zur Bestimmung der Höhe h eines Parallelendmaßes verwendet (**Bild 2.3-11**). Geordnet nach den fünf Haupteinflussgrößen ergeben sich folgende Einflüsse auf das Messergebnis:

- Mensch:
  Die Messung wird von einem geschulten Techniker durchgeführt, so dass grobe Fehler bei der Ausführung der Messung nicht zu erwarten sind. Der Einfluss, der sich bei der Handhabung des Messgerätes ergibt, ist unbekannt.

- Mitwelt:
  Die Messung findet bei 20 °C (Fehlergrenzen der Temperaturbestimmung 2 K) statt. Der Wärmeausdehnungskoeffizent des Werkstückes beträgt $12 \cdot 10^{-6}$/K (Unsicherheit $1 \cdot 10^{-6}$/K).

- Messobjekt:
  Die Formabweichungen sind im Verhältnis zu den Maßabweichungen vernachlässigbar. Oberflächeneigenschaften, Abmessungen und Maße lassen keinen signifikanten Einfluss erwarten.

- Messgerät:
  Die Messabweichungen der Messuhr in einem Temperaturbereich von 18 bis 22 °C liegen gemäß Herstellerangabe mit einer Wahrscheinlichkeit von 95% in einem Bereich von ±0,02 mm. Dabei wird angenommen, dass die Werte normal verteilt sind. Eine systematische Abweichung von 0,06 mm ist zu berücksichtigen. Die Ebenheit des Messtisches und der Auflagefläche des Stativs sowie Verformungen des Stativs sind nicht bekannt.

- Methode:
  Die Anordnung folgt dem Abbe'schen Prinzip, damit können die durch kleine Winkelfehler entstehenden Messabweichungen vernachlässigt werden. Messabweichungen, die durch eine Abplattung entstehen, sollen durch Begrenzung der Antastkraft und ausreichend großen Tasterradius vernachlässigt werden können (**Bild 2.3-5**).

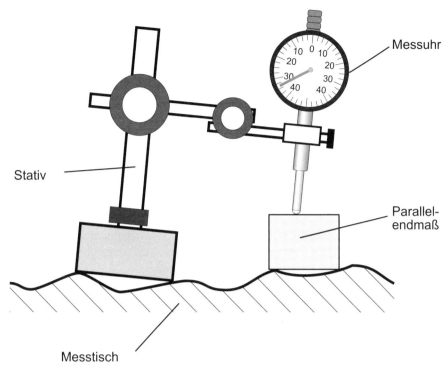

Messuhr

Stativ

Parallel-
endmaß

Messtisch

Bild 2.3-11: Beispiel für Bestimmung der Messunsicherheit

Es wurden 20 Messungen an verschiedenen Stellen des Messtisches durchgeführt. Der Mittelwert der Beobachtungswerte beträgt $y = 100{,}02$ mm. Die Standardabweichung berechnet sich aus den Werten zu $s = 0{,}09$ mm.

Die systematische Abweichung erfordert eine Korrektur des Mittelwertes, so dass für den besten Schätzwert des wahren Wertes gilt:

$$y = 100{,}02 \text{ mm} - 0{,}06 \text{ mm} = 99{,}96 \text{ mm} \qquad (2.3\text{-}12)$$

Durch Wiederholmessungen an verschiedenen Stellen des Messtisches wurde der Einfluss der Ebenheit des Tisches und des Stativfußes sowie die Verformung des gesamten Messaufbaues berücksichtigt. Die Standardabweichung des Mittelwertes der Wiederholmessungen beträgt gemäß Gleichung 2.3-9:

$$u_1 = \frac{0{,}09 \text{ mm}}{\sqrt{20}} = 0{,}02 \text{ mm} \qquad (2.3\text{-}13)$$

Die Unsicherheit der Temperaturbestimmung wird mit Gleichung 2.3-3 ermittelt. Da die Fehlergrenzen des Messgerätes für 18 bis 22 °C gelten, ist der thermische Einfluss auf das Messgerät in diesem Wert berücksichtigt. Es besteht keine Abweichung von der Bezugstemperatur. Die Fehlergrenze der Temperaturbestimmung beträgt 2 K. Bei der Angabe von Fehlergrenzen ohne weitere Aussage über die Verteilung ist es zweckmäßig, eine Rechteckverteilung der Werte anzunehmen [DIN 95]. Die Standardunsicherheit berechnet sich in diesem Fall gemäß **Bild 2.3-10**. Es ergibt sich für die Unsicherheit des Temperatureinflusses:

$$u_2 = 99,96 \text{ mm} \cdot \sqrt{0 + (2\text{K}/\sqrt{3} \cdot 12 \cdot 10^{-6} \, 1/\text{K})^2 + 0 + 0} = 1,4 \, \mu\text{m} \qquad (2.3\text{-}14)$$

Da vorausgesetzt wird, dass die Messabweichungen der Messuhr normal verteilt sind, kann aus der Angabe, dass 95% der Werte in einem Bereich von ±0,02 mm liegen, die Standardabweichung bestimmt werden (**Bild 2.3-10**):

$$u_3 = \frac{0,02 \text{ mm}}{2} = 0,01 \text{ mm} \qquad (2.3\text{-}15)$$

Alle Komponenten der Messunsicherheit sind unabhängig voneinander und gleich gewichtet, so dass sie gemäß Gleichung 2.3-11 zu einer kombinierten Standardunsicherheit zusammengefasst werden können:

$$u_c = \sqrt{u_1^2 + u_2^2 + u_3^2} = 0,022 \text{ mm} \qquad (2.3\text{-}16)$$

Mit dem Erweiterungsfaktor $k = 2$ ergibt sich gemäß Gleichung 2.3-11 eine erweiterte Messunsicherheit von $U = 0,044$ mm. Mit der *Überdeckungswahrscheinlichkeit P* kann das vollständige Ergebnis folgendermaßen angegeben werden:

$$h = 99,96 \text{ mm} \pm 0,04 \text{ mm}; \, k = 2 \, (\text{entspricht } P = 95\%)$$

2.3.4   Messunsicherheit und Toleranz

Bei der Auswahl eines Messgerätes zur Prüfung der Toleranzhaltigkeit eines Merkmals spielt die Messunsicherheit eine wesentliche Rolle (Abschnitt 3.2.7). Um sicherzustellen, dass kein Merkmal, dessen wahrer Wert außerhalb der Toleranz liegt, aufgrund der Messunsicherheit für toleranzhaltig befunden wird, müssen die Toleranzgrenzen in der Fertigung nämlich um den Betrag der Messunsicherheit verkleinert werden [Neu 85]. Entsprechende Regeln für Konformitätsprüfungen sind in der Normung festgelegt (Abschnitt 2.5.4.1).

Wenn die Messunsicherheit sehr viel kleiner als die Toleranz ist, wird diese bislang häufig vernachlässigt. Als Grenze gilt hier die „goldene Regel der Messtechnik", die fordert, dass die Messunsicherheit ein Zehntel, im äußersten Fall ein Fünftel der *Toleranz T* nicht überschreiten soll. In diesem Fall ist der Einfluss der Messunsicherheit auf die gemessene Streuung eines Fertigungsprozesses, die sich aus der Streuung des Fertigungsprozesses selbst und der Messunsicherheit des Messgerätes zusammensetzt, gering [Ber 68]. Bei einem gängigen Verhältnis von $U/T = 0,2$ kann dies aber bereits unerkannte Toleranzüberschreitungen von 20%

zur Folge haben, deren Häufigkeit dabei von der Streuung des Prozessverlaufes abhängt.

2.4   Messräume

Die Umgebungsbedingungen, unter denen eine Messung durchgeführt wird, können das Messergebnis erheblich beeinflussen. Sie sind daher bei der Definition der Messgröße zu berücksichtigen (Abschnitt 2.3.1). Bei der Betrachtung der Ursachen für Messabweichungen bilden sie eine Haupteinflussgröße (Abschnitt 2.3.2).

An den eigentlichen Produktionsstätten schwanken die Umgebungsbedingungen erheblich. Gleichzeitig weicht dort die Temperatur oft deutlich von der Bezugstemperatur der Längenmesstechnik, 20 °C, ab (**Bild 2.4-1**). Die dort erzielbare Genauigkeit von Messungen ist daher sehr begrenzt. Zur Verringerung der Messunsicherheit ist es erforderlich, entweder die Empfindlichkeit der Messgeräte im Hinblick auf die Umgebungsbedingungen zu verringern oder die Messung an Orten durchzuführen, an denen die Umgebungsbedingungen kontrolliert werden können. Verfahren zur Kompensation insbesondere von Temperatureinflüssen und zur Kapselung der Geräte beschreiten den ersten Weg [Bre 93, Bet 94]. Durch die Durchführung der Messungen in speziellen Räumen oder Teilbereichen von Räumen mit festgelegten Anforderungen an die Umgebungsbedingungen, die als Messräume bezeichnet werden, kann der Einfluss dieser Bedingungen kontrolliert werden [Zim 94, VDI/VDE 2627].

Die Anforderungen an die Umgebungsbedingungen werden im Wesentlichen durch die Temperaturbedingungen, die Luftfeuchte sowie die zulässigen Schwingungen konkretisiert. Diese drei Kriterien bilden die Basis zur Einteilung von Messräumen in Güteklassen nach der VDI/VDE-Richtlinie 2627 (**Tabelle 2.4-1**). Neben den hier dargestellten Güteklassen gibt es noch die Güteklasse 5 für einen Fertigungsmessplatz und die Güteklasse 0 für einen Sondermessraum für Spezialaufgaben.

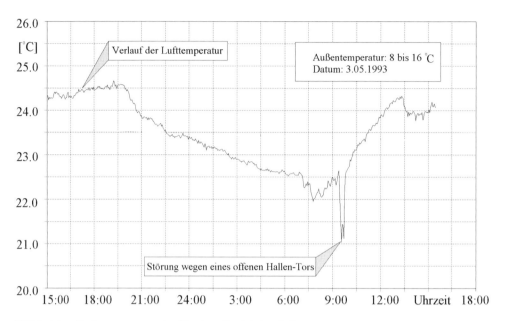

Bild 2.4-1:   Lufttemperaturverlauf in einer Produktionshalle

Die Festlegung dieser Güteklassen erfolgt einerseits im Hinblick auf die durchzuführenden Messaufgaben (aufgabenbezogene Zuordnung) (**Tabelle 2.4-2**), andererseits im Hinblick auf die messbaren Toleranzen und damit auf die erreichbare
Messunsicherheit (toleranzabhängige Zuordnung) [VDI/VDE 2627]. Bei der
toleranzabhängigen Zuordnung ist zu berücksichtigen, dass die Messunsicherheit
bei einer Messung nicht alleine von den Umgebungsbedingungen des Messraums
sondern auch von zahlreichen weiteren Einflussgrößen (Abschnitt 2.3.1) abhängt.
Auf die Wiedergabe dieser Zuordnung wurde hier verzichtet.

Die Anforderungen an die Temperaturbedingungen in einem Messraum betreffen
sowohl den zeitlichen als auch den räumlichen Temperaturverlauf. Der zeitliche
Temperaturverlauf ist gekennzeichnet durch kurzperiodische Abweichungen von
einer mittleren Temperatur und langperiodische Abweichungen von der Grundtemperatur. Zur Beurteilung eines Messraums sind die größten Abweichungen in bestimmten Zeitspannen (**Tabelle 2.4-1**) maßgebend. Die räumliche Temperaturver-
teilung ist gekennzeichnet durch Abweichungen von der Grundtemperatur an
mehreren Orten im Messraum zum gleichen Zeitpunkt. Zur Beurteilung eines
Messraums wird die größte Temperaturdifferenz herangezogen. Bezogen auf den
räumlichen Abstand der beteiligten Sensoren ergibt diese Temperaturdifferenz den
Temperaturgradienten [VDI/VDE 2627].

Tabelle 2.4-1: Kennwerte für Messräume für Größen der Längenmesstechnik [VDI 2627]

Benennung	Güte-klasse	Grund-temperatur	Temperatur-schwankungen in K						Temperatur-gradient in K/m	Luftfeuchte-schwank. in % innerhalb 30% - 60%	Fußpunkt-beschleunig. in m/s²	
			während			über					unter 10 Hz	über 70 Hz
			15 min	60 min	4 Std	12 Std	24 Std	7 Tag.				
Präzisions-messraum	1	Bezugs-temperatur	0.2	0.2	0.2	0.2	0.4	0.4	0.1	10	0.02	0.2
Fein-messraum	2	je nach Festlegung	0.4	0.4	0.6	0.8	0.8	1.0	0.2	20	0.04	0.3
Standard-messraum	3	je nach Festlegung	-	1.0	1.5	-	2.0	2.0	0.5	20	0.04	0.3
Fertigungs-naher Messraum	4	je nach Festlegung	-	2.0	3.0	-	3.0	4.0	1.0	30	0.06	0.4

Die Luftfeuchte beeinflusst die messtechnischen Eigenschaften von Messgeräten (Abschnitt 2.3.2). Zur Vermeidung von Korrosionserscheinungen, insbesondere bei Eisenmetallen, sollte die relative Luftfeuchte nicht höher als 60% sein. Wegen der gewünschten Behaglichkeit und möglicher statischer Aufladung von Personen und elektronischen Einrichtungen sind 30% Luftfeuchte nicht zu unterschreiten [VDI/VDE 2627].

Um den Anforderungen an die Temperatur und die Luftfeuchte gerecht zu werden, ist eine Klimatisierung des Messraumes erforderlich. Die dazu eingesetzten Anlagen für einen Messraum erfordern nicht nur sehr hohe Investitionskosten, sondern auch hohe Unterhaltskosten. Kälteleistung ist dabei besonders kostenträchtig [Dut 96]. Gewöhnlich wird die im Messraum entstehende Wärmemenge durch Luft, neuerdings auch durch Wasser abgeführt (**Bild 2.4-2**).

Tabelle 2.4-2: Güteklassen für Messräume der Längenmesstechnik – Zuordnung nach Messaufgaben [VDI/VDE 2627]

Güteklasse	Benennung und Beispiele für zugeordnete Aufgaben
1	Präzisionsmessraum z.B. Kalibrieren von Gebrauchsnormalen, Vermessen von Maßstäben
2	Feinmessraum z.B. Kalibrieren von Gebrauchsnormalen, Messen von Einzelstücken, Abnahme von Präzisionsteilen, -vorrichtungen, -werkzeugen und -geräten
3	Standardmessraum z.B. Messaufgaben zur Prozessüberwachung, Messen von Vorrichtungen, Werkzeugen, Prüfmitteln (Werksnormale), Musterprüfungen zur Dokumentation, Messen von Verschleißteilen und Erstmustern
4	Fertigungsnaher Messraum z.B. Überwachung von Produktion und Maschineneinstellungen, Prüfen von Hilfsvorrichtungen, Werkzeugen (Prüfungen sind auf den Fertigungsbereich abgestimmt)

Die Luft zur Klimatisierung kann durch ein Gebläse direkt in den Messraum einge-führt werden. Bei vielen Messräumen wird die Luft durch eine abgehängte Decke von oben zugeführt und im Fußbodenbereich abgesaugt. Eine Luftführung von unten nach oben würde gelochte Bodenplatten erfordern und hätte den Nachteil der Staubaufwirbelung. Für die im Messraum arbeitenden Menschen kann die bei diesem Konzept entstehende Zugluft sehr unangenehm sein. Bei einer Raum-in-Raum-Klimatisierung, bei der die Luft zwischen Außen- und Innenraum geleitet wird, tritt keine Zugluft auf. Die Lösung, bei der Fußboden, Decke und Wände wie bei einer Warmwasser-Fußbodenheizung mit Rohren durchzogen sind, die mit Wasser etwas unterhalb der Messraumtemperatur durchströmt werden, ist für den Menschen ebenfalls angenehm, da keine Luftströmung nötig ist (**Bild 2.4-2**).

Für die Planung der Klimatisierung des Messraums sind neben der Grundfläche und der Höhe auch die zu erwartende Wärmelast durch Menschen und Geräte sowie der Bedarf an Frischluft zu berücksichtigen.

Schwingungen lassen sich anhand der Amplitude sowie der maximalen Geschwindigkeit und Beschleunigung in m/s^2 bewerten. Zur Beurteilung von Messräumen wird die Schwingungsbeschleunigung herangezogen.

Besonders störend sind niedrige Frequenzen. Sie können nur durch ein eigenes Fundament der Messgeräte, das vom Gebäudefundament durch Schwingungsisola-toren getrennt wird, ferngehalten werden. Höhere Frequenzen lassen sich durch schwingungsdämpfende Maßnahmen am Gerät herausfiltern. Bei einem kleineren, schwingungsempfindlichen Messgerät (z.B. Oberflächenmessgerät) kann schon eine unter das Gerät gelegte schwere Stein- oder Stahlplatte, die durch

Schwingmetall gedämpft wird, ausreichen. Weitere Hinweise zur Schwingungsisolierung finden sich in [VDI 2062].

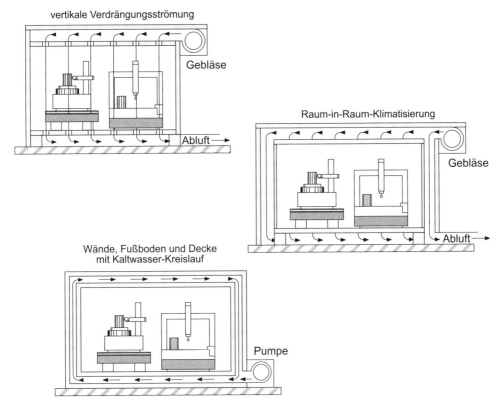

Bild 2.4-2:   Klimatisierung von Messräumen

Darüber hinaus sind weitere Maßnahmen zur Begrenzung anderer Umgebungseinflüsse im Messraum, wie zum Beispiel Verschmutzung, zu treffen. Dazu, sowie zur Gestaltung und Planung von Messräumen, findet sich eine umfassende Darstellung in der VDI/VDE-Richtlinie 2627 [VDI 2627].

2.5   Zeichnungseintragungen und Tolerierungen

Ein Werkstück wird in der Regel als Einzelteil einer Maschine oder eines Gerätes nach Gesichtspunkten der Funktion, der Belastung und einer günstigen Herstellung entworfen. In der technischen Zeichnung wird das räumliche Werkstück als Parallelprojektion in allen notwendigen Ansichten dargestellt. Durch die Bemaßung sind die geometrischen Merkmale und Abmessungen des Bauteils eindeutig festgelegt.

Neben den Maßen enthält die technische Zeichnung auch alle notwendigen Angaben über Maßtoleranzen, Oberflächengüten, Werkstoffe usw. für die Herstellung. **Bild 2.5-1** zeigt beispielhaft die technische Zeichnung eines Lagerbocks.

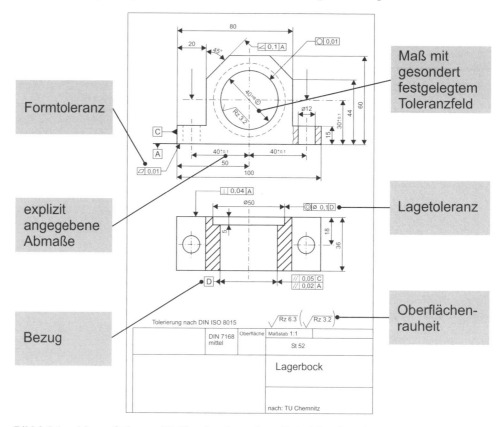

Bild 2.5-1:   Messaufgaben und Prüfmerkmale an einem Beispielwerkstück (Lagerbock)

Fertigungsbedingt ergeben sich bei der Herstellung eines Bauteils immer Abweichungen von der in der Zeichnung festgelegten Gestalt, zu denen auch Maß-, Form- und Lageabweichungen geometrischer Merkmale beitragen. Ursachen sind z.B. die Werkstückeinspannung während der Bearbeitung, das Werkzeug und seine Halterung sowie die Zerspankräfte [Tru 97]. Diese Abweichungen dürfen jedoch unter Berücksichtigung der von dem Werkstück zu erfüllenden Funktion und der Bedingungen des Austauschbaus gewisse Grenzen nicht überschreiten, die bei der Konstruktion in Form von Toleranzen vorgegeben werden.

Im Hinblick auf eine wirtschaftliche Fertigung ist es sinnvoll, die Genauigkeitsanforderungen an die zu erfüllende Merkmalsfunktion anzupassen und dabei so gering wie möglich zu halten, da die Fertigungskosten mit wachsenden Anforderungen an die Genauigkeit steigen. Das gilt insbesondere auch für die Prüfkosten, da die Anforderungen an die Messunsicherheit nach der "goldenen Regel der Messtechnik" um den Faktor 10, mindestens jedoch 5 höher liegen, als die zu überwachende Fertigungstoleranz [Ber 68]. In **Bild 2.5-1** ist z.B. die Bohrung zur Aufnahme des Kugellagers mit einer besonders engen Toleranz versehen, während für die Befestigungsbohrungen des Lagerbocks verhältnismäßig große Toleranzen gegeben sind.

2.5.1 Maße, Maßtoleranzen und Passungen

2.5.1.1 Maße und Maßtoleranzen

Die Bemaßung technischer Zeichnungen erfolgt anhand der Vorschriften nach DIN 406-10 bis 12. Darin ist die Darstellung der Bemaßungselemente und die Angabe tolerierter und untolerierter Maße festgelegt. Diese Norm stimmt auf internationaler Ebene mit der Norm ISO 129-1 überein.

Definition: Der Begriff **Maß** wird in der Fertigungstechnik für die quantitative Bestimmung der Länge verwendet. Das in der Zeichnung angegebene Maß wird als **Nennmaß** bezeichnet. Das tatsächliche Maß, das sogenannte **Istmaß**, eines Bauteils weicht fertigungsbedingt immer vom Nennmaß ab. Die zulässige Abweichung in eine Richtung wird als **Abmaß** bezeichnet. Man unterscheidet das **obere** und das **untere Abmaß**, wobei das Vorzeichen die jeweilige Lage zum Nennmaß angibt. Das **Mindestmaß** erhält man aus der Addition von Nennmaß und unterem Abmaß. Analog ergibt sich das **Höchstmaß** aus der Addition von Nennmaß und oberem Abmaß. Mindest- und Höchstmaß werden auch als **Grenzmaße** bezeichnet. Die **Maßtoleranz** ist der Bereich zwischen Mindest- und Höchstmaß.

Die oben genannten Zusammenhänge sind in **Bild 2.5-2** anschaulich dargestellt.

Definition: Die **Maximum-Material-Grenze** beschränkt die größte Materialmenge eines Bauteils. Bei Wellen entspricht sie dem Höchstmaß, bei Bohrungen dem Mindestmaß. Analog begrenzt die **Minimum-Material-Grenze** die Materialmenge nach unten. Sie entspricht bei Bohrungen dem Höchstmaß und bei Wellen dem Mindestmaß.

Wenn nicht anders angegeben, wird in technischen Zeichnungen die Maßzahl auf die Längeneinheit Millimeter bezogen [Hoi 94]. Oberes und unteres Abmaß müssen nicht notwendigerweise vom gleichen Betrag sein. Sie können sogar gleiche Vorzeichen haben, so dass das Nennmaß selbst nicht im Toleranzbereich liegt.

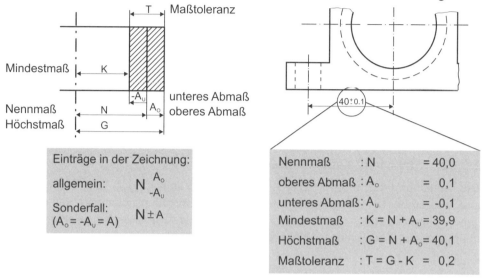

Bild 2.5-2:   Maßdefinition, Zeichnungseintragung und explizite Tolerierung

Eine Tolerierung kann einerseits explizit oder durch die Angabe eines Toleranz-kurzzeichens nach DIN ISO 286-1 erfolgen. Zur Vereinfachung der Zeichnungs-erstellung können für alle nicht explizit tolerierten Längen- und Winkelmaße All-gemeintoleranzen nach DIN ISO 2786-1 vereinbart werden. Diese enthält Abmaße für verschiedene Längen- und Winkelbereiche, die in die Stufen fein (f), mittel (m), grob (c) und sehr grob (v) unterteilt sind. Die geltende Toleranz ist im Zeichnungsschriftfeld einzutragen, z.B.: Allgemeintoleranz DIN ISO 2786-m. Die Allgemeintoleranzen nach DIN 7168 stimmen teilweise mit denen nach DIN ISO 2786-1 überein, sie sind jedoch nicht mehr für Neukonstruktionen zu verwenden.

Bild 2.5-2 zeigt exemplarisch die explizite Tolerierung eines Längenmaßes. Aus den angegebenen Abmaßen lassen sich das Mindestmaß, das Höchstmaß und die Maßtoleranz direkt berechnen.

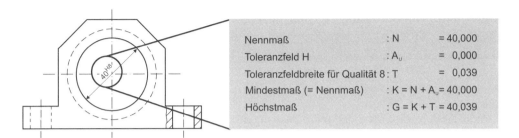

Nennmaß	: N	= 40,000
Toleranzfeld H	: A_u	= 0,000
Toleranzfeldbreite für Qualität 8 : T		= 0,039
Mindestmaß (= Nennmaß)	: K = N + A_u	= 40,000
Höchstmaß	: G = K + T	= 40,039

Bild 2.5-3: Bohrungstolerierung nach DIN ISO 286-1

Eine Tolerierung nach DIN ISO 286-1 durch die Angabe des Toleranzfeldes anhand eines Kurzzeichens ist **Bild 2.5-3** zu entnehmen. Das Toleranzfeld beschreibt die Lage der Toleranz zum Nennmaß sowie die Größe der Toleranz. Es wird durch die Angabe des Nennmaßes und des Toleranzgrades bestimmt. Der Toleranzgrad setzt sich aus einem Buchstaben zur Lagebestimmung und einer Zahl für die Größe des Toleranzfeldes zusammen, z.B.: 40^{H8}. Toleranzfelder für Innenpassflächen (z.B. Bohrungen) werden mit Großbuchstaben gekennzeichnet, für Außenpassflächen werden Kleinbuchstaben verwendet. Im ISO-System für Grenzmaße entspricht dabei die Nulllinie dem Nennmaß (**Bild 2.5-4**).

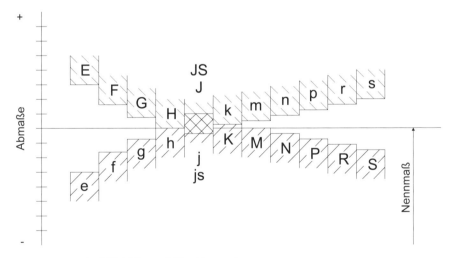

Bild 2.5-4: Lage der ISO-Toleranzfelder (Auszug)

2.5.1.2 Passungen

Eine Passung entsteht durch den Zusammenbau von Teilen, wie z.B. Welle und Lager oder Gleitstück und Führung.

Definition: Unter **Passung** versteht man die Beziehung, die sich aus der Maß-
differenz zweier Passteile vor dem Fügen ergibt. Als **Passflächen**
bezeichnet man in diesem Zusammenhang die Flächen der zu fügenden Teile, die sich berühren oder durch Bewegung in Berührung kommen können.

Grundsätzlich unterscheidet man Passungen mit Spiel und solche mit Übermaß.
Spiel liegt vor, wenn der Wellendurchmesser kleiner als der Durchmesser der Bohrung ist, entsprechend herrscht Übermaß, wenn der Durchmesser der Welle größer
als der Bohrungsdurchmesser ist (**Bild 2.5-5**). Werden zwei Werkstücke mit Übermaß zusammengefügt, verschwindet der Maßunterschied und man spricht von
einer Presspassung. Passungen, bei denen man aufgrund der Toleranzfelder der zu
fügenden Einzelteile nicht vorhersagen kann, welche Passung sich bei der Paarung
ergeben wird, bezeichnet man als Übergangspassung.

Eine Passung wird durch das Nennmaß und die Toleranzklassen von Bohrung und
Welle bestimmt, z.B.: 40_{r6}^{H7}. Für die Fügbarkeit zweier Teile sind die Kombina-
tionen der Abmaße interessant, bei denen das Maximum bzw. das Minimum der
Passung erreicht wird.

Definition: Bei einer Spielpassung wird das minimale Spiel als **Mindestspiel**
(kleinste Bohrung und größte Welle) und das maximale Spiel als
Höchstspiel (größte Bohrung und kleinste Welle) bezeichnet. Entsprechend bezeichnet man das minimale Übermaß einer Presspassung
als **Mindestübermaß** und das maximale Übermaß als **Höchstüber-
maß**.

Zur Veranschaulichung möge ein Wellen-Naben-Pressverband dienen, bei dem das
Mindestübermaß nicht unterschritten werden darf, damit z.B. ein gefordertes Drehmoment übertragen werden kann (**Bild 2.5-5**).

Für eine Passung kann auch die Passtoleranz T_P angegeben werden. Sie ergibt sich
aus der arithmetischen Summe der Toleranzwerte der Bohrung und der Welle, die
eine Verbindung bilden. Sie gibt die erlaubte Schwankung des Spiels bzw. Über-
maßes an. Das Passtoleranzfeld definiert dabei sowohl die Lage zur Nulllinie für
Spiel bzw. Übermaß als auch die Toleranzgröße (**Bild 2.5-6**).

Das Passsystem nach DIN 7150-2 enthält eine planmäßig aufgebaute Reihe von
Passungen mit verschiedenen Spielen und Übermaßen. Da aber alle Toleranzfelder
für Bohrungen (Außenteile) und Wellen (Innenteile) beliebig miteinander gepaart
werden können, ergibt sich eine Vielzahl möglicher Passungen. Messzeuge zur
Prüfung dieser Paarungen, insbesondere Grenzlehren, sind infolge ihrer Genauigkeit in der Anschaffung sehr teuer. Aus Gründen der Kostenersparnis werden daher

Passungen bevorzugt nach dem System der Einheitsbohrung DIN 7154-1 und 2
oder der Einheitswelle DIN 7155-1 und 2 ausgewählt, um die Anzahl der erforderlichen Arbeits- und Prüflehren zu reduzieren [Hoi 94] (**Bild 2.5-6**).

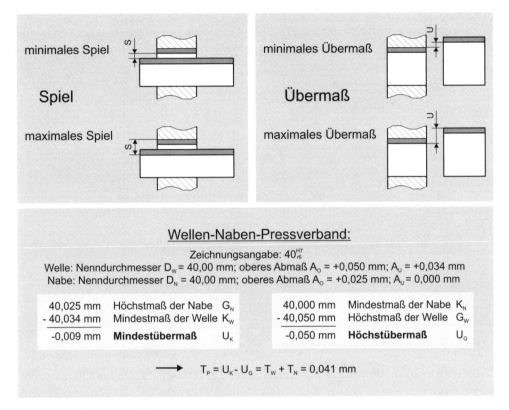

Bild 2.5-5:   Passungsdefinition und Zahlenbeispiel

Im System der Einheitsbohrung wird dem Nennmaß der Bohrung das ISO-
Toleranzfeld H zugewiesen. Dadurch ist das untere Abmaß der Bohrung A_u zu Null
gesetzt und entspricht dem Nennmaß. Je nach erforderlicher Passung, ob Spiel oder
Übermaß, kann der Konstrukteur nun ein entsprechendes Toleranzfeld für die
Welle wählen. Entsprechend wird im System der Einheitswelle der Welle das
Toleranzfeld h zugewiesen, welches das obere Abmaß A_O auf Null setzt. Um ver-
schiedene Passungen zu erhalten, wird für die Bohrungen die entsprechende Tole-
ranzfeldlage zur Nulllinie gewählt.

Durch die Passungsauswahl nach DIN 7157 wird das Spektrum anwendbarer Toleranzkombinationen im System der Einheitswelle und -bohrung im Hinblick auf
eine wirtschaftlichere Fertigung nochmals weiter eingeengt. Die Beispielpassung in
Bild 2.5-5 ist dieser Auswahl entnommen.

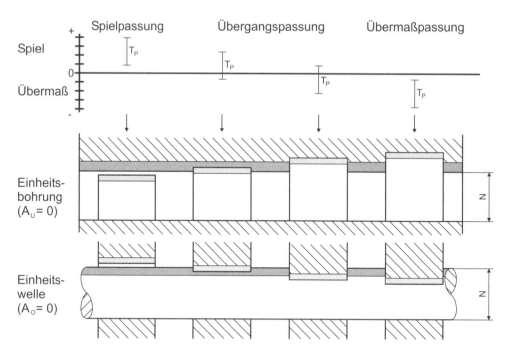

Bild 2.5-6:   Passtoleranzfelder und ISO-Passsysteme für die Einheitswelle und -bohrung

2.5.2 Form- und Lagetoleranz

Die Gestalt eines Werkstückes setzt sich aus einzelnen flächenhaften geometrischen Formelementen wie z.B. Ebenen, Kugelflächen und Zylindern zusammen. Zur Beschreibung eines Werkstückes können aber auch geometrische Elemente herangezogen werden, die nicht zwangsweise alle am Werkstück verkörpert sein müssen. Beispiele sind Symmetrieelemente oder Mittelpunkte von Kreisen, die im Normalfall nicht direkt erfassbar sind. In diesem Fall müssen zunächst geometrische Hilfselemente bestimmt werden, auf deren Basis über mathematische Verknüpfungen die nicht verkörperten Formelemente berechnet werden.

Bei der Fertigung von Werkstücken treten neben Maßabweichungen auch Gestaltabweichungen wie z.B. Abweichungen der vorgegebenen Form und Lage von Werkstückmerkmalen auf (Abschnitt 4.5.1). Diese haben einen wesentlichen Einfluss auf die Funktion eines Werkstückes, daher werden auch hier die zulässigen Abweichungen durch entsprechende Toleranzen begrenzt.

Als Grundlage zur Festlegung und Zeichnungseintragung von Form- und Lagetoleranzen dient DIN EN ISO 1101. Darin sind die Definitionen der jeweiligen Toleranzzonen und die zugehörigen Symbole zur Kennzeichnung der tolerierten

Eigenschaften festgelegt (**Bild 2.5-7**). Die Lagetoleranzeigenschaften werden dabei noch weiter in Richtungs-, Orts- und Lauftoleranzen unterteilt.

Formtoleranzen	
Geradheit	—
Ebenheit	⬭
Rundheit	○
Zylinderform	⌀
Linienform	⌒
Flächenform	⌂

	Lagetoleranzen	
Richtungs-toleranz	Parallelität	//
	Rechtwinkligkeit	⊥
	Neigung	∠
Orts-toleranz	Position	⊕
	Konzentrizität, Koaxialität	◎
	Symmetrie	⇌
Lauf-toleranz	Lauf	↗
	Gesamtlauf	⇗

Bild 2.5-7:   Form- und Lagetoleranzen

Wie Längen- und Winkelabweichungen können auch Form- und Lageabweichungen durch Allgemeintoleranzen nach DIN ISO 2768-2 eingeschränkt werden. Hierbei sind die Klassen H, K und L zu unterscheiden. Der Eintrag im Zeichnungsschriftfeld lautet dann in Verbindung mit einer Allgemeintoleranz für Längen- und Winkelmaße z.B.: Allgemeintoleranz DIN ISO 2768-mK. DIN 7168 ist ebenfalls gültig, darf jedoch nicht mehr für Neukonstruktionen verwendet werden.

2.5.2.1   Toleranzangabe und Bezugskennzeichnung

Für die Angabe einer Form- oder Lagetoleranz in einer technischen Zeichnung wird der sogenannte Toleranzrahmen verwendet, der über eine Bezugslinie mit einem Bezugspfeil mit dem zu tolerierenden Element verbunden wird (**Bild 2.5-8**). Der Rahmen besteht aus zwei oder mehr Teilen, die von links nach rechts folgende Eintragungen enthalten:

1.   das Symbol für die zu tolerierende Eigenschaft,

2.   den Toleranzwert in derselben Einheit wie die der Längenmaße und

3.   falls zutreffend, Großbuchstaben zur Bezugskennzeichnung.

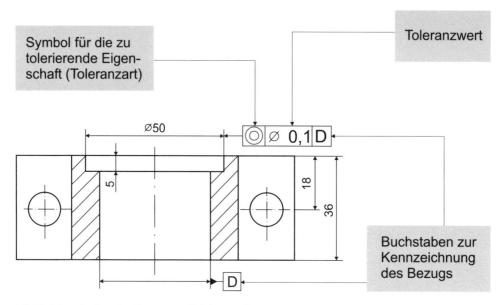

Bild 2.5-8:   Aufbau des Bezugs- und Toleranzrahmens

Wenn die Toleranzzone kreis- oder zylinderförmig ist, wird dem Toleranzwert das Durchmesserzeichen vorangestellt. Theoretisch genaue Maße, die Anwendung des Maximum-Material-Prinzips, des Minimum-Material-Prinzips, der Hüllbedingung oder der projizierten Toleranzzone werden durch entsprechende Symbole gekennzeichnet (Abschnitt 2.5.2.4). Wenn nötig können zusätzlich ergänzende Wortangaben über dem Toleranzrahmen eingetragen werden. Sollen einem Element mehrere Toleranzeigenschaften zugewiesen werden, so werden die einzelnen Toleranzrahmen direkt untereinander gesetzt. Sofern nicht anders festgelegt, erstreckt sich die Toleranzzone über den gesamten Bereich des tolerierten Elementes und gilt in der festgelegten Richtung oder senkrecht zur Form des Teiles.

Definition: Unter einem **Bezug** wird ein theoretisch genaues geometrisches Element verstanden, auf das das tolerierte Elemente bezogen wird [DIN ISO 5459].

Ein Bezugselement wird mit einem in einem Bezugsrahmen dargestellten Großbuchstaben gekennzeichnet, der mit dem Element über ein Bezugsdreieck verbunden ist (**Bild 2.5-8**).

Das geometrische Element, das durch eine Toleranzangabe toleriert bzw. durch einen Buchstaben als Bezug gekennzeichnet wird, ist abhängig von der Anordnung des Bezugspfeils bzw. -dreiecks in der technischen Zeichnung. Grundsätzlich sind dabei drei Fälle zu unterscheiden (**Bild 2.5-9**).

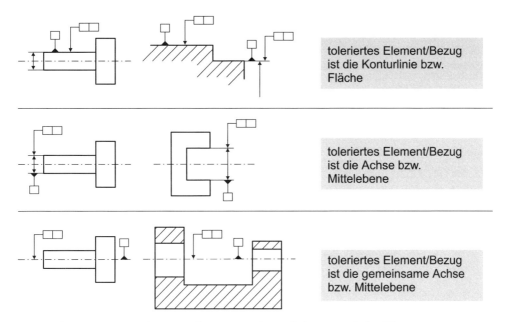

Bild 2.5-9:   Bezug von Toleranz- und Bezugsangaben auf ein geometrisches Element

- Der Bezugspfeil/das Bezugsdreieck steht senkrecht auf einer Fläche oder Konturlinie und ist mindestens 4 mm von Maßlinien oder Kanten entfernt

⇒ toleriertes Element/Bezug ist die Fläche oder Konturlinie.

- Der Bezugspfeil/das Bezugsdreieck steht in der Verlängerung der Maßangabe eines Formelementes

⇒ toleriertes Element/Bezug ist die Achse oder Mittelebene des Elementes.

- Der Bezugspfeil/das Bezugsdreieck steht senkrecht auf einer Mittelebene oder Achse, die mehreren Formelementen gemeinsam ist

⇒ toleriertes Element/Bezug ist die gemeinsame Achse oder Mittelebene

2.5.2.2   Formtoleranzen

Definition: Die **Formtoleranz** ist der zulässige Größtwert der Formabweichung eines Elementes von seiner geometrisch idealen Form.

Aus der Definition der Toleranzzonen nach DIN EN ISO 1101 kann als Referenzelement zur Bestimmung von Formabweichungen das anliegende Element (Tschebyscheff) abgeleitet werden. Dieses hat geometrisch ideale Form und berührt das wirkliche Element so, dass der größte Abstand zum wirklichen Element ein Minimum annimmt. Die Abweichung ergibt sich damit als größter rechtwinkliger Abstand vom wirklichen Element. Werden andere Referenzelemente benutzt [u.a. DIN ISO/TS 12181], so werden größere Werte für die Formabweichung ermittelt.

Geradheitstoleranz

Je nach Kennzeichnung des tolerierten Elementes unterscheidet man zwischen der Geradheitstoleranz in einer Ebene und der Geradheitstoleranz im Raum.

Bei der Geradheit in einer Ebene muss das Istprofil der tolerierten Fläche in jedem parallel zur Zeichenebene liegenden Schnitt zwischen zwei parallelen Geraden liegen, die den Abstand vom Betrag des Toleranzwertes haben.

Bei der Geradheit eines linienförmigen Elementes im Raum unterscheidet man zwischen Toleranzzonen, die durch zwei parallele Ebenen, einen Quader oder einen Zylinder begrenzt sind.

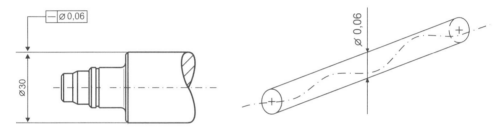

Bild 2.5-10: Geradheit

Bild 2.5-10 zeigt ein Beispiel für eine räumliche Geradheitstoleranz. Der Bezugspfeil ist in Verlängerung der Maßlinien des größten Zylinders eingetragen, damit bezieht sich die Geradheitstolerierung auf die Achse dieses Zylinders. Die wirkliche Achse muss über die gesamte Länge innerhalb eines Zylinders mit dem Durchmesser des Toleranzwertes, im gezeigten Beispiel 0,06 mm, liegen.

Geradheitstoleranzen sind dann erforderlich, wenn die Geradheit nicht durch eine andere Formtoleranz, wie Ebenheit oder Zylinderform, oder durch eine Lagetoleranz, wie Parallelität, Rechtwinkligkeit, Neigung, Symmetrie oder Position ausreichend toleriert ist.

Ebenheitstoleranz

Bei der Ebenheitstoleranz muss die Istoberfläche zwischen zwei parallelen Flächen liegen, die den Abstand des angegebenen Toleranzwertes haben. Durch Angabe von Zusatzforderungen, wie "nicht konvex", kann die Tolerierung zusätzlich eingeschränkt werden.

Die Unterseite des Lagerbocks ist mit einer Ebenheitstoleranz von 0,01 mm versehen (**Bild 2.5-11**). Sie muss also komplett zwischen zwei parallele Ebenen mit einem Abstand von 0,01 mm passen.

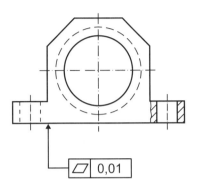
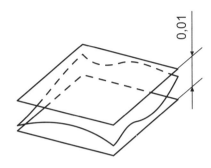

Bild 2.5-11: Ebenheit

Bei gleichzeitiger Anwendung von Lagetoleranzen kann eine explizite Tolerierung der Ebenheit entfallen, wenn diese durch die Lagetoleranz ausreichend begrenzt ist.

Rundheitstoleranz

Mit der Rundheitstoleranz wird festgelegt, dass in jedem Schnitt senkrecht zur Achse eines tolerierten kegelförmigen Elementes das Istprofil, bzw. die Ist-Umfangslinie, zwischen zwei in derselben Ebene liegenden konzentrischen Kreisen liegen muss, die den Abstand des Toleranzwertes haben. Für kugelförmige Elemente gilt diese Tolerierung für jeden Schnitt durch den Mittelpunkt.

Am Beispielwerkstück ist die Bohrung zur Aufnahme des Lagers mit einer Rundheitstoleranz von 0,01 mm versehen (**Bild 2.5-12**). Rundheitstoleranzen können auch bei Kreisbögen mit weniger als 360° Überdeckung angewendet werden.

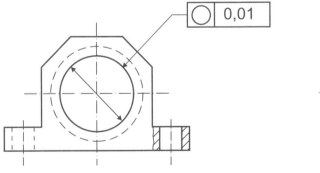
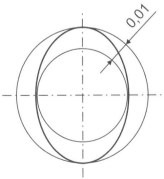

Bild 2.5-12: Rundheit

Zylinderformtoleranz

Bei der Zylinderformtoleranz muss die Istoberfläche der tolerierten Zylinder-
mantelfläche innerhalb zweier koaxialer Zylinder liegen, die eine Toleranzzone mit
der Breite des Toleranzwertes begrenzen. Im Beispiel der Welle sind die Absätze
zur Aufnahme der Kugellager mit einer Zylinderformtoleranz von 0,08 mm
versehen (**Bild 2.5-13**).

Zylinderformtoleranzen begrenzen immer auch die Geradheit der Mantellinien, die
Rundheit, die Linienform und die Parallelität gegenüberliegender Mantellinien.
Daher kann alternativ zu einer Zylinderformtoleranz die Geradheit, die Kreisform
und die Parallelität toleriert werden. Aus messtechnischer Sicht ist anzumerken,
dass die Zylinderform an sich nicht erfassbar ist, sie kann nur durch punktweises
Erfassen, z.B. durch Scanning, angenähert werden.

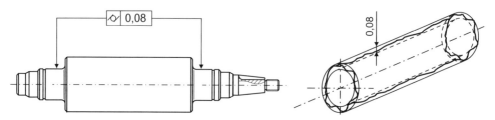

Bild 2.5-13: Zylinderform

Profilformtoleranz (Linienform, Flächenform)

Bei der Profilformtoleranz unterscheidet man die Profilform einer beliebigen Linie
und die Profilform einer beliebigen Fläche.

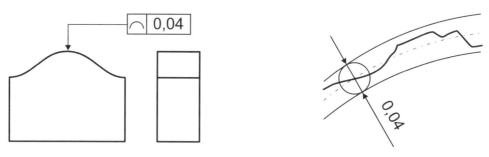

Bild 2.5-14: Profilform (Linienform)

Bei der Profilformtoleranz einer beliebigen Linie erhält man die Toleranzzone
durch je eine Linie zu beiden Seiten der idealen Profilform, die durch die Hüll-
kurven aller Kreise mit dem Durchmesser des Toleranzwertes und Mittelpunkt auf

einer Linie von geometrisch idealer Form verkörpert werden (**Bild 2.5-14**). Das Ist-profil muss in jedem zur Zeichenebene parallelen Schnitt innerhalb dieser Toleranzzone liegen.

Analog dazu ergibt sich die Toleranzzone für die Profilform einer beliebigen Fläche aus den beiden Hüllebenen aller Kugeln mit dem Durchmesser des Tole-ranzwertes und Mittelpunkt auf einer Fläche von geometrisch idealer Form.

Durch die Bemaßung des Nennprofils mittels theoretischer Maße und die Angabe von Bezügen im Toleranzrahmen kann mit dieser Toleranz bei Bedarf gleichzeitig die Lage des Profils festgelegt werden.

2.5.2.3   Lagetoleranzen

Definition: Die **Lagetoleranzen** begrenzen die zulässigen Abweichungen von der idealen Lage zweier oder mehrerer Elemente zueinander, von denen meist eins als Bezug festgelegt ist.

Bei der Bewertung von Lageabweichungen sind Formabweichungen der Bezugs-elemete zu eliminieren. Dazu werden die wirklichen Bezugselemente nach DIN ISO 5459 durch Referenzelemente ersetzt. Dies sind zum Beispiel die anlie-gende Gerade oder Ebene anstelle der wirklichen Elemente, bzw. die Achse des Pferch- oder Hüllzylinders bei Bohrungen bzw. Wellen. Anstelle der Achsen und Symmetrieebenen der wirklichen Elemente werden die der Referenzelemente benutzt [Tru 97]. Voraussetzung ist, dass die wirklichen Elemente genügend form-genau sind.

Sollen bei der Lagetolerierung auch die Formabweichungsanteile des tolerierten Elementes unberücksichtigt bleiben, so muss die Tolerierung um die Textangabe „ohne Form" ergänzt werden, da dies in der DIN EN ISO 1101 nicht vorgesehen ist.

Die amerikanische Norm ASME Y 14.5 M erlaubt dagegen die Elimination der Formabweichungen auch am tolerierten Element durch die Kennzeichnung mit einem Ⓣ.

Parallelitätstoleranz

Durch Parallelitätstoleranzen wird die Lage von Linien oder Flächen bezogen auf andere Linien oder Flächen toleriert. Am Beispiel des Lagerbocks wurde die Paral-lelität einer Linie auf zwei Flächen bezogen (**Bild 2.5-15**).

Die Mittelachse der Bohrung zur Aufnahme des Kugellagers ist in Bezug auf die Auflagefläche des Lagerbocks toleriert, die mit dem Bezugsbuchstaben "A" ge-kennzeichnet ist. Dadurch wird die Lage der Achse auf den Raum zwischen zwei

Ebenen begrenzt, die parallel zur Bezugsfläche liegen und deren Abstand dem Toleranzwert, im gegebenen Beispiel 0,02 mm, entspricht.

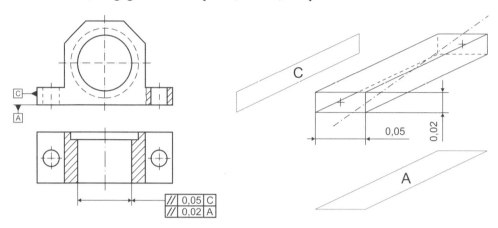

Bild 2.5-15: Parallelität

Zusätzlich ist die Mittelachse mit einer Parallelitätstoleranz von 0,05 mm bezüglich der mit dem Bezug "C" gekennzeichneten Fläche versehen. Somit muss die wirkliche Achse der Bohrung in einem quaderförmigen Toleranzraum liegen, dessen Kantenlängen senkrecht zu den Bezugsflächen den Toleranzwerten entsprechen.

Rechtwinkligkeitstoleranz

Bei der Rechtwinkligkeitstoleranz, die wie die Parallelitätstoleranz eine Richtungstoleranz ist, sind die tolerierten Elemente Linien oder Flächen, die ihrerseits auf Linien oder Flächen bezogen sein können.

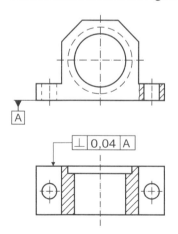

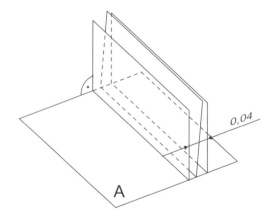

Bild 2.1-16: Rechtwinkligkeit

Eine Stirnfläche des Lagerbocks ist mit einer Rechtwinkligkeitstoleranz gegenüber der mit "A" gekennzeichneten Fläche toleriert (**Bild 2.5-16**).

Die Bezugsfläche "A" ist die Unterseite des Lagerbocks. Nach der Definition der Rechtwinkligkeitstoleranz muss die Fläche der Stirnseite innerhalb zweier paralleler Flächen verlaufen, die senkrecht zur Unterseite des Lagerbocks sind, einen Abstand von 0,04 mm haben und in der festgelegten Richtung liegen.

Neigungstoleranz

Die Neigungstoleranz stellt den allgemeinen Fall der beiden vorangegangenen Toleranzarten Parallelität und Rechtwinkligkeit dar. Es werden somit Winkel zwischen 0° und 90° abgedeckt.

Im Fall des Lagerbockes ist die Abschrägung von 45 Grad in der Neigung toleriert (**Bild 2.5-17**). Auch hier ist der Bezug die Auflagefläche mit der Bezugskennzeichnung "A".

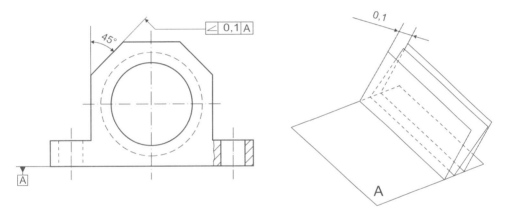

Bild 2.5-17: Neigung

Der Toleranzwert ist mit 0,1 mm angegeben. Für die Abschrägung bedeutet das, dass sie den Toleranzraum nicht verlassen darf, der durch zwei parallele Flächen mit einem theoretisch genauen Winkel von 45 Grad gegenüber der Bezugsfläche, also der Unterseite des Lagerbocks, und einem Abstand von 0,1 mm begrenzt wird.

Positionstoleranz

Für die Positionstolerierung wurde ergänzend zu den Beschreibungen in DIN EN ISO 1101, die separate Norm DIN EN ISO 5458 "Form- und Lagetolerierung – Positionstolerierung" erarbeitet. Sie enthält Hinweise zur Tolerierung von Positionstoleranzen für unterschiedliche Einsatzfälle, Erklärungen zum Zusammenwirken von Toleranzkombinationen, des Zusammenspiels von Maß- und Positions-

toleranzen bei der Festlegung der Lage von Formelementen sowie Berechnungs-
formeln zur Bestimmung der Positionstoleranzgröße.

Nach DIN EN ISO 5458 begrenzt die Positionstoleranz die Abweichung eines
Formelementes wie Punkt, Gerade, Ebene, Quader oder Zylinder von seiner theoretisch genauen Lage. Die Angabe dieser theoretisch genauen Lage erfolgt durch
theoretisch genaue Maße (Abschnitt 2.5.2.4). An dem Beispiel in **Bild 2.5-18** soll
die Bedeutung der Positionstoleranz erläutert werden.

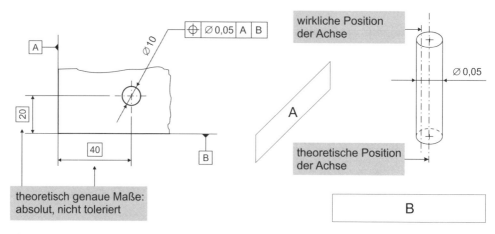

Bild 2.5-18: Positionstoleranz

Der Toleranzrahmen, der die Positionstoleranz festgelegt, toleriert die Mittelachse
der Bohrung mit dem Durchmesser 10 mm. Der Toleranzwert von 0,05 mm
bezeichnet den Durchmesser eines Zylinders, dessen Mittelachse mit der Achse der
theoretisch genauen Position übereinstimmt. Die wirkliche Achse der Bohrung
muss innerhalb dieses Zylinders liegen. Die theoretisch genaue Position ist durch
theoretisch genaue Maße angegeben, die den jeweiligen Abstand zu den Bezugsflächen "A" und "B" festlegen.

Konzentrizitäts- und Koaxialitätstoleranz

Der Begriff der Konzentrizität wird für die relative Lage von Mittelpunkten von
Kreisflächen zueinander verwendet. Der Mittelpunkt der tolerierten Kreisfläche
muss sich innerhalb einer kreisförmigen Toleranzzone befinden, deren Mittelpunkt
mit dem Bezugsmittelpunkt übereinstimmt.

Bei zylinderförmigen Geometrieelementen spricht man von der Koaxialität, wenn
man die relative Lage zweier oder mehrere Zylinder zueinander beschreiben will.
Analog zur Konzentrizität ist bei der Koaxialität die Lage der Zylinderachsen von
Bedeutung.

Am Lagerbock ist die Mittelachse der Bohrung mit dem Durchmesser 50 mm gegenüber der Achse der Bohrung mit dem Durchmesser 40 mm auf Koaxialität toleriert (**Bild 2.5-19**). Sowohl der Bezugspfeil des Toleranzrahmens als auch der Bezug "D" sind jeweils in der Verlängerung der entsprechenden Maßlinien angebracht. Der Toleranzwert beträgt 0,1 mm.

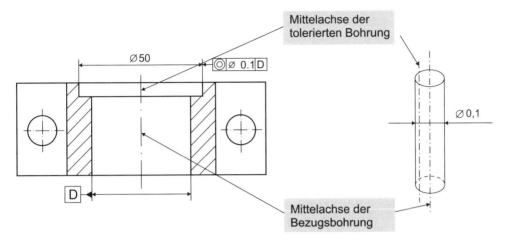

Bild 2.5-19: Konzentrizität und Koaxialität

Dadurch ist die Lage der Mittelachse der 50 mm-Bohrung auf einen idealen Zylinder um die Mittelachse der 40 mm-Bohrung begrenzt, der einen Durchmesser von 0,1 mm hat.

Wird, wie im gezeigten Beispiel, die Achse einer Bohrung als Bezug gewählt, so muss der Einfluss des Abstandes zwischen Bezug und tolerierter Achse betrachtet werden. Je größer dieser Abstand ist, desto höhere Anforderungen sind an die Fertigungsgenauigkeit zu stellen. In manchen Fällen kann eine Tolerierung des Rundlaufes sinnvoller als eine Koaxialitätstoleranz sein. Allerdings ist der Rundlauf auf zylinderförmige Geometrieelemente beschränkt, so dass bei Polygonprofilen die Koaxialität zu tolerieren ist [Sch 93].

Symmetrietoleranz

Ein symmetrisches Element besitzt immer eine Symmetrieebene oder eine Symmetrieachse, auch als Mittelebene oder Mittelachse bezeichnet. Bei der Symmetrietoleranz wird die Mittelebene oder Mittelachse eines tolerierten Elementes bezogen auf die Mittelebene eines symmetrischen Bezugselementes toleriert (**Bild 2.5-20**). Die Toleranzzone, in der sich die wirkliche Mittelebene des tolerierten Elementes befinden muss, wird durch zwei Ebenen eingegrenzt, die den Abstand des Toleranzwertes haben und symmetrisch zur Bezugsmittelebene liegen.

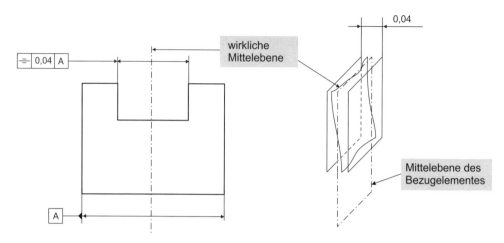

Bild 2.5-20: Symmetrie

Lauf- und Gesamtlauftoleranzen

Mit der Lauftoleranz wird sowohl die Lage- als auch die Formabweichung des tolerierten Elementes eingegrenzt. Messtechnisch ist das Werkstück so einzuspannen, dass es um die Bezugsachse des tolerierten Elementes rotieren kann. Mit einem Messgerät wird der Abstand zur Werkstückoberfläche gemessen. Die maximale Differenz des Abstandes während einer Drehung um die Achse darf den Toleranzwert nicht überschreiten.

Grundsätzlich sind der Rundlauf, der Planlauf und der Lauf in beliebiger oder vorgeschriebener Richtung zu unterscheiden.

Im Fall der Rundlauftoleranz wird während einer Umdrehung senkrecht zur Rotationsachse gemessen. Dadurch ergibt sich das Istprofil der Rotationsfläche als Schnitt durch das Werkstück. Dieses muss innerhalb der Toleranzzone liegen, die für jede beliebige Messebene senkrecht zur Achse durch zwei konzentrische Kreise mit dem Abstand des Toleranzwertes gebildet wird, deren Mittelpunkte auf der Rotationsachse liegen. Durch die Messung der Rundlaufabweichung wird die Summe der Rundheitsabweichung und der doppelten Koaxialitätsabweichung im jeweiligen Schnitt erfasst.

Die Rundlauftoleranz bezieht sich im Allgemeinen auf eine vollständige Umdrehung, kann aber bei Bedarf auf einen Teilumfang begrenzt werden.

Während bei der Rundlauftoleranz die radiale Abweichung eines zylinderförmigen Geometrieelementes toleriert wird, grenzt die Planlauftoleranz Abweichungen in axialer Richtung ein. Die geometrischen Elemente, die mit einer Planlauftoleranz versehen werden, sind z.B. Stirnflächen von Zylindern oder Scheiben.

Die Planlaufabweichung ist die größte Abstandsdifferenz zwischen dem wirklichen Profil der betrachteten Planfläche und einer Ebene, die rechtwinklig zur Bezugsachse steht.

Gemessen wird parallel zur Rotationsachse, wobei sich ein Istprofil für einen bestimmten Radius in Form eines Messzylinders ergibt. Dieses Istprofil muss innerhalb der Toleranzzone liegen, die auf dem Messzylinder liegt und durch zwei Kreise mit dem Radius des Istprofils begrenzt wird, die zueinander den Abstand des Toleranzwertes haben. Ist dem Toleranzrahmen keine einschränkende Angabe beigefügt, gilt diese Toleranzbedingung für jeden innerhalb der tolerierten Fläche liegenden Radius.

Durch die Planlauftoleranz wird die Ebenheitsabweichung nicht eingegrenzt, diese kann unter Umständen sogar größere Werte annehmen als die Planlauftoleranz.

Für bestimmte rotationssymmetrische Werkstücke, wie z.B. Kegel, wird die allgemeine Definition der Lauftoleranz angewendet. Dabei unterscheidet man zwischen der Lauftoleranz in beliebiger und der Lauftoleranz in vorgeschriebener Richtung. Bei der Lauftoleranz in beliebiger Richtung bezieht sich die zu messende Abweichung immer senkrecht auf die Rotationsfläche. Dadurch ergibt sich ein sogenannter Messkegel, dessen Achse mit der Bezugsachse deckungsgleich ist. Bei der Lauftoleranz in vorgeschriebener Richtung wird der Winkel für die Messung der Abweichung unabhängig von der Lage der Rotationsfläche explizit angegeben. Die einzuhaltende Toleranzzone liegt in beiden Fällen auf dem Messkegel und wird durch zwei konzentrische Kreise begrenzt, die auf der Mantellinie einen Abstand vom Betrag des Toleranzwertes haben.

Die Gesamtrundlauftoleranz unterscheidet sich von der Lauftoleranz dadurch, dass die Abweichung nicht nur im Schnitt oder Messzylinder, sondern über die gesamte tolerierte Fläche begrenzt ist. Daher ist ein Messgerät nötig, das die Abweichung an verschiedenen Stellen gleichzeitig prüft.

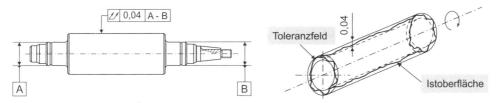

Bild 2.5-21: Lauftoleranzen (Gesamtrundlauf)

Auch beim Gesamtlauf unterschiedet man Gesamtrundlauf, Gesamtplanlauf und Gesamtlauf in beliebiger oder vorgeschriebener Richtung.

Bei der Gesamtrundlauftoleranz darf die Abweichung senkrecht zur Bezugsachse bei mehrmaliger Umdrehung und Verschiebung des Messpunktes parallel zur

Bezugsachse den Toleranzwert nicht überschreiten (**Bild 2.5-21**). Das Istprofil des tolerierten Zylinders muss innerhalb der Toleranzzone liegen, die durch zwei koaxiale Zylinder gebildet wird, deren Achsen mit der Bezugsachse übereinstimmen und deren Radien sich um den Toleranzwert unterscheiden.

Mit der Gesamtrundlauftoleranz werden Koaxialitätsabweichungen der Achse des tolerierten Elementes zur Bezugsachse und die Zylinderformabweichung des tolerierten Elementes gemeinsam beschränkt [Sch 93].

Im Unterschied zur Planlauftoleranz wird bei der Gesamtplanlauftoleranz die Abweichung in axialer Richtung nicht nur entlang des Messzylinders erfasst, sondern bei mehreren radialen Verschiebungen senkrecht zur Bezugsachse. Die größte so ermittelte Abweichung darf die Toleranzzone, gebildet durch zwei parallele Ebenen vom Abstand des Toleranzwertes und senkrecht zur Bezugsachse, nicht verletzen.

Analog zur Lauftoleranz ist die Gesamtlauftoleranz in beliebiger bzw. vorgeschriebener Richtung definiert. Bei mehrmaliger Umdrehung um die Bezugsachse und bei Verschiebung des Messpunktes parallel zur theoretisch genauen Richtung der Mantellinien darf die Abweichung des Gesamtlaufes den Toleranzwert nicht überschreiten.

2.5.2.4   Toleranzwert

Der Toleranzwert gibt die Größe der Toleranzzone an, in der alle Punkte eines Elementes, z.B. Punkte, Linien oder Flächen, liegen müssen. Durch eine Kennzeichnung des Toleranzwertes durch entsprechende Symbole kann festgelegt werden, wie der Toleranzwert zu interpretieren ist.

Theoretisch genaue Maße

Theoretisch genaue Maße werden ausschließlich in Verbindung mit einer Positions-, Profil-, oder Neigungstoleranz verwendet (**Bild 2.5-22**). Sie sind absolut und daher auch nicht toleriert, was es ermöglicht, sie als sogenannte Kettenmaße zu verwenden. Kettenmaße würden bei normalen Maßen zu einer Addition der Toleranzen führen. Im Unterschied zu der üblichen Bemaßung sind theoretisch genaue Maße rechteckig eingerahmt [DIN ISO EN 1101].

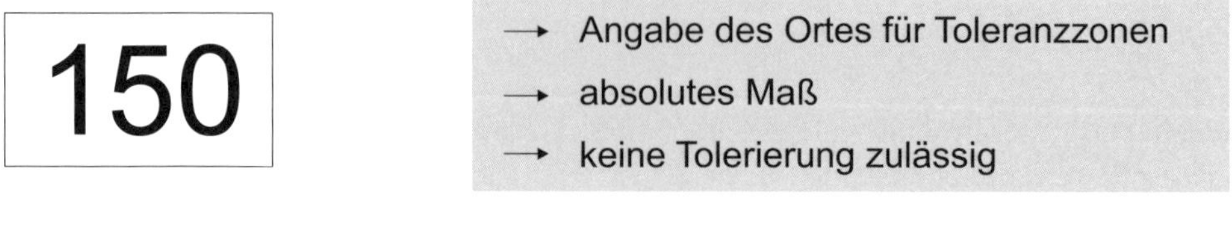

$$\boxed{150}$$

→ Angabe des Ortes für Toleranzzonen

→ absolutes Maß

→ keine Tolerierung zulässig

Bild 2.5-22: Theoretisch genaue Maße

Projizierte Toleranzzone

In Fällen, in denen die Angabe einer Ortstoleranz am Werkstück nicht ausreicht, um die Funktion oder Paarungsfähigkeit zu sichern, kann die Toleranzzone in Richtung des zu paarenden Gegenstückes verschoben, also projiziert, werden. In diesem Fall wird der Toleranzwert durch ein Ⓟ gekennzeichnet, die Länge der projizierten Toleranzzone ist anzugeben und wird ebenfalls mit einem Ⓟ gekennzeichnet [DIN ISO 1101]. **Bild 2.5-23** zeigt ein Beispiel für eine projizierte Toleranzzone. Für die Funktion ist gefordert, dass der Gewindebolzen bis zu einer tolerierten Schräglage der Bohrung durch eine Platte in das Werkstück geschraubt werden kann, die Lage des Gewindes im Unterteil ist von untergeordneter Bedeutung.

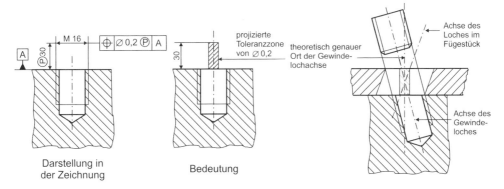

Bild 2.5-23: Projizierte Toleranz

Maximum-Material-Prinzip

Wenn aus funktioneller Sicht die Fügbarkeit eines Bauteils mit einem Gegenstück im Vordergrund steht, kann entsprechend DIN EN ISO 2692 das Maximum-Material-Prinzip angewendet werden, um die nutzbaren Toleranzwerte für Form und Lage, die sich auf Achsen und Mittelebenen beziehen, zu vergrößern. Die Form- und Lagetoleranzen können abhängig von der Ausnutzung der mit diesen Toleranzen verknüpften Maßtoleranzen vergrößert werden, ohne dass die Fügbarkeit beeinträchtigt wird. Die angegebene Form- und Lagetoleranz darf in diesem Fall um die Differenz zwischen Istmaß und Maximum-Material-Maß vergrößert werden.

Die Anwendung des Maximum-Material-Prinzips wird in der technischen Zeichnung durch das Anhängen eines Ⓜ an die betreffende Toleranz gekennzeichnet. Es kann hinter dem Toleranzwert, dem Bezug oder beiden eingetragen werden, je nachdem worauf es sich bezieht.

Ein Beispiel für die Anwendung des Maximum-Material-Prinzips auf die Geradheit ist in **Bild 2.5-24** gegeben. Die Geradheitstoleranz der Achse der Welle im rechten Bildteil kann von 0,01 mm auf 0,03 mm erweitert werden, da der Ist-Durchmesser beim gezeigten minimalen Durchmesser um 0,02 mm vom Werkstoff-Maximum abweicht. Mit einer Funktionslehre werden gleichzeitig Geradheits- und Maßabweichungen geprüft. Um sicherzustellen, dass die Grenzmaße nicht überschritten werden, ist der Durchmesser der Welle gesondert zu prüfen.

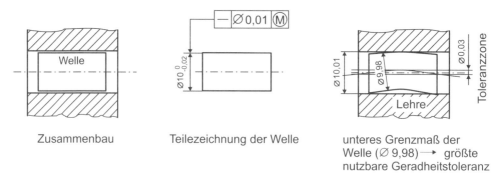

Bild 2.5-24: Maximum-Material-Prinzip

Minimum-Material-Bedingung

Die Minimum-Material-Bedingung nach DIN EN ISO 2692 kann für Form- und Lagetoleranzen von Achsen oder Mittelebenen angewendet werden, wenn es die Funktion erlaubt. Sie wird besonders dann angewendet, wenn aus funktionellen Gründen ein Mindestmaß nicht unterschritten werden darf, wie z.B. bei Wandstärken. Die Minimum-Material-Bedingung erlaubt es, die gekennzeichneten Form- und Lagetoleranzen zu vergrößern, wenn das tolerierte Element von seinem Minimum-Material-Maß hin zum Maximum-Material-Maß abweicht. Die Kennzeichnung des Minimum-Material-Prinzips erfolgt durch ein Ⓛ.

Reziprozitätsbedingung

Die Reziprozitätsbedingung ist ebenfalls Bestandteil der Norm DIN EN ISO 2692. Sie ergänzt die Maximum- und Minimum-Material-Bedingung dahingehend, dass eine mit einer Form- oder Lagetoleranz in Verbindung stehende Maßtoleranz überschritten werden kann, wenn die Form- oder Lageabweichung nicht voll ausgenutzt wurde. Die Kennzeichnung erfolgt durch ein Ⓡ hinter dem Toleranzwert.

Hüllbedingung

Die Hüllbedingung fordert, dass die Istform eines Bauteils die geometrisch ideale Hüllfläche mit Maximum-Materialmaß an keiner Stelle überschreiten darf. Durch diese Forderung werden auch Formabweichungen durch das vorgegebene Grenzmaß beschränkt.

Bei einer Welle darf die Oberfläche einen geometrisch idealen Zylinder mit Höchstmaß nicht durchdringen, gleichzeitig darf das Mindestmaß an keiner Stelle unterschritten werden.

Bei einer Bohrung darf der kleinste ideale Zylinder nicht durchdrungen werden und das Istmaß darf an keiner Stelle überschritten werden.

Nach DIN 7167 gilt die Hüllbedingung ohne gesonderte Zeichnungseintragung für alle tolerierten Zeichnungselemente, nach DIN ISO 8015 muss die Gültigkeit der Hüllbedingung für ein Merkmal durch das Anhängen eines Ⓔ an die betreffende Bemaßung jeweils gesondert gekennzeichnet werden (**Bild 2.5-25**).

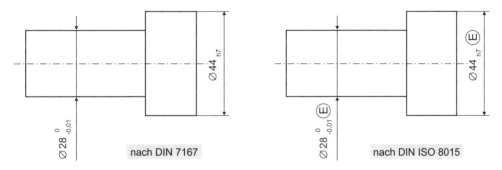

Bild 2.5-25: Hüllbedingung

Elimination von Formabweichungen bei der Lagetolerierung

Nach der amerikanischen Norm ASME Y 14.5 M können bei einer Lagetolerierung die Formabweichungen des tolerierten Elementes eliminiert werden, indem das tolerierte Element durch das Referenzelement ersetzt wird (Abschnitt 2.5.2.3). Die Kennzeichnung erfolgt durch ein Ⓣ hinter dem Toleranzwert.

2.5.3   Tolerierungsgrundsätze

Die Notwendigkeit einer vollständigen Bemaßung und Tolerierung von Werkstücken und Baugruppen auf Zeichnungen begründet sich in der Forderung nach einer funktions-, fertigungs- und qualitätsgerechten sowie wirtschaftlichen Herstellung. Um die Zusammenhänge zwischen Abmaßen, Form und Lage der Formkörper auf technischen Zeichnungen eindeutig darzustellen, sind Tolerierungsgrundsätze definiert worden. Ein Tolerierungsgrundsatz - die *Hüllbedingung* ohne Zeichnungseintrag nach DIN 7167 - ist im vorangegangen Abschnitt erläutert worden. Die Hüllbedingung ist nach DIN ISO 8015 aber nur eine Komponente des *Unabhängigkeitsprinzips* und daher mit dem Symbol Ⓔ hinter der Maßtoleranz einzutragen. In diesem Zusammenhang wird die Hüllbedingung auch als „Alter Tolerierungsgrundsatz" und das Unabhängigkeitsprinzip nach DIN ISO 8015 als „Neuer Tolerierungsgrundsatz" bezeichnet.

Im folgenden Abschnitt wird das Unabhängigkeitsprinzip näher erläutert. Abschließend werden die beiden Tolerierungsgrundsätze gegenübergestellt.

2.5.3.1   „Neuer" Tolerierungsgrundsatz – Unabhängigkeitsprinzip

a) Örtliche Istdurchmesser: b) Zeichnungseintragung:

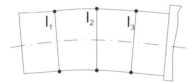

Bild 2.5-26: Eintragung der Hüllbedingung in Zeichnungen für die allgemein das
Unabhängigkeitsprinzip gilt.

Dieser Tolerierungsgrundsatz geht davon aus, dass die Anforderungen für Maß-, Form- und Lagetoleranzen unabhängig voneinander eingehalten werden müssen. Somit können Form- und Lagetoleranzen auch dann voll ausgenutzt werden, wenn die Querschnitte der betrachteten Elemente Maximum-Material-Maß erreichen.

Durch eine Längenmaßtoleranz werden also nur alle durch eine Zweipunktmessung ermittelten örtlichen Istmaße begrenzt (**Bild 2.5-26, a**). Dadurch wird auch die Kegel-, Sattel- und Tonnenform eingegrenzt.

Um die Funktion eines Bauteils sicherzustellen, sind alle erforderlichen Form- und Lagetoleranzen einzeln einzutragen. Um die Zeichnungserstellung zu vereinfachen, sollten daher Allgemeintoleranzen nach DIN ISO 2768-2 verwendet werden.

Die Toleranzen bezüglich der Funktion des Werkstücks oder der Baugruppe sind jedoch nicht unbedingt unabhängig voneinander. In der Zeichnung sind zusätzliche Symbole, z.B. Ⓔ für die Hüllbedingung, einzutragen, wenn eine gegenseitige Beziehung bzgl. Maß und Form bei zu paarenden Formelementen besteht (**Bild 2.5-26, b**).

2.5.3.2   Gegenüberstellung „alter" und „neuer" Tolerierungsgrundsatz

Zur Überprüfung der Hüllbedingung ist theoretisch eine Grenzlehrung nach dem Taylor'schen Grundsatz durchzuführen. Der Übergang zum Unabhängigkeitsprinzip kommt der verstärkten Anwendung der messenden Prüfung, bei der die örtlichen Istmaße erfasst werden, entgegen. Außerdem wird aus den Toleranzangaben die Funktionsanforderung an das Formelement ersichtlich. In **Bild 2.5-27** sind „alter" und „neuer" Tolerierungsgrundsatz gegenübergestellt.

Hüllbedingung	Unabhängigkeitsprinzip
- Funktion in der Zeichnung nicht eindeutig zu erkennen	- Hinweis auf funktionsbezogene Toleranzen durch Einzeleintragungen
- teure Fertigung und Prüfung	- preiswerte Fertigung und Prüfung
- erhöhtes Risiko der Zurückweisung	- geringes Risiko der Zurückweisung
- Einschränkung durch unnötig kleine Toleranzen	- Vermeidung unnötig kleiner Toleranzen aufgrund einzelner Funktionsanforderungen
- geringer Tolerierungsaufwand	- erhöhter Tolerierungsaufwand

Bild 2.5-27: "alter" und "neuer" Tolerierungsgrundsatz

2.5.4   Geometrische Produktspezifikation und -prüfung (GPS)

In den GPS-Normen werden z.B. definiert: Maß-, Form- und Lagetolerierungen; Eigenschaften von Oberflächen und zugehörige Prüfverfahren, Messeinrichtungen und Kalibrieranforderungen sowie die Unsicherheit beim Messen geometrischer Größen. Für alle GPS-Normen wurde eine Übersicht, der sogenannte Masterplan [DIN V 32950], mit definierten Zuordnungskriterien entwickelt, in die alle neuen Normen eingeordnet werden.

2.5.4.1   Messunsicherheit und Entscheidungsregeln

Um anhand eines gemessenen Merkmalswertes beurteilen zu können, ob ein Merkmal die geforderten Spezifikationen (Toleranzen) erfüllt, muss bei der Entscheidung die erweiterte Messunsicherheit berücksichtigt werden (Abschnitt 2.3). Als Entscheidungsregel für die Feststellung einer Übereinstimmung liegt mittlerweile für die messende Prüfung die Norm DIN EN ISO 14253-1 vor.

Am Beispiel einer zweiseitigen Toleranz werden in **Bild 2.5-28** die Zusammenhänge zwischen Messwert, erweiterter Messunsicherheit U und Aussage über die Erfüllung der Spezifikationen erläutert. Der Bereich der Übereinstimmung ergibt sich durch die beidseitige Verkleinerung des Spezifikationsbereichs um die erweiterte Messunsicherheit. Merkmale die innerhalb dieses Bereichs gemessen werden, erfüllen die Spezifikation auf jeden Fall, das heißt, sie liegen innerhalb der geforderten Toleranzen. Analog liegt der Bereich der Nichtübereinstimmung außerhalb des beidseitig um U erweiterten Spezifikationsbereichs. Messwerte, die zwischen diesen beiden Bereichen liegen, lassen keine sichere Aussage über die Erfüllung der Spezifikationen zu. Eventuell kann in diesem Fall durch eine Messung mit einer geringeren Messunsicherheit eine Aussage getroffen werden oder auf spezielle Vereinbarungen für diesen Fall zurückgegriffen werden [Gro 97]

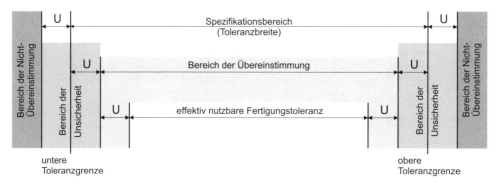

Bild 2.5-28: Zusammenhang von Messunsicherheit und Freigabetoleranz

Für den messtechnischen Einsatz folgt daraus, dass die nutzbare Toleranzzone an den Grenzen um die erweiterte Messunsicherheit kleiner ist, als die angegebene Toleranz, da gefordert wird, dass kein Bauteil außerhalb der Toleranz als Gutteil angenommen wird. Bei einer so eingeschränkten Toleranz besteht aber immer noch die Möglichkeit, dass Teile, die die Spezifikationen erfüllen, als Ausschuss bewertet werden, da der Messwert im Extremfall schon um den Betrag der erweiterten Messunsicherheit von dem wahren Wert abweicht. Um dies zu verhindern, muss die angegebene Toleranzbreite an beiden Seiten um den doppelten Betrag der erweiterten Messunsicherheit verkleinert werden. Damit ergibt sich eine noch stärker verringerte, effektiv nutzbare Fertigungstoleranz [Neu 85].

Die oben angestellten Betrachtungen beziehen sich auf eine zweiseitige Toleranz, im Falle einer einseitigen Toleranz entfällt die Verkleinerung der Toleranz auf der Seite des natürlichen Grenzwertes.

2.5.4.2   Vektorielle Bemaßung und Tolerierung

Das Ziel der Vektoriellen Tolerierung ist die mathematisch eindeutige Beschreibung der Werkstückgestalt und ihrer geometrischen Toleranzen [Wir 93]. Im Gegensatz zur konventionellen Tolerierung werden bei der Vektoriellen Tolerierung Maß und Lage von Ersatzelementen und die den Ersatzelementen überlagerten Formabweichungen einzeln mit Toleranzen versehen. Ersatzelemente sind gedachte geometrisch ideale Formelemente wie z.B. Ebene, Zylinder, Kugel, Kegel und Torus. ISO-Geometrie-Toleranzen sind dagegen als Summentoleranzen definiert worden.

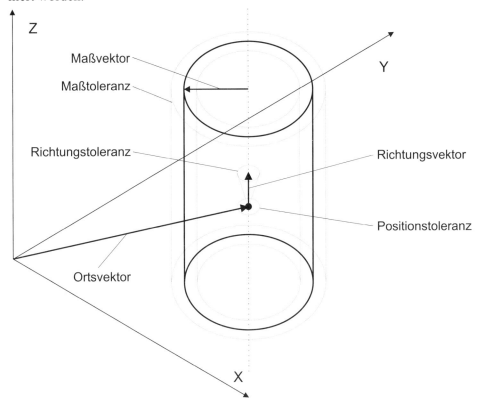

Bild 2.5-29: Vektorielle Bemaßung und Tolerierung

Die Lage des Nennelementes wird durch ein Ortsvektor-Tripel angegeben, seine Richtung durch einen Einheitsvektor. Außerdem wird die geometrisch ideale Form durch die entsprechenden Maße beschrieben (**Bild 2.5-29**).

Die zulässigen Abweichungen werden in einem ähnlichen Datenmodell getrennt für die einzelnen Komponenten der Vektor-Tripel, die Form und die Maße angegeben (**Bild 2.5-29**).

Bei der Vektoriellen Tolerierung sind die Regeln der Vektorgeometrie anzuwenden. Das bedeutet, dass z.B. die Position einer Ebene nur in Normalenrichtung toleriert werden darf, während die Position eines Zylinders nur senkrecht zur Zylinderachse toleriert wird. Verschiebungen des Ortsvektors in der Ebene bzw. auf der Achse verändern die Position dieser Elemente definitionsgemäß nicht.

Auf dieser Grundlage kann ein Werkstück vollständig beschrieben werden, wobei bei den Abweichungen und Toleranzen zwischen Maß, Form, Richtung und Ort unterschieden wird. Somit ergeben sich durch die Vektorielle Tolerierung eindeutige Informationen, die sofort zur Prozessregelung genutzt werden können [Gro 97]. Die Positionsabweichung einer Bohrung in der X-Y-Ebene, die komponentenweise bekannt ist, kann zum Beispiel direkt für eine Korrektur am Kreuztisch einer Ständerbohrmaschine oder eines Bearbeitungszentrums genutzt werden.

Die Vektorielle Bemaßung und Tolerierung kommt besonders den Anforderungen und Möglichkeiten der rechnergestützten Messgerätetechnik (z.B. Koordinatenmesstechnik) entgegen, die in der Lage ist, große Datenmengen kostengünstig zu verarbeiten.

Schrifttum

[Bag 97]	Baginski, U.: Traditionelle Bemaßungsregeln im Umbruch? DIN-Mitteilungen 76, 1997, NR.: 6, S. 413, Berlin: Beuth-Verlag GmbH
[Ber 68]	Berndt, G.; Hultzsch, E.; Weinhold, H.: Funktionstoleranz und Meßunsicherheit. Wissenschaftliche Zeitschrift der Universität Dresden 17 (1968) 2, S. 465-471
[Bet 94]	Betsch, W.; Schatz, M.: Meßräume – Kenngrößen, Klassifizierung, Planung, Ausführung. Qualität und Zuverlässigkeit QZ 39 (1994) 8, S. 884-886
[Bre 93]	Breyer, K.-H.; Pressel, H.-G.: Auf dem Weg zum thermisch stabilen Koordinatenmeßgerät. Neumann, H. J. (Hrsg.): Koordinatenmeßtechnik, Neue Aspekte und Anwendungen. Ehningen: Expert Verlag, 1993
[DIN 94]	Internationales Wörterbuch der Metrologie, International Vocabulary of Basic and General Terms in Metrology, 2. Auflage. Berlin: Beuth-Verlag, 1994
[DIN 95]	Leitfaden zur Angabe der Unsicherheit beim Messen, Deutsche Übersetzung des „Guide to the Expression in Uncertainty in Measurement", 1. Auflage. Berlin: Beuth-Verlag, 1995
[Dut 69]	Dutschke, W.: Zulässige Meßunsicherheit. wt-Z. ind. Fertigung. 59 (1969) 12, S. 630-632
[Dut 96]	Dutschke, W.: Fertigungsmeßtechnik. 3. Aufl., Stuttgart: B.G. Teubner, 1996
[Dut 97]	Dutschke, W.; Braun, M.: Meßunsicherheit – ein Reizwort? Qualität und Zuverlässigkeit QZ 42 (1997) 9, S. 1006-1010
[Gro 97]	Grode, H.-P.: Geometrische Produktspezifikation und -prüfung (GPS), DIN-Mitteilungen 76, 1997, NR.: 7, S. 478-492, Berlin: Beuth-Verlag GmbH

| [Her 96] | Hernla, M.: Meßunsicherheit und Fähigkeit, Ein Überblick für die betriebliche Praxis. Qualität und Zuverlässigkeit QZ 41 (1996) 10, S. 1156-1162 |

[Her 97]   Hernla, M.; Neumann, H. J.: Einfluß der Temperatur auf die Längenmessung. Qualität und Zuverlässigkeit QZ 42 (1997) 4, S. 464-468

[Hoi 94]   Hoischen, H.: Technisches Zeichnen – Grundlagen, Normen, Beispiele, Darstellende Geometrie. Berlin: Cornelsen Verlag, 1995

[Kes 95]   Kessel, W.: Meßunsicherheit und Meßwert nach der neuen ISO/BIPM-Leitlinie. Technisches Messen tm 62 (1995) 7/8, S. 306-312

[Lem 92]   Lemke, E.: Fertigungsmeßtechnik. Braunschweig/Wiesbaden: Vieweg Verlag, 1988

[Neu 85]   Neumann, H. J.: Der Einfluß der Meßunsicherheit auf die Toleranzausnutzung in der Fertigung, Qualität und Zuverlässigkeit QZ 30 (1985) 5, S. 145-149, München: Carl Hanser Verlag

[Pf 96]   Pfeifer, T.: Qualitätsmanagement. München: Carl Hanser Verlag, 1996

[Pre 97]   Pressel, H.-G.: Genau messen mit Koordinatenmeßgeräten, Grundlagen und Praxistips für Anwender. Renningen-Malmsheim: Expert Verlag, 1997

[Pro 92]   Profos, P.; Pfeifer, T.: Handbuch der industriellen Meßtechnik. München: Oldenbourg Verlag GmbH, 1992

[Pro 97]   Profos, P.; Pfeifer, T. (Hrsg.): Grundlagen der Meßtechnik. München: Oldenbourg Verlag, 1997

[PTB 94]   PTB (Hrsg.): Die SI-Basiseinheiten, Definition, Entwicklung, Realisierung. 1994

[Tra 89]   Trapet, E.; Wäldele, F.: Koordinatenmeßgeräte in der Fertigung – Temperatureinflüsse und erreichbare Meßunsicherheit. VDI-Bericht 751: Koordinatenmeßgeräte als integrierter Bestandteil der industriellen Qualitätssicherung. Düsseldorf: VDI-Verlag, 1989

[Tra 97]   Trapp, W.: Gesetzliche Grundlagen des Meßwesens. Profos, P.; Pfeifer, T. (Hrsg.): Grundlagen der Meßtechnik. München: Oldenbourg Verlag, 1997

[Tru 97]   Trumpold, Beck, Richter: Toleranzsysteme und Toleranzdesign – Qualität im Austauschbau. München, Wien: Carl Hanser Verlag, 1997

[War 84]   Warnecke, H.-J.; Dutschke, W.: Fertigungsmeßtechnik, Handbuch für Industrie und Wissenschaft. Berlin: Springer Verlag, 1984

[Web 93]   Weber, H.: Umgebungseinflüsse auf Koordinatenmeßungen. Neumann, H. J. (Hrsg.): Koordinatenmeßtechnik, Neue Aspekte und Anwendungen. Ehningen: Expert Verlag, 1993

[Wec 96]   Weckenmann, A.: Koordinatenmeßtechnik im Qualitätsmanagement. VDI-Bericht 1258: Koordinatenmeßtechnik, sicher – umfassend – zukunftsweisend. Düsseldorf: VDI-Verlag, 1996

[Wir 93]   Wirtz, A.: Vektorielle Tolerierung, das Bindeglied zwischen CAD, CAM und CAQ. Neumann, H. J. (Hrsg.): Koordinatenmeßtechnik – Neue Aspekte und Anwendungen. Ehningen bei Böblingen: expert-Verlag, 1993

[Wk 95]   Weck, M.: Werkzeugmaschinen, Fertigungssysteme, Band 3.2, Automatisierung und Steuerungstechnik 2. Düsseldorf: VDI-Verlag, 1995

[Zim 94]   Zimmer, M.; Dietzsch, M.: Gestaltung von Meßräumen für Längenmeßgeräte.
                    VDI-Bericht 1155: Fertigungsmeßtechnik und Qualitätssicherung. Düsseldorf:
                    VDI-Verlag, 1994

Normen und Richtlinien

DIN EN ISO 102   DIN EN ISO 102: Geometrische Produktspezifikation (GPS):
                          Referenztemperatur für geometrische Produktspezifikation und
                          -prüfung. Berlin: Beuth-Verlag, 2002-10

DIN 406-10   DIN 406-10: Technische Zeichnungen: Maßeintragung, Begriffe, all-
                          gemeine Grundlage. Berlin: Beuth-Verlag GmbH, 1992-12

DIN 406-11   DIN 406-11: Technische Zeichnungen: Maßeintragung, Grundlagen
                          der Anwendung. Berlin: Beuth-Verlag GmbH, 1992-12

DIN 406-11 Beiblatt 1   DIN 406-11, Beiblatt 1 (Norm-Entwurf): Technische Zeichnungen –
                          Maßeintragung. Teil 11: Grundlagen und Anwendungen: Ausgang der
                          Bearbeitung an Rohteilen. Berlin: Beuth-Verlag GmbH, 2000-12

DIN 406-12   DIN 406-12: Technische Zeichnungen: Maßeintragung, Eintragung
                          von Toleranzen für Längen- und Winkelmaße. Berlin: Beuth-Verlag
                          GmbH, 1992-12

DIN 1319-1   DIN 1319-1: Grundlagen der Meßtechnik. Teil 1: Grundbegriffe.
                          Berlin: Beuth-Verlag GmbH, 1995

DIN 1319-2   DIN 1319-2: Grundlagen der Messtechnik. Teil 2: Begriffe für
                          Messmittel. Berlin: Beuth-Verlag GmbH, 2005-10

DIN 1319-3   DIN 1319-3: Grundlagen der Messtechnik. Teil 3: Auswertung von
                          Messungen einer einzelnen Messgröße, Messunsicherheit. Berlin:
                          Beuth-Verlag, 1996

DIN 1319-4   DIN 1319-4: Grundlagen der Messtechnik. Teil 4: Auswertung von
                          Messungen, Messunsicherheit. Berlin: Beuth-Verlag, 1999-04

DIN 7150-2   DIN 7150-2: Geometrische Produktspezifikation (GPS): System für
                          Grenzmaße und Passungen – Teil 2: Grenzlehren und Lehrung für
                          glatte zylindrische Werkstücke. Berlin: Beuth-Verlag GmbH, 2007-02

DIN 7154-1   DIN 7154-1: ISO-Passungen für Einheitsbohrung, Toleranzfelder,
                          Abmaße in m. Berlin: Beuth-Verlag GmbH, 1966-08

DIN 7154-2   DIN 7154-2: ISO-Passungen für Einheitsbohrung, Paßtoleranzen,
                          Spiel und Übermaße in m. Berlin: Beuth-Verlag GmbH, 1966-08

DIN 7155-1   DIN 7155-1: ISO-Passungen für Einheitswelle, Toleranzfelder,
                          Abmaße in m. Berlin: Beuth-Verlag GmbH, 1966-08

DIN 7155-2   DIN 7155-2: ISO-Passungen für Einheitswelle, Paßtoleranzen, Spiele
                          und Übermaße in m. Berlin: Beuth-Verlag GmbH, 1966-08

DIN 7157   DIN 7157: Passungsauswahl, Toleranzfelder, Abmaße, Paßtoleranzen.
                          Berlin: Beuth-Verlag GmbH, 1966-01

DIN 7157 Beiblatt   DIN 7157, Beiblatt: Passungsauswahl, Toleranzfelderauswahl nach
                          ISO/TR 1829, Berlin: Beuth-Verlag GmbH, 1973-10

DIN 7167	DIN 7167: Zusammenhang zwischen Maß-, Form- und Parallelitäts-toleranzen, Hüllbedingung ohne Zeichnungseintragung. Berlin: Beuth-Verlag GmbH, 1987-01
DIN 7168	DIN 7168: Allgemeintoleranzen, Längen- und Winkelmaße, Form und Lage, Nicht für Neukonstruktionen. Berlin: Beuth-Verlag GmbH, 1991-04
DIN 55350	DIN 55350, Teil 13: Begriffe der Qualitätssicherung und Statistik, Begriffe zur Genauigkeit von Ermittlungsverfahren und Ermittlungs-ergebnissen. Berlin: Beuth-Verlag, 1987
DIN V 32950	DIN V 329950 (Vornorm): Geometrische Produktspezifikation (GPS): Übersicht. Berlin: Beuth-Verlag GmbH, 1997-04
DIN ISO 286-1	DIN ISO 286-1: ISO-Systeme für Grenzmaße und Passungen, Grund-lagen für Toleranzen, Abmaße und Passungen. Berlin: Beuth-Verlag GmbH, 1990-11
DIN ISO 286-2	DIN ISO 286-2: ISO-Systeme für Grenzmaße und Passungen, Tabellen der Grundtoleranzgrade und Grenzmaße für Bohrungen und Wellen. Berlin: Beuth-Verlag GmbH, 1990-11
DIN EN ISO 1101	DIN EN ISO 1101: Geometrische Produktspezifikation (GPS): Geometrische Tolerierung – Tolerierung von Form, Richtung, Ort und Lauf. Berlin: Beuth-Verlag GmbH, 2008-08
DIN EN ISO 2692	DIN ISO 2692: Geometrische Produktspezifikation (GPS): Form- und Lagetolerierung – Maximum-Material-Bedingung (MMR), Minimum-Material-Bedingung (LMR) und Reziprozitätsbedingung (RPR). Berlin: Beuth-Verlag GmbH, 2007-04
DIN ISO 2768-1	DIN ISO 2768-1: Allgemeintoleranzen, Toleranzen für Längen- und Winkelmaße ohne einzelne Toleranzeintragung. Berlin: Beuth-Verlag GmbH, 1991-06
DIN ISO 2768-2	DIN ISO 2768-2: Allgemeintoleranzen, Toleranzen für Form und Lage ohne einzelne Toleranzeintragung. Berlin: Beuth-Verlag GmbH, 1991-04
DIN EN ISO 3650	DIN EN ISO 3650: Geometrische Produktspezifikation (GPS): Längennormale – Parallelendmaße. Berlin: Beuth-Verlag GmbH, 1999-02
DIN EN ISO 5458	DIN EN ISO 5458: Geometrische Produktspezifikation (GPS): Form- und Lagetolerierung, Positionstolerierung. Berlin: Beuth-Verlag GmbH, 1999-02
DIN ISO 5459	DIN ISO 5459: Technische Zeichnungen: Form- und Lagetolerierung, Bezüge und Bezugsysteme für geometrische Toleranzen. Berlin: Beuth-Verlag GmbH, 1982-01
DIN ISO 8015	DIN ISO 8015: Technische Zeichnungen: Tolerierungsgrundsatz. Berlin: Beuth-Verlag GmbH, 1986-06
DIN ISO/TS 12181-1	DIN ISO/TS 12181 (Vornorm): Geometrische Produktspezifikationen (GPS): Rundheit – Teil 1: Begriffe und Kenngrößen der Rundheit
DIN ISO/TS 12181-2	DIN ISO/TS 12181 (Vornorm): Geometrische Produktspezifikationen (GPS): Rundheit – Teil 2: Spezifikationsoperatoren

DIN EN ISO 14253-1   DIN EN ISO 14253-1: Geometrische Produktspezifikation (GPS):
                            Prüfung von Werkstücken und Messgeräten durch Messung. Teil 1:
                            Entscheidungsregeln für die Feststellung von Übereinstimmung oder
                            Nicht-Übereinstimmung mit Spezifikationen. Berlin: Beuth-Verlag
                            GmbH, 1999-03

ISO 1   ISO 1:   Geometrische   Produktspezifikationen   (GPS):
                            Referenztemperatur für geometrische Produktspezifikation und
                            -prüfung. ISO, 2002-07

ISO 129   ISO 129-1: Technische Zeichnungen: Eintragung von Maßen und
                            Toleranzen – Teil 1: allgemeine Grundlagen. Berlin: Beuth-Verlag
                            GmbH, 2004-09

DIN EN ISO 14253-2   DIN EN ISO 14253-2: Geometrische Produktspezifikationen (GPS):
                            Prüfung von Werkstücken und Messgeräten durch Messen – Teil 2:
                            Leitfaden zur Schätzung der Unsicherheit von GPS-Messungen bei
                            der Kalibrierung von Messgeräten und bei der Produktprüfung.
                            Berlin: Beuth-Verlag GmbH, 2009-07

ASME Y 14.5 M   ASME Y 14.5 M: Dimensioning and Tolerancing. 1994

ASME Y 14.5 1M   ASME Y 14.5 1M: Mathematical Definition of Dimensioning and
                            Tolerancing Principles. 1994

VDI/VDE 3511   VDI/VDE-Richtlinie 3511: Technische Temperaturmessungen. Blatt 1
                            bis 5, 1994-1996

VDI 2062   VDI/VDE-Richtlinie 2062, Blatt 1: Schwingungsisolierung: Begriffe
                            und Methoden. 1976

VDI 2062   VDI/VDE-Richtlinie 2062, Blatt 2: Schwingungsisolierung:
                            Schwingungsisolierelemente. 2007

VDI 2627   VDI/VDE-Richtlinie 2627, Blatt 1: Messräume: Klassifizierung und
                            Kenngrößen, Planung und Ausführung. 1998

3 Prüfplanung

Die Prüfplanung ist nach DIN 55350 definiert als Planung der Qualitätsprüfung. Bestand die Qualitätsprüfung früher nur aus den Gebieten Prüfplanung, Datenerfassung und Auswertung, so hat sich heute ein Wandel ergeben. Themen wie die statistische Prozessregelung (SPC), die Prüfmittelüberwachung (PMÜ) oder auch Fähigkeitsuntersuchungen sind mittlerweile Gegenstand der Qualitätsprüfung. Ursprünglich war die Prüfplanung erzeugnisorientiert, heutzutage sind mehr und mehr auch die Betriebsmittel und Produktionsprozesse Gegenstand der Prüfplanung. Für die Zukunft ist zu erwarten, dass auch die Planung der Qualitätsprüfung von Dienstleistungen, vom Produktverhalten und insbesondere von der Produktentstehungsphase vor Fertigungsbeginn (z.B. Marketing, Entwicklung/Konstruktion, Arbeitsvorbereitung) Stoff einer umfassenden Prüfplanung werden wird (**Bild 3-1**).

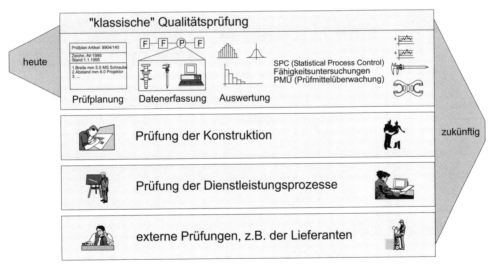

Bild 3-1: Qualitätsprüfung

Im Folgenden wird die Prüfplanung im klassischen Sinne behandelt, d.h. die Prüfplanung als Planung der Qualitätsprüfung. Es werden bevorzugt die anwendungsrelevanten Aspekte angesprochen, die für die Fertigungsmesstechnik von Bedeutung sind. Anhand eines Beispielbauteils werden die Schritte, die bei der Prüfplanerstellung durchzuführen sind, erläutert. Schritt für Schritt wird so ein Prüfplan aufgebaut. Dieser stellt nur eine der möglichen Formen für einen Prüfplan dar, da jeder Anwender erfahrungsgemäß sein eigenes Layout hat.

Die Prüfplanung darf nicht losgelöst von anderen Tätigkeiten der Produkterstellung betrachtet werden [Kw 96]. Sie ist in ein Gesamtkonzept eingebunden und erfolgt in der Regel zeitgleich mit der Arbeitsplanung. Dabei finden Daten aus der Qualitätsplanung sowie aus der Entwicklung und Konstruktion Anwendung. Die Prüfplanung schafft alle organisatorischen und technischen Maßnahmen zur Durchführung der Qualitätsprüfung, diese bildet mit anschließender Prüfdatenauswertung die Informationsquelle, mit der die Qualitätsregelkreise geschlossen werden. Die ermittelten Ergebnisse können beispielsweise zur besseren Angleichung der Konstruktionsvorgaben an die Fähigkeiten der Fertigung verwandt werden (großer Qualitätsregelkreis) oder einfach zur Nachstellung der Fertigungsanlage im Sinne abweichungskompensierender Parameterveränderungen genutzt werden (kleiner Qualitätsregelkreis). Eine weitere Möglichkeit ist die Dynamisierung der Prüfung (mittlerer Qualitätsregelkreis, d.h. der Regelkreis zwischen Prüfplanung und Arbeitsplanung) (**Bild 3-2**).

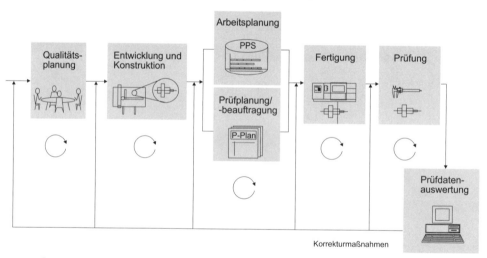

Legende: ↻ Qualitätsregelkreis

Bild 3-2:   Innerbetriebliche Einordnung

3.1 Aufgaben der Prüfplanung

Die Aufgaben der Prüfplanung umfassen verschiedene Tätigkeiten. Diese unterteilen sich in kurzfristige und langfristige Tätigkeiten. Kurzfristig muss ein Prüfplan, dies ist eine Arbeitsanweisung, die die Durchführung der Prüfung regelt, erstellt werden. Darüber hinaus muss man sich in der Prüfplanung Gedanken über die Ergebnisdokumentation und die weitere Datenverarbeitung machen. Auch die Programmierung von Messeinrichtungen zählt zu den Aufgaben der Prüfplanung. Die Prüfmethodenplanung kann dagegen nur langfristig geschehen, genau so wie z.B. die Konstruktionsberatung, Personalschulung, Investitionsplanung und Prüfplanbetreuung.

In letzter Zeit kommen weitere Aufgabenfelder zur Prüfplanung hinzu. Neben der Einsatzplanung und Nutzung der Prüfmittel gehört nun auch die Beschaffung und die Überwachung zum Tätigkeitsfeld der Prüfplanung (**Bild 3.1-1**). Die folgenden Ausführungen beschränken sich auf die eigentliche Prüfplanerstellung.

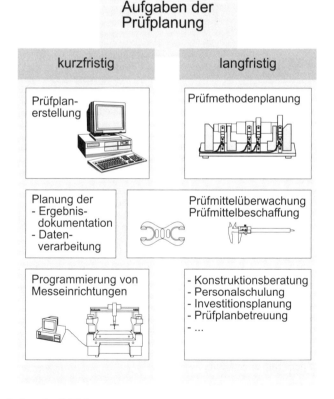

Bild 3.1-1: Aufgaben der Prüfplanung

3.2   Vorgehensweise bei der Prüfplanerstellung

Im Prüfplan sind für ein Produkt oder ein Teil alle Aktivitäten der Qualitätsprüfung in Art und Umfang festgelegt. Bei der Prüfplanerstellung, die bereits in frühen Phasen der Produktentwicklung erfolgen sollte, um eine sinnvolle Integration der Prüfplanung in die Qualitätsplanung zu ermöglichen, müssen eine Vielzahl von Teilschritten durchgeführt werden. Da sie untereinander Abhängigkeiten aufweisen, sollten sie in einer sinnvollen Abfolge bearbeitet werden. Als Orientierung kann dazu die Richtlinie des VDI/VDE/DGQ 2619 dienen. Darin werden zehn Punkte beschrieben, die bei der Prüfplanerstellung der Reihe nach abzuarbeiten sind (**Bild 3.2-1**).

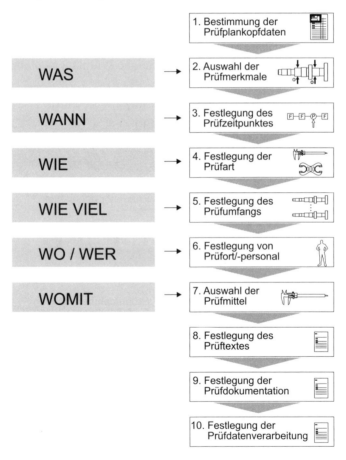

Bild 3.2-1:   Ablauf der Prüfplanerstellung

Im Folgenden wird auf jeden dieser Punkte eingegangen. Zum besseren Verständnis wird parallel zur Abhandlung der Punkte die Aufstellung eines Prüfplans anhand eines Beispielwerkstücks vorgenommen.

Grundlagen der Prüfplanung sind Normen und Richtlinien, gesetzliche Vorschriften und Betriebsvorschriften, technische Unterlagen wie Konstruktionszeichnungen, Stückliste, Arbeitsplan sowie Kenntnis der Prozesse und nicht zuletzt der Kundenwünsche.

3.2.1 Bestimmung der Prüfplankopfdaten

Die Prüfplankopfdaten sind aus organisatorischen Gründen wichtig und sind nach Art und Umfang firmenspezifisch. Sie beinhalten z.B. Identifikationsnummer, Werkstücknummer, Zeichnungsnummer, Arbeitsplannummer, Bearbeiter und Ähnliches. Für die Demonstrationsfirma WZL und das Werkstück Welle wurden die Prüfplankopfdaten exemplarisch in einen Prüfplan eingetragen **(Bild 3.2-2)**.

WZL TH AACHEN	Prüfplan	Prüfplannr.: *4711*		Blatt 1 von 1
Zeichnungsnr.: 8904-140	Benennung: *Welle*	Bearbeiter		Datum
		F. Lesmeister		*01.12.1999*
PFO-Nr	Prüfmerkmal	Grenzwerte	Prüfmittel	Prüf-häufigkeit	Bemerkungen

Bild 3.2-2: Prüfplankopfdaten

3.2.2 Auswahl des Prüfmerkmals

Die Auswahl der Prüfmerkmale nimmt eine wichtige Rolle innerhalb der Prüfplanerstellung ein, da alle nachfolgenden Schritte davon beeinflusst werden. Es müssen Prüfmerkmale erkannt und auf ihre Prüfnotwendigkeit hin bewertet werden. Zur Erkennung potenzieller Prüfmerkmale können Daten aus Konstruktionszeichnung, Konstruktions- oder Prozess-FMEA, Maschinenwerte, Arbeitspläne, etc. Verwendung finden. Zusätzliche Erkenntnisse können Gespräche mit den Konstrukteuren, Herstellern und Anwendern des Bauteils geben **(Bild 3.2-3)**.

In der Regel steigt dabei der Bedarf an Informationen über potenzielle Prüfmerkmale mit der Komplexität des Bauteils.

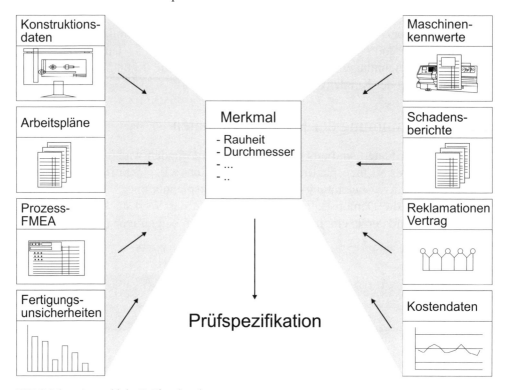

Bild 3.2-3:   Auswahl der Prüfmerkmale

Nach Erkennung der Merkmale erfolgt eine Beurteilung der Prüfnotwendigkeit mit dem Ziel, Prüfkosten zu minimieren aber auch die Produktqualität sicherzustellen. Sicherheitsrelevante Merkmale sind hierbei von vornherein notwendige Prüfmerkmale. Entscheidungskriterien für die Prüfung eines Merkmals sind neben der geforderten Funktion des Produktes, Kundenforderungen, die Sicherheit des Fertigungsprozesses, die Art der Weiterverarbeitung des Werkstücks, der Ort der Fertigung (Eigen- oder Fremdfertigung) und die Kosten (z.B. Folgekosten von Toleranzüberschreitungen und Prüfkosten). Bei den Prüfmerkmalen kann es sich um physikalische, chemische, funktionelle oder auch optische Merkmale handeln. Das Ergebnis dieser Schritte sind die zu prüfenden Merkmale mit ihren Sollwerten und zulässigen Toleranzen.

Für die Auswahl der Prüfmerkmale der Beispielwelle wurden die Konstruktions-zeichnung und der Konstrukteur zu Rate gezogen. Es ergeben sich sechs wesentliche Prüfmerkmale **(Bild 3.2-4)**.

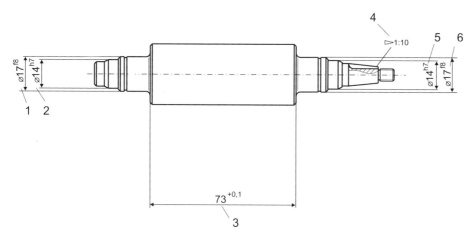

Bild 3.2-4: Beispielbauteil Welle – Auswahl der Prüfmerkmale

Alle anderen Bemaßungen werden der Übersichtlichkeit halber aus der Konstruktionszeichnung entfernt. Die Funktionstüchtigkeit der Welle (Lagersitz) bildet hierbei das ausschlaggebende Kriterium für die Prüfmerkmalsauswahl. Dazu müssen die Passungen der Welle (1, 2, 5, 6), die Länge (3) sowie der Winkel der Kegelform (4) den entsprechenden Toleranzen genügen. Diese Merkmale werden mit entsprechender Nummer und den Grenzwerten in den Prüfplan eingetragen **(Bild 3.2-5)**.

WZL TH AACHEN	Prüfplan	Prüfplannr.: 4711		Blatt 1 von 1
Zeichnungsnr.: 8904-140	Benennung: Welle	Bearbeiter		Datum
		F. Lesmeister		01.12.1999
PFO-Nr	Prüfmerkmal	Grenzwerte	Prüfmittel	Prüf-häufigkeit	Bemerkungen
1	Durchmesser	16,984 16,957			
2	Durchmesser	14,000 13,982			
3	Abstand	73,1 73,0			
4	Kegelform				
5	Durchmesser	14,000 13,982			
6	Durchmesser	16,984 16,957			

Bild 3.2-5: Beispielbauteil Welle – Prüfplan

3.2.3   Festlegung des Prüfzeitpunktes

In diesem Schritt wird der Prüfzeitpunkt für die Prüfung der Merkmale festgelegt. So kann eine rechtzeitige Prüfung dazu beitragen, dass in den weiteren Fertigungsprozessen nicht „Schrott" veredelt wird. Wird diese Zwischenprüfung allerdings übertrieben oder findet sie zu spät statt, so fallen unnötige Kosten – z. B. begründet durch lange Lager- oder Pufferzeiten bis zur Prüfung – an, und die Lieferzeiten werden zu lang. Ferner muss beachtet werden, dass cinige Teile im eingebauten Zustand nicht mehr zugänglich sind, also gar nicht mehr geprüft werden können.

Zur Auswahl des Zeitpunktes kommen somit eine Fülle von Kriterien wie Prüfkosten, Schadensrisiko, Zugänglichkeit der Prüfstelle, Wertzuwachs des Produktes, etc. zum tragen **(Bild 3.2-6)**.

Bild 3.2-6:   Festlegung des Prüfzeitpunktes

Der Prüfzeitpunkt für die Welle kann nur bei genauer Kenntnis des Fertigungsprozesses, z.B. auf der Basis zugeordneter Fähigkeitskennwerte, der Stückzahl und des Einsatzgebietes angegeben werden. Diese Ausführungen sind in diesem Rahmen aber zu komplex. Der Einfachheit halber soll die Welle daher nur in einer Endprüfung getestet werden.

3.2.4   Festlegung der Prüfart

Bei der Prüfung wird prinzipiell zwischen einer Attributiv- und einer Variablenprüfung unterschieden. Die Attributivprüfung erfolgt über eine gut/schlecht Prüfung, während die Variablenprüfung der Ermittlung quantitativer Merkmale dient. Die Entscheidung für die eine oder andere Prüfart erfolgt aufgrund des Kostenaspekts, der Einsetzbarkeit eines Prüfmittels und natürlich auch des zu prüfenden Merkmals. Grundsätzlich ist die Variablenprüfung der Attributivprüfung vorzuziehen, da mit ihr z.B. eine höhere statistisch abgesicherte Aussagekraft erzielt werden kann **(Bild 3.2-7)**.

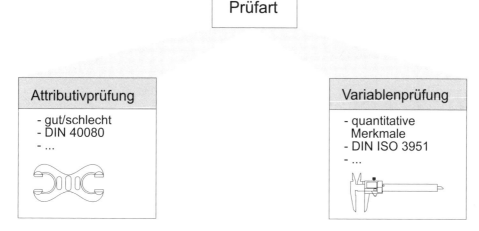

Bild 3.2-7:   Festlegung der Prüfart

Bezogen auf die Welle hängt die Auswahl der Prüfart von der gefertigten Stückzahl ab **(Bild 3.2-8)**.

Prinzipiell ist es ausreichend, die Merkmale 1, 2, 4, 5, und 6 attributiv zu prüfen. Merkmal 3 wird variabel geprüft, eine Attributivprüfung würde zwar ausreichen, hierfür müsste aber eine entsprechende Lehre angefertigt werden, da es sich bei dem Merkmal um eine Länge handelt und es im Gegensatz zu den anderen Merkmalen 1, 2, 4, 5 und 6, bei denen es sich um Durchmesser oder Kegelformen handelt, keine standardisierten Lehren erhältlich sind. Bei größerer Stückzahl (Großserie), oder wenn eine statistische Auswertung der Ergebnisse durchgeführt werden soll, ist eine Variablenprüfung der Attributivprüfung vorzuziehen. Zur Durchführung der Messungen sind dann allerdings spezielle Prüfgeräte notwendig. In dem hier verwendeten Beispiel wird allerdings von einer Kleinserienproduktion ausgegangen.

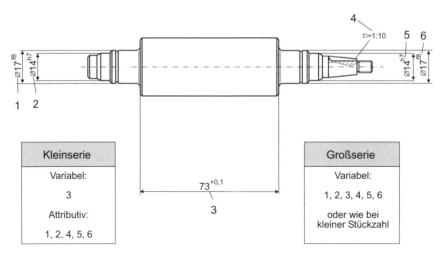

Bild 3.2-8: Beispielbauteil Welle – Auswahl der Prüfart

3.2.5 Festlegung des Prüfumfangs

Im Rahmen der Prüfplanung ist der Prüfumfang (Prüfhäufigkeit, Prüfschärfe) festzulegen. Die Festlegung des Prüfumfangs beeinflusst unmittelbar sowohl Prüfkosten als auch Fehlerkosten. Die Spannbreite reicht von keiner bzw. ausgesetzter (Skip Lot) Prüfung bis zur 100%-Prüfung. Dazwischen sind verschiedene Prüfschärfen möglich.

Bei der 100%-Prüfung werden alle Teile getestet. Dies ist insbesondere bei sicherheitsrelevanten Teilen wichtig. Wird sie in der Serienproduktion eingesetzt, ist dies nur bei Verwendung von Prüfautomaten wirtschaftlich möglich. Hinzu kommt, dass die Fehlerquote bei der manuellen Prüfung von Massenteilen aufgrund der Monotonie der Tätigkeit recht groß ist. Werden gezielt nur Stichproben manuell geprüft, zeigt sich, dass der Anteil der nicht erkannten Fehler bei der Prüfung geringer wird **(Bild 3.2-9)**.

Die Stichprobenprüfung wird nach genormten oder auch werksinternen Regeln durchgeführt [DIN ISO 3951], [DIN ISO 2859]. Eine Erweiterung ist hierbei die dynamisierte Prüfumfangsbestimmung [DIN ISO 2859], bei der der Stichproben-umfang der Prüfung abhängig von den jeweiligen Prüfungsergebnissen nach unten oder oben variiert. Weitere Methoden zur Festlegung des Prüfumfangs, wie die SPC, werden später genau erläutert (Abschnitt 5.2). Bei der Festlegung des Prüfumfangs sind die Bedeutung des zu prüfenden Merkmals für die Qualität des Produktes (kritisches Merkmal, Haupt- und Nebenmerkmal) und die Prozessfähigkeit zu beachten.

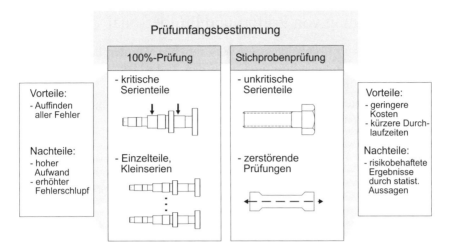

Bild 3.2-9:   Festlegung des Prüfumfangs

Bei der Beispielwelle, die als Annahme in nicht zu großer Stückzahl gefertigt werden soll, sind als kritische Merkmale die Passungen (1, 2, 5, 6) zu erkennen. Diese müssen also 100% geprüft werden, um ein korrektes Betriebsverhalten zu gewährleisten. Die anderen beiden Merkmale (3, 4) sind dagegen unkritisch. Es reicht eine Stichprobenprüfung aus, deren Umfang je nach Stückzahl in der Produktion festgelegt werden muss **(Bild 3.2-10)**.

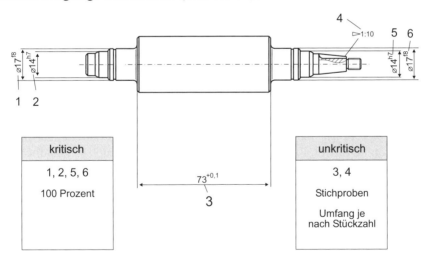

Bild 3.2-10: Beispielbauteil Welle – Festlegung des Prüfumfangs

3.2.6 Festlegung von Prüfort und Prüfpersonal

Die Festlegung des Prüfortes hängt im Wesentlichen von den Prüfmerkmalen, den Prüfmitteln, dem Fertigungsfluss und auch den Teilgrößen ab **(Bild 3.2-11)**. Der Fertigungsfluss sollte durch die Prüfungen nach Möglichkeit nicht unterbrochen werden, was beispielsweise durch auf den Fertigungsfluss abgestimmte Prüftakte oder durch Zwischenlager realisiert werden kann.

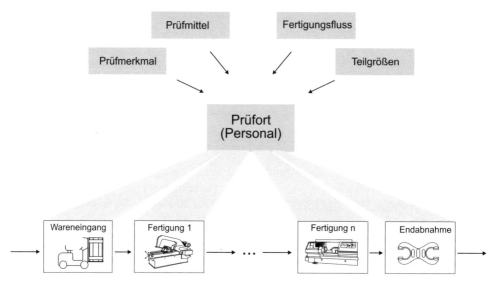

Bild 3.2-11: Festlegung von Prüfort und Personal

Die Frage des Prüfpersonals wird meist durch den Prüfort festgelegt. Aufwendige Messvorrichtungen, wie beispielsweise Koordinatenmessgeräte, können in der Regel nur durch Fachpersonal bedient werden. Ansonsten sollte aber angestrebt werden, die Prüfungen vom Fertigungspersonal selbst durchführen zu lassen (Werkerselbstprüfung). Diese können auftretende Fehler direkt beheben. Sie erhalten zusätzlich mehr Verantwortung und identifizieren sich letztendlich stärker mit dem Produkt.

Die Welle sollte also direkt nach der Fertigstellung von dem Maschinenbediener geprüft werden.

3.2.7 Auswahl der Prüfmittel

Nachdem die Prüfmerkmale festgelegt sind und Umfang, Zeitpunkt, Art und Ort der Prüfung bekannt sind, kann das geeignete Prüfmittel ausgewählt werden. Dazu ist zunächst die Frage der Verfügbarkeit und Eignung von Prüfmitteln zu klären.

Als Hilfsmittel kann hier z.B. eine Prüfmitteldatenbank dienen, in der alle verfügbaren Messmittel aufgelistet sind. Anhand der Prüfaufgabe kann dann durch eine rechnerinterne Prozedur eine Liste mit geeigneten Messmitteln generiert werden. Die Entscheidung über das einzusetzende Prüfmittel kann manuell oder auch rechnerunterstützt getroffen werden, wobei die Forderungen an die Prüfung, die Fähigkeit (Messunsicherheit) des Prüfmittels und die Toleranz des zu prüfenden Merkmals die wesentlichen Auswahlkriterien bilden. Hinzu kommen z.B. Anschaffungskosten, Kapazität (Zeitfaktor) oder Ähnliches. Das Ergebnis der Prüfmittelauswahl, der Prüfmitteltyp, wird in den Prüfplan übernommen **(Bild 3.2-12)**.

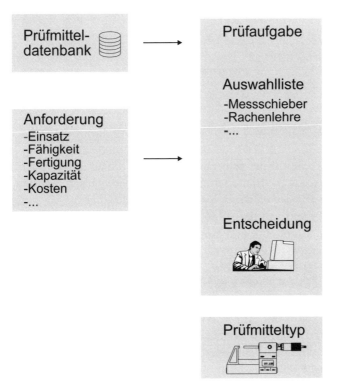

Bild 3.2-12: Auswahl der Prüfmittel

Für die Beispielwelle wird eine Auswahlliste für die Messaufgaben zusammengestellt **(Bild 3.2-13)**.

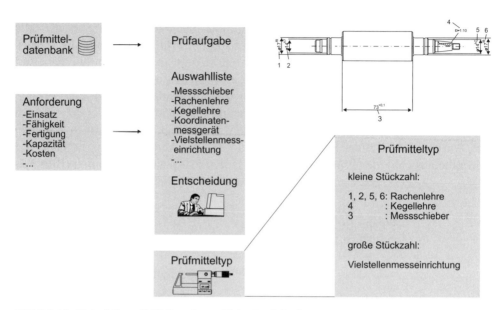

Bild 3.2-13: Beispielbauteil Welle – Auswahl der Prüfmittel

Die Auswahl erscheint hier sehr einfach und wird manuell vorgenommen, sie kann aber bei komplexeren Bauteilen schnell unübersichtlich werden, wodurch der Rechnereinsatz unausweichlich wird. Für die Merkmale 1, 2, 5 und 6 kann eine Rachenlehre benutzt werden, mit der schnell der Durchmesser geprüft werden kann. Mit einer Kegellehre und einem Messschieber können die Merkmale 3 und 4 gemessen werden. Prinzipiell wäre hier auch der Einsatz eines Koordinatenmessgerätes denkbar, dies verursacht allerdings bedeutend höhere Kosten und scheidet deshalb aus. Sollte die Welle allerdings in Großserie gefertigt werden, kann es sinnvoll sein, eine Vielstellenmesseinrichtung zu verwenden. Dies hat den Vorteil, dass mit ihr alle Merkmale in einem Vorgang automatisch geprüft und protokolliert werden können. Dies bedeutet Zeitersparnis und zusätzlich Informationsgewinn. In dem Beispiel der Welle wird jedoch von einer kleinen Stückzahl ausgegangen. Ein dementsprechender Prüfplan besetzt mit Handmessmitteln ist in **Bild 3.2-14** zu sehen.

WZL TH AACHEN	Prüfplan	Prüfplannr.: *4711*	**Blatt 1 von 1**
Zeichnungsnr.: *8904-140*	Benennung: *Welle*	Bearbeiter *U. Reinhart*	Datum *01.12.1997*

PFO-Nr	Prüfmerkmal	Grenzwerte	Prüfmittel	Prüfmittel-häufigkeit	Bemerkungen
1	*Durchmesser*	*16,984* *16,957*	*Rachenlehre*	*100 %*	
2	*Durchmesser*	*14,000* *13,982*	*Rachenlehre*	*100 %*	
3	*Abstand*	*73,1* *73,0*	*Messschieber*	*3 je Los*	
4	*Kegelform*		*Kegellehre*	*3 je Los*	
5	*Durchmesser*	*14,000* *13,982*	*Rachenlehre*	*100 %*	
6	*Durchmesser*	*16,984* *16,957*	*Rachenlehre*	*100 %*	

Bild 3.2-14: Beispielbauteil Welle – Prüfplan (kleine Stückzahl)

3.2.8 Prüftext und Dokumentation

In dem Prüftext sollten ergänzende Informationen, sofern notwendig, zu den Prüfaufgaben aufgeführt werden. Dies ist besonders bei komplexeren Prüfmerkmalen sinnvoll und erleichtert den reibungslosen Ablauf der Prüfung (**Bild 3.2-15**). Eine einfache Prüfzeichnung erleichtert zum Beispiel in vielen Fällen dem Prüfer die Arbeit.

Eine Prüfung ohne Dokumentation und Auswertung ist wenig sinnvoll, da sonst die Daten ungenutzt verloren gehen und für spätere Anwendungen nicht mehr zur Verfügung stehen.

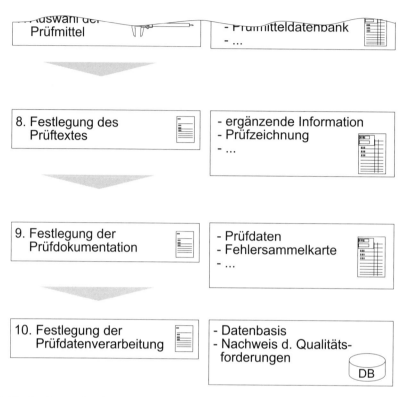

Bild 3.2-15: Prüftext und Dokumentation

3.3   Verwendung der Ergebnisse

Die Prüfdatenauswertung stellt eine wesentliche Basis zur Realisierung interner Qualitätsregelkreise dar. Dazu müssen die Daten in geeigneter Form aufbereitet und zur Verhinderung von einem zu großen Datenaufkommen verdichtet werden. Eine Visualisierung kann zudem die Handhabung der Daten erleichtern **(Bild 3.3-1)**.

Die Daten müssen dokumentiert werden, um Vorschriften vom Gesetzgeber oder von Vertragspartnern gerecht zu werden. Besonders strenge Auflagen herrschen hier z.B. im Bereich der Luftfahrtindustrie, der Automobilindustrie oder generell bei Sicherheitsteilen. Hier sind die Prüfergebnisse jedes Teils z.T. über mehrere Jahre zu archivieren, um eine Rückverfolgbarkeit im Schadensfall zu ermöglichen. Sinnvoll ist die Dokumentation aber auch für interne Zwecke, damit im nachhinein

Vorgänge nachvollzogen werden oder die dokumentierten Prüfergebnisse Daten für Verbesserungsmaßnahmen liefern können.

Weitere Anwendungen der Ergebnisse ergeben sich im Rahmen der Auswertung, da die Daten zur Prozessregelung oder auch zur Dynamisierung der Prüfung eingesetzt werden können.

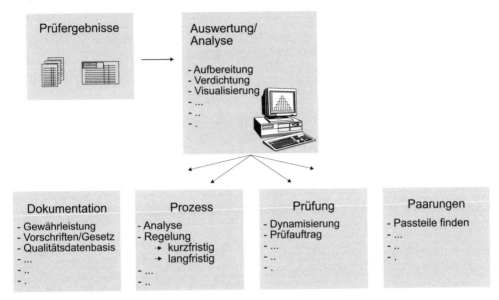

Bild 3.3-1:   Prüfdatenauswertung

3.4   Einsatzmöglichkeiten der EDV

Die Erstellung eines Prüfplans, wie sie hier beschrieben wurde, umfasst eine Vielzahl von Tätigkeiten. Speziell bei komplexen Aufgaben kann es vorkommen, dass Teilaspekte übersehen werden oder Tätigkeiten wegen fehlender Informationen gar nicht ausgeführt werden können. Daher werden zunehmend EDV-Systeme zur Prüfplanung eingesetzt. Diese können nicht für sich alleine betrachtet werden, sondern müssen im Kontext gesamtheitlicher Qualitätssicherung gesehen werden. Nur im Verbund mit anderen Qualitätssicherungsfunktionen sowie anderen innerbetrieblichen EDV-Systemen ergibt sich ein Nutzen für die Prüfplanung.

Der Einsatz rechnerunterstützter Lösungen im Bereich Qualitätssicherung hat folgende Zielsetzungen [Mas 94]:

- Die planerischen Tätigkeiten sollen durch geeignete Funktionen rationalisiert und vereinfacht werden.

- Die Durchführung von Prüfungen soll optimiert werden, was den Umfang der Prüfung und die dabei durchzuführenden Tätigkeiten betrifft.

- Die im Unternehmen an vielen verschiedenen Orten erfassten Daten sollen kanalisiert, zusammengeführt und bereitgestellt werden.

- Die Verarbeitung der erfassten Daten soll beschleunigt, von manuellen Arbeiten weitestgehend befreit und um zusätzliche Möglichkeiten erweitert werden.

- Um die erfassten Daten im Rahmen der Qualitätslenkung und des Qualitätsberichtswesens sinnvoll nutzen zu können, muss es leistungs-, anpassungs- und ausbaufähige Auswerte- und Darstellungsmöglichkeiten geben.

- Das CAQ-System muss komfortable Möglichkeiten zur Verwaltung von Prüfmitteln, Prüfplänen, Prüfaufträgen, Prüfergebnissen, Teile-, Kunden-, Lieferanten- und sonstigen Daten bieten.

- Das CAQ-System soll neben einem Qualitätssicherungssystem auch ein Qualitätsinformationssystem sein, um dem gestiegenen Informationsbedürfnis und der Notwendigkeit, benötigte Informationen zum gewünschten Zeitpunkt am richtigen Ort zur Verfügung zu haben, Rechnung zu tragen.

- Das CAQ-System soll keine Insellösung darstellen, sondern sich harmonisch in die funktionale und technische EDV-Struktur des Unternehmens eingliedern.

Im Bereich der Prüfplanung ergeben sich unterschiedliche Einsatzmöglichkeiten für EDV-Systeme, eine Übersicht ist im folgenden Bild zu sehen **(Bild 3.4-1)**. Es gibt mittlerweile eine Fülle von Systemen, die jedoch zum Teil nur Teilaspekte behandeln. Auch sind bei einigen Programmen Verbesserungen erforderlich. So lässt die Pflege der Daten speziell bei technischen Änderungen bei vielen Systemen zu wünschen übrig. Die Auswahl eines geeigneten Programms muss daher mit viel Sorgfalt getroffen werden.

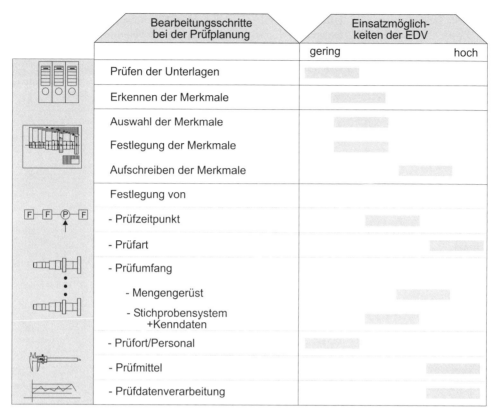

Bearbeitungsschritte bei der Prüfplanung	Einsatzmöglichkeiten der EDV	
	gering	hoch
Prüfen der Unterlagen	▨	
Erkennen der Merkmale	▨	
Auswahl der Merkmale	▨	
Festlegung der Merkmale	▨	
Aufschreiben der Merkmale		▨
Festlegung von		
- Prüfzeitpunkt	▨	
- Prüfart		▨
- Prüfumfang		
- Mengengerüst		▨
- Stichprobensystem +Kenndaten		▨
- Prüfort/Personal	▨	
- Prüfmittel		▨
- Prüfdatenverarbeitung		▨

Bild 3.4-1:   Einsatzmöglichkeiten der EDV bei der Prüfplanerstellung

Schrifttum

[Pf 96]   Pfeifer, T.: Qualitätsmanagement: Strategien, Methoden, Techniken. 2. Auflage, Carl Hanser Verlag, München, 1996.

[Kw 96]   Kwam, A.: Methodik zur Integration der Prüfplanung in die Qualitätsplanung. Dissertation RWTH Aachen, 1996.

[Mas 94]   Masing, W.: Handbuch der Qualitätssicherung. 3. Auflage, Carl Hanser Verlag, München, 1994.

[Dut 96]   Dutschke, W.: Fertigungsmesstechnik. 3. Auflage, B. G. Teubner, Stuttgart, 1996.

Normen und Richtlinien

VDI/VDE/DGQ 2619   Richtlinie zur Prüfplanung. VDI/VDE/DGQ 2619, Beuth-Verlag, Berlin, 1985.

DIN 55350   DIN 55350 Teil 11ff.: Begriffe der Qualitätssicherung und Statistik. Beuth-Verlag, Berlin 1995.

DIN ISO 2859   DIN ISO 2859: Annahmestichprobenprüfung anhand der Anzahl
                        fehlerhafter Einheiten oder Fehler (Attributprüfung) / AQL. Beuth-
                        Verlag, Berlin, 1993.

DIN ISO 3951   DIN ISO 3951: Verfahren und Tabellen für Stichprobenprüfung auf
                        den Anteil fehlerhafter Einheiten in Prozent anhand quantitativer
                        Merkmale (Variablenprüfung). Beuth-Verlag, Berlin, 1992.

4 Prüfdatenerfassung

Nachdem in den beiden vorangegangenen Kapiteln die Grundlagen der Fertigungsmesstechnik und die Prüfplanung beschrieben worden sind, schließt sich nun die Erfassung der Prüfdaten an. Ziel des Kapitels Prüfdatenerfassung ist es, dem Leser einen Überblick über die verschiedensten Prüfmittel und Prüfmethoden zu geben, um ihn in die Lage zu versetzen, gemäß seiner spezifischen Anforderungen an die Messunsicherheit und die zusätzlichen Randbedingungen, die sich aus dem direkten Umfeld der Prüfdatenerfassung ergeben, sei es, dass direkt im Fertigungsprozess oder ausgelagert in einem klimatisierten Messraum geprüft werden muss, das geeignete Prüfmittel auszuwählen und richtig einzusetzen. Angefangen bei den einfachen Prüfmitteln, die in jeder Werkstatt zu finden sind, bis hin zu komplexen 3D-Prüfanordnungen und optischen Messsystemen, die Positionen und Geometrien hochgenau bestimmen können, liefert dieses Kapitel nahezu für jedes messtechnische Problem aus dem Bereich der Fertigungstechnik einen Lösungsansatz.

4.1 Werkstattprüfmittel

Unter dem Oberbegriff Werkstattprüfmittel werden im Folgenden Messmittel zur Aufnahme eindimensionaler Merkmale zusammengefasst, d.h. zur Messung von

- Außen-, Innen- und Absatzmaßen,
- Durchmessern, Breiten und Dicken,
- Höhen und Tiefen,
- Winkeln

und ähnlichen Maßen.

In den folgenden Abschnitten werden die gebräuchlichsten Handprüfmittel zur manuellen Erfassung einzelner Maße behandelt. Diese Handprüfmittel werden von zahlreichen Herstellern komplett und in großen Stückzahlen vertrieben und bieten meist eine vollständige Lösung für einfache Messaufgaben.

Die auch als Messzeuge bezeichneten handgeführten Messmittel (**Bild 4.1-1**) haben für den Werkstattbereich eine besonders große Bedeutung, da sie zum einen universell einsetzbar und zum anderen relativ leicht zu handhaben sind. Sie zählen wohl zu den ältesten Messmitteln und sind fast ausschließlich mechanisch aufgebaut. Heute werden neben diesen mechanischen Ausführungen, die wegen ihrer Robustheit, geringen Kosten und zum Teil auch einfacheren Handhabung noch immer eingesetzt werden, zunehmend auch elektronische Ausführungen angewendet. Diese verfügen häufig neben einer besser lesbaren Anzeige, einer höheren Genauigkeit und Funktionalität auch über datentechnische Schnittstellen zur Weiterleitung der Messergebnisse.

Bild 4.1-1: Beispiele handgeführter Werkstattprüfmittel für die Längen- und Winkelmessung

4.1.1   Messschieber und Höhenmessgeräte

Messschieber **(Bild 4.1-2)** zählen zu den gebräuchlichsten Handmessmitteln der Längenmesstechnik. Die Standardausführungen können für Außen-, Innen- und Tiefenmessungen verwendet werden. Die DIN 862:2005-12 beschreibt die Anforderungen an Messschieber, ihre Prüfung und auch ihren Aufbau. Der Messschieber besteht aus einer Schiene und einem relativ dazu beweglichen Schieber. Für die Messung von Außen- und Innendurchmessermaßen sind an der Schiene jeweils ein fester und an dem Schieber entsprechende bewegliche Messschenkel angebracht. Der Messwert wird bei einem Messschieber mittels

Nonius an der Hauptteilung abgelesen. Häufig sind zwei Teilungen, einmal in Zoll und einmal in Millimeter angebracht. Für die metrische Teilung sind Noniuswerte von 1/10 mm, 1/20 mm und 1/50 mm üblich. Die Ablesbarkeit eines Messschiebers mit Nonius hängt von der Noniuslänge ab, wobei eine größere Noniuslänge eine bessere Ablesbarkeit bedeutet. Während früher für den 1/10 mm Nonius eine Aufteilung auf 9 mm gewählt wurde sind heute 19 mm gebräuchlich und für den 1/20 mm Nonius eine Länge von 39 mm. Der Messbereich von Messschiebern ist bis 2000 mm genormt. Handelsüblich sind jedoch Ausführungen bis 3000 mm. Kleinere Ausführungen mit bis zu 160 mm sind als Taschenmessschieber bekannt.

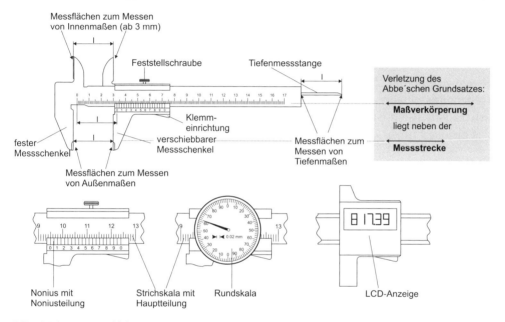

Bild 4.1-2:   Messschieber

Neben Messschiebern mit Strichskala und Noniusablesung werden zunehmend Geräte mit einer Rundskala eingesetzt, die eine raschere und zuverlässigere Messwertablesung ermöglichen. So sind zahlreiche Taschenmessschieber mit Rundskalen (Skalenteilung 0,02...0,1 mm) ausgestattet. Daneben werden auch digitale Messschieber mit inkrementalen Messsystemen, z.B. optischen Gittermaßstäben oder kapazitiven Messsystemen, und Ziffernanzeige eingesetzt. Neben der besseren Ablesbarkeit verfügen diese meist noch über zusätzliche Funktionen, wie z.B. die Rücksetzung der Anzeige: Sie lässt sich an jeder beliebigen Position auf Null stellen und ermöglicht damit Unterschiedsmessungen, bei denen die Abweichung gegenüber einem Bezugswert angezeigt werden soll.

Bei der Betrachtung der Messunsicherheit ist zu beachten, dass Messschieber mit Ausnahme der Tiefenmessschieber durch ihren konstruktiven Aufbau nicht dem Abbe'schen Grundsatz entsprechen: Maßverkörperung und Messstrecke liegen nicht hintereinander, sondern nebeneinander. Spiel im Lauf des Schiebers und starkes Andrücken des beweglichen Messschenkels an den Prüfgegenstand bewirken ein Abkippen des Schiebers und elastische Verbiegungen der Schiene. Daraus resultieren Messabweichungen, die direkt in das Messergebnis eingehen (vgl. Abschnitt 2.3).

Neben der in **Bild 4.1-2** dargestellten, gebräuchlichsten Ausführung sind zahlreiche spezielle Ausführungen von Messschiebern im Einsatz. So z.B. für die Messung von Bohrungsabständen, oder von Tiefen- und Höhenmaßen. Auch Höhenmessgeräte arbeiten nach demselben Prinzip wie der oben beschriebene Messschieber, jedoch mit dem Unterschied, dass über eine 1-Punkt-Antastung praktisch immer in Bezug zu einer Fläche gemessen wird. Während bei einem einfachen mechanischen Höhenmessschieber die Verwandtschaft zum Messschieber noch am offensichtlichsten ist, ist bei den komplexeren Höhenmessgeräten häufig nur noch das gleiche Prinzip zu erkennen (**Bild 4.1-3**).

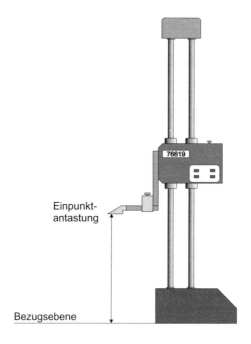

Bild 4.1-3:   Prinzipskizze eines Höhenmessgeräts mit digitaler Anzeige

4.1.2   Messschrauben

Gegenüber dem Messschieber sind bei der Messschraube **(Bild 4.1-4)** die Maßverkörperung und die Messstrecke in einer Linie hintereinander angeordnet, d.h. das
Abbe´sche Prinzip wird hier erfüllt. Als Maßverkörperung dient die Gewindestei-
gung einer Schraube. Bei der in einem Muttergewinde geführten Schraube, der
Messspindel, erfährt diese bei Drehung eine definierte Längsverschiebung. Damit
durch die manuelle Betätigung des Spindelantriebs die Messkraft nicht zu groß
wird, sind Messschrauben allgemein mit einer Rutschkupplung ausgestattet, die das
Drehmoment und damit die Messkraft begrenzen. Je nach Ausführung können
Messwerte bis in den Mikrometerbereich erfasst werden.

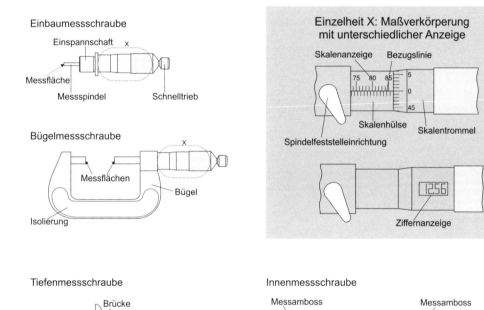

Bild 4.1-4:   Messschrauben

Der eigentliche Kern aller Messschrauben, wie er einzeln auch als Einbau-Mess-
schraube gehandelt wird, ist nur zur 1-Punkt-Antastung geeignet. D.h. er muss
durch entsprechende Konstruktionen zu einem Messgerät ergänzt werden. Dadurch
ergeben sich jedoch zahlreiche Möglichkeiten der einfachen Anpassung an spezielle Messaufgaben und damit ein breites Spektrum an handelsüblichen Messschrauben. Zu den gebräuchlichsten gehört die Bügelmessschraube, deren Aufbau,

Anforderungen und Prüfung in DIN 863:1999-04, Teil 1, beschrieben ist. Sie werden hauptsächlich für Außenmessungen eingesetzt wie z.B. zur Messung zahlreicher Dicken- und Durchmessermaße, Außengewindedurchmesser oder Zahnweiten. Die verschiedenen Ausführungen der Bügelmessschrauben unterscheiden sich nicht nur im Aufbau der Bügel, sondern vor allem in den speziell an die Messaufgaben angepassten Messflächen **(Bild 4.1-5)**. So gehört z.B. bei der Gewindeprüfung zur Messung von Flankendurchmesser, Kerndurchmesser und Außendurchmesser jeweils ein spezielles, austauschbares Messeinsatzpaar.

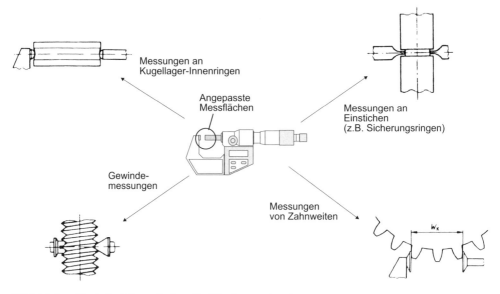

Bild 4.1-5:   Typische Messaufgaben für Bügelmessschrauben

Ähnlich wie bei dem Messschieber können mit speziellen Messschrauben neben Außenmessungen auch die verschiedensten Innenmessungen durchgeführt werden. Beispiele hierfür sind Messschrauben für die Innengewinde-, Nutbreiten-, Tiefen- oder Bohrungsmessung.

Ein weit verbreitetes Instrument zur Bohrungsmessung ist die Dreipunkt-Innen-messschraube **(Bild 4.1-6)**, bei der drei Messbacken die Bohrungswand in radialer Richtung antasten und dabei durch ihre rotationssymmetrische Verteilung selbst-zentrierend wirken. Die Messköpfe, die den jeweiligen Umlenkmechanismus ent-halten, sind häufig auswechselbar, sodass mit mehreren Messköpfen Bohrungs-durchmesser im Bereich von typischerweise 20 mm bis über 300 mm gemessen werden können. Da das Wechseln der Messköpfe jedoch auch Fehler mit sich bringt (Schmutz, unterschiedliche Montagekräfte usw.), muss die Messschraube zumindest nach jedem Messkopfwechsel einmal eingemessen werden, wobei es zu jedem Messkopf oder Messbereich einen speziellen Einstellring bzw. Einstellmeister gibt.

Umlenkmechanismus

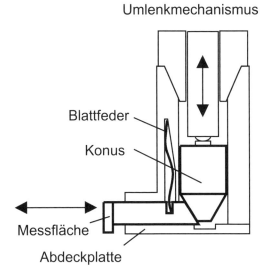

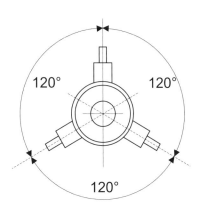

Blattfeder

Konus

Messfläche

Abdeckplatte

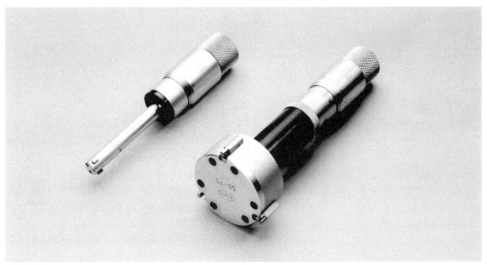

Quelle: Mahr

Bild 4.1-6:   Dreipunkt-Innenmessschraube

4.1.3   Anzeigende Aufnehmer mit mechanischer Übersetzung

Zu den anzeigenden Messwertaufnehmern mit mechanischer Übersetzung zählen
Messuhren, Feinzeiger und Fühlhebel **(Bild 4.1-7)**. Ähnlich wie die Ein-
bau-Messschrauben sind sie aufgrund ihrer 1-Punkt-Antastung nicht einzeln einzusetzen, sondern müssen durch Vorrichtungen, die der jeweiligen Messaufgabe angepasst sind, ergänzt werden. Die Anzeige ist hier im Aufnehmer integriert und
über eine mechanische Kopplung mit dem beweglichen Messbolzen oder -hebel
verbunden.

Eine Messuhr setzt sich im Wesentlichen aus vier Baugruppen zusammen: Dem
Gehäuse mit Einspannschaft, dem Messbolzen mit Messeinsatz, dem
Zahnradgetriebe sowie dem Skalenblatt mit dazugehöriger Aufnahme, Zeiger,
Deckglas und den Toleranzmarken. Für das Gehäuse mit dem Einspannschaft sind
in der DIN 878:2006-06 die wichtigsten Einbaumaße vorgegeben. Der Messeinsatz
(Taststift) mit ebenfalls genormten Anschlussmaßen ist auswechselbar, um die
Form seiner Messfläche an die anzutastende Fläche anzupassen. Der durch den
Messbolzen aufgenommene Messweg wird mit einer Zahnstange auf das
Zahnradgetriebe übertragen. Messuhren haben gewöhnlich Anzeigebereiche von
3 mm oder 10 mm bei einer Skalenteilung von 10 µm.

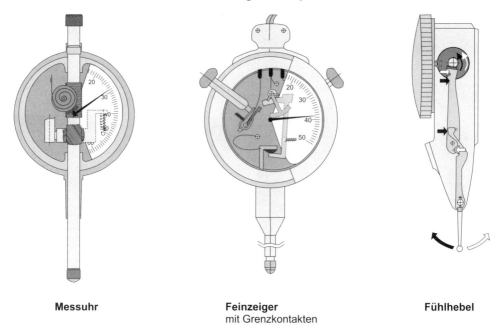

| Messuhr | Feinzeiger | Fühlhebel |
| | mit Grenzkontakten | |

Bild 4.1-7:   Anzeigende Aufnehmer mit mechanischer Übersetzung

Der Feinzeiger ist ein nach DIN 879:1999-06 genormtes, anzeigendes Längenmessgerät mit einem Winkelausschlag des Zeigers kleiner als 360 Grad. Er unterscheidet sich von der Messuhr im Wesentlichen durch höhere Genauigkeitsanforderungen und andere mechanische Übersetzungsglieder, die ganz allgemein durch Kombinationen von Hebel und Zahnsegment-Zahnritzelsystemen realisiert sind.

Der Feinzeiger und die Messuhr mit ihren vielfältigen Einsatzmöglichkeiten können in gewisser Weise als eine Ergänzung zur Lehrenprüfung betrachtet werden. So werden mit Hilfe eines Feinzeigers oder einer Messuhr die Grundkörper aus dem Lehrenbau zu Messgeräten, mit denen dann Relativmessungen durchgeführt werden können wie z.B. mit der Feinzeiger-Rachenlehre.

Im Gegensatz zur Messuhr und zum Feinzeiger basiert die Funktion eines nach DIN 2270:1985-04 genormten Fühlhebelmessgerätes auf einem winkelbeweglichen Fühler. Die Bewegung des Messfühlers wird über eine Kombination von Hebeln sowie einem Rädergetriebe auf den Zeiger übertragen. Der Messfühler lässt sich von seiner Ausgangslage um eine Achse drehend in zwei Richtungen auslenken und kann dabei in beiden Richtungen messen. Fühlhebeltaster werden ähnlich wie Feinzeiger hauptsächlich für Vergleichsmessungen eingesetzt, sodass die Verwendung in einem Höhenmessgerät besonders typisch ist. Ihre Messunsicherheit entspricht in etwa denen der Messuhren. Fühlhebel haben jedoch nur eine sehr kleine Messspanne.

Neben diesen mechanischen Messuhren, Feinzeigern und Fühlhebeln sind auch elektronische Ausführungen mit analogen und inkrementalen Messsystemen verfügbar, deren Aufbau hier jedoch nicht weiter beschrieben wird (**Bild 4.1-8**).

Quelle: Mitutoyo

Bild 4.1-8:   Messuhr mit inkrementalem Weggeber und digitaler Anzeige

4.1.4   Winkelmesser

Der einfache Winkelmesser **(Bild 4.1-9)** erlaubt das Messen von Winkeln in Graden. Ein halbes oder ein viertel Grad lassen sich bei guten Geräten noch abschätzen.

Eine verbesserte Form des einfachen Winkelmessers ist der Universalwinkelmesser. Er besteht aus zwei festen und einem beweglichen Messschenkel, einer Vollkreisskala, je einem zwölfteiligen Nonius links und rechts des Nullstriches und einer Feststellmutter. Die Ablesegenauigkeit ergibt sich aus dem Unterschied der Teilung der Hauptskala und der Teilung des Nonius und beträgt in der Regel $^{1}/_{12}°$. Der bewegliche Messschenkel ist auch in seiner Längsrichtung verschiebbar und besitzt an seinen Enden Messkanten von 45° bzw. 30°. Beim optischen Universalwinkelmesser erfolgt die Ablesung durch ein Linsensystem, das den eingestellten Winkelwert auf einer Mattscheibe vergrößert sichtbar macht **(Bild 4.1-10)**. Durch eine 30fache Vergrößerung kann die Winkelgröße ohne Zuhilfenahme eines Nonius auf $^{1}/_{12}°$ abgelesen werden [App 77], [VDI/VDE/DGQ 2618].

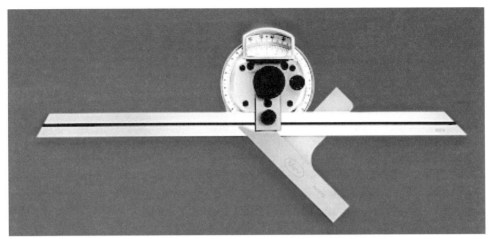

Quelle: Mahr

Bild 4.1-9: Einfacher Winkelmesser

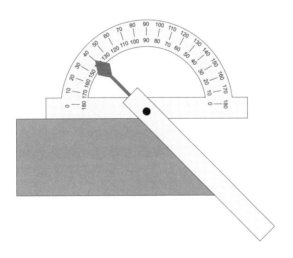

Bild 4.1-10: Optischer Universalwinkelmesser

4.2   Messwertaufnehmer

In diesem Abschnitt werden Basisaufnehmer vorgestellt, welche im Bereich der Fertigungsmesstechnik für Längen- bzw. Winkelmessungen eingesetzt werden. Unter Basisaufnehmern soll verstanden werden, dass diese Messwertaufnehmer maschinenintern bzw. fertigungsnah zur Datenaufnahme an weiterverarbeitende Geräte angeschlossen werden können oder Bestandteil eines komplexen Messgerätes sind. Solche Aufnehmer wandeln die zu messende Größe zum einen nach dem ohmschen, dem induktiven oder dem kapazitiven Prinzip in eine analoge elektrische Größe um. Zum anderen werden zur Längenmessung häufig Aufnehmer eingesetzt, welche über einen integrierten Maßstab entweder die Messgröße durch Zählen bekannter Weginkremente ermitteln oder bei sogenannten codierten Maß-verkörperungen direkt von dem Maßstab ablesen.

4.2.1   Potenziometeraufnehmer

Potenziometeraufnehmer stellen eine einfache und kostengünstige Möglichkeit zur Erfassung von Wegen und Winkeln und zu deren Umwandlung in eine elektrische Größe dar. In der einfachsten Form besteht ein Potenziometer aus einem gespann-ten Draht auf dem ein beweglicher Schleifkontakt als Abgriff angebracht ist **(Bild 4.2-1)**. Der Widerstand R zwischen dem Abgriff und einem Drahtende ist proportional zu deren Abstand s. Bei einem Gesamtwiderstand R_0 und einer Ge-samtlänge s_{max} des Drahtes ergibt sich der abgegriffene Widerstand in Abhängig-keit von der Schleiferstellung zu:

$$R = \frac{s}{s_{max}} R_0 \qquad\qquad (4.2\text{-}1)$$

Für einen kreisförmig angeordneten Draht ergibt sich mit der Winkelstellung α des Schleifers analog:

$$R = \frac{\alpha}{\alpha_{max}} R_0 \qquad\qquad (4.2\text{-}2)$$

Zur Umwandlung des Widerstandes in eine Spannung, die leicht messbar und somit anzeigbar ist, wird der Potenziometeraufnehmer als Spannungsteiler betrieben **(Bild 4.2-1)**. Die Ausgangsspannung U_A ist dann abhängig von der Schleiferstellung s. Für diese gilt entsprechend der Spannungsteiler-Regel (Gleichung 4.2-3):

$$\frac{U_A}{U_0} = \frac{\dfrac{s}{s_{max}}}{1 + \dfrac{R_0}{R_B}\dfrac{s}{s_{max}}\left(1 - \dfrac{s}{s_{max}}\right)} \qquad (4.2\text{-}3)$$

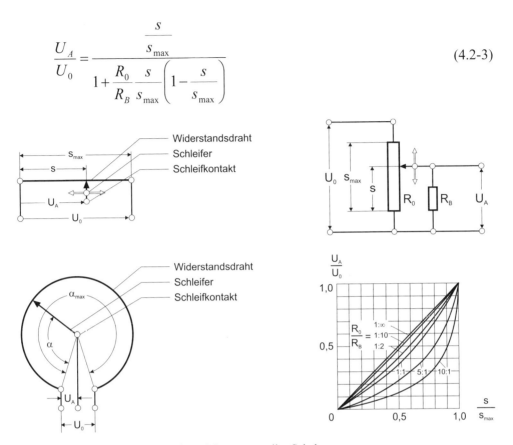

Bild 4.2-1:   Potenziometer-Prinzip und Spannungsteiler-Schaltung

Ist der Eingangs-Widerstand R_B des nachgeschalteten Gerätes, z.B. eines Verstärkers, ausreichend hoch, so kann der Linearitätsfehler unter 0,1% gehalten werden, bei einem zu kleinen Widerstand steigt dieser jedoch erheblich an **(Bild 4.2-1)**.

4.2.1.1   Ausführungsformen von Widerstandsaufnehmern

Grundsätzlich sind bedingt durch die Herstellungsverfahren folgende Arten von Potenziometersystemen zu unterscheiden:

- Drahtpotenziometer
- Schichtpotenziometer

Drahtpotenziometer

Drahtpotenziometer bestehen im einfachsten Fall aus einem gespannten Widerstandsdraht mit einem Schleiferabgriff. Diese Aufnehmer besitzen ein hohes Auflösungsvermögen. Nachteilig ist, dass der Draht aus Festigkeitsgründen nicht beliebig dünn ausgeführt werden darf, sodass sich für R_0 in der Regel Werte unter 10 Ω ergeben. Außerdem ist der Gesamtwiderstand R_0 stark verschleißabhängig.

Größere Widerstandswerte erreicht man durch eine wendelförmige Anordnung des Widerstandsdrahtes auf einem Isolierkörper **(Bild 4.2-2)**. Dadurch wird auch die verschleißbedingte Widerstandsänderung geringer. Als Nachteil muss hier jedoch in Kauf genommen werden, dass die Auflösung durch den Abstand der einzelnen Wicklungen begrenzt ist.

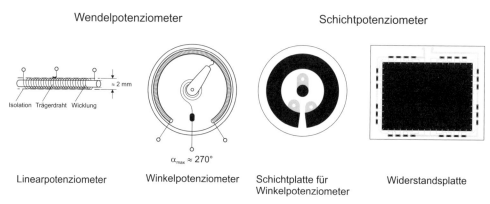

Bild 4.2-2:   Wendel- und Schichtpotenziometer

Drahtpotenziometer haben sich für den messtechnischen Einsatz nur in einigen Sonderanwendungen durchgesetzt.

Schichtpotenziometer

Schichtpotenziometer bestehen aus einer Widerstandsschicht, die auf einem geeigneten Trägermaterial aufgebracht ist. Die Art der Herstellung richtet sich nach den Anwendungsanforderungen [Ber 93]. Für die messtechnische Anwendung haben sich Potenziometer mit einer Polymerschicht durchgesetzt. In Sonderfällen können auch Potenziometer mit Metalloxid-Glasbindungsschicht oder Dünnschicht-Metallsystemen zum Einsatz kommen.

Die Widerstandsschicht der Potenziometer mit Polymerschicht besteht aus einem mit Ruß oder Graphit pigmentierten Lackharzsystem. Damit werden sehr glatte und abriebfeste Schichtoberflächen erzielt, die eine hohe Anzahl von Betätigungszyklen zulassen. Als Schleifermaterialien werden zunehmend Edelmetall-Legierungen eingesetzt. Bei diesen Potenziometern kann der Widerstand R_0 in einem weiten

Bereich eingestellt und abgeglichen werden. Das Auflösungsvermögen dieser Aufnehmer ist sehr hoch, allerdings ist auch der Temperaturkoeffizient höher als bei Drahtpotenziometern, wodurch sich ein größerer Fehlereinfluss durch Temperaturschwankungen ergibt.

Bild 4.2-3 zeigt die Anwendung eines Potenziometeraufnehmers zur Positionsmessung eines Maschinentisches.

Herkömmliche Widerstandsaufnehmer können nur zur Auswertung einer Koordinate, wie Weg oder Winkel, eingesetzt werden. Eine Widerstandsplatte ermöglicht hingegen auch die Aufnahme von Koordinaten in einer Ebene **(Bild 4.2-2)**. Sie besteht aus einer Widerstandsschicht mit eingebetteten Leiterbahnen. Die erzielbare Auflösung ist prinzipiell nur durch die Pigmentgröße begrenzt. Durch eine besondere Pigmentart in der Widerstandsschicht können sehr harte und abriebfeste Oberflächen erzielt werden, die eine mechanische Abtastung, z.B. mit einem "Schreibgriffel", ermöglichen [Ber 93].

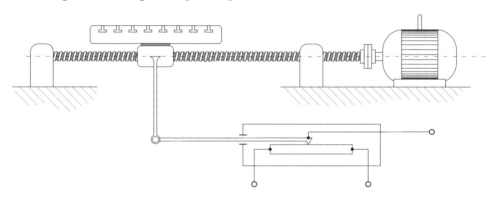

Bild 4.2-3: Einsatz eines Potenziometeraufnehmers zur Positionserfassung eines Maschinentisches

4.2.2 Induktive Sensoren

Allen induktiven Messverfahren liegt das Induktionsgesetz der Elektrodynamik zugrunde:

$$U = -L \cdot \dot{I} \qquad (4.2\text{-}4)$$

Dieses aus den Maxwellschen Gleichungen abgeleitete Gesetz besagt, dass durch das sich in einer mit einem Wechselstrom I beaufschlagten Spule ausbildende Magnetfeld eine Spannung U in der Spule induziert wird. Nach der Lenz'schen Regel ist diese Induktionsspannung ihrer Ursache – der Erregungsspannung – stets genau entgegengesetzt. Da die induzierte Spannung zur zeitlichen Änderung des Stromes

i proportional ist (Gleichung 4.2-4), können induktive Aufnehmer ausschließlich mit Wechselstrom betrieben werden. Die Proportionalitätskonstante L wird *Induktivität* genannt und verkörpert bei allen induktiven Messverfahren die Messgröße.

Die Induktivität hängt sowohl von geometrischen Größen (Spulenlänge, Spulenquerschnitt) als auch von der Wicklungszahl und dem Material im Innern der Spule ab.

Für eine einfache Längsspule gilt:

$$L = \mu_0 \cdot \mu_r \cdot w^2 \cdot \frac{A}{l} \tag{4.2-5}$$

mit A = Querschnittsfläche der Spule, l = Spulenlänge, w = Windungszahl,

         μ_0 = absolute Permeabilität des Vakuums, μ_r = relative Permeabilität

Allen Ausführungsformen induktiver Sensoren ist gemeinsam, dass die Induktivität in irgendeiner Form durch eine Wechselwirkung mit dem Messobjekt verändert wird und aus dieser Änderung auf die eigentliche Messgröße – z.B. den Weg oder Winkel – zurückgeschlossen werden kann.

4.2.2.1   Ausführungsprinzipien induktiver Aufnehmer

Induktive Messwertaufnehmer eignen sich zur Erfassung von Wegen bzw. Winkeln, mit einem Messbereich vom Mikrometerbereich bis zu einigen Metern. Damit können induktive Wegaufnehmer je nach Bauart sowohl für die Messung kleiner als auch mittlerer Wege eingesetzt werden. Darüber hinaus können auch dynamische Wegänderungen mit induktiven Sensoren erfasst werden. Hinsichtlich der Objektantastung und des Funktionsprinzips können folgende Aufnehmerprinzipien unterschieden werden:

- Queranker-Aufnehmer
- Tauchanker-Aufnehmer
- Wirbelstromaufnehmer

Da zum Betrieb dieser Aufnehmer eine zusätzliche Hilfsspannung erforderlich ist, bezeichnet man sie auch als *passive* Messwertaufnehmer.

Querankeraufnehmer

Das Haupteinsatzgebiet von Querankeraufnehmern liegt in der berührungslosen Abstandsbestimmung. Der Einsatz dieser Aufnehmer jedoch ist auf ferromagnetische Materialien beschränkt, da die magnetischen Feldlinien durch das Messobjekt selbst geschlossen werden. Der Messwert wird somit von den Werkstückeigenschaften direkt beeinflusst. Daher ist es für den messtechnischen Einsatz des Querankeraufnehmers als berührungslos messendem Sensor von großer Bedeutung, dass die magnetischen Eigenschaften des Werkstückes räumlich konstant sind. Durch die Veränderung der Größe des Luftspaltes zwischen Aufnehmer und Werkstückoberfläche ändert sich die Induktivität des magnetischen Kreises, der aus der Spule, dem ferromagnetischen Kern und dem Messobjekt gebildet wird. Da der Kern und der Anker (Werkstück) eine sehr hohe relative Permeabilität besitzen, werden die Feldlinien geradlinig durch den Luftspalt geführt **(Bild 4.2-4 oben)**. Bezogen auf die maximale Induktivität bei $s_{Luft} = 0$ ergibt sich folgender nichtlinearer analytischer Zusammenhang zwischen Induktivität und Größe des Luftspaltes:

$$\frac{L}{L_{max}} = \frac{1}{1 + \dfrac{s_{Luft} / \mu_{Luft}}{s_{Eisen} / \mu_{Eisen}}} \tag{4.2-6}$$

Eine Linearisierung der Kennlinie kann mit Hilfe sogenannter Differentialschaltungen erfolgen, die im praktischen Einsatz sehr häufig verwendet werden. Durch die gegensinnige Verstimmung zweier baugleicher Aufnehmer, deren Ausgangssignale in Differenz geschaltet werden, erfolgt eine weitgehende Linearisierung der Kennlinie **(Bild 4.2-4 unten)**. Solche Differenzanordnungen werden meist in einer Brückenschaltung nach dem Ausschlagverfahren betrieben. Für die Brückenspannung gilt als Funktion der Größe des Luftspaltes in guter Näherung:

$$U_M \approx const \cdot \frac{\Delta s}{s_0} \cdot U \tag{4.2-7}$$

Eine wesentliche Voraussetzung für exakte Messergebnisse ist ein geradliniger Verlauf der Feldlinien im Luftspalt. Aus diesem Grund kann der Querankeraufnehmer grundsätzlich nur für die Messung kleiner bis sehr kleiner Wege eingesetzt werden. Der maximale Messweg bei einer Linearitätsabweichung <1% beträgt 0,7 mm. Bei anwachsendem Abstand von Anker und Kern werden die Feldlinien innerhalb des Luftspaltes verzerrt, bis sie schließlich abreißen, wodurch die Voraussetzungen für eine Abstandsmessung nicht mehr gegeben sind.

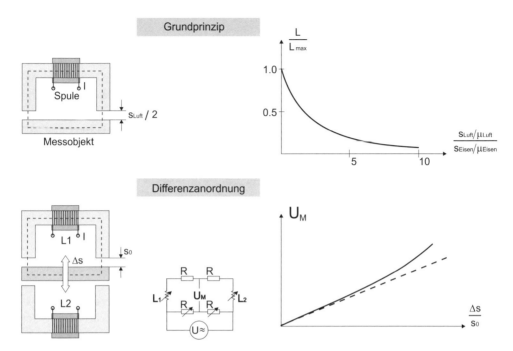

Bild 4.2-4:   Prinzipbilder und prinzipielle Kennlinienverläufe induktiver Querankeraufnehmer

Tauchankeraufnehmer

Im Gegensatz zum Querankeraufnehmer ist der sogenannte Tauchankeraufnehmer sowohl für die Messung kleiner als auch für die Messung mittlerer Wege geeignet. Die Ankopplung des Sensors an das Werkstück erfolgt taktil mittels eines starr mit dem Tauchanker verbundenen Tasters. Bei einer Tasterauslenkung wird der Tauchanker innerhalb der Spule bewegt, wodurch die Induktivität der Spule verändert wird. Der prinzipielle Aufbau eines Tauchankeraufnehmers ist in **Bild 4.2-5** dargestellt.

Für die Kennlinie dieser Grundanordnung gilt folgende analytische Beziehung:

$$\frac{L}{L_{max}} \approx \frac{1}{1 + \dfrac{s_{Luft} / \mu_{Luft}}{s_{Fe} / \mu_{Fe}}} \tag{4.2-8}$$

mit $s_{Fe} = s_R + s_{Spule} - s_{Luft}$ und μ_{Fe} = relative Permeabilität von Eisen.

Da der Zusammenhang zwischen Induktivität und Messweg wie beim Querankeraufnehmer stark nichtlinear verläuft, wird auch der Tauchankeraufnehmer meist in einer Differentialanordnung betrieben.

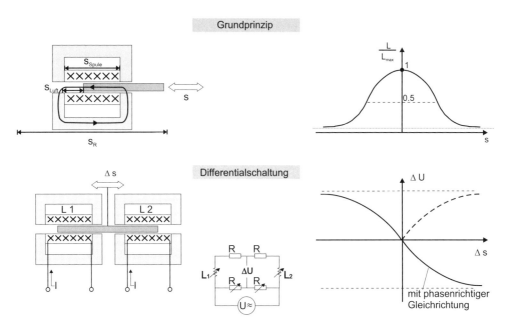

Bild 4.2-5:   Prinzipbild und Kennlinienverlauf eines induktiven Tauchankeraufnehmers

Wirbelstromaufnehmer

Bei den bislang beschriebenen induktiven Aufnehmern wurde die Änderung der Induktivität durch die Veränderung des Magnetfeldes in einer Spule bei Verschiebung eines ferromagnetischen Ankers hervorgerufen. Bei dem Wirbelstromsensor erfolgt hingegen die zur Messung notwendige Induktivitätsänderung durch den physikalischen Effekt der Ausbildung von Wirbelströmen in elektrisch leitfähigen, nicht ferromagnetischen Materialien. Diese Wirbelströme entstehen, wenn das Material einem hochfrequenten Magnetfeld ausgesetzt wird, welches z.B. mit Hilfe einer von einem ebenfalls hochfrequenten Wechselstrom durchflossenen Spule erzeugt werden kann. Die entstehenden Wirbelströme rufen ihrerseits einen magnetischen Fluss hervor, welcher dem Magnetfluss in der Spule genau entgegengerichtet ist und diesen daher teilweise kompensiert. Da der Effekt vom Abstand zwischen Spule und der Werkstückoberfläche abhängt, können derartige Aufnehmer zur berührungslosen Abstandsmessung eingesetzt werden. Die Kennlinie des Aufnehmers ist ebenso wie beim Queranker- oder Tauchankeraufnehmer stark nichtlinear, sodass auch Wirbelstromsensoren meist in Differentialschaltung betrieben werden **(Bild 4.2-6)**.

Der Unterschied zum induktiven Querankeraufnehmer besteht darin, dass die Wirbelstromsensoren sich insbesondere für nicht-ferromagnetische Materialien wie Kupfer oder Aluminium eignen, während der Querankeraufnehmer grundsätzlich

nur bei ferromagnetischen Materialien eingesetzt werden kann. Da bei
ferromagnetischen Werkstoffen die Induktivität der Gesamtanordnung bei
Annäherung des Sensors ansteigt und bei nicht-ferromagnetischen Werkstoffen wie
beschrieben abfällt, lassen sich mit Wirbelstromsensoren auf einfache Weise z.B.
Eisenteile von nicht-magnetischen Metallen trennen [Tr 89].

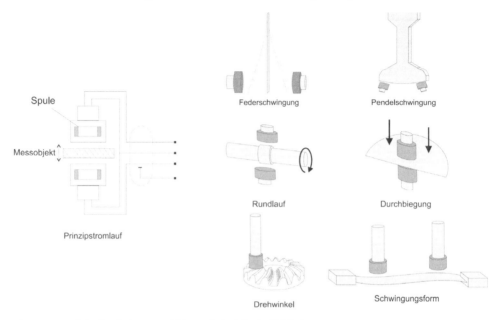

Bild 4.2-6:   Prinzipschaltung und Einsatzbeispiele für Wirbelstromsensoren

Ein weiteres Anwendungsgebiet von Wirbelstromsensoren ist die zerstörungsfreie
Werkstoffprüfung [St 88]. Diese Sensoren eignen sich insbesondere zur Detektion
von Lunkern und Rissen, da durch diese Materialfehler lokal die Wirbelstromaus-
bildung im Werkstoff behindert wird und sich daher an diesen Stellen keine
Kompensationsmagnetfelder ausbilden.

4.2.2.2   Technische Ausführungsformen induktiver Wegaufnehmer

In den folgenden Abschnitten sind einige technische Ausführungsformen induktiver Wegaufnehmer zusammen mit ihren typischen Anwendungsfeldern skizziert.

Induktiver Messtaster

Im Bereich der Fertigungsmesstechnik sind die berührenden induktiven
Tauchankersysteme sehr weit verbreitet. Bei diesen Aufnehmern werden zwei
technische Ausführungsformen unterschieden; mit Differentialdrossel oder mit
Differentialtransformator **(Bild 4.2-7)**.

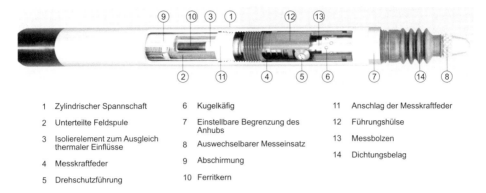

1	Zylindrischer Spannschaft	6	Kugelkäfig
2	Unterteilte Feldspule	7	Einstellbare Begrenzung des Anhubs
3	Isolierelement zum Ausgleich thermaler Einflüsse	8	Auswechselbarer Messeinsatz
4	Messkraftfeder	9	Abschirmung
5	Drehschutzführung	10	Ferritkern

11	Anschlag der Messkraftfeder
12	Führungshülse
13	Messbolzen
14	Dichtungsbelag

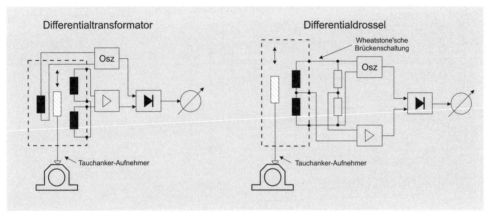

Bild 4.2-7:   Aufbau und Funktionsprinzipien eines induktiven Messtasters

Ein *Differentialtransformator* besteht aus einem Spulensystem von einer Primärspule und zwei Sekundärspulen. An die Primärspule wird eine Wechselspannung mit hoher Frequenz angelegt, die je nach Stellung des Tauchankers in den beiden Sekundärspulen eine Spannung induziert. Bei Mittelstellung des Tauchankers ist die in den beiden Sekundärspulen induzierte Spannung gleich groß. Wird der Tauchanker jedoch in eine Richtung verschoben, so wird die induzierte Spannung in der Sekundärspule, welche in der entsprechenden Richtung angeordnet ist, vergrößert und die Induktionsspannung in der anderen Sekundärspule verringert. Durch phasenrichtige Gleichrichtung der Differenz beider Ausgangsspannungen erhält man einen der Messgröße proportionalen Spannungswert.

Bei der *Differentialdrossel* werden die beiden Spulen in einer Wheatstone'schen Brückenschaltung als Halbbrücke verschaltet, welche durch die ohmsche Halbbrücke im Verstärker ergänzt wird. Diese schaltungstechnische Anordnung erzeugt eine der Verschiebung des Tauchankers proportionale Brückenspannung.

Resolver

Eine der ältesten Anwendungen des induktiven Messprinzips ist der Resolver. Dieser besteht aus einer drehbar gelagerten sogenannten *Rotorspule* und mehreren fest angeordneten *Statorspulen*. Bei drei Statorspulen werden diese meist in einem Winkel von 120° gegeneinander um die Rotorspule angeordnet **(Bild 4.2-8)**.

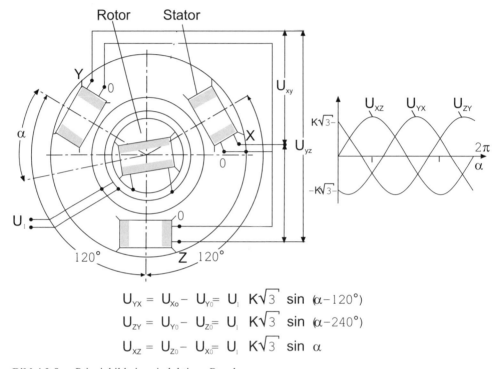

$$U_{YX} = U_{X0} - U_{Y0} = U_i \, K\sqrt{3} \, \sin \, (\alpha - 120°)$$
$$U_{ZY} = U_{Y0} - U_{Z0} = U_i \, K\sqrt{3} \, \sin \, (\alpha - 240°)$$
$$U_{XZ} = U_{Z0} - U_{X0} = U_i \, K\sqrt{3} \, \sin \, \alpha$$

Bild 4.2-8:   Prinzipbild eines induktiven Resolvers

Die Rotorspule befindet sich auf einem ferromagnetischen Kern und wird z.B. über Schleifringe mit einem Wechselstrom gespeist. Durch das Magnetfeld in der Rotorspule wird in den Statorspulen eine Wechselspannung induziert, deren Amplitude vom Drehwinkel abhängt, da sich die Kopplung des Übertragers Rotorspule - Statorspule mit der Drehung des Rotors periodisch verändert. Sind die Statorspulen wie in **Bild 4.2-8** angeordnet, ergibt sich in den drei Spulen eine jeweils um 120° phasenversetzte Induktionsspannung. Die Berechnung des Drehwinkels und der Drehrichtung kann nun auf einfache Art aus den gemessenen Spannungsamplituden bzw. den Effektivwerten der Spannungen erfolgen.

4.2.3 Kapazitive Sensoren

Die Kapazität C einer Anordnung von zwei Platten mit der Fläche A, die sich im Abstand d gegenüberstehen, ergibt sich zu:

$$C = \varepsilon_0 \cdot \varepsilon_r \frac{A}{d}$$ (4.2-9)

ε_0 : Dielektrizitätskonstante des Vakuums

ε_r : relative Dielektrizitätskonstante

(Luft : $\varepsilon_r \approx 1$; Öl : $\varepsilon_r \approx 2{,}5$; Wasser : $\varepsilon_r \approx 80$)

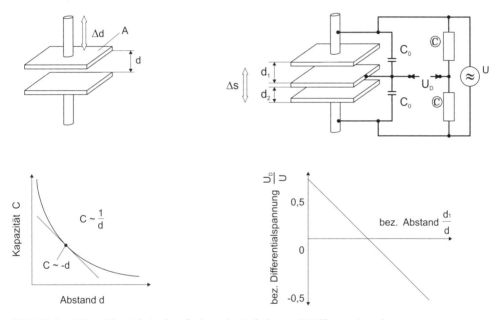

Bild 4.2-9: Kapazitive Abstandsaufnehmer in einfacher und Differenz-Anordnung

Kapazitive Aufnehmer sind unempfindlich gegen magnetische Störfelder, dagegen wird das Messergebnis direkt durch die Dielektrizitätskonstante ε_r des Mediums zwischen den Platten beeinflusst. Störungen durch Öl, Wasser etc. sind also zu beachten.

4.2.3.1   Ausführungen kapazitiver Aufnehmer

Abstandsfühler

Beim Einsatz als Abstandsfühler ist zu beachten, dass der Zusammenhang zwischen Kapazität und Abstand umgekehrt proportional und damit nichtlinear ist. Eine Linearisierung kann dadurch erreicht werden, dass das anzutastende Objekt als Kondensatorplatte zwischen den Platten des Kondensators angeordnet wird. Auf diese Weise erhält man einen kapazitiven Differentialaufnehmer, der bei geeigneter Abstimmung der Brückenschaltung eine dem Plattenabstand d_1 proportionale Ausgangsspannung U_D liefert (**Bild 4.2-9**):

$$U_D = U\left(\frac{1}{2} - \frac{d_1}{d}\right) \qquad d = d_1 + d_2 \qquad\qquad (4.2\text{-}10)$$

Kapazitive Abstandsfühler messen berührungslos und sind unabhängig von den magnetischen Eigenschaften des anzutastenden Werkstücks. Bei einem Messbereich von 1 mm und einem Verhältnis der Abstandsänderung zum Plattenabstand von 0,1 liegt der Linearitätsfehler bei 1% [Pro 92].

Flächenaufnehmer

Der Flächenaufnehmer nutzt den linearen Zusammenhang zwischen der Kapazität und der Kondensatorfläche. Die Kapazität ergibt sich bei einem festen Plattenabstand und fester Plattenbreite b mit der Überdeckung s der beiden Platten zu:

$$C = \varepsilon_0 \cdot \varepsilon_r \frac{b}{d} s \qquad\qquad (4.2\text{-}11)$$

Bei einer einfachen Kondensatoranordnung ergibt sich aufgrund einer nicht ganz zu vermeidenden Querverschiebung der Platten ein Fehler, der mit dem Faktor

$$\frac{1}{1 - \dfrac{\Delta d}{d}} \qquad\qquad (4.2\text{-}12)$$

zu berücksichtigen ist. Eine Verringerung der Querempfindlichkeit kann durch die Ausführung einer Kondensatorplatte als Doppelplatte erreicht werden. Die Anordnung nach **Bild 4.2-10** eignet sich besonders für kleine Wege Δs.

Die Empfindlichkeit des kapazitiven Flächenaufnehmers lässt sich durch die rechts oben im **Bild 4.2-10** gezeigte Anordnung erhöhen. Durch die Parallelschaltung mehrerer Kondensatoren ergibt sich bei gleicher Verschiebung Δs eine größere Kapazitätsänderung ΔC, da die Flächenänderung um die Anzahl der Flächenpaare größer ist, als bei der Einzelplattenanordnung.

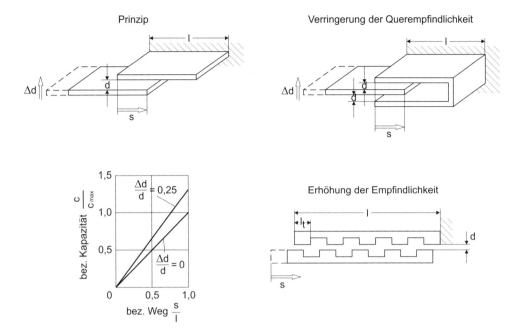

Bild 4.2-10: Kapazitiver Flächenaufnehmer

4.2.4   Pneumatische Aufnehmer

Pneumatische Wegaufnehmer basieren auf dem Prinzip, dass der Volumenstrom durch einen Strömungskanal von dem engsten Querschnitt begrenzt wird.

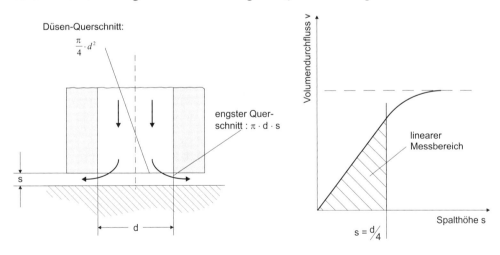

Bild 4.2-11: Düsen-Prallplatte-System

In einem Düsen-Prallplatten-System ist der engste Querschnitt durch die Ring-spaltfläche zwischen Düse und Prallplatte am Düsenaustritt gegeben. Solange die Ringfläche kleiner als der Düsenquerschnitt bleibt, ist der Volumendurchfluss *v* durch den Spalt proportional zur Ringspaltfläche und damit zum Abstand *s* zwischen Düse und Prallplatte.

Zur Anzeige der Messgröße können das Durchfluss-, das Druck- und das Geschwindigkeits-Messverfahren zum Einsatz kommen **(Bild 4.2-12)**.

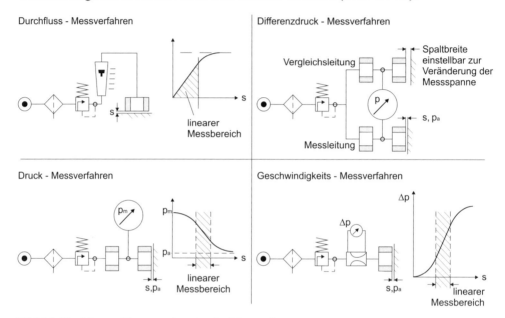

Bild 4.2-12: Messverfahren zur Anzeige der Messgröße

Beim *Durchfluss-Messverfahren* wird direkt der Volumendurchstrom *v* durch die Düse gemessen, indem die Luft durch ein senkrecht angeordnetes kegelförmiges Glasrohr strömt, in dem ein ebenfalls kegelförmiger, sehr leichter, Schwebekörper auf dem Luftstrom schwimmt. Die Höhe des Schwebekörpers ist direkt abhängig von der Messgröße, sodass dieser auf einer Skala neben dem Messrohr abgelesen werden kann.

Beim *Druck-Messverfahren* wird der Effekt ausgenutzt, dass der Druck *p* zwischen einer Vordüse und der Messdüse direkt vom Volumendurchfluss und damit von der Spalthöhe abhängt. Zur Anzeige wird ein Manometer genutzt, das zur leichteren Ablesung in der Regel als Flüssigkeitsmanometer ausgeführt wird.

Bei der *Differenzdruck-Messung* wird der Druckunterschied zwischen einem Mess- und einem Vergleichsaufnehmer gemessen, die jeweils nach dem Druck-Messverfahren arbeiten. Durch Veränderung der Spaltweite am Vergleichsaufnehmer kann die Messspanne des Aufnehmers eingestellt werden.

Beim *Geschwindigkeits-Messverfahren* wird der Volumendurchstrom mit einer Drossel in eine Geschwindigkeitsänderung umgesetzt. Der Druckabfall an der Drossel ist wiederum abhängig von der Durchflussgeschwindigkeit und kann so zur Erfassung des Abstandes *s* herangezogen werden. Die Anzeige erfolgt über ein Manometer.

Heute werden üblicherweise nur noch das Durchfluss- und das Druck-Messverfahren angewendet. Nach dem Speisedruck hinter dem Druckregler unterscheidet man das Niederdruck- und das Hochdruckverfahren. Beim Niederdruckverfahren muss der Speisedruck unter 0,1 bar liegen. Heute hat sich jedoch das Hochdruckverfahren durchgesetzt, bei dem der Speisedruck über 0,5 bar liegt, sodass sich im engsten Querschnitt Schallgeschwindigkeit einstellt [Dut 96].

Dieses Messprinzip kann sowohl zur berührenden oder auch zur berührungslosen Werkstückmessung genutzt werden. Bei der berührenden Messung wird das Werkstück mit einem Tastelement angetastet, welches dadurch seine Lage im Messfühler verändert und den Ringspalt des internen Düse-Prallplatten-Systems verkleinert. Bei der berührungslosen Prüfung stellt das Werkstück selbst die Prallplatte dar. Der Vorteil dieses Verfahrens liegt in dem Selbstreinigungseffekt durch die ausströmende Druckluft.

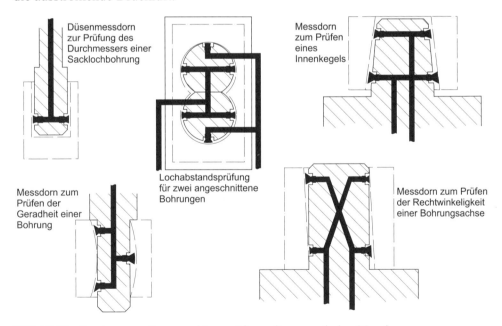

Bild 4.2-13: Durchmesser-, Form- und Lageprüfung mit pneumatischen Messdornen

Je nach Anordnung der Düsen im Messaufnehmer können Messungen von Längen bzw. Durchmessern oder Formprüfungen durchgeführt werden. Durch eine pneumatische Umschaltung der Düsenanordnung kann ein Messwertaufnehmer auch nacheinander zur Maß- und Formprüfung verwendet werden. Durch die mechanische und pneumatische Kopplung mehrerer Aufnehmer können auch komplexe Prüfaufgaben wie z.B. die Lagebestimmung zweier Bohrungen schnell und hochgenau in einem Durchgang ausgeführt werden.

Die pneumatische Längenmessung eignet sich besonders zur Erfassung kleiner Wege oder Längenunterschiede in der Großserienfertigung, da die Anschaffungskosten für die pneumatischen Messeinrichtungen recht hoch sind, die Flexibilität aber eher gering ist. Außerdem stellt die pneumatische Längenmessung hohe Anforderungen an das Druckluftnetz. Durch relativ lange Einstellzeiten von 0,5 ... 3 s sind diese Sensoren für die Messung dynamischer Effekte ungeeignet [Dut 96].

Bild 4.2-14 zeigt verschiedene Ausführungsformen pneumatischer Messwertaufnehmer für die Fertigungsmesstechnik, die berührend oder kontaktfrei arbeiten.

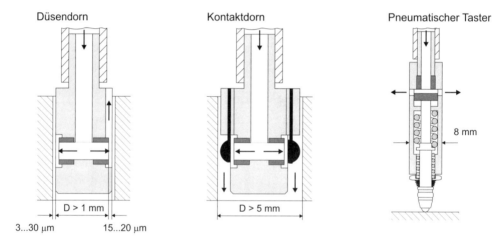

Bild 4.2-14: Pneumatische Messwertaufnehmer

4.2.5 Ultraschallmessverfahren

Unter dem Begriff „Ultraschall" werden mechanische Wellen in einem Frequenzbereich von der oberen Hörschwelle des Menschen bei etwa 20 kHz bis zum Gigahertzbereich verstanden.

Technische Verwendung finden Ultraschallsensoren im industriellen Bereich in erster Linie zur zerstörungsfreien Werkstoffprüfung, wobei Prüffrequenzen von einigen Megahertz eingesetzt werden. Ultraschallsysteme eignen sich hervorragend zur

Untersuchung metallischer Werkstoffe auf eingeschlossene Fremdkörper bzw. auf Materialinhomogenitäten. Bei den in jüngerer Zeit verstärkt eingesetzten Faserverbundwerkstoffen kann darüber hinaus auch eine Aussage über den inneren Aufbau der Werkstoffe mit Hilfe spezieller Ultraschallprüfverfahren gemacht werden [Pf 96a]. Neben diesen Prüfaufgaben werden Ultraschallmesssysteme im Bereich der Fertigungsmesstechnik insbesondere zu dimensionellen Messaufgaben eingesezt.

4.2.5.1   Grundlagen von Ultraschallaufnehmern

Ultraschallwellen sind stets an Materie gebunden und können sich daher nicht im Vakuum ausbreiten. Die Ausbreitungseigenschaften hängen neben dem Material auch in hohem Maße von der eingesetzten Ultraschallfrequenz ab. Während Ultraschallfrequenzen im unteren Frequenzbereich durch die Luft übertragen werden können, sind für die in der Materialprüfung eingesetzten Ultraschallfrequenzen zwischen 1 MHz und 100 MHz spezielle Koppelmedien notwendig. Der Grund liegt zum einen in dem frequenzabhängigen Übertragungsverhalten des Gases Luft, zum anderen in der Tatsache, dass beim Übergang einer Schallwelle von einem Medium in ein anderes Medium stets ein Anteil der Schallenergie ins Ausgangsmedium zurück reflektiert wird. Der Anteil des reflektierten Schalls berechnet sich aus den sog. Schallimpedanzen (Produkt aus Dichte und Schallgeschwindigkeit) der angrenzenden Medien. Es lässt sich leicht zeigen, dass bei den zur Materialprüfung eingesetzten Ultraschallsendern ein sehr hoher Anteil des Schalls an der Grenzfläche zur Luft reflektiert wird, da die Schallimpedanzen von Luft und Sensor sich stark voneinander unterscheiden. Aus diesem Grund ist zur Übertragung des Ultraschalls bis zum Werkstück im Allgemeinen ein Koppelmedium zu wählen, dessen akustische Impedanz einen mittleren Wert zwischen Sensor und Werkstück besitzt. Durch die Verwendung einer mittleren Schallimpedanz kann im Allgemeinen auch werkstückseitig eine hinreichende Einkopplung des Ultraschalls gewährleistet werden. Besonders geeignete Koppelmedien sind Flüssigkeiten und Gele.

Insgesamt erfordern Ultraschallverfahren eine Messkette, welche folgende Komponenten beinhaltet:

- Schallerzeugung (z.B. Piezowandler)

- Ankoppelung an das Medium (Flüssigkeiten oder Gele)

- Schallempfang (beim Impulsechoverfahren dient hierzu gleichzeitig der Sendekopf)

- Signalfilterung (Hoch- und Tiefpassfilter)

- Auswertung und Anzeige (z.B. Oszilloskop)

Zur Erzeugung und zum Empfang von Ultraschallwellen werden meist piezoelektrische Wandler eingesetzt.

Zerstörungsfreie Materialprüfung mit Ultraschall

Zur Materialprüfung haben sich insbesondere zwei Verfahren etabliert. Während beim sogenannten *Durchschallungsverfahren* Fehler in Form einer Intensitätsschwächung des Ultraschallsignals nach Durchlaufen des Werkstückes registriert werden, wird beim *Impuls-Echo-Verfahren* ein kurzer Ultraschallimpuls erzeugt, und anschließend werden die Reflexionsechos dieses Impulses als Funktion der Zeit aufgenommen. Diese Reflexionsechos können entweder mit einem separaten Ultraschallwandler aufgezeichnet werden oder wie häufig in modernen Anlagen mit demselben Prüfkopf, welcher zum Senden der Signale eingesetzt wird **(Bild 4.2-15)**. Ein Materialfehler wie z.B. ein Fremdkörpereinschluss zeigt sich als zusätzlicher Impuls im zeitlichen Signalverlauf zwischen dem sogenannten Oberflächenecho und dem Reflexionsecho von der Rückseite des Werkstückes **(Bild 4.2-15)**.

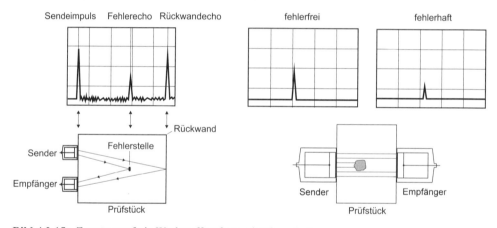

Bild 4.2-15: Zerstörungsfreie Werkstoffprüfung mit Ultraschall

Die axiale Auflösung (in Ausbreitungsrichtung des Schalls) derartiger Systeme wird durch die Dauer und Form des Ultraschallimpulses begrenzt. Mit höheren Ultraschallfrequenzen können entsprechend kürzere Schallimpulse erzeugt werden. Außerdem können mit höheren Ultraschallfrequenzen schmalere Schallfelder erzeugt werden, wodurch die transversale Auflösung (senkrecht zur Ausbreitungsrichtung des Schalls) gesteigert wird. Nachteilig wirkt sich die bei zunehmender Ultraschallfrequenz ebenfalls anwachsende Schallstreuung in Materie, sowie die stärkere Schallabsorption auf das Prüfergebnis aus, sodass stets ein Kompromiss zwischen Auflösung und Schallschwächung zu treffen ist.

Weitere Einzelheiten zu der Thematik der Ultraschallmaterialprüfung finden sich z.B. bei [Kr 96], [St 88].

Messen mit Ultraschall

Mit modernen Transientenrekordern ist es möglich, den zeitlichen Verlauf sehr genau aufzulösen, sodass Ultraschallverfahren nicht allein zur zerstörungsfreien Materialprüfung eingesetzt werden können, sondern sich darüber hinaus auch sehr gut zur dimensionellen Messung eignen. Häufige Messaufgaben stellen die Abstandsmessung, kontaktlose Füllstandsmessung von Schüttgütern bzw. Flüssigkeiten oder Wandstärkenmessung dar.

Für Abstandsmessungen wird die Laufzeit des Schalls zwischen dem Sendeimpuls und dem von einer Oberfläche reflektierten Echo mit Hilfe eines Taktgebers gemessen. Bei bekannter Schallgeschwindigkeit erhält man hieraus den Abstand **(Bild 4.2-16)**. Die Schallgeschwindigkeit in Luft ist abhängig von der Temperatur. Daher muss dieser Einfluss über einen externen Temperatursensor oder eine normierte Referenzstrecke kompensiert werden. Der Einfluss von Luftdruck und Luftfeuchte ist hingegen gering, sodass er meist für technische Anwendungen zu vernachlässigen ist. Ultraschall-Abstandssensoren können je nach Frequenz bei Distanzen bis 30 m eingesetzt werden. Bei kleinen Abständen lassen sich durchaus Genauigkeiten von unter 0,1 mm erreichen.

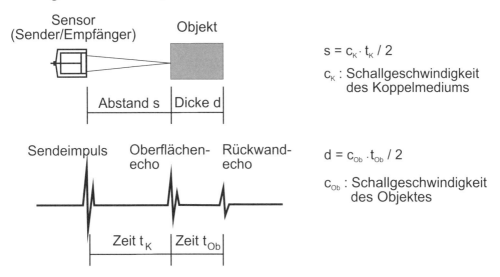

$$s = c_K \cdot t_K / 2$$

c_K : Schallgeschwindigkeit des Koppelmediums

$$d = c_{Ob} \cdot t_{Ob} / 2$$

c_{Ob} : Schallgeschwindigkeit des Objektes

Bild 4.2-16: Ultraschallaufzeitverfahren zur Abstands- bzw. Wandstärkenmessung

Soll hingegen nicht der Abstand des Sensors von einer Oberfläche, sondern die Dicke des Werkstückes z.B. bei Wanddickenmessungen bestimmt werden, so muss die Schallgeschwindigkeit des Materials bekannt sein. Aus dem zeitlichen Abstand von Oberflächenecho und Rückwandecho kann dann die Materialdicke ermittelt werden. Auch hier ist zu beachten, dass die Schallgeschwindigkeiten von Festkörpern eine Temperaturabhängigkeit zeigen, welche jedoch im Allgemeinen geringer als die Temperaturabhängigkeit der Schallgeschwindigkeit in Luft ist.

Die Genauigkeit einer Abstands- bzw. Wandstärkenmessung kann durch die Auswertung von Wiederholungsechos (mehrfacher Schalldurchlauf der gleichen Messstrecke) gesteigert werden.

4.2.6   Messwertaufnehmer mit inkrementaler Maßverkörperung

In den bisherigen Abschnitten wurden Aufnehmer beschrieben, welche einen dem Messwert analogen Spannungswert als Ausgangsgröße bereitstellen. Da heute in den Mess- und Auswerteprozess häufig digitale Rechner eingebunden sind, haben daneben insbesondere digitale Messsysteme eine weite Verbreitung im Bereich der Fertigungsmesstechnik erlangt. Digital messen bedeutet hierbei, dass der Messgröße durch die Messeinrichtung eine Ausgangsgröße zugeordnet wird, die eine mit fest gegebenen Schritten quantisierte Abbildung der Messgröße ist.

Häufig werden in digitalen Messsystemen Aufnehmer eingesetzt, welche eine inkrementale Maßverkörperung z.B. in Form einer Strichteilung besitzen. Die meisten digitalen Längen- oder Winkelmessgeräte basieren auf Normalen mit einer periodischen Struktur. Durch Ausnutzung verschiedener physikalischer Prinzipien werden, basierend auf diesen Normalen, periodische – zunächst noch analoge – elektrische Signale abgeleitet, aus denen der digitale Messwert gebildet wird.

Die Umwandlung der Gebersignale in einen digitalen Messwert wird im Abschnitt 4.2.6.4 am Beispiel eines photoelektrischen inkrementalen Messwertaufnehmers näher beschrieben.

Allen inkrementalen Aufnehmern ist gemein, dass der Messwert erst nach Durchfahren einer Referenzposition zur Verfügung steht. Dies gilt sowohl für die im folgenden Abschnitt beschriebenen induktiven inkrementalen Aufnehmer als auch für die inkrementalen Aufnehmer auf kapazitiver oder photoelektrischer Basis (Abschnitte 4.2.5.2 und 4.2.5.3).

Im Folgenden werden verschiedene Aufnehmer mit inkrementaler Maßverkörperung vorgestellt, die auf unterschiedlichen physikalischen Prinzipien beruhen.

4.2.6.1   Inductosyn

Eine der bekanntesten Anwendungen des induktiven Messprinzips ist das Inductosyn. Man kann sich ein Inductosyn als Abwicklung eines Resolvers in ein Linearmesssystem vorstellen. Dazu werden die einzelnen Wicklungen nicht wie bei einer Spule kreisförmig aufgewickelt, sondern entlang einer Linie mäanderförmig verlegt und auf einem nichtleitenden Trägermaterial (z.B. Keramik) aufgebracht **(Bild 4.2-17)**.

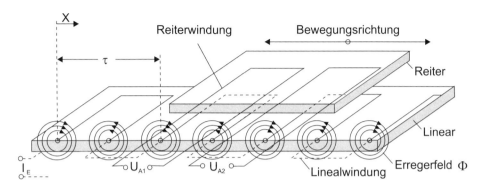

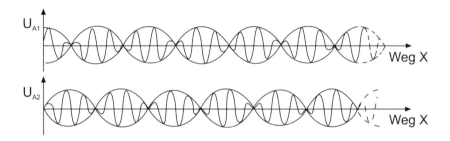

Bild 4.2-17: Prinzipdarstellung eines Linearinductosyns

Auf einer Abtastplatte, die in Form eines Reiters über diese mäanderförmige An-ordnung der Wicklungen geführt wird, befindet sich ebenfalls eine mäanderförmig angeordnete Leiterbahn. Wird an die feststehende Leiterbahn eine hochfrequente Wechselspannung zwischen 1 kHz und 20 kHz angelegt, so wird zwischen den En-den der auf dem Reiter befindlichen Leiterbahn nach dem Transformatorprinzip eine Spannung induziert. Die Amplitude dieser Induktionsspannung hängt von der relativen Stellung der beiden Leiterbahnen zueinander ab. Bei direkt gegenüber stehenden Leiterbahnen ist die induzierte Spannung maximal. Liegen die Leiter-bahnen des Reiters genau gegenüber einer Lücke der Leiterbahn des Maßstabes, so wird kein Signal übertragen. Bei einer Verschiebung des Reiters nimmt daher die Induktionsspannung nach Durchlaufen einer Leiterschleife periodisch den gleichen Wert an. Man bezeichnet das Induktosyn wegen der zyklischen Wiederholung des Messsignalverlaufes nach jeder Polteilung auch als „zyklisch analogen Mess-wertaufnehmer".

Zur Unterscheidung der Bewegungsrichtung ist auf der Abtastplatte des Reiters zusätzlich eine um eine viertel Teilungsperiode versetzte zweite mäanderförmige Abtastwicklung angebracht. Durch die Auswertung beider Signale können sowohl der Betrag als auch die Richtung der Verschiebung angegeben werden.

4.2.6.2   Magnetisches inkrementales Messsystem

Einen ähnlichen Aufbau wie bei dem zuvor beschriebenen Inductosyn besitzen auch magnetische inkrementale Messsysteme. Die Aufgabe des Maßstabes wird in diesem Fall von einem permanentmagnetischen Stab übernommen, welcher abwechselnd entgegengesetzt magnetisierte Pole besitzt. Abgetastet wird dieser magnetische Maßstab mit einem Spulensystem, welches mit einer hochfrequenten Trägerfrequenz beaufschlagt wird. Die Erzeugung des elektrischen Signals erfolgt mittels eines zweiarmigen ferromagnetischen Jochs sowie dreier Spulen.

Die beiden Erregerspulen auf den Armen des ferromagnetischen Jochs werden mit einem Wechselstrom gespeist. In der Empfängerspule wird dadurch eine Wechselspannung induziert, deren Amplitude von der Stellung des Jochs relativ zum magnetischen Maßstab abhängt.

Befinden sich die beiden Arme des Jochs gerade gegenüber einem Nord- oder einem Südpol des Maßstabes **(Bild 4.2-18 rechts)**, so wird durch das Magnetfeld des Stabes ein zusätzlicher magnetischer Fluss durch die beiden Arme des Jochs hervorgerufen. Jede Halbwelle des Wechselstromes ändert nun die Magnetisierung in den beiden Primärspulen unterschiedlich. In dem einen Arm des Joches addieren sich die magnetischen Flüsse, in dem anderen Arm des Joches wird der magnetische Gesamtfluss durch den entgegengesetzten magnetischen Fluss des Maßstabes herabgesetzt. Auf diese Weise wird in den beiden Armen des Joches zu verschiedenen Zeiten die Sättigungsmagnetisierung erreicht. Jede Halbwelle erzeugt daher eine Flussänderung durch die Empfängerspule, wodurch eine Wechselspannung mit der doppelten Frequenz des Erregerstromes induziert wird.

Bei einer symmetrischen Stellung der Polschuhe hingegen wird ein solcher Effekt nicht beobachtet, da der Arbeitspunkt für beide Arme des Joches im Symmetriepunkt der Magnetisierungs-Kennlinie liegt. Dadurch werden durch die Erregerspulen in beiden Armen des Joches entgegengesetzt gleiche magnetische Flüsse erzeugt, die sich gegenseitig kurzschließen. In der Empfängerspule entsteht somit kein Signal [NN 91].

Ebenso wie beim Inductosyn werden zwei Abtasteinheiten, welche um eine viertel Periode gegeneinander versetzt angeordnet sind, zur Bestimmung der Bewegungsrichtung verwendet.

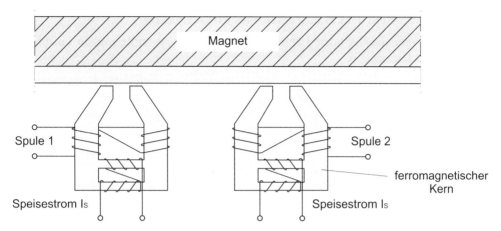

Bild 4.2-18: Magnetisches inkrementales Messsystem

4.2.6.3   Kapazitives inkrementales Messverfahren

Kapazitive inkrementale Messsysteme werden zunehmend in Betriebsmessmitteln wie Messschiebern, Messschrauben etc. eingesetzt. Sie beruhen auf dem Prinzip der in Abschnitt 4.2.3 beschriebenen kapazitiven Flächenaufnehmer. Die Maßverkörperung besteht hierbei aus einer Folge dünner Metallfolien, die auf einem nichtleitenden Trägermaterial aufgebracht und elektrisch miteinander verbunden sind. Zusammen mit der Abtastplatte bilden diese einzelne Kondensatoren **(Bild 4.2-19)**. Eine Verschiebung der Abtastplatte gegenüber der Maßverkörperung bewirkt eine Änderung der wirksamen Kondensatorfläche und damit auch der Kapazität. Das Messsignal ist nahezu sinusförmig und lässt sich durch Interpolation bis auf 0,1 µm unterteilen. Durch Parallelschaltung mehrerer Aufnehmerplatten kann die Empfindlichkeit gesteigert werden, außerdem kann durch die Verwendung eines zweiten, um eine viertel Teilungsperiode versetzten Aufnehmers eine Richtungserkennung erfolgen. Dieses Messverfahren benötigt nur wenig Energie, sodass es sogar mit Solarenergie betrieben werden kann [Dut 96].

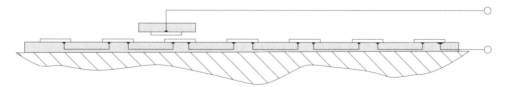

Bild 4.2-19: Kapazitives inkrementales Messsystem

4.2.6.4   Photoelektrisches inkrementales Messverfahren

Die weitaus meisten digitalen Längen- oder Winkelmessgeräte nutzen ein photo-elektrisches Messprinzip.

Als Maßverkörperung werden in photoelektrischen inkrementalen Aufnehmern sogenannte Glasmaßstäbe (Abschnitt 2.2) eingesetzt. Hinsichtlich der optischen Abtastung der Glasmaßstäbe werden folgende Ausführungsformen unterschieden:

- Abtastung im Durchlicht
- Abtastung im Auflicht

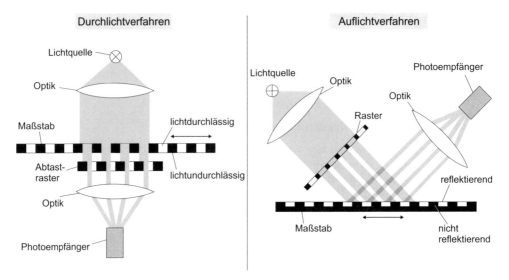

Bild 4.2-20: Photoelektrische Abtastung inkrementaler Maßstäbe nach dem Durchlicht- und Auf-lichtverfahren

Beim *Durchlichtverfahren* befinden sich Beleuchtungsquelle und Sensor auf ge-genüberliegenden Seiten des Glasmaßstabes, sodass vom Sensor das durch den Maßstab transmittierte Licht ausgewertet wird.

Demgegenüber sind beim sogenannten *Auflichtverfahren* die Beleuchtungsquelle und der Sensor auf der gleichen Seite eines beweglichen Glasmaßstabes mit ver-spiegelter Strichteilung angeordnet, sodass vom Sensor das am Maßstab reflektierte Licht empfangen wird.

Bei beiden Verfahren wird die Messstrecke durch die Verschiebung des Maßstabes gegen ein zweites im Strahlengang befindliches Gitter in eine Folge von Hell-Dun-kel-Übergängen überführt. Wird der Maßstab kontinuierlich bewegt, so wechselt am Sensor eine relativ hohe Lichtintensität, wenn die beiden Gitterteilungen gerade genau gegenüber stehen mit nahezu vollständiger Abschattung des Lichtes, wenn die Striche des Maßstabes gegenüber von Lücken der Abtastgitter angeordnet sind. Die relative Verschiebung der beiden Glasmaßstäbe gegeneinander kann aus der Zahl der durchlaufenen Intensitätsmaxima ermittelt werden. Besitzt der Maßstab eine Gitterkonstante D, so ergibt sich bei N durchlaufenen Intensitätsmaxima der durchlaufene Weg Δx zu:

$$\Delta x = N \cdot D .$$

(4.2-13)

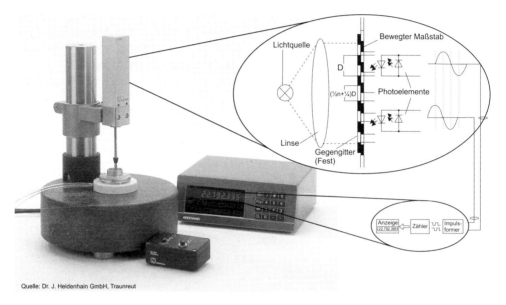

Quelle: Dr. J. Heidenhain GmbH, Traunreut

Bild 4.2-21: Photoelektrisches inkrementales Messsystem

Glasmaßstäbe können in hoher Präzision hergestellt werden, sodass höchstens geringfügige Teilungsfehler vorkommen. Diese haben jedoch nahezu keinen Einfluss auf das Messergebnis, da stets eine große Zahl von Strichen ausgeleuchtet wird und somit diese Teilungsfehler durch die Mittelung kompensiert werden.

Das zur Unterscheidung der Bewegungsrichtung notwendige Richtungssignal wird in der Regel mit einem zweiten Sensor gewonnen, dessen Abtastgitter gegen das des ersten Sensors um eine viertel Teilungsperiode versetzt angeordnet ist.

Die erzielbare Messunsicherheit liegt bei den photoelektrischen inkrementalen Aufnehmern bei bis zu 1 µm/m. Werden die empfangenen Signale mit Hilfe einer elektronischen Interpolationsschaltung vervielfacht, so kann die Auflösung bis auf 0,1 µm/m gesteigert werden (bei gleichbleibender Messunsicherheit). Bezüglich Auflösung und Messunsicherheit kann ansonsten lediglich noch das Laserinterferometer vergleichbare Ergebnisse erzielen. (Abschnitt 4.3.3.6). Eine Steigerung der Auflösung über die Maßstabsteilung hinaus kann weiterhin durch eine Verkippung des Maßstabes gegen das Abtastgitter durch die Auswertung der entstehenden Moiré-Streifen erzielt werden.

Interpolation und Umwandlung in digitale Messsignale

Bislang wurde nicht näher auf die Umwandlung der analogen Messsignale in ein digitales Signal eingegangen. Am Beispiel des photoelektrischen Messsystems soll dies im Folgenden nachgeholt werden.

Um aus den analogen Signalen der beiden Photoelemente, welche eine feste Phasenbeziehung zueinander aufweisen, ein Zählsignal zu generieren, müssen diese Signale mittels Komparatoren in Rechteckimpulse umgewandelt werden.

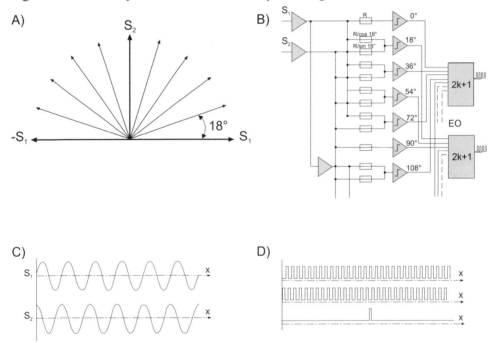

Quelle: Dr. J. Heidenhain GmbH, Traunreut

Bild 4.2-22: Interpolation mit Hilfsphasen

In der Regel wird jedoch zuvor ein Interpolationsverfahren zur Steigerung der Auflösung über die Maßstabsteilung hinaus eingesetzt. Ein häufig verwendetes Verfahren ist die „Interpolation mit Hilfsphasen". Dabei werden zunächst aus dem Signal der beiden Photoempfänger mittels einer geeigneten Schaltung mehrere phasenverschobene Signale erzeugt **(Bild 4.2-22 B)**. Diese einzelnen Signale weisen jeweils gegeneinander eine feste Phasenverschiebung auf. In **Bild 4.2-22 A** ist beispielsweise eine 10-fache Unterteilung mit Hilfsphasen dargestellt, die gegen-einander daher um 18° phasenversetzt sind.

Jedes dieser Signale wird anschließend mit einem Komparator in ein Rechtecksig-nal umgeformt. Diese Rechtecksignale werden anschließend von Exklusiv-Oder-Elementen zu zwei Folgen von Rechtecksignalen zusammengefasst. Die Ausgangs-signale haben in diesem Fall bei 10 Hilfsphasen die fünffache Frequenz der Ein-gangssignale und sind um eine viertel Periode der erhöhten Frequenz gegeneinan-der phasenverschoben. Der Abstand zwischen zwei aufeinander folgender Flanken entspricht einem Messschritt, welcher damit in diesem Fall dem zwanzigsten Teil der Teilungsperiode auf dem Maßstab entspricht **(Bild 4.2-22 D)**. Noch deutlich höher kann mit digitalen Interpolationsverfahren unterteilt werden [NN 91].

Aus diesen Zählimpulsen wird nun ein diskreter Zahlenwert als Anzahl der Recht-eckimpulse in der Regel mit speziellen Zählgeräten oder mittels PC-Einsteckkarten im Rechner ermittelt und in eine diskrete Messgröße umgerechnet.

4.2.7   Aufnehmer mit codierten Maßverkörperungen

Im Gegensatz zu den in den vorangegangenen Abschnitten beschriebenen inkre-mentalen Messverfahren steht bei Aufnehmern mit absolut codierten Maßverkörpe-rungen der Wert für die momentane Position bereits unmittelbar nach dem Ein-schalten zur Verfügung. Der Messwert wird – ohne Zähler bzw. Referenzmarke – direkt von der Teilung abgelesen. Dies wird durch die Verwendung spezieller Codes erreicht, welche die Position absolut repräsentieren. Diese Codes werden ebenso wie bei den inkrementalen Verfahren z.B. mit optischen Sensoren abgele-sen und mit Hilfe einer geeigneten Verarbeitung direkt in den absoluten Positions-wert umgerechnet **(Bild 4.2-23)**.

In den modernen Messgeräten mit Code-Messverfahren wird vielfach ein Binärcode – wie der Dual-Code oder der Gray-Code – verwendet. Letzterer hat den Vorteil, dass dieser ein einschrittiger Code ist, bei dem von Messschritt zu Messschritt stets nur ein einziges Signal wechselt. Über Plausibilitätsabfragen kann bei Verwendung dieses Codes die Wahrscheinlichkeit für einen fehlerhaften Positionswert deutlich herabgesetzt werden.

Das Funktionsprinzip eines absolut messenden digitalen photoelektrischen Messsystems ist in **Bild 4.2-23 oben** dargestellt. Der Binärcode eignet sich jedoch wenig für größere Messlängen, da in diesem Fall zur absoluten Codierung sehr viele Spuren benötigt werden. Aus diesem Grund werden für größere Messlängen in photoelektrischen Messsystemen andere Codierungsverfahren eingesetzt, die mit einer geringeren Zahl von Spuren auskommen. In **Bild 4.2-23 unten** ist z.B. ein Codierungsverfahren   mittels   mehrerer   Inkrementalspuren   mit   definiert unterschiedlicher Teilungsperiode dargestellt. Dabei wird die absolute Positions-

information durch simultane Auswertung der Phasenwinkel aller Inkremental-
spuren gewonnen. Auf dem Markt sind derzeit Systeme verfügbar, welche mit 7
Inkrementalspuren auf Messlängen von bis zu 3 m mit einer Auflösung von 0,1 µm
absolut messen. Dieses Verfahren sowie Verfahren auf der Basis von seriellen
Codes (z.B. Pseudo Random Code) werden in [NN 97] eingehend beschrieben.
Dem Vorteil der wesentlich geringeren Anzahl von Messspuren und der damit
einher gehenden kompakten Bauweise stehen jedoch nachteilig der höhere
Aufwand zur Auswertung der Messsignale und die hohen Anforderungen an die
Signalqualität gegenüber.

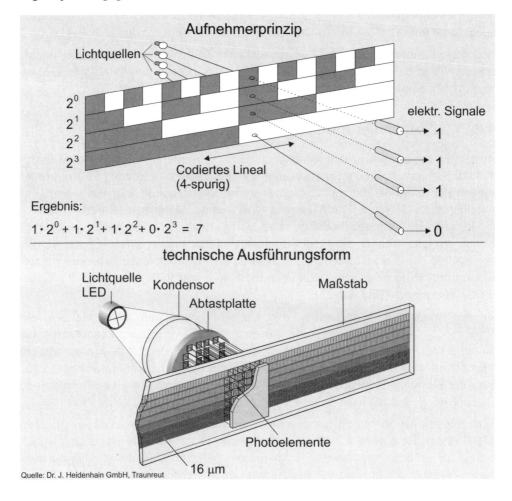

Bild 4.2-23: Funktionsprinzip und technische Ausführungsform eines absolut messenden digitalen
photoelektrischen Messsystems

4.3   Optische und optoelektronische Prüfmittel

Heute und zukünftig wird der Bedarf an einer schnellen Präzisionsmesstechnik zur hochgenauen geometrischen Erfassung unterschiedlichster Werkstücke weiter wachsen. Diese Forderung kann unmittelbar aus der Tatsache eines zunehmenden Qualitätsbewusstseins bei gleichzeitig steigendem Automatisierungsgrad und Fertigungsgeschwindigkeiten abgeleitet werden. Allgemein gehört die Ermittlung geometrischer Kenngrößen wie Abstand, Profil, Form und Oberflächenmikrostruktur zu den häufigsten Messaufgaben. Dieser Umstand macht die Bedeutung einer prozessintegrierbaren, hochgenauen optoelektronischen Geometrie- und Mikrogeometriemessung deutlich.

Optoelektronische Geometriemessverfahren realisieren zur Ermittlung der Entfernung zwischen dem Messobjekt und dem Sensor eine abstandsproportionale Kodierung des Messlichtes. Die anschließende verfahrensspezifische Dekodierung des empfangenen Messlichtes erlaubt nach der Kalibrierung den unmittelbaren Schluss auf das entsprechende Entfernungsmaß bzw. Entfernungsänderung zwischen Sensorsystem und Messobjekt.

Prinzipiell stehen dazu nach heutigem Stand der Technik fünf verschiedene Möglichkeiten der Geometriekodierung mit Licht zur Verfügung (Bild 4.3-1).

So kann z.B. die Zeit für das Zurücklegen einer Messstrecke mit Lichtgeschwindigkeit, die Verteilung der Lichtintensität auf einem Detektor, der Ort einer Abbildung z.B. durch Triangulation, eine Phasenverschiebung zwischen Mess- und Referenzlicht oder die Bestimmung der Polarisationsrichtung zur Formermittlung herangezogen werden.

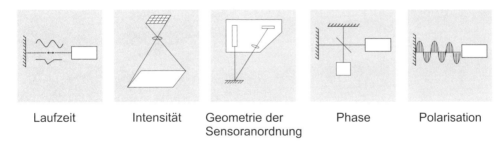

Laufzeit   Intensität   Geometrie der   Phase   Polarisation
                                 Sensoranordnung

Bild 4.3-1:   Unterschiedliche Möglichkeiten der Kodierung geometrischer Kenngrößen mit Licht

Allen Verfahren gemein ist sendeseitig eine oder mehrere Lichtquellen und empfangsseitig entsprechende Photodetektoren, die gemäß den verfahrensspezifischen Forderungen ausgewählt werden. Unterscheidungsmerkmale sind z.B. im Spektrum, der Strahlleistungsdichte, der Kohärenzlänge, der Polarisation usw. (Lichtquellen) bzw. der spektralen Empfindlichkeit, der flächigen Dimensionierung, der Dynamik usw. (Photodetektoren) zu finden.

Die beschriebenen Prinzipien der Kodierung mit Licht haben zur Entwicklung einer Vielzahl unterschiedlicher optoelektronischer Messverfahren geführt, so dass ein-, zwei- und dreidimensionale Messaufgaben zeit- und aufwandsoptimiert durchgeführt werden können.

Die Ausführungen der nachfolgenden Abschnitte beginnen mit einer Darstellung der erforderlichen Sensorkomponenten und ihrer systemspezifischen Eigenschaften. Anschließend werden die für die Fertigungsmesstechnik bedeutsamen optoelektronischen Messverfahren zunächst prinzipiell und anschließend mit Hilfe unterschiedlicher Applikationsbeispiele vorgestellt.

4.3.1   Optische und optoelektronische Elemente

4.3.1.1   Optische Elemente

In den folgenden Abschnitten wird kurz die Funktion ausgewählter optischer Bauelemente erläutert. Eine ausführliche Diskussion optischer Komponenten sowie die Erläuterung von Bauelementen, die nur mit den Gesetzen der Beugung beschreibbar sind, ist in zahlreichen Lehrbüchern der Optik enthalten [Hec 99, Lip 97].

Strahlführung

Ist die Änderung der Ausbreitungsrichtung von Lichtstrahlengängen erforderlich, werden überwiegend Spiegel benutzt. Diese reflektieren das Licht so, dass der Winkel des reflektierten dem des einfallenden Lichtes entspricht, d.h. es gilt $\alpha_1 = \alpha_2$ (Bild 4.3-2).

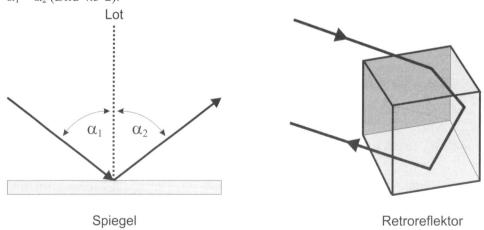

Spiegel   Retroreflektor

Bild 4.3-2:   Schematische Darstellung von Spiegel und Retroreflektor

In Interferometern finden meist die in Bild 4.3-2 gezeigten Retroreflektoren Verwendung. Diese reflektieren einen einfallenden Lichtstrahl immer parallel zu sich selbst, unabhängig von einer Verkippung des Reflektors, die jedoch einen bestimmten maximalen Winkel nicht überschreiten darf. Retroreflektoren sind aus drei spiegelnden Flächen aufgebaut, die so angeordnet sind, dass sie die Ecke eines Würfels bilden. Die Oberfläche des Reflektors steht senkrecht auf dessen Raumdiagonale.

Im praktischen Einsatz treten Änderungen des Reflektionsgrades von Spiegeln aufgrund veränderter Polarisationsrichtungen des Lichtes auf. Ebenso ändert ein Spiegel ggf. den Polarisationszustand des Lichtes. Um dies zu vermeiden, wird die Funktion von Spiegeln häufig über den Umweg der Totalreflexion in Prismen realisiert.

Fokussierung und Kollimation

Linsen fokussieren einen parallel einfallenden Lichtstrahl im Abstand ihrer Brennweite, die von der Wellenlänge des eingesetzten Lichtes abhängt. Aufgrunddessen wird jede Wellenlänge in einem Lichtstrahl auf einen eigenen Punkt fokussiert. Für Weißlicht entsteht somit ein farbiges Band anstelle eines einzelnen Punktes. Dieser für die meisten Anwendungen nachteilige Effekt ist bei Achromaten korrigiert. Zu beachten ist weiterhin, dass die Eigenschaften einer Linse für Strahlen berechnet werden, die sich in kleinen Winkeln zur optischen Achse ausbreiten. Werden diese größer, verschlechtern sich die Abbildungseigenschaften von Linsen zunehmend.

Wird umgekehrt eine punktförmige Lichtquelle in den Brennpunkt einer Linse gebracht, so erfolgt die Kollimation des Lichtes. Werden zwei Linsen so kombiniert, dass ihre Brennpunkte zusammenfallen, resultiert eine von dem Brennweitenverhältnis der Einzellinsen abhängige Querschnittsänderung eines Lichtstrahles.

Polarisationsänderung

Bauelemente, die den Polarisationszustand des Lichtes ändern, sind aus doppelbrechenden Materialien [Hec 99] aufgebaut. Polarisatoren, die unpolarisiertes Licht in linear polarisiertes überführen, können in Kombination mit einem zweiten Polarisator zur Intensitätsänderung des Lichtes eingesetzt werden.

$\lambda/4$-Platten wandeln linear polarisiertes in zirkular polarisiertes Licht um, wenn die sogenannte optische Achse des doppelbrechenden Materials mit der Polarisationsrichtung des Lichtes einen Winkel von 45° einschließt. Zirkular polarisiertes Licht enthält zwei Teilstrahlen, die eine Phasendifferenz von 90° zueinander aufweisen. Aufgrunddessen werden $\lambda/4$-Platten eingesetzt, um z.B. aus einem Lichtstrahl zwei Teilstrahlen mit entsprechender Phasenverschiebung zu generieren.

Mittels $\lambda/2$-Platten ist es möglich, die Polarisationsrichtung eines Lichtstrahles beliebig zu drehen, indem die Orientierung der optischen Achse der Platte relativ zur Polarisationsrichtung geändert wird.

Strahlteilung

Die Aufteilung eines Lichtsrahles in zwei Teilstrahlen erfolgt mittels teildurchlässiger Spiegel. Durch dielektrische Schichten kann das Intensitätsverhältnis der Teilstrahlen in weiten Bereichen variiert werden. Als Substrat für diese Schichten dienen relativ dicke Glasplatten, die einen meist unerwünschten Strahlversatz bewirken. Abhilfe schaffen dünne Membranen als Träger der Schichten, die jedoch mechanisch recht instabil sind. Daher werden meist quaderförmige Strahlteiler benutzt, bei denen sich die Teilerschicht zwischen zwei Prismen befindet (Bild 4.3-3). Diese Strahlteilerwürfel sind zusätzlich in polarisierender Ausführung erhältlich, die einen einfallenden Strahl in zwei senkrecht zueinander polarisierte Teilstrahlen aufspaltet.

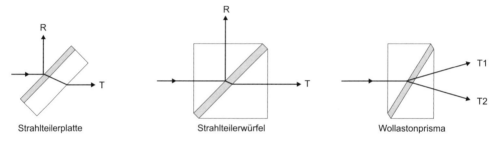

Bild 4.3-3:   Schematische Darstellung verschiedener Strahlteiler

Ein Wollaston-Prisma spaltet ebenfalls einen einfallenden linear polarisierten Strahl in zwei senkrecht zueinander polarisierte Teilstrahlen auf. Diese Bauelemente sind von besonderem Interesse, da die Teilstrahlen einen bei der Herstellung des Prismas einstellbaren Winkel einschließen. Zusätzlich ist der Polarisationsgrad der Teilstrahlen sehr hoch.

4.3.1.2   Optoelektronische Elemente

Die folgenden Abschnitte beschäftigen sich mit einigen grundlegenden optoelektronischen Elementen, die häufig in der optischen Fertigungsmesstechnik Anwendung finden.

Photodioden

Die Photodiode ist ein Halbleiterbauelement. Ihr Funktionsprinzip beruht auf der Absorption von Licht im pn-Übergang, die zu einer Generation von Elektron-Loch-

Paaren führt (pn-Photodiode, Bild 4.3-4 a). Bei einem äußeren Kurzschluss oder bei anliegender Sperrspannung trennt das elektrische Feld im pn-Übergang die Elektronen und Löcher voneinander, bevor eine merkliche Rekombination stattfinden kann. Dadurch wird der Sperrstrom erhöht. Diese Sperrstromerhöhung ist von der Intensität des einfallenden Lichts abhängig.

Der Wirkungsgrad lässt sich verbessern, wenn zwischen die p- und die n-dotierten Bereiche eine undotierte (intrinsische) Zwischenschicht eingeschoben wird (pin-Photodiode, Bild 4.3-4 b). Dadurch kann mehr Licht absorbiert werden.

Eine weitere Steigerung des Wirkungsgrades kann durch eine so große Vorspannung der pin-Diode in Sperrrichtung erzielt werden, dass die optisch erzeugten Elektronen und Löcher während ihres Wegs durch die i-Zone Stoßionisation bewirken und dadurch eine Lawinenbildung von Ladungsträgern auslösen (Lawinen-Photodiode/avalanche photo diode).

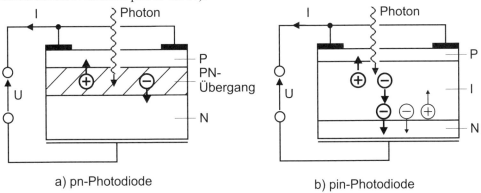

a) pn-Photodiode							b) pin-Photodiode

Bild 4.3-4:   Photodiodentypen

Positionsempfindliche Dioden

Die positionsempfindliche Photodiode (position sensitive diode, PSD) ist eine großflächige pin-Diode, bei der der sogenannte laterale Photoeffekt auf der Oberfläche des Halbleiters ausgenutzt wird. PSDs stehen in folgenden Bauformen zur Verfügung:

- Differentialphotoempfänger,

- Quadrantenphotoempfänger und

- homogene Flächendetektoren.

Heute kommen hauptsächlich Quadranten- und Flächendetektoren zum Einsatz, wobei erste für Ausrichtungsaufgaben nach der Nullmethode, letztere für die Positionsmessung besonders gut geeignet sind. Der prinzipielle Aufbau eines Flächenempfängers ist in Bild 4.3-5a dargestellt. Das Funktionsprinzip beruht darauf, dass die durch das einfallende Licht erzeugten Ladungsträger sich entsprechend dem Auftreffort unterschiedlich auf die Elektroden verteilen. Der Grund dafür ist, dass sich die Ladungsträger immer den Weg des geringsten – hier ohmschen – Widerstandes suchen. Die Messung dieser Ströme erlaubt dann einen Rückschluss auf die Position des Lichtflecks auf der PSD. Damit eine einfache und schnelle Auswertung der gemessenen Ströme erfolgen kann, sollte die in Bild 4.3-4a dargestellte p-leitende Schicht einen möglichst konstanten Oberflächenwiderstand aufweisen.

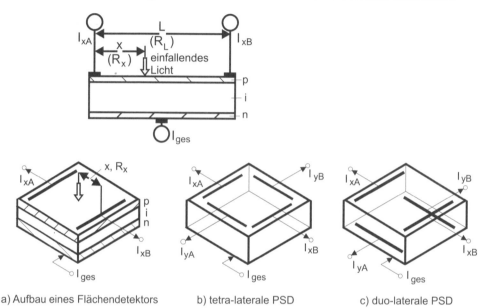

a) Aufbau eines Flächendetektors   b) tetra-laterale PSD   c) duo-laterale PSD

Bild 4.3-5: Aufbau und Typen von Flächendetektoren

Die Berechnung der Position des Lichtflecks auf der Halbleiteroberfläche erfolgt für den eindimensionalen Fall nach folgendem Zusammenhang [Sei 95]:

$$x = k_x \frac{I_{xA} - I_{xB}}{I_{xA} + I_{xB} + I_{yA} + I_{yB}} \qquad y = k_y \frac{I_{yA} - I_{yB}}{I_{xA} + I_{xB} + I_{yA} + I_{yB}} \qquad (4.3\text{-}1)$$

Dabei sind k_x und k_y Kalibrierfaktoren, die vor dem Einsatz der PSD einmalig für die beiden Koordinaten x und y bestimmt werden müssen. Insbesondere sei an dieser Stelle auf die Nenner der Formeln für die Positionsbestimmung hingewiesen. Sie stellen eine Normierung auf den aktuellen Gesamtstrom dar. Damit ist die Positionsbestimmung unabhängig von der Lichtintensität (Intensitätskompensation).

Flächendetektoren sind in zwei Bauformen verfügbar (Bild 4.3-5b und c), wobei die duo-laterale Ausführung der tetra-lateralen vorzuziehen ist. Der Grund dafür ist, dass sich die Elektroden der x- und der y-Richtung bei der duo-lateralen Bauform durch den größeren räumlichen Abstand weniger beeinflussen können. Dadurch wird eine größere Positionslinearität erreicht [Sei 95].

CCD-Bildaufnehmer und CCD-Kameras

CCD-Bildaufnehmer bestehen aus einer matrixförmigen Anordnung von zum Teil über 10^6 MOS-Kondensatoren, von denen jeder einen einzelnen Bildpunkt („Pixel") repräsentiert. Die Abkürzung MOS steht für *metal oxid semiconductor* (Metall-Oxid-Halbleiter). Ein MOS-Kondensator (Bild 4.3-6) besteht aus einer p-dotierten Siliziumschicht, einer Isolatorschicht (z.B. SiO_2) und einer Elektrode.

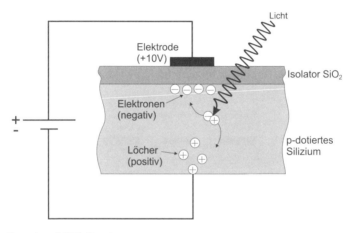

Bild 4.3-6: Aufbau eines MOS-Kondensators

Licht, das auf das p-dotierte Substrat trifft, erzeugt dort Elektronen-Loch-Paare, deren Anzahl von der Belichtungsstärke und Belichtungsdauer (Integrationszeit) abhängt. Da zunächst das Potenzial der Elektrode auf ca. +10 V gehalten wird, findet eine Ladungstrennung statt. Die positiv geladenen Löcher werden von der Elektrode abgestoßen und fließen zur Masse ab, während die negativ geladenen Elektronen zu der Elektrode hingezogen werden. Sie erreichen allerdings die Elektrode nicht, sondern werden von der Isolatorschicht aufgehalten und sammeln sich unter der Elektrode an. Ihre Anzahl ist ein direktes Maß für lokale Belichtung in dem betrachteten Bildpunkt.

Um die Elektronen aus allen einzelnen Bildpunkten auszulesen und somit die Belichtungsinformation zu erhalten, wird das ladungsgekoppelte Transportsystem angewendet, dem das CCD-Element den Namen verdankt: CCD steht für *„charge coupled device"* (ladungsgekoppeltes Bauelement). Hierbei werden die angesam-

melten Elektronen durch systematisches Anlegen von Spannung an eine oder
mehrere Elektroden von einer Elektrode zur nächsten geschoben, bis sie die Aus-
gangsstufe erreichen, in der sie in ein Spannungssignal umgewandelt werden, das
als Videosignal genutzt wird.

Die Funktionsweise des ladungsgekoppelten Transportsystems ist in Bild 4.3-7 exemplarisch dargestellt. Zunächst sei nur an die Elektrode A, unter der sich durch
Lichteinwirkung mehrere Elektronen angesammelt haben, eine Spannung angelegt.
Nun wird zusätzlich an die benachbarte Elektrode B ebenfalls die gleiche Spannung angelegt, so dass sich die Elektronen gleichmäßig unter den Elektroden A
und B verteilen. Anschließend wird die Elektrode A auf Masse gelegt, wodurch
sich alle Ladungen, die anfangs unter der Elektrode A versammelt waren, nun unter
die Elektrode B bewegen. Es hat somit ein Ladungstransport von einer Elektrode
zu einer benachbarten stattgefunden, der solange wiederholt wird, bis alle
Ladungen ausgelesen sind. Der Wirkungsgrad der Ladungsübertragung liegt
zwischen 99,99% und 99,9999% – die Ladungsübertragung geschieht also
praktisch verlustfrei. Die Verschiebung der Ladungen von einer Elektrode zur
benachbarten dauert ca. 60 ns, d.h. alle 60 ns wird am Videoausgang ein Pixel
ausgelesen.

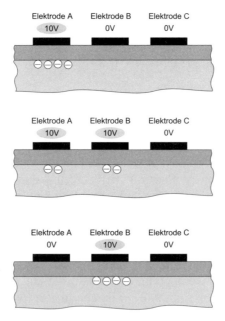

Bild 4.3-7: Das ladungsgekoppelte Transportsystem

Ordnet man die Pixel zeilen- oder matrixförmig an, so erhält man einen lichtempfindlichen CCD-Chip, welcher das Grundelement einer CCD-Zeilen- bzw. CCD-

Matrixkamera darstellt. Diese in einem regelmäßigen Raster angeordneten lichtempfindlichen Pixel besitzen eine Größe von typischerweise 8 – 13 µm [Pf 92a].
Bild 4.3-8 zeigt die Struktur eines flächigen CCD-Kamerachips, mit welchem auf
elektronischem Wege Graubild- oder Farbbildaufnahmen gemacht werden können.

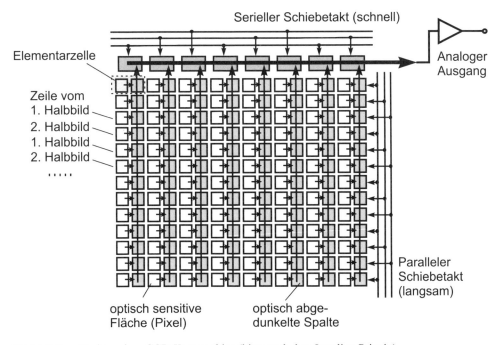

Bild 4.3-8:   Struktur eines CCD-Kamerachips (hier: nach dem Interline-Prinzip)

In einem CCD-Chip ist jedoch für die Durchführung des Ladungstransfers jeder
lichtempfindlichen Pixel-Spalte noch eine zusätzliche abgedunkelte Spalte zugeordnet, welche im Prinzip ein analoges Schieberegister darstellt und auch „CCD-
Eimerkette" genannt wird. Entsprechend dem von außen angelegten Spannungstakt
werden die Ladungen der lichtempfindlichen Pixel nach der Integrationszeit zuerst
in dieses analoge Schieberegister spaltenweise hinübergeschoben und dort
zwischengespeichert. Dieses Verschieben der Ladungen erfolgt durch das eingangs
beschriebene gezielte Anlegen einer äußeren Spannung an die einzelnen Potenzi-
altöpfe. In einem nächsten Schritt werden dann die Spalten durch Anlegen einer
weiteren Spannung – jetzt niedrigerer Taktfrequenz – auf dieselbe Art und Weise
ausgelesen.

Durch getaktetes Wiederholen dieses Spannungszyklus schieben sich also die
Ladungen wie in einer Eimerkette sukzessive von Potenzialtopf zu Potenzialtopf in
Richtung Ausgang. Dort werden die einzelnen Ladungspakete durch eine Auslese-
diode in eine Ausgangsspannung gewandelt und das schließlich aus Spannungs-

pulsen bestehende Signal durch ein Sample&Hold-Glied in ein kontinuierliches Signal gewandelt. Dieses analoge Signal wird über ein Koaxialkabel an eine Interface-Karte (Frame-Grabber) in einem Auswerterechner weitergeleitet, wo das analoge Signal digitalisiert und im Speicher abgelegt wird.

Das Auslesen eines Bildes geschieht in der Regel nicht auf einen Schlag, sondern durch die Übertragung zweier Halbbilder, welche wieder zum Gesamtbild zusammengesetzt werden (Interlace-Verfahren). Während das eine Halbbild aus allen ungeraden Zeilen ausgelesen wird, entsteht das zweite Halbbild zur gleichen Zeit durch die Belichtung der geraden Zeilen. Im nächsten Zyklus werden die Rollen der Bildzeilen getauscht.

Bei dem alternativen Ausleseverfahren nach dem Frame-Transfer-Prinzip befindet sich unter dem CCD-Chip eine gleichgroße abgedunkelte Speicherzone, in welcher die generierte Ladung der einzelnen lichtempfindlichen Pixel nach der Belichtung zwischengespeichert wird. Zwischen den lichtempfindlichen Pixeln sind daher keine Lücken wie beim Interline-Verfahren. Das Bild (Frame) wird hier als Ganzes innerhalb einer Zeit <1 ms in diesen Speicherbereich transferiert, und kann dann dort nach dem Eimerkettenverfahren als Ganzes ausgelesen werden (Vollbildübertragung), während in der oberen Schicht wieder eine Belichtung stattfindet. Zwar benötigen CCD-Chips nach dem Frame-Transfer-Verfahren die doppelte Chip-Fläche, sie sind jedoch wesentlich einfacher herzustellen als Chips nach dem Interline-Transfer-Verfahren.

CCD sind im Wellenlängenbereich von 0,4 µm bis 1,1 µm empfindlich, sie reichen also vom sichtbaren Licht bis zum nahen Infrarotbereich. Letzteres ermöglicht bei Verwendung speziellerer Komponenten also auch Anwendungen im Bereich der Thermografie, beispielsweise zur technischen Diagnose oder Anlagenüberwachung.

Bei Farbkameras werden drei Bilder des Objektes simultan aufgenommen, wobei jedes Bild nur für einen der Spektralbereiche *Rot*, *Grün* und *Blau* (RGB) empfindlich ist. Aus diesen drei Farbbildkomponenten kann dann das gesamte Farbbild aufgebaut werden. Jede Farbbildebene hat dabei prinzipiell denselben Aufbau wie ein einzelnes Grauwertbild, das sich aus der regelmäßigen Anordnung der in den Pixel codierten Intensitätswerte zusammensetzt.

Technisch stehen zur simultanen Aufnahme der einzelnen Farbbildebenen zwei Lösungen zur Verfügung. Die teurere aber genauere Variante besteht aus drei separaten CCD-Chips (3-Chip-Farbkameras), die jeweils auf einen der obengenannten Spektralbereiche durch vorgeschaltete farbsensitive Ablenkfilter sensibilisiert sind. Diese Ablenkfilter zerlegen das einfallende Licht und damit das Bild in die drei Spektralbereiche. Bei Ein-Chip-Kameras liegen jeweils drei Pixel nebeneinander, welche sich in ihrer spektralen Empfindlichkeit unterscheiden. Die

Auflösung ist hier also wegen der benachbarten Anordnung dreier Pixel pro Bildpunkt geringer.

4.3.2 Kameramesstechnik

In den letzten Jahren hat die Kameramesstechnik in stärkerem Maße als viele andere Messverfahren an Bedeutung gewonnen. Dies liegt zum einen begründet in der hohen Flexibilität und Verarbeitungsgeschwindigkeit der Systeme, welche die rasante Entwicklung im Bereich der Rechnertechnik nach sich gezogen hat. Zum anderen stellt die Messung oder Prüfung anhand eines Kamerabildes eine Technologie dar, welche der menschlichen Wahrnehmung stark entgegen kommt und sich daher für viele industrielle Aufgabenstellungen prinzipiell eignet.

In vielen Bereichen der Fertigungsmesstechnik werden heute moderne CCD-Kameras mit einer nachfolgenden automatisierten Bildverarbeitung zu einem Messsystem verknüpft. Daher sollen zunächst die notwendigen gerätetechnischen Grundlagen der Kameramesstechnik erläutert werden (Abschnitt 4.3.2.1). Im Anschluss daran werden die Grundlagen der digitalen Bildverarbeitung, die im Bereich der Fertigungsmesstechnik benötigt werden, in Abschnitt 4.3.2.2 dargestellt.

In den abschließenden Abschnitten werden typische Anwendungsfelder der Kameramesstechnik zur industriellen 2D-Bildverarbeitung und zur 3D-Formerfassung von Werkstücken mit den Verfahren der Photogrammetrie und der Streifenprojektion vorgestellt (Abschnitte 4.3.2.3-4.3.2.5).

4.3.2.1 Gerätetechnische Grundlagen der Kameramesstechnik

In diesem Abschnitt soll zunächst erläutert werden, auf welche Art und Weise überhaupt ein Bild elektronisch aufgenommen und in einem Bildverarbeitungsrechner abgelegt wird und welche Komponenten und Standards hierfür zur Verfügung stehen. Erst wenn das Bild im Speicher des Bildverarbeitungsrechners abgelegt ist, können numerische Verfahren zur Bildverarbeitung darauf angewendet werden, um beispielsweise bestimmte Mess- und Prüfaufgaben zu automatisieren.

Stufen der Bildverarbeitung

Um die einzelnen Stufen der Bildverarbeitung besser in den großen Kontext einordnen zu können, sind diese anhand des Blockdiagramms in **Bild 4.3-9** dargestellt.

Zuerst wird von der interessierenden Szene mit einer elektronischen CCD-Kamera ein Bild aufgenommen und in einer Interfacekarte im Rechner digitalisiert. Das Bild steht dann im Speicher des Rechners zur Verfügung, worauf die Rechner-CPU für Bildverarbeitungszwecke zugreifen kann. Diese umfassen numerische Verfahren zur einfachen Bildverbesserung wie Rauschminderung oder Kontrastanhebung sowie komplexere Verfahren zur automatischen Merkmalextraktion oder Mustererkennung (Abschnitt 4.3.2.2). Der Bildverarbeitungsrechner kann je nach Anforderung ein PC, eine Workstation oder eine parallele Rechnerarchitektur sein.

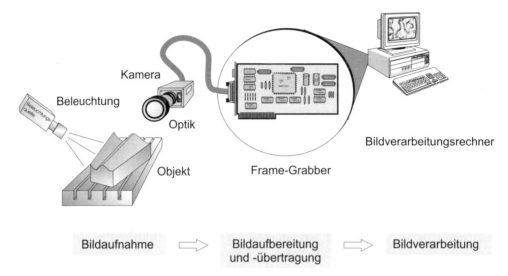

Bild 4.3-9:   Stufen der Bildverarbeitung und die hierfür notwendigen Komponenten

Elektronische CCD-Kameras und Frame-Grabber

Das heutzutage gängigste Bildaufnahmemedium ist eine sog. CCD-Kamera. Die Abkürzung CCD steht für „Charge-Coupled-Device" und bedeutet zu Deutsch „gekoppelter Ladungstransfer". Durch das Verfahren des „gekoppelten Ladungstransfers" – auch „Eimerketten-Verfahren" genannt – werden die einzelnen lichtempfindlichen Bildsensorelemente des Kamerachips – die sog. Pixel (von engl. Picture Element) – und die in ihnen in Form elektrischer Ladung enthaltenen Informationen über die lokale Bildhelligkeit dieses Bildpunktes ausgelesen.

Der Aufbau und die Wirkungsweise von lichtempfindlichen CCD-Chips wird in Abschnitt 4.3.1 erläutert. Dort wird beschrieben, auf welche Weise die auf den CCD-Chip mit Hilfe von Objektiven abgebildete Szene von einer Helligkeitsverteilung in eine diskrete Verteilung von elektrischen Ladungspaketen umgewandelt wird, deren Größe ein Maß für die einfallende lokale Lichtintensität ist. Nach dem Auslesen der Ladungen aus dem CCD-Chip wird ein analoges Spannungssignal generiert und an eine Interfacekarte im Bildverarbeitungsrechner weitergeleitet, welche das Signal in eine für den Rechner geeigneten Form aufbereitet.

Die Interfacekarte wird in der Bildverarbeitung üblicherweise als „Frame-Grabber" bezeichnet (engl. Frame = Bild, Grabber = Aufnehmer), welche das analoge Bildsignal der Kamera digitalisiert. Dieses analoge Bildsignal besteht neben Synchronisationsimpulsen für Zeilen und Bildumbruch im Wesentlichen aus einer Sequenz der Helligkeitsinformation der einzelnen Bildpunkte, aus denen sich bei matrixförmiger Anordnung das Gesamtbild zusammensetzt. Die Helligkeitswerte liegen als elektrische Spannungspegel vor und werden im Frame-Grabber auf üblicherweise 8 Bit digitalisiert und sind somit im Rechner digital abspeicherbar. Die 8-Bit-Digitalisierung entspricht 256 Grauwertstufen, die von Weiß (max. Helligkeitswert 255) bis Schwarz (Grauwert 0) reichen. Im Vergleich dazu kann das menschliche Auge lediglich ca. 64 Grauwertstufen voneinander unterscheiden.

Es ist zu beachten, dass bei der Bildaufnahme das Bild durch die matrixförmige diskrete Anordnung der Pixelsensoren auf dem Chip diskret abgetastet und digitalisiert wird, wobei innerhalb eines Pixelsensors die gesamte Lichthelligkeit integriert wird. Man kann dies mit den Methoden der Nachrichtentechnik beschreiben und zeigen, dass eine CCD-Kamera eine Art Tiefpasswirkung besitzt. Die Auflösung einer CCD-Kamera ist begrenzt, und extrem feine Strukturen können somit nicht mehr aufgelöst werden [Lez 90], [Brü 96]. Das daher feinste Liniengitter, das durch eine Pixelmatrix aufgelöst werden kann, hat eine Ortsfrequenz von einer halben Pixeldicke (Nyquistgrenze), d.h. bei einem Liniengitter fällt eine helle Linie auf die eine Pixelspalte und die dunkle Linie auf die benachbarte Pixelspalte [NN 95a]. Beispielsweise liegt das räumliche Auflösungsvermögen bei einem großflächigen, hochauflösenden CCD-Chip mit 4096×4096 Bildpunkten auf einer Fläche von 28×28 mm² bei über 70 Linienpaaren pro Millimeter.

In bestimmten Anwendungen kann durch die Anwendung numerischer Interpolationsverfahren auf den hell-dunkel-Übergang im abgespeicherten Bild einer Kante die Auflösungsgrenze über die Nyquistgrenze hinaus künstlich erhöht werden (Sub-Pixeling) [Pf 92a], [Pf 90], [Chi 95]. Schließlich muss noch beachtet werden, dass bei der Abbildung feiner Streifenstrukturen wegen der matrixförmigen Anordnung der Pixel Moiré-Effekte im Bild auftreten können, welche sich dem Bild als niederfrequente Intensitätsvariationen störend überlagern.

Spezielle Formen von CCD-Flächenchips findet man in Zeilen- und Farbkameras, welche in Bildverarbeitungssystemen ebenso häufig zum Einsatz kommen und auf demselben technischen Prinzip beruhen.

Bei Zeilenkameras muss beachtet werden, dass nicht eine Matrix von lichtempfindlichen Pixeln vorliegt, sondern lediglich eine einzige Bildzeile. Um ein flächenhaftes Gesamtbild eines Objektes zu generieren, müssen Objekt und Kamera relativ zueinander bewegt werden, so dass ein zeilenweises Scannen des Objektes stattfindet. Um Verzerrungseffekte zu vermeiden, muss die Relativgeschwindigkeit von Kamera und Objekt auf die Bildaufnahmefrequenz der CCD-

Zeile abgestimmt werden. Ein typisches Einsatzgebiet für Zeilenkameras ist die Oberflächenkontrolle an Fließbandmaterial [Kör 95], [Swa 97].

Standards und Formate

Innerhalb eines Bildverarbeitungssystems sind mehrere Komponenten miteinander verknüpft und tauschen Signale untereinander aus, die synchronisiert und bezüglich der Formate und Spannungspegel aufeinander abgestimmt werden müssen. So muss beim Auslesen des CCD-Chips das Sample&Hold-Glied mit den Auslesetakten synchronisiert werden; die im Frame-Grabber stattfindende Digitalisierung der Bilder muss in einem pixelsynchronen Takt erfolgen usw.. Nur durch die Gewährleistung der hierfür notwendigen Standards ist ein relativ problemloses Plug&Play möglich.

Für das Auslesen eines Bildes in der CCD-Kamera und den Transfer an die Frame-Grabber-Karte existiert in Europa die CCIR/PAL-Fernsehnorm (in USA: RS-170/NTSC-Fernsehnorm), nach der die Integrationszeit – d.h. die Belichtungszeit – der Halbbilder 20 ms bzw. 50 Hz beträgt. Es werden also entsprechend dieser Norm 25 Vollbilder pro Sekunde aufgenommen und als Analogsignal an den Frame-Grabber weitergegeben.

Die CCIR-Norm definiert dabei die wesentlichen Eigenschaften des sog. BAS-Signales (Video-, Blanking und Sync-Signal), welches die für die Bilddarstellung eines Schwarz-Weiß-Bildes auf einem Bildschirm wesentlichen Synchronisations-pulse für horizontale und vertikale Ablenkung und Antastung, Übertragungsfre-quenzen, Spannungspegel usw. umfasst.

Darüber hinaus ist es möglich in diesem Signal auch eine Farbinformation zu kodieren. Das BAS-Signal wird jetzt zu einem Farb-BAS-Signal (FBAS) erweitert, in welchem die Farbinformation in einem zusätzlichen Farbträgersignal mit integriert ist (Composite-Coding). Die Trägerfrequenzen der Farbträger und die Art der Farbkodierung in diesen Farbsignalen unterscheidet die westeuropäische PAL-Norm von der US-amerikanischen NTSC-Norm. Alternativ können die einzelnen RGB-Farbkanäle wie S/W-Bilder über drei Kanäle separat übertragen werden.

Die Komponenten Kamera und Frame-Grabber sind normalerweise so aufeinander abgestimmt, dass sich für Europa typischerweise folgende Standards ergeben:

Ein Bild besteht aus 572 x 768 aktiven Pixeln mit einer Halbbildwiederhol-frequenz von 50 Hz. Ein Schwarz-Weiß-Bild mit 8 Bit/Pixel benötigt demnach 429 Kbyte Speicher. Im US-amerikanischen NTSC-Format liegt eine Halbbildwieder-holfrequenz von 60 Hz mit einer Auflösung von 640 x 480 aktiven Pixeln vor.

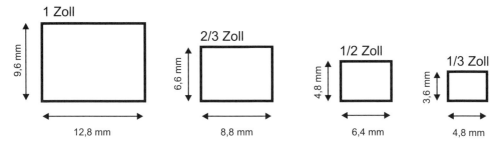

Bild 4.3-10: Standards für die Bildaufnahmeformate von CCD-Chips bei Flächenkameras

Neben der durch die Signalfrequenzen festgelegten Anzahl der Elemente der Bildmatrix existieren auch Standards für die Größe der CCD-Chips. Die Größe dieser Chips wird in Form der Chip-Diagonalen in Zoll-Maßen angegeben. Je nach Chip-Größe variiert die Größe des abbildbaren Objektfeldes.

Auch bei Zeilenkameras haben sich mittlerweile typische Werte durchgesetzt. CCD-Zeilen bestehen in der Regel aus 1024, 2048 oder 4096 Pixeln und haben somit typischerweise mehr Pixel als die CCD-Zeile einer Flächenkamera. Sofern es die Anwendung zulässt, können mit Zeilenkameras höhere Auflösungen erreicht werden als bei Flächenkameras, weil bei höherer Vergrößerung immer noch relativ große Objektfelder abgebildet werden können. Allerdings muss das Objekt abgescannt werden, um ein flächiges Bild des Objektes zu erhalten. Das Scanning kann für hochgenaue Anwendungen auch vorteilhaft sein. Wenn die Schrittweite beim Scanning im Bild effektiv kleiner als die Pixeldistanz ist (Micro-Scanning), dann entsteht in Scanning-Richtung ein extrem hochaufgelöstes Bild, das dem Bild einer Flächenkamera überlegen ist.

Auch bezüglich der Objektive für CCD-Kameras, welche gelegentlich noch als CCTV-Objektive bezeichnet werden (Closed-Circuit-Television), existieren Standards, welche die einfache Austauschbarkeit der Optiken ermöglicht. Für den Anschluss der Objektive, deren Brennweiten typischerweise im Weitwinkelbereich von 8 mm - 50 mm liegen, gibt es genormte Gewinde, die als C-Mount bezeichnet werden. So lassen sich die Objektive verschiedener Hersteller einfach an die Kamera anschrauben.

Für genaue Messaufgaben stehen heutzutage speziell korrigierte verzeichnungsfreie Optiken mit Genauigkeiten bis 1 : 10 000 und Verzerrungen unter einem Promille [Jäh 96] zur Verfügung. Deren Abbildungsqualität reicht an die natürliche Beugungsgrenze der optischen Abbildung heran, so dass ein idealer Objektpunkt auf einen nur einige Mikrometer großen Bildpunkt abgebildet werden kann. Allerdings sind die eingangs erwähnten auflösungsbegrenzenden Effekte bei der Bildaufnahme immer noch mit zu berücksichtigen.

Für hochgenaue Messaufgaben werden sog. *telezentrische Objektive* verwendet. Diese Objektive zeichnen sich dadurch aus, dass sich bei leichter Defokussierung eines Bildes der Abbildungsmaßstab nicht ändert [Srö 90], [NN 95a],[NN 95b].

Konkret heißt dies, dass beispielsweise ein Skalenstrich bei leichter Defokussierung zwar etwas unscharf abgebildet werden kann, aber im Gegensatz zu herkömmlichen Objektiven nicht wandert. Dies ist eine wichtige Eigenschaft für genaue Messaufgaben. Ferner zeichnen sich telezentrische Objektive durch die Abbildung des Objektes in Parallelprojektion aus, wie in **Bild 4.3-11** gezeigt.

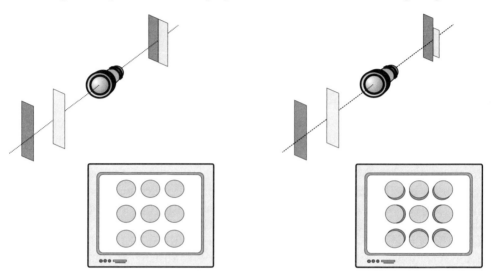

Bild 4.3-11: Abbildungseigenschaften telezentrischer Objektive (links) und herkömmlicher
                Objektive (rechts), unten: Aufsicht auf neun Zylinder

Telezentrische Objektive besitzen feste Brennweiten und einen festen Abbildungsmaßstab. Für hochgenaue Messaufgaben mit objektseitiger Auflösung von ca. 3-8 µm ist das abgebildete Objektfeld mit typischerweise einigen wenigen mm^2 recht klein und die Schärfentiefe mit weniger als 1 mm gering [NN 95a, Sör 90].

Mit sog. *Abstandshülsen* kann der Abstand zwischen Objektiv und Kamerachip vergrößert werden, was für Nahaufnahmen mit starker Vergrößerung notwendig ist. Allerdings muss beachtet werden, dass bei telezentrischen Objektiven durch den Einsatz von Abstandshülsen die Telezentrie-Eigenschaft verloren geht!

Bezüglich der Komponenten im BV-Rechner existieren auch Standards bei den Frame-Grabber-Karten. Die ältere Generation von Frame-Grabbern digitalisierte nicht nur das ankommende analoge Kamerasignal, sondern führte schon auf der Frame-Grabber-Karte mit Hilfe spezieller Arithmetik-Chips Rechenoperationen auf den Bildern durch. Das Problem war nämlich, dass der ISA-Bus in den Computern viel zu langsam war, um die relativ große Datenmenge eines Bildes im schnellen Zeittakt der Rechner-CPU bzw. dem RAM zur Verfügung zu stellen. Die Frame-Grabber-Karten waren daher relativ aufwendig und teuer. Mittlerweile hat sich jedoch der PCI-Bus als Standard etabliert und ermöglicht den schnellen Transfer von Bildern zur CPU, wo dann unabhängig von der Frame-Grabber-Hardware die eigentliche Bildverarbeitung auf Basis von Hochsprachen wie C/C++ durchgeführt werden kann. Ein Vorteil dieser Entwicklung ist, dass die Austauschbarkeit zwischen Frame-Grabber und der Bildauswertesoftware erhöht wird, weil diese Komponenten entkoppelt sind.

Zusatzoptionen und Abweichungen von Standards

Für speziellere Anwendungen gibt es Systeme, welche von den obengenannten Standards abweichen. Die Kosten für derartige Systeme steigen rasant an, da es sich um speziellere Einsatzfälle handelt, die keinen großen Markt bedienen.

Für bestimmte Messaufgaben werden hochauflösende Flächenkameras mit großformatigen CCD-Chips benötigt, um die gesamte Szenerie insbesondere bei höheren Vergrößerungen noch erfassen zu können.

Für Anwendungen, bei denen hochdynamische Prozesse wie etwa Crash-Tests untersucht werden, sind spezielle Hochgeschwindigkeitskameras auf dem Markt erhältlich. Weitere Spezialisierungen stellen auch Kameras dar, welche für den Infrarotbereich oder den Röntgenbereich speziell ausgelegt sind. Mit derartigen Kameras lassen sich beispielsweise die für viele technische Prozesse wichtigen thermografischen Untersuchungen und Überwachungsaufgaben durchführen.

Für Anwendungen in stark EMV-belasteten Bereichen sind digitale Kameras erhältlich, welche nicht ein analoges Bildsignal an den Frame-Grabber weiterleiten, sondern ein schon in der Kamera selbst digitalisiertes Signal. Hierdurch wird die Störempfindlichkeit bei der Übertragung des Bildsignales beispielsweise in einem stark EMV-belasteten Maschinenumfeld reduziert. Weitere Vorteile haben diese Kameras für hochgenaue Messaufgaben. Die analoge Synchronisation von Kamera- und Bildspeicher bereitet hinsichtlich der maximal erreichbaren Genauigkeit Probleme (Pixeljitter) und entfällt bei digitalen Kameras. Auch bei präzisen Messaufgaben an schnell bewegten Szenerien sind diese Kameras von Vorteil, da die etwas zeitversetzte Halbbildübertragung entfällt [Jäh 96].

4.3.2.2   Grundlagen der digitalen Bildverarbeitung

Aus den hohen Anforderungen des modernen Qualitätsmanagements resultiert für produzierende Unternehmen die Notwendigkeit flexible Werkzeuge zur Qualitätssicherung bereitzustellen. Bildverarbeitungssysteme stellen ein solches Werkzeug in den Bereichen der Qualitätsprüfung, aber auch bei automatisierten Messaufgaben und im Bereich der technischen Sichtprüfung dar.

Dass die Entwicklung hin zu automatisierten Bildverarbeitungssystemen in der Fertigung heute keineswegs als abgeschlossen betrachtet werden kann, sondern auch für die Zukunft ein großes Potenzial bietet, verdeutlicht die Schätzung, dass bislang z.B. im Bereich der technischen Sichtprüfung nur etwa 10-15 % der in Frage kommenden Prüfaufgaben automatisiert sind.

Wesentliche Vorteile von Bildverarbeitungssystemen sind die hohe zu erzielende Messgeschwindigkeit und die hohe Objektivität, welche die Systeme insbesondere im Vergleich zu menschlichen Prüfern auszeichnen. Für einen menschlichen Sichtprüfer stellen z.B. ein hoher Fertigungstakt, Konzentrationsschwächen oder nur schwer voneinander unterscheidbare Merkmale Probleme dar, welche mit einem automatischen Bildverarbeitungssystem prinzipiell gelöst werden können.

Gerade weil sich hinter der Bildverarbeitung eine Technologie verbirgt, die der menschlichen Wahrnehmung stark entgegenkommt, ist aber auch die Möglichkeit der Interaktion durch den Benutzer vor Ort gegeben. Beispielsweise kann ein Werker mit Hilfe eines Kamerabildes einfache Fehler schnell erkennen und selbständig beheben. Geeignete Werkzeuge in der Bediensoftware können selbst weniger qualifizierten Mitarbeitern z.B. anhand abgespeicherter und kommentierter Musterbilder verdeutlichen, wie das System im optimalen Zustand aussehen sollte. Zusätzlich können mit den vielen denkbaren internen Sicherheits- und Plausibilitätsabfragen in der Bildauswertesoftware z.B. ein Ausfall der Beleuchtung oder ein verschmutztes Objektiv erkannt werden. Diese Fähigkeit zur Eigendiagnose ist nur bei sehr wenigen Messsystemen überhaupt gegeben.

Durch die hohe Informationsfülle des Kamerabildes ist es aber auch möglich, gezielt mehrere Merkmale miteinander zu kombinieren, wodurch manche Bewertungsaufgabe erst ermöglicht wird. Dazu ist es jedoch notwendig, dass die zu bewertenden oder zu messenden Merkmale eines Werkstückes allein aus dessen optischem Erscheinungsbild abgeleitet werden können und eine Abbildung auf geeignete Kennwerte gelingt. Diese Abbildung der optischen Erscheinung auf Kennwerte stellt jedoch in der Praxis häufig eines der größten Probleme dar.

Natürliches und künstliches Sehen

Wie kann ein Computer, an den eine CCD-Kamera angeschlossen ist, z.B. den Durchmesser einer Bohrung messen oder bestimmen, ob eine Nut an der richtigen Stelle eines Bauteiles angebracht ist?

Eine Prüfperson erkennt häufig „auf einen Blick", ob an einem Bauteil eine Bohrung vorhanden ist oder nicht. Weder Beleuchtungsschwankungen noch ein Lageversatz, Verkippungen oder Verdrehungen des Bauteiles bereiten dabei Schwierigkeiten. Intuitiv werden Objektformen, Helligkeiten und Farben erkannt und diesen Begriffe zugeordnet. Dabei darf jedoch nicht vergessen werden, dass das visuelle System des Menschen ein hoch ausgereiftes „Bildverarbeitungssystem" darstellt, das jahrzehntelang trainiert wird und welches auf eine riesige Wissensbasis zurückgreift.

Analog dazu muss ein Bildverarbeitungsrechner aus einer Menge von Bildpunkten, die von der Kamera übermittelt werden, zunächst eine Ordnung ableiten und lernen, an welchen Kriterien einzelne Objekte erkannt und von anderen Objekten oder dem Bildhintergrund unterschieden werden können. Solche Kriterien können im einfachsten Fall Helligkeitsunterschiede zwischen Objekt und Hintergrund, oder in einem der schwierigsten Fälle verschiedene *Texturmerkmale* sein. Die Bildauswertung ist daher in starkem Maße abhängig von den Merkmalen, welche die Bildszene zur Verfügung stellt. Können die Bereiche bereits durch unterschiedliche Grauwerte voneinander separiert werden, so ist ein erheblich geringerer Aufwand bei der Bildauswertung notwendig, als in dem Fall, in dem sich die Objekte lediglich durch Ihre Oberflächenbeschaffenheit (Textur) vom Hintergrund unterscheiden.

Neurophysiologische Studien haben ergeben, dass für das menschliche Sehen die Erkennung von Objektkanten von großer Bedeutung ist. Ebenso spielt – wenn auch oftmals aus anderen Gründen – die Erkennung der Objektkanten für die technischen Anwendungen der automatisierten Bildverarbeitung eine wesentliche Rolle.

Zur automatischen Verarbeitung von Kamerabildern ist eine große Vielzahl von Verfahren und Techniken entwickelt worden, um die relevanten Bildinformationen aus dem Kamerabild zu extrahieren. In den folgenden Abschnitten sollen die wichtigsten Verfahren zur Bildanalyse kurz vorgestellt werden. Der Schwerpunkt liegt dabei in der Erkennung von Objektkonturen.

Farbbilder, Grauwertbilder und Binärbilder

Wie bereits beschrieben, liefern CCD-Kameras im Allgemeinen Bildinformationen in Form von Grauwert- bzw. Farbbildern, wobei die Bilder in der Regel in 256 Graustufen oder 256^3 verschiedenen Farbstufen vorliegen. Dies entspricht einer Digitalisierungstiefe von 8 Bit für Grauwertbilder bzw. 24 Bit für Farbbilder. Letztere setzen sich z.B. aus 3 x 8 Bit für die Farbkomponenten *rot*, *grün* und *blau* (*rgb*) zusammen. Für spezielle Applikationen stehen auch Kameras mit größeren Digitalisierungstiefen von 10 oder 12 Bit zur Verfügung. Weiterhin kann ein Farbbild auch durch viele andere Repräsentationen als den Farben rot, grün und blau dargestellt werden. Dies entspricht einer Darstellung in einem anderen Koordinatensystem im sogenannten *Farbraum* [Pra 91]. Spezielle Kameras liefern daher in anderen Farbraumkoordinaten kodierte Bildinformationen, welche durch eine Farbraumtransformation in die herkömmliche rgb-Darstellung überführt werden können.

Aufgabe der Bildverarbeitung ist es, die relevanten Bildinformationen von den übrigen Informationen zu trennen und z.B. Objekte aus einem Bild automatisch zu extrahieren. Im Bereich der Fertigungsmesstechnik bedeutet dies, Messobjekte zu erkennen und von anderen Bildinhalten zu separieren, um anschließend Messungen im Bild vorzunehmen. Zur Separation der Objekte vom Hintergrund ist es in vielen Fällen z.B. durch eine geeignete Beleuchtung möglich, dass sich die Messobjekte schon allein durch Helligkeitsunterschiede vom Bildhintergrund unterscheiden. Diese Technik wird z.B. bei der sogenannten *Durchlichtbeleuchtung* angewendet, bei der das Objekt von hinten beleuchtet wird, so dass die Kamera eine Schattenprojektion des Objektes aufnimmt. In diesem Fall ist es möglich, mit Hilfe eines sogenannten *Schwellwertverfahrens* eine Unterscheidung von Objekt und Hintergrund zu erzielen. Für die Weiterverarbeitung werden die Bildpunkte in zwei Kategorien unterteilt, je nachdem ob ein fester Wert – der *Schwellwert* – überschritten wurde oder nicht. Alle Bildpunkte, die einen höheren Grauwert besitzen als der Schwellwert, werden auf „weiß" (Grauwert 255) gesetzt und alle Bildpunkte, die kleiner oder gleich dem Schwellwert sind, auf „schwarz" (Grauwert 0). Auf diese Weise entsteht das für die Bildverarbeitung sehr wichtige *Binärbild*. Die Ermittlung des optimalen Schwellwertes erfolgt über das sogenannte *Histogramm*. Dabei handelt es sich um eine Darstellung der jeweiligen Anzahl in einem Bild vorkommender Grauwerte (bei Farbbildern kann man analog Histogramme für jede der Farbebenen erzeugen). Bei einem Grauwertbild, bei dem sich helle und dunkle Bereiche – wie z.B. im Falle des Durchlichtverfahrens – deutlich voneinander abgrenzen, hat das Histogramm zwei ausgeprägte Maxima im Bereich der niedrigen bzw. der hohen Grauwerte. Man spricht in diesem Falle von einem *bimodalen Histogramm* **(Bild 4.3-12)**. Die klassische Schwellwertbildung benutzt bei einem solchen Histogrammverlauf den Grauwert als Schwellwert, der an der Position des Minimums zwischen den beiden Maxima liegt. Eine Separation nach diesen einfachen Merkmalen ist im Bereich der Fertigungsmesstechnik nur dann möglich, wenn die Bildszene verhältnismäßig einfach aufgebaut und von vornherein bereits gut strukturiert ist.

Punktoperationen

Bei der Umwandlung eines Farb- oder Grauwertbildes in ein Binärbild wird ein Bildverarbeitungsoperator eingesetzt, der eine Zuweisung vornimmt, die für alle Bildpunkte nach demselben Prinzip erfolgt und nur den Farb- bzw. Grauwert des Bildpunktes selbst berücksichtigt. Solche Operatoren nennt man auch „Punktoperatoren", wodurch angedeutet wird, dass die Nachbarschaftsrelationen in keiner Weise in das Bildungsgesetz des gefilterten Wertes eingehen. Solche Punktoperationen werden wie bei der Binarisierung zur Segmentierung oder wie im Falle der Kontrastanhebung zur Vorverarbeitung der Bilder eingesetzt [Pf 92a]. Die

Kontrastanhebung erfolgt bei Grauwertbildern durch eine lineare Streckung des Grauwerthistogrammes auf den vollen Bereich von 256 Grauwerten **(Bild 4.3-12)**.

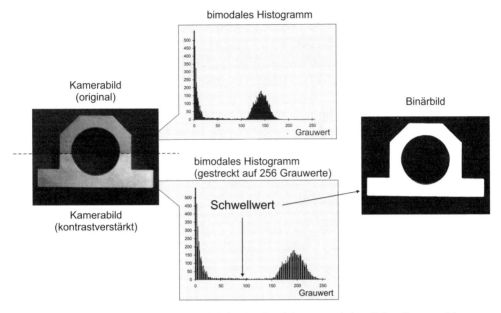

Bild 4.3-12: Kontrastanhebung und anschließende Binarisierung nach dem Schwellwertverfahren

Lokale zweidimensionale Filteroperationen

Außer den Punktoperatoren sind für die Bildverarbeitung auch lokale Operatoren, bei denen die Nachbarschaftsumgebung bei der Filterung des Bildes berücksichtigt wird, von großer Bedeutung. Häufig wird dabei ein meist quadratisches Operatorfenster mit ungerader Zeilen- bzw. Spaltenanzahl über das Bild geschoben.

Die Berechnung des gefilterten neuen Grauwertes erfolgt, indem die ungefilterten Werte der Umgebung mit den Koeffizienten der Filtermaske multipliziert und anschließend summiert werden. Das Ergebnis wird an die aktuelle Bildposition als gefilterter Wert zurückgeschrieben [Zam 91]. Dies entspricht einer Faltung des Bildes mit dem quadratischen Operatorfenster.

Im Rahmen dieses Buches soll aus der Vielzahl der entwickelten Maskenfilter eine Auswahl der häufigsten Filtermethoden näher beschrieben werden. Eine wichtige Aufgabe bei der Bildfilterung stellt beispielsweise die Hervorhebung von Kanten – welche sich in Form von Grauwertsprüngen darstellen – dar. Da an einem Grauwertsprung insbesondere hohe Ortsfrequenzen im Spektrum auftreten, die an Stellen mit relativ glattem Grauwertverlauf nicht existieren, kann mit Hilfe eines *Hochpassfilters* eine Kantenhervorhebung vorgenommen werden. Umgekehrt erzeugt ein *Tiefpassfilter* eine Glättung des Bildes. Für technische Anwendungen können aus Gründen der Rechenzeit häufig nur nächste Nachbarschaftsrelationen bei der Bildfilterung durch die Verwendung von 3 x 3-Filtermasken berücksichtigt werden. Im Folgenden werden die wichtigsten Realisierungen von Hoch- und Tiefpassfiltern kurz näher beschrieben.

Der in der Praxis häufigste zur Kantenanhebung eingesetzte Operator ist der sogenannte *Sobelfilter* (**Bild 4.3-13**). Dieser Operator hebt Kanten in x- oder in y-Richtung des Bildes hervor. Bildet man das geometrische Mittel aus den gefilterten Bildern in x- und y-Richtung, so erhält man nahezu in allen Richtungen zufriedenstellend hervorgehobene Objektkanten. Eine weitere Verbesserung kann mit Hilfe der sogenannten Kompassfilter (z.B. Kirschoperator) erzielt werden, welche die Ergebnisse mehrerer Einzelfilterungen mit verschiedenen richtungsabhängigen Filtermasken kombinieren [Zam 91]. Die beiden Filtermasken des Sobelfilters haben folgenden Aufbau:

$$Sobel_x = \begin{bmatrix} 1 & 0 & -1 \\ 2 & 0 & -2 \\ 1 & 0 & -1 \end{bmatrix} \quad \text{und} \quad Sobel_y = \begin{bmatrix} 1 & 2 & 1 \\ 0 & 0 & 0 \\ -1 & -2 & -1 \end{bmatrix} \quad (4.3\text{-}2)$$

Während der Sobelfilter in einer Richtung des Bildes die Objektkanten durch Differenzbildung der Grauwerte hervorhebt, wird in der anderen Richtung eine gewichtete Mittelung der Grauwerte vorgenommen. Durch die Bildung des Gradientenbetrages können jedoch auch schräg verlaufende Kanten gut hervorgehoben werden. Ebenso ist die Berechnung der Kantenrichtung mit Hilfe der oben angegebenen Maskenfilter möglich [Pf 92a].

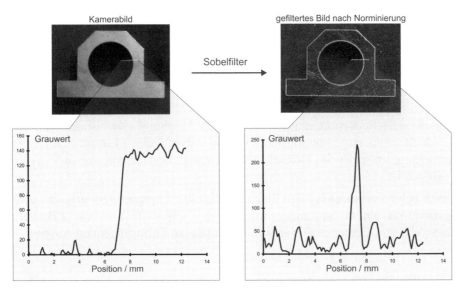

Bild 4.3-13: Wirkung des Sobelfilters

Im Gegensatz zum Sobelfilter stellt der „Laplacefilter" einen richtungsunabhängigen Hochpassfilter dar. Dieser Filter kann als numerische Annäherung der zweiten Ableitung des Bildes angesehen werden. Die Wirkung dieses Filters auf ein Grauwertbild ist in **Bild 4.3-14** dargestellt.

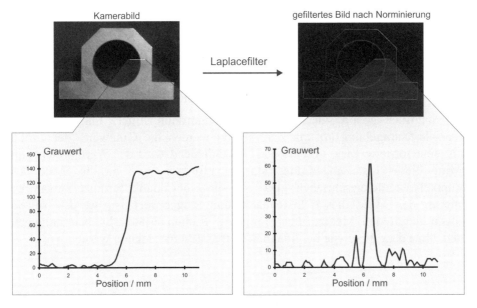

Bild 4.3-14: Wirkung des Laplacefilters

Der Laplacefilter besitzt folgende Filtermaske:

$$Laplacefilter = \begin{bmatrix} -1 & -1 & -1 \\ -1 & 8 & -1 \\ -1 & -1 & -1 \end{bmatrix} \qquad (4.3\text{-}3)$$

Durch die numerische Repräsentation der zweiten Ableitung eines Bildes wird der Filter jedoch äußerst störempfindlich, so dass der Einsatz für die Bildverarbeitungsaufgaben im Bereich der Fertigungsmesstechnik nur in wenigen Fällen möglich ist.

Eine wesentliche Verbesserung der Eigenschaften des Laplacefilters erfolgt durch Kombination mit einem rauschunterdrückenden Tiefpassfilter – wie z.B. dem Gaußfilter [Mar 80]. Dieser besitzt in seiner einfachsten Form folgenden Aufbau:

$$Gau\beta filter = \begin{bmatrix} 1 & 2 & 1 \\ 2 & 4 & 2 \\ 1 & 2 & 1 \end{bmatrix} \qquad (4.3\text{-}4)$$

Mit einem Gaußfilter wird eine gewichtete Mittelung der Grauwerte aus der Umgebung eines Bildpunktes vorgenommen, wobei die Gewichte in Abhängigkeit des Abstandes vom aktuellen Bildpunkt wie bei einer Gaußglocke abnehmen.

Die bislang vorgestellten Maskenfilter entsprechen einer linearen Transformation des Bildes. Manche Charakteristika eines Bildes können jedoch besser mit nichtlinearen Operatoren aus einem Bild extrahiert oder auch beseitigt werden. Ein typischer Vertreter nichtlinearer Operatoren ist der häufig zur Entfernung punktförmigen Rauschens eingesetzte *Medianfilter*. Im Gegensatz zum Gaußfilter erfolgt beim Medianfilter keine unerwünschte Glättung der Kanten.

Der Medianfilter gehört zur Klasse der Rangordnungsfilter. Innerhalb einer Nachbarschaftsumgebung um ein Zentralpixel werden die Grauwerte der Größe nach in eine sortierte Liste geschrieben. Anschließend wird der Wert, welcher in der Mitte dieser Liste angeordnet ist, als gefilterter Wert an die Stelle des Zentralpixels zurückgeschrieben. Da ein einzelner punktförmiger Ausreißer niemals in der Mitte dieser Listendarstellung angeordnet ist, werden solche Störungen durch den Medianfilter eliminiert. Kantenverläufe bleiben hingegen erhalten, ohne dass diese wie bei linearen Tiefpassfiltern geglättet werden.

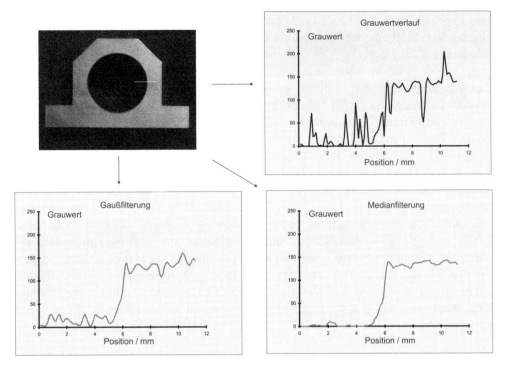

Bild 4.3-15: Vergleich von Gauß- und Medianfilterung

Morphologische Bildverarbeitung

Die morphologischen Operatoren zählen zu den wichtigsten Werkzeugen der digitalen Bildverarbeitung. In der industriellen Sichtprüfung finden sie bei der Detektion von kleinen Fehlstellen oder Rissen einen Anwendungsschwerpunkt. Der morphologische Kantendetektor zeichnet sich durch eine hohe Rauschunempfindlichkeit aus. Die beiden elementaren Operationen der mathematischen Morphologie sind die *Erosion* und die *Dilatation*. Diese verarbeiten das Bild mittels eines Strukturelementes, das man sich als weiteres Objekt oder als eine Maske vorstellen kann.

Bei Binärbildern bewirkt eine *Erosion*, dass die Menge aller Bildpunkte des Objektes, mit denen der Bezugspunkt der Maske derart durch Verschiebung in Übereinstimmung gebracht werden kann, dass die Maske völlig im Objekt enthalten ist, auf den Wert 255 gesetzt werden. Dies entspricht einer UND-Verknüpfung der binären Maske mit dem binären Objekt. Das Objekt wird dadurch an den Rändern erodiert, Löcher im Innern werden vergrößert.

Das Ergebnis der *Dilatation* ist umgekehrt die Menge aller Bezugspunkte, für welche bei Verschiebung der Maske über das Objekt mindestens ein Punkt der Maske mit einem Punkt des Objektes zusammenfällt. Dies entspricht einer ODER-Verknüpfung der binären Maske mit dem binären Objekt. Das Objekt wird dadurch an den Rändern vergrößert, Löcher im Innern werden verkleinert. Das sukzessive Ausführen von Erosion und Dilatation wird als „Öffnen" und umgekehrt das sukzessive Ausführen von Dilatation und Erosion als „Schließen" bezeichnet. Diese beiden Funktionen stellen die wichtigsten zusammengesetzten Funktionen der Morphologie dar. Durch das „Öffnen" eines Bildes werden kleinere Objekte wie Punkte und feine Strukturen im Bild gelöscht, wohingegen die großen Objekte erhalten bleiben. Die Operation „Schließen" führt hingegen dazu, dass kleine Unterbrechungen, Lücken und Risse ausgefüllt werden. Eine Erweiterung der Funktionen Dilatation und Erosion auf Grauwertbilder ist möglich, wobei die logischen UND- und ODER-Verknüpfungen durch die Minimum- und Maximum-Bestimmung der Objektgrauwerte innerhalb der strukturierenden Maske ersetzt werden. Signifikante geometrische Veränderungen können jedoch meist nur bei mehrfacher sukzessiver Anwendung der Verfahren beobachtet werden, wodurch ein erhöhter Rechenaufwand entsteht, welcher die Verbreitung dieser Verfahren im Bereich der Fertigungsmesstechnik behindert.

Konturpunktverkettung und Linienverdünnung

Das Idealergebnis einer Kantenfilterung stellt ein Binärbild dar, in dem alle wahren Konturen vollständig ohne Lücken mit einer Breite von 1-2 Pixeln vorhanden sind und in dem keine zusätzlichen durch das Rauschen erzeugten Punkte verbleiben.

Um dieses Ziel zu erreichen, sind im Anschluss an die Kantenhervorhebung mittels einer Hochpassfilterung meist weitere Schritte der Bildanalyse notwendig. So kann beispielsweise das Kantenbild anschließend mit Hilfe eines festen oder auch lokaladaptiven Schwellwertes in ein geeignetes Binärbild überführt werden. Das Ergebnisbild enthält dann meist Kanten, die durch unterschiedlich helle und breite Linien dargestellt sind. Zusätzlich werden aber auch Lücken der wahren Konturen und rauschbedingte Pseudo-Kanten nach einer solchen Kantenfilterung auftreten.

Aus diesem Grund schließt sich an die Binarisierung des Kantenbildes meist eine Linienverdünnung und eine Konturpunktverkettung an.

Zunächst werden die verbreiterten Linien mit speziellen Algorithmen auf die Breite eines einzelnen Pixels reduziert. In der Literatur werden zahlreiche Verfahren zur Linienverdünnung beschrieben. Bei dem einfachsten Verfahren wird das Intensitätsprofil senkrecht zur detektierten Kante ausgewertet und die Grauwerte unterdrückt, welche kleiner als das lokale Maximum sind. Auf diese Weise verbleibt im Idealfall eine Linie, die genau ein Pixel breit ist. Falls die Kanten jedoch nicht nur einen Maximalwert aufweisen, sondern ein Plateau von mehreren gleichen Grauwerten, so sind weitergehende Verfahren notwendig [Bäs 89].

Die Verkettung der auf diese Weise generierten Punkte ist ein wichtiger, wenn auch schwieriger Verfahrensschritt, da erst durch diese Verfahren die eigentliche Detektion der Konturen erfolgt. Man unterscheidet zur Konturpunktverkettung lokale und globale Verfahren. Während lokale Verfahren in einer eng um das Zentralpixel befindlichen Nachbarschaft nach Fortsetzungselementen suchen, nutzen globale Verfahren die Information der gesamten bislang gefundenen Konturkette. Neben der im folgenden Abschnitt eingehender beschriebenen Hough-Transformation haben insbesondere die „heuristische Suche" und die „dynamische Programmierung" weitere Verbreitung erzielt. Eine weitergehende Beschreibung dieser Verfahren findet sich in [Bäs 89].

Hough-Transformation

Die Hough-Transformation ist eine Technik, um globale Muster des Bildraumes, wie Segmente, Kurven oder geschlossene Formen aus ihrem im Idealfall punktförmigen Abbild in einem geeigneten Parameterraum zu erkennen. Sie geht zurück auf P.V.C. Hough, der diese Transformation im Jahre 1962 in einer Patentschrift niedergelegt hat [Hou 62].

Die größte Trennschärfe erhält man, wenn die Hough-Transformation auf ein bereits segmentiertes Kantenbild angewendet wird. Am Beispiel einer Geraden, die aus praktischen Gründen in der Hesseschen Normalform beschrieben wird, sollen die Rechenvorgänge dargestellt werden:

$$x \cdot \sin(\varphi) + y \cdot \cos(\varphi) = -r \tag{4.3-5}$$

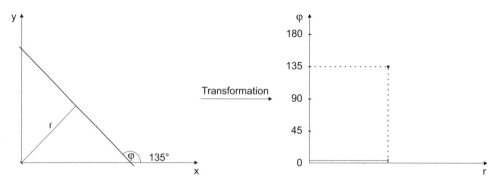

Bild 4.3-16: Parameterdarstellung einer Geraden in Polarkoordinaten

Eine Gerade im Bild wird im Parameterraum, der die karthesischen Achsen r und φ besitzt, auf einen einzelnen Punkt abgebildet. Um nun in einem Bild alle gerad-linig verlaufenden Kanten herauszufinden, kann das binarisierte Kantenbild einer Hough-Transformation unterzogen werden. Bei dieser Transformation wird in je-dem möglichen Kantenpunkt, also in jedem Punkt, der nach der Binarisierung den Grauwert 255 aufweist eine Geradenschar aufgehängt und an der zugehörigen Stelle des Parameterraumes ein Zählspeicher um den Wert Eins erhöht. Am Ende dieses Vorganges sind dann in den Zählerspeichern die akkumulierten Werte auf-summiert **(Bild 4.3-17)**.

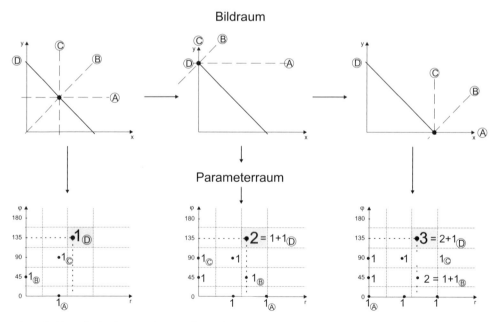

Bild 4.3-17: Prinzip der Hough-Transformation

Dies hat zur Folge, dass für Punkte, die durch das Rauschen im Kantenbild verblieben sind, an verschiedenen Stellen des Parameterraumes die Zählspeicher erhöht werden. Für Konturpunkte hingegen, die auf einer Geraden liegen, wird unter anderem auch immer genau an derselben Stelle im Parameterraum, die zu der tatsächlichen Objektkante gehört, der zugehörige Zählerstand erhöht. Dies führt zu signifikanten Maxima im Parameterraum, welche die tatsächlichen Objektkonturen repräsentieren. Neben der Erkennung von Geraden können auch Kreise im Bild mit der Hough-Transformation detektiert werden [Lv 91].

Fouriertransformation

Im vorangegangenen Abschnitt wurde eine Abbildung der Bildinformation in einen geeigneten Parameterraum vorgestellt. Neben der direkten Filterung der Bilder im Ortsraum stellt insbesondere die Bildbearbeitung im sogenannten Ortsfrequenzraum eine wichtige Variante dar. Ähnlich wie bei Zeitsignalen mit einer eindimensionalen Fouriertransformation die Frequenzinhalte des Signals extrahiert werden können, ist für die Bildverarbeitung oftmals eine Zerlegung von Bildinformationen in harmonische Sinus- bzw. Cosinusanteile hilfreich. Da für diese Zerlegung die Bildinformationen des gesamten Bildes beitragen, handelt es sich bei der Fouriertransformation um einen sogenannten *globalen Bildverarbeitungsoperator*.

Für die Bildverarbeitung wird meist eine zweidimensionale Erweiterung dieser Fouriertransformation verwendet, welche spezielle Symmetrien ausnutzt und daher auf quadratische Fenster mit einer Seitenlänge von 2^n beschränkt ist. Für diese spezielle Fouriertransformation hat sich der Name FFT (Fast Fourier Transformation) etabliert [Jäh 97].

Durch die selektive Behandlung einzelner Fourier-Koeffizienten können gezielte Bildaufbesserungen relativ einfach erzielt und nach einer entsprechenden Rücktransformation bildlich sichtbar gemacht werden. Ein weiteres Anwendungsgebiet ist die Texturbestimmung, da manche Oberflächenstrukturen im Ortsfrequenzbereich einfacher zu separieren sind als direkt im Ortsbereich. Ein typisches Einsatzfeld ist die technische Sichtprüfung, wo z.B. eine periodische Schliffstruktur an Bauteilen mit Hilfe der Fourierzerlegung erkannt und mit einem Kennwert belegt werden kann.

Korrelationsanalyse

Die Korrelationsanalyse wird klassisch im Bereich der Signalverarbeitung zur Untersuchung von Zeitsignalen eingesetzt. Mit der Korrelationsanalyse kann eine Aussage über das Ähnlichkeitsmaß (die Korrelation) zwischen zwei Signalen getroffen werden. Man spricht in diesem Fall von der *Kreuzkorrelation* zweier Funktionen. Weiterhin kann mit der *Autokorrelationsfunktion* eine Aussage über die Ähnlichkeit eines Signals mit sich selbst getroffen werden, wobei insbesondere periodische Anteile in einem Signal erkannt werden können, da sie sich in charakteristischen Maxima der Korrelationsfunktion darstellen.

Im Bereich der industriellen Bildverarbeitung wird die Korrelationsanalyse vorwiegend eingesetzt zur Identifikation von vorgegebenen Mustern in einem Bild, deren Lage und Orientierung a priori unbekannt sind. Bei diesem als *template matching* bekannten Verfahren wird Punkt für Punkt nach dem Vorhandensein eines bestimmten definierten Musters (*template*) gesucht. Durch den Vergleich der Bildinformation mit dem Idealmuster erhält man ein Ähnlichkeitsmaß, welches als Wahrscheinlichkeit interpretiert werden kann, dass das gesuchte Muster mit der Umgebung des Punktes übereinstimmt. Da die Punkte in der Umgebung jedes Bildpunktes mittels einer Kreuzkorrelation mit dem template zu vergleichen sind, steigt der Rechenaufwand für derartige Verfahren schnell mit anwachsender Fenstergröße an, so dass in diesen Fällen ein mehrstufiges Verfahren eingesetzt werden muss. Einsatz findet das template matching z.B. bei der Kontrolle der automatischen Bestückung von elektronischen Bauelementen.

Merkmalextraktion und Klassifikationsverfahren

Für den Bereich der Fertigungsmesstechnik ist entscheidend, dass mit den gewonnenen Bildinformationen eine Aussage z.B. über die Maßhaltigkeit eines Werkstückes, die Größe einer Bohrung oder die Existenz einer Nut getroffen werden kann. Für diese Zwecke ist es notwendig, die Bauteile nach einem bestimmten Verfahren zu klassifizieren. Klassifizieren bedeutet, festzustellen, ob ein bestimmtes Merkmal innerhalb fest gesetzter Toleranzen liegt oder nicht.

Je nach Aufgabenstellung können jedoch wesentlich komplexere Methoden der Klassifikation notwendig werden. Für den oben beschriebenen Fall ist der Merkmalraum eindimensional (1 Merkmal) mit einer Klasse (gut oder schlecht), die durch die Toleranzgrenzen eingerahmt wird.

Im Allgemeinen sind jedoch an einem Werkstück mehrere unabhängige Merkmale gleichzeitig zu prüfen, und möglicherweise kann sogar gefordert werden, Bauteile verschiedener Qualität zuzulassen und zu unterscheiden. In diesem Fall kann der Merkmalraum hochdimensional sein und mehrere Klassen (z.B. 1. Wahl, 2. Wahl, Ausschuss) enthalten. Merkmale einer Klasse können z.B. die Konturlänge oder die Winkeldifferenz zwischen zwei Eckpunkten sein. Die Schwierigkeit besteht nun darin, dass die Merkmale in der industriellen Realität – auch bei an sich identischen Objekten – einer Messwertstreuung unterliegen. Zudem können leichte Abweichungen von Bauteilen bei einer festgelegten Beleuchtung bereits zu Abweichungen der Merkmalswerte führen.

Die Aufgabe der Klassifikation besteht nun darin, festzustellen, zu welchem der vorher festgelegten Referenzmuster ein zu klassifizierendes Bildmuster gehört.

Neben den Merkmalen „Durchmesser einer Bohrung" oder „Vorhandensein einer Nut", werden im Bereich der Bildverarbeitung häufig auch abstraktere Größen als Merkmal bezeichnet, wie z.B. die lokale Varianz der Grauwerte oder der Energieinhalt eines Bildes. Diese Merkmale werden, da sie in der Texturanalyse von großer Bedeutung sind, häufig auch *Texturmerkmale* genannt. Diese Texturmerkmale sind im Bereich der technischen Sichtprüfung von großer Bedeutung, wenn z.B. ein Kratzer auf einem ansonsten ähnlich erscheinenden Bauteil erkannt und automatisch vermessen werden soll. Wichtige Texturmerkmale wie z.B. die *lokale Grauwertvarianz*, die *Schiefe*, die *Energie* oder die *Entropie* basieren auf statistischen Methoden der Bildauswertung [Zam 91]. Neben diesen auf der Statistik erster Ordnung beruhenden Verfahren haben die Verfahren, die auf der Statistik höherer Ordnung beruhen, wie z.B. *Cooccurenz-Matrizen* wegen der meist hohen Rechenzeit im Bereich der Fertigungsmesstechnik nur eine geringe Bedeutung erlangt, obwohl diese Verfahren aus Sicht der Bildverarbeitung ein großes Potenzial besitzen.

Nach der Berechnung bzw. Erkennung der Merkmale erfolgt im Allgemeinen eine Klassifikation nach diesen Merkmalen. Dazu können verschiedene Klassifikationsverfahren eingesetzt werden. Als Standard-Klassifikatoren sind bekannt:

- Der *Minimum-Distance-Klassifikator* (Methode des minimalen Abstandes): Bezogen auf das Zentrum einer Musterklasse wird als Abstandsmaß die Euklidische Distanz verwendet. Das geometrische Analogon dieses Klassifikators ist eine hochdimensionale Kugel im Merkmalraum. Alle Punkte im Inneren dieser Kugel gehören zu der Musterklasse, alle Punkte außerhalb gehören nicht zu der Musterklasse.

- Der *Maximum-Likelyhood-Klassifikator* (Methode der maximalen Wahrscheinlichkeit): Es liegt ein statistischer Ansatz zugrunde, wobei die Musterklassen durch n-dimensionale Verteilungs- bzw. Dichtefunktionen beschrieben werden.

- *Geometrische Klassifikatoren*: Der Quaderklassifikator als einfachster Vertreter der geometrischen Klassifikatoren besitzt die Vorteile einer einfachen Implementation und kurzen Rechenzeiten, da die Prüfung, ob ein Merkmal in einem n-dimensionalen Quader liegt, nur aus Vergleichsoperationen besteht.

Eine Voraussetzung für eine eindeutige Klassifikation ist die Überlappungsfreiheit der einzelnen Klassen im Merkmalraum **(Bild 4.3-18)**. Tritt eine Überlappung zweier Klassen auf, so sind entweder weitere Merkmale einzuführen oder ein anderes Klassifikationsverfahren zu wählen.

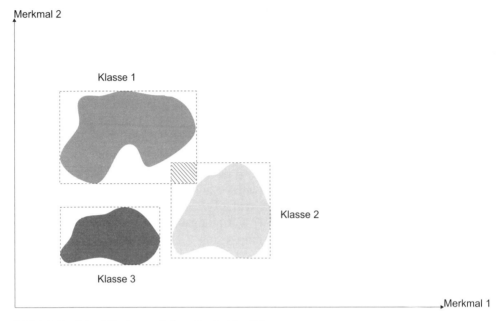

Bild 4.3-18: Klassifikation nach dem Quaderklassifikator

4.3.2.3   Industrielle 2D-Bildverarbeitung

In diesem Abschnitt werden einige Beispielapplikationen der industriellen Bildverarbeitung aus verschiedenen Industriezweigen dargestellt. Die ausgewählten Beispiele zeigen das große Spektrum von Einsatzmöglichkeiten, welches von der industriellen Bildverarbeitung abgedeckt wird, von der technischen Sichtprüfung metallischer Oberflächen über die Überwachung und Steuerung von Handhabungsprozessen bis zur Werkstück- und Produktprüfung am Beispiel der Kontrolle von Motorblöcken.

Technische Sichtprüfung metallischer Oberflächen

So leistungsfähig auch Bildverarbeitungssysteme sind, so wird bei deren Implementierung der notwendige Engineeringaufwand oftmals unterschätzt. Dies liegt daran, dass der schnelle und unreflektierte Vergleich mit unserem leistungsfähigen menschlichen Sehvermögen dazu führt, dass weitere für die Bildaufnahme besonders wichtige Randbedingungen übersehen werden. Insbesondere im Bereich der technischen Sichtprüfung trifft man häufig auf zu prüfende polierte oder metallische Oberflächen, bei denen Reflexionen oder Schattenwürfe zu Problemen führen können und daher eine besondere Sorgfalt bei der Auslegung der Bildaufnahmeparameter wie die Anordnung der Beleuchtung oder der Bildschärfe erfordern. Diese Fragen müssen im Vorfeld einer Systemlösung berücksichtigt werden, um die Zuverlässigkeit der Mess- und Prüfsysteme sicherzustellen. **Bild 4.3-19** zeigt als Beispiel zwei Wendeschneidplatten im Auflicht, welche mit gerichtetem Licht von der Seite aus beleuchtet werden.

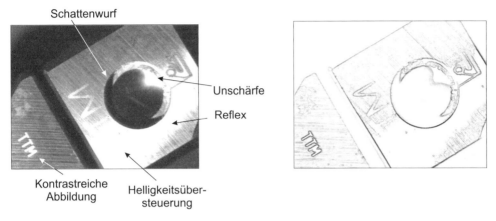

Bild 4.3-19: Beispiel reflektierender Oberflächen bei schlechter Beleuchtung; links: Grauwertbild, rechts: Kantenbild nach Sobelfilterung

Ihre Oberflächen besitzen Gravuren, welche sich nur unter bestimmten Beleuchtungsrichtungen im Bild kontrastreich von der restlichen Oberfläche abheben, weiterhin Vertiefungen in einer Senkbohrung, metallische Reflexionen und vieles mehr. Man erkennt deutlich, dass viele Bildinformationen im Kantenbild aufgrund dieser schlechten Beleuchtungsanordnung verloren gehen, teilweise wegen der Helligkeitsübersteuerung in Reflexbereichen oder der Abdunkelung in Abschattungen. Viele denkbare Mess- oder Prüfaufgaben könnten hier nicht mehr sinnvoll durchgeführt werden. Dieses Beispiel zeigt, dass Bildverarbeitung weit mehr als nur die Anwendung verschiedener numerischer Verfahren auf die abgespeicherten Bilder ist, sondern schon bei der eigentlichen Bildaufnahme beginnt. Was das originäre Grauwertbild nicht schon enthält, kann auch später nicht mehr ausgewertet werden.

Bild 4.3-20 zeigt dahingegen dieselbe Szenerie nach einer Optimierung der Beleuchtungsanordnung und des im Rechner generierten Kantenbildes. Jetzt können die beschreibenden Konturen der interessierenden Merkmale im Bild sicher ausgewertet werden, weil alle Konturen vollständig sind und weitere störende Effekte im Bild nicht auftreten. Zum Vergleich sind die Soll-Konturen als Referenz dargestellt.

Prüfaufgaben wären hier beispielsweise die Identifikation der vorliegenden Wendeschneidplatten anhand der eingravierten Buchstabenkombination und die in Abhängigkeit vom erkannten Typ durchzuführende Prüfung der korrekten Durchmesser und Lage der Bohrungen sowie die Untersuchung auf Oberflächendefekte wie Kratzer. Solche Mess- und Prüfaufgaben lassen sich nur durch optoelektronische Messverfahren wie die Bildverarbeitung automatisieren.

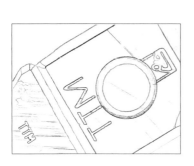 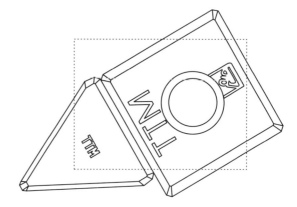

Bild 4.3-20: Kantenbild nach Optimierung der Bildaufnahmeparameter (links); Darstellung der Soll-Konturen als Referenz (rechts) zum Beispiel aus einer CAD-Datenbasis

Selbst wenn die laufende Fertigung eine hohe Taktrate erfordert, können Bildverarbeitungssysteme hier mithalten, denn nach der eigentlichen Bildaufnahme, die sehr schnell erfolgt, kann im Hintergrund die Bildauswertung im Rechner stattfinden, während durch ein Handhabungssystem zeitparallel eine neue Bestückung erfolgt.

Eine Anwendung, die erst durch eine Beleuchtungsoptimierung ermöglicht wird, ist die Messung des Werkzeugverschleißes bei Fräserwerkzeugen **(Bild 4.3-21)**. Die Erfassung des Werkzeugzustandes vor der Bearbeitung liefert wertvolle Informationen, nicht nur für die Prozessüberwachung, sondern auch für eine mögliche Prozessregelung, sowie für eine Optimierung der Standzeiten von Werkzeugen. Die Verschleißursachen mechanischer Abrieb, Diffusionsvorgänge, Aufbauschneidenbildung und Verzunderung führen zu Geometrieveränderungen an der Span- und Freifläche des Werkzeuges, die mit einem Auflicht-Prüfsystem erfasst werden können.

Für den Einsatz einer automatisierten Verschleißmessstation in der Fertigung sind verschiedene Szenarien denkbar. Ein manuell beschicktes Verschleißmesssystem wird in der Werkzeugaufbereitung eingesetzt, um standzeitoptimierte Vorgaben für das Nachschleifen der Werkzeuge zu bestimmen oder wird als Messinsel den Werkern zur Verfügung gestellt, um parallel zur Bearbeitung Werkzeuge der automatischen und damit wiederholbaren Prüfung unterziehen zu können. Ein vollautomatisches Verschleißmesssystem kann dagegen – vor Staub, Späne und Ölnebel geschützt – direkt am Werkzeugmagazin einer Werkzeugmaschine appliziert werden. In bestimmten Intervallen wird ein Werkzeug nach der Bearbeitung und dem Rückwechseln in das Werkzeugmagazin über einen Steuerungsaufruf der automatisierten Werkzeugverschleißmessung zugeführt.

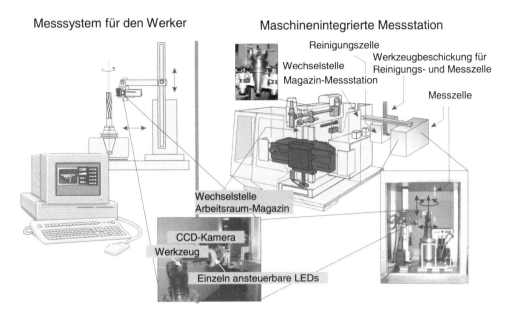

Bild 4.3-21: Werkzeugverschleißmessung

Automatische Überwachung und Steuerung von Handhabungsprozessen

Für die Herstellung zahlreicher Produkte ist vor einem nachfolgenden Bearbeitungsschritt eine genaue Positionierung zweier Teile (z.B. zweier Werkstücke oder Werkzeug und Werkstück) zueinander notwendig. Dazu ist oftmals zunächst die Position mindestens eines Werkstückes zunächst messtechnisch zu erfassen. Dies erfolgt häufig mit intelligenten Bildverarbeitungssystemen, deren Ergebnisse zur weiteren Prozesssteuerung bzw. zur Steuerung von Handhabungssystemen eingesetzt werden.

Während im Bereich der Automobilindustrie kameragesteuerte Bearbeitungsabläufe bereits eine große Verbreitung gefunden haben (z.B. Klebearbeiten mit kameragesteuerten Industrierobotern), ist der Einsatz der Kameramesstechnik zur Steuerung von Bearbeitungsprozessen in anderen Industriezweigen deutlich weniger verbreitet, obwohl das technische Potenzial dazu besteht.

Aus diesem Grund soll das hier vorgestellte Anwendungsbeispiel aus einem solchen Industriezweig gewählt werden, welcher bislang eher durch manuelle bzw. halb manuelle Bearbeitungsverfahren gekennzeichnet war.

Im Bereich der Textilindustrie ist bislang insbesondere bei der Weiterverarbeitung textiler Zuschnitteile zu Endprodukten ein hoher Anteil an manuellen Arbeitsgängen zu erbringen. Zur Sicherung der Wettbewerbsfähigkeit wurde daher in diesem Industriezweig bereits zu Beginn der 90er-Jahre die Notwendigkeit zur Automatisierung erkannt, und neue Fertigungskonzepte wurden entwickelt.

Ein solches innovatives Fertigungsverfahren basierend auf einer dreidimensionalen Fertigung von Textilien mit Hilfe von Industrierobotern befindet sich derzeit in der Entwicklungsphase. Bei diesem Fertigungskonzept erfolgt die Herstellung eines Textilproduktes in mehreren aufeinanderfolgenden Bearbeitungsschritten, angefangen vom automatischen Zuschnitt bis zum fertig vernähten Endprodukt. Insbesondere vor der Verbindung mehrerer Zuschnitteile mithilfe eines Industrieroboters ist eine genaue Positionierung dieser Zuschnitteile erforderlich. Dazu ist zuvor die Position messtechnisch zu erfassen, um die Zuschnitteile anschließend mithilfe eines Handhabungssystems in die gewünschte Solllage bringen zu können. Für diese Aufgabenstellung eignen sich Bildverarbeitungssysteme in besonderem Maße. Durch eine Kombination des Bildverarbeitungssystems mit einer Positioniereinheit kann die Position des zu handhabenden Textilteiles erfasst und an die Steuerung des Handhabungssystems (z.B. Industrieroboter) übergeben werden **(Bild 4.3-22)**.

Auf diese Weise kann über die Lage definierter Greifpunkte die Übergabe des Zuschnittteiles in die endgültige Position zur Endbearbeitung (Nähprozess) erfolgen.

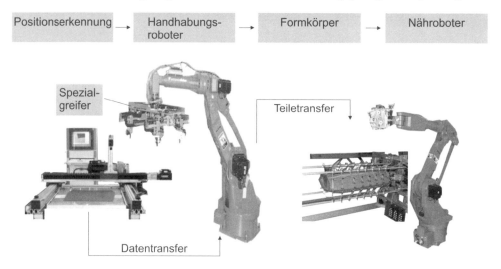

Bild 4.3-22: Bildverarbeitung zur automatischen Positionserkennung textiler Zuschnitteile

Da ein großes Spektrum an verschiedenen Textilien zum Einsatz kommen wird, muss das Bildverarbeitungssystem in der Lage sein, eine gleichermaßen sichere Erkennung für verschiedene Materialien, Farben und sogar Muster zu gewährleisten. Solche Aufgaben können im Allgemeinen nicht durch einfache Operationen wie z.B. eine Hochpassfilterung alleine realisiert werden, sondern erfordern zur sicheren Objekterkennung meist eine simultane Auswertung mehrerer unabhängiger Texturmerkmale.

Automatisierung der Sichtprüfung an Motorblöcken

In **Bild 4.3-23** ist eine Bildschirmdarstellung der Bedienoberfläche eines Bildverarbeitungssystems zu sehen, bei dem an Motorblöcken verschiedene Prüfaufgaben durchgeführt werden. Dabei handelt es sich um so unterschiedliche Aufgaben wie Prüfung auf Montage von Kolbenringen und richtige Lage und Korrektheit von eingeprägten Typmarkierungen, sowie Existenz weiterer Nuten und Marken, welche für nachfolgende Bearbeitungs- und Montageprozesse von Bedeutung sind (Erkennung der Drehlage des Kolbens).

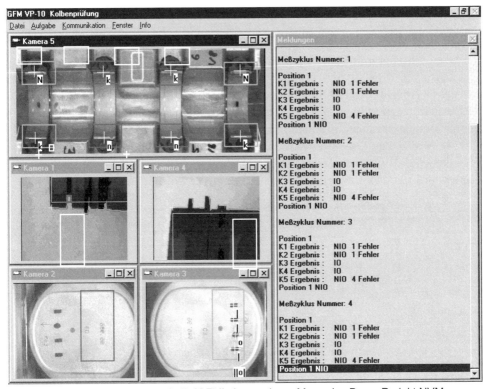

Quelle: Gesellschaft für Messtechnik (GFM); Anwendung: Mercedes Benz, Projekt NVM

Bild 4.3-23: Automatisierte Sichtprüfung von Kolbenringen in der Montage

Hierfür sind an einer Stelle der Montagelinie fünf Kameras angebracht, welche die jeweils interessierenden Teilbereiche des Motorblockes überwachen. Die in den Kamerabildern angezeigten rechteckigen Bereiche definieren die sog. Region of Interest (ROI), innerhalb derer eine bestimmte Prüfaufgabe durchgeführt wird, sowie weitere Referenzlinien und Markierungen, welche dem Werker schnell Prüfergebnisse visualisieren.

Dabei wird ein besonderer Vorzug von Bildverarbeitungssystemen für die werkergerechte Integration von Messtechnik erkennbar, die in der Ähnlichkeit der visuellen Wahrnehmung und Informationsverarbeitung durch das menschliche Sehen als auch durch Bildverarbeitung begründet liegt. Im Falle von Störungen können diese auf dem Bildschirm nicht nur in Form textueller Fehlermeldungen ausgegeben werden, sondern werden ebenso sofort durch das Kamerabild visualisiert, das der Werker einfach und schnell interpretieren kann. Hierdurch wird eine zügige und angepasste Reaktion auf Störungen erheblich vereinfacht.

4.3.2.4   3D-Photogrammetrie

Bei der Photogrammetrie handelt es sich um ein bildgebendes optisches Messverfahren zur gleichzeitigen Erfassung der 3D-Raumkoordinaten einer größeren Anzahl von Objektpunkten, welches auf dem Messprinzip der Triangulation beruht. Das Objekt wird dabei aus mindestens zwei Beobachtungsrichtungen mit analogen oder digitalen Kameras aufgenommen **(Bild 4.3-24)**, wobei das Objekt entweder zeitlich nacheinander mit einer Kamera aus verschiedenen Richtungen oder gleichzeitig mit mehreren Kameras – jeweils einer Kamera pro Beobachtungsrichtung – aufgenommen wird.

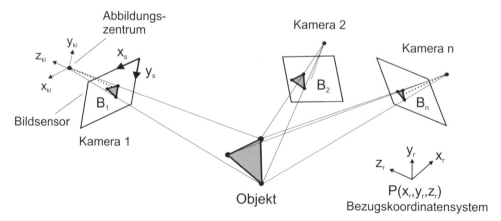

Bild 4.3-24: Prinzip der Photogrammetrie

Die 3D-Koordinaten der einzelnen Objektpunkte lassen sich dann absolut im Raum berechnen, indem die durch die entsprechenden 2D-Bildpunkte definierten Abbildungsstrahlen zum Schnitt gebracht werden. Durch die Hinzunahme weiterer Beobachtungsrichtungen lässt sich dabei die Redundanz bei der Messwerterfassung erhöhen, so dass die Messunsicherheit verringert und Messprobleme auf Grund von Abschattungen und Hinterschneidungen minimiert werden.

Für die Beleuchtung kann homogenes weißes Licht eingesetzt werden, wobei in den 2D-Bildern entweder abgebildete Objektmerkmale, wie z.B. Objektkanten oder Bohrungsmittelpunkte, oder aber, wie in der Mehrzahl der Anwendungen, auf das Objekt aufgebrachte und abgebildete Markierungen, wie z.B. Kreise oder Linien, mit Hilfe digitaler Bildverarbeitungsalgorithmen gemessen werden. Alternativ hierzu lässt sich das Objekt mit strukturiertem weißem Licht beleuchten, wie z.B. Kreuzgittern oder stochastischen Mustern, so dass das zeitaufwendige Aufbringen (Kleben, Ätzen) von Marken entfällt. Weitere Vorteile bei der Beleuchtung mit Kreuz- oder Punktgittern und der Verwendung von LCD- bzw. Spiegel-Array-Projektoren sind die flexible Anpassung des Musters an die jeweilige Messaufgabe bezüglich Messorte und Messpunktdichte sowie die Möglichkeit, den Projektor als 'inverse Kamera' aufzufassen und diesen als weitere Beobachtungsrichtung in die Messung mit einzubeziehen.

Voraussetzung für die Bestimmung der 3D-Objektkoordinaten mit einer geringen Messunsicherheit ist die Verwendung eines Abbildungsmodells, welches das Messsystem möglichst exakt beschreibt, sowie eine einfach durchführbare Kalibrierstrategie zur Ermittlung der Modellparameter. Mit Hilfe des Modells der Zentralprojektion und der Kamerakonstanten als Abbildungsparameter werden die durch die jeweiligen 2D-Bildkoordinaten und die entsprechenden Projektionszentren definierten Abbildungsstrahlen mathematisch beschrieben. Um die Messunsicherheit weiter zu verringern, werden außerdem systematische Abbildungsfehler durch zusätzliche Parameter modelliert. Derartige Abbildungsfehler sind z.B. die Hauptpunktverschiebung, radialsymmetrische, radial-asymmetrische und tangentiale Verzeichnungen des Objektives sowie Affinitätsfehler.

Im Rahmen einer Kalibrierung müssen diese Parameter sowie die Parameter zur Beschreibung der Position und Orientierung der einzelnen Aufnahmestandpunkte bezüglich eines Bezugssystems bestimmt werden. Besteht das Messsystem aus jeweils einer Kamera pro Aufnahmerichtung und ist dieses hinreichend mechanisch stabil aufgebaut **(Bild 4.3-25 links)**, so erfolgt die Kalibrierung einmalig nach dem Systemaufbau bzw. nach Systemänderungen. Hierzu wird ein dreidimensionaler Referenzkörper in unterschiedlichen Lagen im Messvolumen positioniert **(Bild 4.3-25 rechts)**. Aus den gemessenen 2D-Bildkoordinaten der auf dem Körper aufgebrachten Kreise werden alle Parameter im Rahmen einer Bündelblockausgleichung automatisch berechnet.

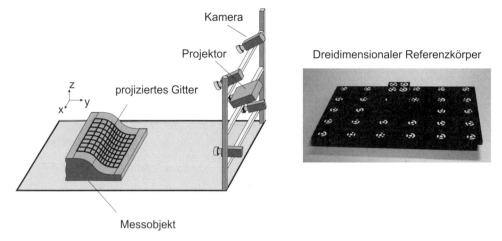

Bild 4.3-25 Photogrammetrisches Mehrkamerasystem mit entsprechendem 3D-Kalibrierkörper

Erfolgt dagegen die Aufnahme des Objektes mit nur einer Kamera nacheinander aus verschiedenen Richtungen, so werden die Parameter anhand der aufgenommenen 2D-Messwerte im Rahmen einer Simultankalibrierung bei der Berechnung der 3D-Objektkoordinaten automatisch mitbestimmt. Die Maßanbindung ergibt sich bei beiden Verfahren durch die zusätzliche Aufnahme kalibrierter Strecken.

Die Messunsicherheit photogrammetrischer Messverfahren wird durch die Abbildungsmaßstäbe der Kameras (Verhältnis aus Kamerakonstante und Objektabstand), die Lage und Anzahl der Aufnahmestandpunkte und die Unsicherheit, mit der die zweidimensionalen Bildkoordinaten gemessen werden können, bestimmt. Voraussetzung für präzise Messungen sind kontrastreiche und gut definierte Abbildungen der Objektmerkmale, so dass bei der Messung geklebter Markierungen die höchsten Genauigkeiten erreicht werden können. Bei der Verwendung strukturierter Beleuchtung wird, wie bei allen optischen Verfahren, die Messunsicherheit zusätzlich durch die Reflektivität der Objektoberfläche beeinflusst, wobei diffuse Oberflächen am günstigsten sind.

Auf Grund der geringen relativen Messunsicherheiten von minimal ca. 1 : 70 000 bei digitalen und 1 : 200 000 bei analogen Kameras (Standardabweichung bezogen auf die Länge der Messbereichsdiagonalen) [Bre 93], den kurzen Aufnahmezeiten von minimal einem Bildtakt sowie den flexiblen Einsatzmöglichkeiten haben photogrammetrische Messsysteme in der Fertigungsmesstechnik zunehmend an Bedeutung gewonnen. Insbesondere die Fortschritte bzgl. der Auflösung moderner CCD-Kameras (Mikro-, Makroscanning, 4Kx4K-Chip) und der Leistungsfähigkeit der Auswerterechner ermöglichen kostengünstige automatisierte Systeme mit kurzen Messzeiten.

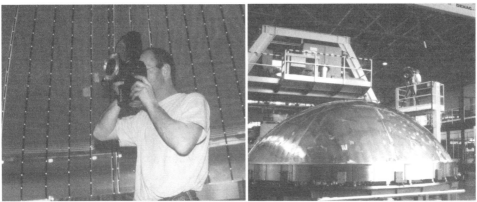

Quelle: GDV Ingenieurgesellschaft

Bild 4.3-26 3D-Formerfassung des Tankdeckels, -bodens der Ariane 4

Ein Haupteinsatzgebiet ist die Messung großer Objekte aus den Bereichen Raumfahrt, Flugzeug-, Schiff-, Fahrzeug- und Anlagenbau im Rahmen der Qualitätssicherung. Dazu werden photogrammetrische Messsysteme als mobile optische Koordinatenmessgeräte eingesetzt, wobei Oberflächenpunkte mit Marken und Bohrungen mit Markenadaptern signalisiert werden. Hierbei wird das zu messende Objekt mit einer Kamera nacheinander aus verschiedenen Richtungen aufgenommen, wobei im Allgemeinen kurze Belichtungszeiten durch den Einsatz von Blitzlichtbeleuchtungen verwendet werden **(Bild 4.3-26)**. Mit derartigen Systemen lassen sich Messzeiten (kleben, aufnehmen, auswerten) von wenigen Stunden erreichen.

Ein weiteres Einsatzgebiet ist die Formerfassung kleinerer Objekte ($< 1 \text{ m}^3$) mit relativen Messunsicherheiten von ca. 1 : 15 000 innerhalb weniger Sekunden. Hierzu werden stationäre Mehrkamerasysteme mit strukturierter Beleuchtung verwendet, mit denen Aufnahmezeiten von wenigen Millisekunden möglich sind [Sha 97].

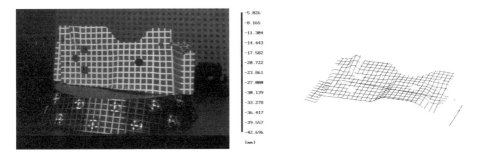

Bild 4.3-27 3D-Formerfassung eines Blechteils für die Qualitätssicherung (Grauwertbild, 3D-Plot)

Diese können sowohl für die Lagebestimmung und Identifikation in Handhabungs-
prozessen wie auch zur Qualitätssicherung im Fertigungstakt eingesetzt werden
(Bild 4.3-27). Weitere Anwendungsfelder sind die Digitalisierung von Formen und
Modellen sowie die Erfassung von Objektverformungen.

4.3.2.5   3D-Streifenprojektionsverfahren / Moiré-Verfahren

Bei der 3D-Streifenprojektion, auch als Projected-Fringe-Technik oder topometri-
sches Verfahren bezeichnet, wird ein periodisches Gitter aus einer Projektions-
richtung auf das Objekt projiziert und aus einer hiervon verschiedenen Beobachtungsrichtung flächenhaft mit einer CCD-Kamera aufgenommen. In Abhängigkeit
von der dreidimensionalen Form des Objektes wird das äquidistante Streifenmuster
verformt **(Bild 4.3-28)**, so dass hieraus für jeden Bildpunkt mit Hilfe der Triangulation eine dreidimensionale Koordinate berechnet werden kann. Voraussetzung
hierfür ist, wie bei der Photogrammetrie, die exakte Kenntnis der Lage und
Orientierung des Projektors und der Kamera sowie weiterer Abbildungsparameter.
Diese lassen sich beispielsweise durch eine photogrammetrische Kalibrierung mit
einem 3D-Referenzkörper, wie in **Bild 4.3-25 rechts** dargestellt, oder das
mehrfache Messen einer jeweils definiert verschobenen Ebene bestimmen.

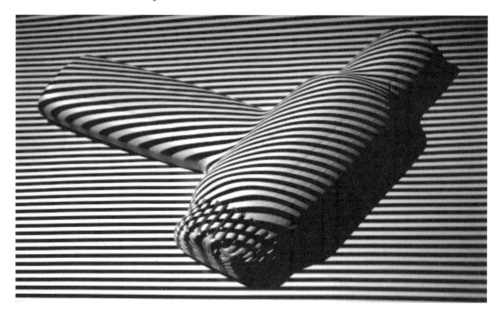

Bild 4.3-28   Verformtes äquidistantes Streifenmuster auf einem Gehäuseteil

Für die quantitative Auswertung des Streifenbildes werden ähnliche Auswerteverfahren wie bei der Interferometrie zur Bestimmung der Phasenlage des jeweiligen

Streifens und der Streifennummer eingesetzt [Bre 93]. Die Phasenlage kann beispielsweise mit dem Trägerfrequenz- oder dem Fouriertransformationsverfahren bestimmt werden, wobei jedoch nur Phasengenauigkeiten von ca. 1/20 der Streifenbreite erreichbar sind. Dabei muss jedoch nur ein Streifenbild aufgenommen und ausgewertet werden (statische Streifenprojektion), so dass auch bewegte Objekte flächenhaft gemessen werden können.

Eine Erhöhung der Phasengenauigkeit bis zu 1/100 der Streifenbreite wird durch den Einsatz dynamischer Verfahren erreicht, wobei die Phasen-Shift-Methode am häufigsten eingesetzt wird. Dabei wird das Streifenmuster schrittweise innerhalb einer Streifenperiode verschoben und aus den jeweils aufgenommenen Intensitätswerten für jedes Pixel die Phasenlage bestimmt. Hierfür sind mindestens drei Streifenbilder notwendig, so dass nur ruhende Objekte gemessen werden können. Prinzipiell erfordern die Auswerteverfahren zur Berechnung der Phasenlage eine sinusförmige Intensitätsverteilung der Streifenmuster. Diese kann bei feinen Linienstrukturen auf Grund des Tiefpassverhaltens der Projektionsoptik durch kostengünstigere rechteckförmige Linienmuster angenähert werden, wobei jedoch das Phasenrauschen ansteigt.

Die Bestimmung der Streifennummern (Abzählen) ist bedingt durch das Fehlen eines absoluten Bezugspunktes nur relativ zueinander möglich, so dass bei Verwendung entsprechender Demodulationsverfahren nur zusammenhängende stetige Oberflächenbereiche gemessen werden können. Da jedoch im Allgemeinen bei der Erfassung dreidimensionaler Objekte Abschattungen, Hinterschneidungen und Unstetigkeiten der Oberfläche auftreten, werden die oben beschriebenen Streifenprojektionsverfahren in einer Vielzahl von Anwendungen durch Kombination mit dem codierten Lichtschnittverfahren zu einem absolut messenden System erweitert. Dabei wird das Objekt mit mehreren unterschiedlichen Linienmustern beleuchtet und für jeden Bildpunkt der Kamera der zeitliche Verlauf der gemessenen Intensität aufgenommen. Hieraus lässt sich ein Codewort bilden, aus dem die Streifennummer des Projektors eindeutig decodiert werden kann. Dabei kommt eine binäre Graycode-Codierung am häufigsten zum Einsatz **(Bild 4.3-29)**.

Die Projektion unterschiedlicher Streifenmuster erfolgt mit Hilfe von LCD-Display-Projektoren oder mit Diaprojektoren, bei denen die Muster auf einem gemeinsamen Glasträger aufgebracht sind und die nacheinander durch Verschieben des Glasträgers projiziert werden.

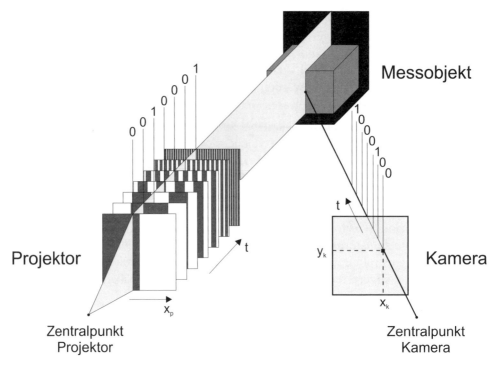

Bild 4.3-29 Prinzip des codierten Lichtschnittverfahrens

Auf Grund der komplexen dreidimensionalen Form, der variablen Reflektivität und der Größe der Messobjekte ist für die Erfassung der Objekttopographie häufig die Verknüpfung unterschiedlicher Objektansichten notwendig. Hierfür werden bei stationären Systemen Verfahrachsen eingesetzt. Durch die Positionsdaten der Achsen und Winkelgeber können die Einzelmessbereiche verschiedener Objektansichten in ein übergeordnetes Koordinatensystem transformiert werden. So kann gewährleistet werden, dass auch komplexe Werkstückgeometrien komplett erfasst werden können **(Bild 4.3-30)**. Ein weiterer Vorteil dieses Verfahrens liegt in der Möglichkeit, einen relativ kleinen Messbereich des Streifenprojektionssystems zu nutzen. Prinzipbedingt skaliert die Messunsicherheit von Streifenprojektionssystemen mit kleineren Messbereichen linear herab. Durch den Einsatz der Verfahrachsen und deren Maßanbindung können somit im Vergleich zum Messbereich des optischen Systems große Werkstücke mit einer geringen Messunsicherheit optisch erfasst werden.

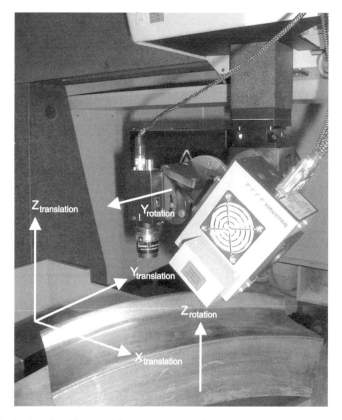

Bild 4.3-30: Stationäres Streifenprojektionssystem an Achsenportal

Bei mobilen Systemen, die sich durch geringere Kosten und eine höhere Flexibilität auszeichnen, kann die Erfassung des Gesamtobjektes über das Messen zusätzlicher Codemarken erfolgen, die am oder in der Nähe des Objektes angebracht sind, und die anschließende photogrammetrische Verknüpfung der Teilansichten **(Bild 4.3-31)** [Sha 97].

Die Messunsicherheit von Streifenprojektionssystemen ist im Vergleich zu photogrammetrischen Systemen größer und wird wie bei diesen durch die Geometrie der Aufnahmeanordnung (Triangulationswinkel), den Abbildungsmaßstab der Kamera und die Reflektivität der Oberfläche bestimmt, wobei diffuse Oberflächen am günstigsten sind. Bereiche, in denen der Streifenkontrast zu gering ist oder die zu dunkel oder zu hell sind und die sich somit nur ungenauer messen lassen, werden dabei automatisch als ungültig ausmaskiert.

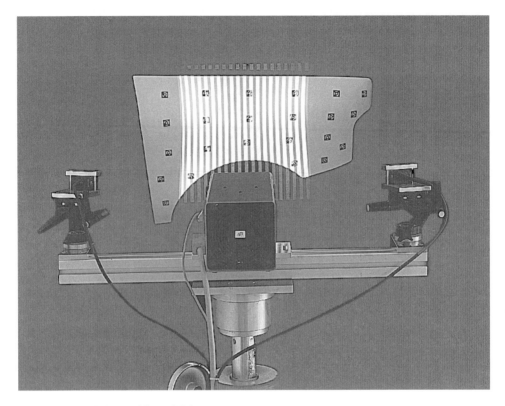

Bild 4.3-31: Mobiles Streifenprojektionssystem

Die Messunsicherheit lässt sich prinzipiell durch die Verkleinerung der Streifen-breite verringern. Die Streifen müssen jedoch auf Grund des begrenzten Auflösungsvermögens der Kamera eine Mindestbreite besitzen. Mit Hilfe der Moiré-Technik ist es jedoch möglich, diese Grenze zu umgehen und die Streifenbreite und damit die Auflösung um den Faktor 10 zu verbessern [Bre 93]. Hierbei wird das Streifenmuster auf dem Objekt nicht direkt, sondern durch ein Referenzgitter beobachtet (Projektions-Moiré). Sind die Streifendichten des projizierten Gitters und des Referenzgitters aufeinander abgestimmt, so entstehen auf Grund der optischen Überlagerung Moiré-Linien größerer Breite, die von der Kamera wieder aufgelöst werden können **(Bild 4.3-32)**.

Streifenprojektions- und Moiré-Verfahren erfassen flächenhaft die dreidimen-sionale Oberflächentopographie. Typische Anwendungsfelder sind dabei die Form-prüfung (z.B. Ebenheitsprüfung), die Verformungs- und Schwingungsmesstechnik. Insbesondere die Moiré-Technik ermöglicht dabei eine einfache Interpretation des Messergebnisses bei der Prüfung der Formabweichung. Hierbei wird auf ein Meisterteil ein Gitter projiziert und dieses als Referenzbild mit einer Kamera aufgenommen. Anschließend wird das Meisterteil durch das zu prüfende Teil ersetzt, dessen Lage entsprechend einjustiert und mit dem gleichen Gitter beleuchtet und aufgenommen. Bei der optischen Überlagerung (Referenzbild als Referenzgitter vor der Kamera) oder elektronischen Überlagerung (Multiplikation der beiden Bilder) entstehen an den Orten der Formabweichungen Moiré-Linien, die auf diese Weise direkt visualisiert sind und ausgewertet werden können.

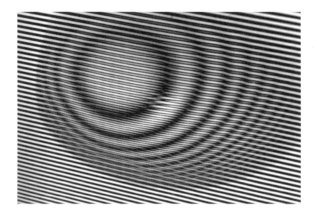

Bild 4.3-32: Moiré-Muster einer Kugel

Ein weiterer Schwerpunkt der Streifenprojektionsverfahren ist die Digitalisierung von Freiformflächen im Rahmen des Modell- und Formenbaus und des Rapid Prototyping **(Bild 4.3-33)**. Aus den gemessenen Punktwolken werden dabei in anschließenden Verarbeitungsschritten mit Hilfe entsprechender Flächenrück-führungsprogramme CAD-Daten und aus diesen NC-Programme für Bearbeitungs-maschinen generiert.

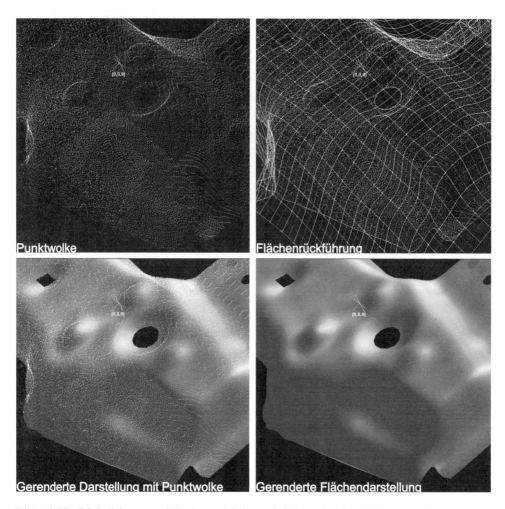

Bild 4.3-33: Digitalisierung und Flächenrückführung dreidimensionaler Objektgeometrien

4.3.3   Lasermesstechnik

4.3.3.1   Triangulationsverfahren

Abstandsmessende Lasertriangulation

Sensoren nach dem Laser-Triangulationsprinzip gehören heute zu den weitverbreitetsten optoelektronischen Abstandmesssystemen.

Obwohl die Fachliteratur Triangulationssensoren seit mehr als 10 Jahren beschreibt, haben sie den industriellen Durchbruch erst in den letzten Jahren verstärkt erringen können, da ihre technische Weiterentwicklung eng mit den Fortschritten der Halbleitertechnologie verbunden ist.

Die rasante Entwicklung von Halbleiterlasern, Detektoren, analogen sowie digitalen Signalverarbeitungen ermöglichte die Konzeption von kompakten, schnellen und störunempfindlichen Sensorsystemen. Signaltechnisch gesehen hat die elektrotechnische Sensorhardware ein ausgereiftes Stadium erreicht und durch die Massenfertigung eine stetig wachsende Akzeptanz in vielen Montage- und Verpackungslinien gefunden.

Das Messprinzip der Triangulation (lat. triangulum = Dreieck) beruht auf der Bestimmung einer Dreieckseite durch die Ermittlung zweier Dreieckswinkel unter Kenntnis der Länge der von ihnen eingeschlossenen Dreiecksseite **(Bild 4.3-34 links)**. Ist die Länge der Strecke AB bekannt, so kann durch das Messen der Winkel α und γ die Entfernung AC bestimmt werden. Bei der technischen Realisierung eines Laser-Triangulationssensors wird das Licht einer entsprechenden Laser-Quelle über eine Strahlformungsoptik auf die Werkstückoberfläche fokussiert und der entstehende Lichtpunkt auf einen Positionsdetektor abgebildet.

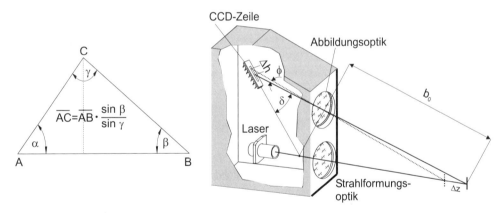

Bild 4.3-34: Das Triangulationsprinzip und der Aufbau eines Triangulationssensors

Der Abbildungsstrahlengang ist dabei unter dem Triangulationswinkel γ zur Beleuchtungsachse angeordnet **(Bild 4.3-34 rechts)**. Ändert sich der Abstand der zu messenden Werkstückoberfläche, so ändert sich ebenfalls der Ort der Abbildung des projizierten Lichtpunktes auf dem Detektor, dessen Länge den Messbereich begrenzt. Zur Vermeidung einer unscharfen Abbildung des Messlichtpunktes auf dem Detektor, die durch die Änderung des Abbildungsverhältnisses innerhalb des

Messbereiches hervorgerufen wird, ist der Zeilendetektor nach dem Scheimpflug-prinzip anzuordnen.

Dazu wird der Detektor um den Winkel δ geneigt, so dass sich die Strahlachse der Lichtquelle, die Ebene der Abbildungsoptik und die Detektorebene in einem Punkt schneiden [Moh 90].

Eine Verschiebung Δz des Messobjektes aus dem Grundabstand a entlang der Beleuchtungsstrahlachse führt zu einer Verschiebung des auf dem Detektor abgebildeten Messflecks um die Strecke Δh.

$$\Delta h = b_0 \cdot \frac{\sin\phi}{\sin(\delta - \phi)} \tag{4.3-6}$$

Aufgrund ihrer Baugröße, Leistung und Strahlqualität werden für messtechnische Anwendungen in der Regel Halbleiterlaser als Lichtquellen eingesetzt.

Je nach geforderter Auflösung, Messbereichsgröße und Applikation werden als Zeilendetektoren entweder positionsempfindliche Dioden (PSD) oder CCD-Zeilen (Charge Coupled Device) eingesetzt (Abschnitt 4.3.1). Während die Vorteile der CCD-Zeile in einer applikationsspezifischen digitalen Auswertung der Zeilen-information zu sehen sind, können mit positionsempfindlichen Dioden wesentlich höhere Auflösungen kleiner Messbereiche sowie eine höhere Messfrequenz realisiert werden.

Die erzielbare Messunsicherheit ist bei der Laser-Triangulation von der Oberflächenbeschaffenheit der Probe abhängig. Bei einer ideal diffus streuenden Oberfläche ergibt sich eine Gaußverteilung der Lichtintensität auf dem Zeilendetektor. Je besser die Intensitätsverteilung auf dem Zeilendetektor mit der idealen Gaußverteilung korreliert, desto geringer ist der Einfluss der Oberfläche auf die Messunsicherheit. Bei Oberflächen, die diffuse Rückstrahleigenschaften aufweisen, wie z.B. Papier oder Keramik, kann eine sehr geringe Messunsicherheit erzielt werden. Bei stark spiegelnden Oberflächen, hier können metallische Oberflächen mit einer sehr geringen Rauheit angeführt werden und bei Oberflächen, in die der Laserstrahl eindringt, wie z.B. verschiedene Kunststoffe oder Glas, ist der Einfluss der Oberflächen auf die Messunsicherheit erheblich. Weiterhin muss darauf geachtet werden, dass beim Sender und Empfängerstrahl keine Abschattungen durch das Werkstück hervorgerufen werden.

Die Sensoren, die in der Fertigungstechnik eingesetzt werden, haben einen typischen Messbereich von 1 mm bis 100 mm bei einem Arbeitsabstand von 10 mm bis 100 mm. Entsprechend beträgt die erzielbare Auflösung 0,5 µm bis 50 µm. Die erzielbare Messunsicherheit ist, wie oben beschrieben, von der Art der Oberfläche abhängig. Sie beträgt bei den o.g. Messbereichen und einer keramischen Oberfläche ca. 1,5 µm bis 150 µm. Der Lichtspotdurchmesser variiert von 20 μm bis 250 μm. Eine Laserleistungsregelung zur Anpassung der Lichtleistung auf die vorliegende Oberfläche wird standardmäßig vorgenommen.

Zahlreiche industrielle Applikationen belegen den hohen Stellenwert der Laser-Triangulation. Dabei kann diese sehr vielfältig eingesetzt werden. Zum Beispiel kann mit einer Anordnung wie in **Bild 4.3-35** dargestellt, die Dicke eines Papierbandes im Fertigungsprozess On-Line überprüft werden. Mit einer Anordnung wie in **Bild 4-3-35** Höhenschlagmessung dargestellt, wird zum Beispiel die Rundheit einer drehenden Welle überprüft. Aber auch bei Aufgaben, die ein Erkennen bestimmter Bauteile oder Bauteilmerkmale erfordert, findet die Laser-Triangulation häufig Anwendung **(Bild 4.3-35)**.

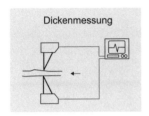 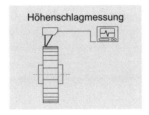 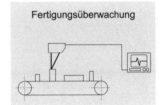

Bild 4.3-35: Praxisbeispiele der Laser-Triangulation

4.3.3.2 Laufzeitverfahren

Das Laufzeitverfahren eignet sich zur Distanzmessung vor allem von großen Messstrecken. Gemessen wird hierbei die Zeit, die ein amplitudenmoduliertes Strahlenbündel eines Lasers benötigt, um die zu messende Strecke hin und zurück zu durchlaufen. Aus dieser Zeitspanne kann bei bekannter Lichtgeschwindigkeit die zurückgelegte Strecke berechnet werden. Da aufgrund der hohen Geschwindigkeit des Lichtes sehr kurze Zeiten gemessen werden müssen, wird neben der recht aufwendigen direkten Zeitmessung häufig auch das Phasenmessverfahren eingesetzt.

Bild 4.3-36 zeigt schematisch den typischen Strahlengang eines Systems zur Laufzeitmessung. Der hochfrequent amplitudenmodulierte Laserstahl wird über zwei Umlenkspiegel auf die Werkstückoberfläche projiziert und von dort diffus zurück reflektiert. Das reflektierte Strahlenbündel wird dann mit einer Sammellinse fokussiert und von einem Messdetektor aufgenommen. Dieses Strahlenbündel wird mit dem Signal verglichen, das direkt aus dem Laserstrahl ausgekoppelt wurde, um die Phasenänderung zu ermitteln.

Der Messbereich des Laufzeitverfahrens reicht von ca. 0,2 m bis 1 km und erlaubt eine Auflösung von etwa 1 mm, sie wird allerdings zum Teil stark durch Umwelteinflüsse (wie Luftverschmutzung oder Objektoberfläche) beeinträchtigt. Typische Einsatzgebiete sind Lage-, Abstands- oder Füllstandsmessungen, aber auch Systeme zur 3D-Oberflächenerfassung lassen sich durch den Einsatz von beweglichen Umlenkspiegeln realisieren.

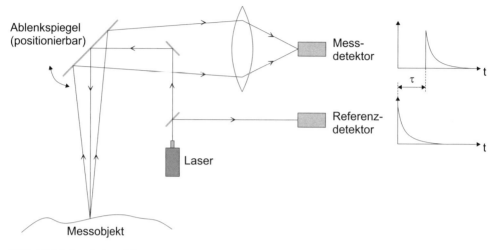

Bild 4.3-36: Laufzeitverfahren

4.3.3.3 Autofokusverfahren

Unter dem Begriff Autofokusverfahren werden Messverfahren verstanden, die bei kalibrierter gegenstandsseitiger Brennweite die Abstandsmessung aufgrund einer Abbildungsschärfebestimmung durchführen. Dabei können zwei Verfahren unterschieden werden: Das Video-Autofokusverfahren und das Laser-Autofokusverfahren.

Bei dem *Video-Autofokusverfahren*, wird die Abstandsmessung mittels Abbildung des Messobjektes auf einem CCD-Flächensensor durchgeführt, über eine Kontrastbestimmung der Schärfegrad der Abbildung ermittelt und aus der erforderlichen Nachfokussierung auf den Messabstand geschlossen. Eingesetzt wird dieses Messverfahren z.B. auf CNC-gesteuerten optischen Dreikoordinatenmessgeräten. Auf das Video-Autofokusverfahren wird im Folgenden nicht weiter eingegangen, sondern es wird ausschließlich das Laser-Autofokusverfahren betrachtet.

Prinzip des Laser-Autofokusverfahrens

Das Funktionsprinzip des im Folgenden beschriebenen und eingesetzten *Laser-Autofokusverfahrens* hat durch die Compact-Disc-Technik eine große Verbreitung gefunden.

Hierbei wird das kohärente Licht eines Halbleiterlasers in einem polarisierend wirkenden Strahlteiler in seine senkrecht zueinander schwingenden Hauptrichtungen

zerlegt. Die in Polarisationsrichtung schwingenden Lichtanteile können die in Dia-
gonalrichtung des Strahlteilerwürfels aufgebrachte dielektrische Mehrfachschicht
passieren, während in Sperr-Richtung schwingendes Licht reflektiert wird.

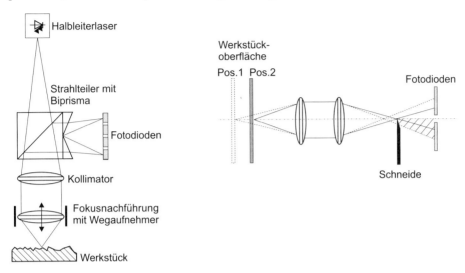

Bild 4.3-37: a) Sensorprinzip des Autofokusverfahrens   b) Foucault´sches Schneidenprinzip

Am Ausgang des Strahlteilers steht somit nahezu linear polarisiertes Licht zur
Verfügung, das von einer Kollimatoroptik parallelisiert und anschließend von einer
$\lambda/4$-Platte in zirkular polarisiertes Licht überführt wird. Das Messobjektiv ist in
einer Tauchspule gelagert und fokussiert das Laserlicht auf das Messobjekt. Von
der Werkstückoberfläche reflektiertes Messlicht durchläuft wiederum das
Messobjektiv und die $\lambda/4$-Platte. Der resultierende Polarisationsvektor ist nun um
90° um die Strahlachse gedreht, so dass das Messlicht am Strahlteiler in Richtung
der Fokusdetektoren reflektiert wird. **Bild 4.3-37 a** verdeutlicht das Sensorprinzip
des Autofokusverfahrens.

Zur Strahlbeeinflussung in Detektorrichtung können unterschiedliche Verfahren
eingesetzt werden. Beim "*knife-edge-Verfahren*" oder "*Foucault'schen-Schneiden-
Prinzip*" **(Bild 4.3-37 b)** wird eine Hälfte des optischen Strahlenganges mit Hilfe
einer optischen Schneide abgeschattet. Je nachdem, ob der Strahl intra- oder
extrafokal auf das Messobjekt trifft, wird der linke oder der rechte Teil des
reflektierten Messstrahls auf einer Doppelfotodiode abgebildet.

Anstelle einer Schneide wird häufig ein Keilprisma in Verbindung mit zwei
Fotodiodenpaaren eingesetzt. Ebenso ist auch der Einsatz einer Zylinderlinse in
Verbindung mit einem Fotodiodenpaar möglich.

Da die prinzipbedingte Messfehlerentstehung von der Strahlbeeinflussung durch die unterschiedlichen optischen Elemente unabhängig ist, wird im Folgenden die Signalauswertung stellvertretend für die am häufigsten eingesetzte Sensorkonfiguration mit einem Doppel-Keilprisma (Biprisma) dargestellt. Der Vorteil des Biprismas liegt darin, dass keine Intensitätsverluste durch das Ausblenden einer Hälfte des rückgestreuten Lichtbündels entstehen und führt zu einer Vereinfachung der Sensorjustierung.

Zur Regelung des beweglichen Messobjektives auf einen konstanten Werkstückabstand wird aus den vier Fotodiodenhälften ein Fokusfehlersignal FE ermittelt:

$$FE = \frac{\left(I_{D1} + I_{D4}\right) - \left(I_{D2} + I_{D3}\right)}{I_{D1} + I_{D2} + I_{D3} + I_{D4} + C}$$

Die exakte Fokussierung auf die Werkstückoberfläche ergibt ein Fokusfehlersignal von Null (Prinzip der optischen Balance). Bei einer Verschiebung des Messobjektes in Richtung der optischen Achse aus dem Fokus heraus, führt die asymmetrische Ausleuchtung des jeweiligen Fotodiodenpaares zu einem elektrischen Fehlersignal, das neben dem Betrag auch die Richtungsinformation der Abstandsänderung enthält.

Es ist ein Regelkreis realisiert, der das beweglich aufgehängte Messobjektiv über einen elektromechanischen Antrieb auf die Werkstückoberfläche nachfokussiert. Die Objektivverschiebung wird mit einem entsprechenden Messsystem (z.B. optisch oder induktiv) gemessen und als Messwert ausgegeben.

Die Abstandsmessung erfolgt im Allgemeinen unabhängig von der reflektierten Lichtintensität, jedoch ist eine Mindestreflektivität von ca. 2% der zu messenden Oberfläche erforderlich.

Eine Regelung der Laserausgangsleistung kann zur Anpassung an unterschiedliche Reflexionverhältnisse mit Hilfe des Dioden-Summensignals $R = I_{D1} + I_{D2} + I_{D3} + I_{D4}$ durchgeführt werden.

Grundzüge der Sensordimensionierung

Der Fokusdurchmesser des Messlichtstrahls beträgt dabei je nach Realisation ca. 1-5 μm. Entsprechend der Reflektivität der Messoberfläche liegt die erforderliche Ausgangsleistung des Halbleiterlasers zwischen 100 und 300 μW.

Zur Realisierung einer hohen Sensorempfindlichkeit ist der Schärfentiefebereich der optischen Abbildung

$$a_h - a_v = 2u'k\frac{\beta'-1}{\beta'^2}$$

zu minimieren. Hierbei beschreibt a_v die vordere (sensornahe) und a_h die hintere (sensorferne) Schärfengrenze, k die Blendenzahl, β' den Abbildungsmaßstab und u' den zulässigen Unschärfekreisdurchmesser. Entsprechend dem gebräuchlichen Vorzeichensystem sind bei reellen Objekten die Zahlenwerte von a_v und a_h negativ.

Damit nun die Differenz $a_h - a_v$ möglichst Null anstrebt, ist die Blendenzahl k zu minimieren, bzw. die numerische Apertur mit $A = \frac{1}{2k}$ zu maximieren. Das Abbildungsverhältnis ist möglichst groß zu wählen.

Neben einer hohen longitudinalen Auflösung (d.h. Auflösung in Messrichtung) ist ebenfalls eine hohe laterale Auflösung (Ortsauflösung) anzustreben. Es ist daher ein möglichst kleiner Messlichtfleck zu fordern. Für beugungsbegrenzte Abbildungssysteme gilt für den Radius des Airyscheibchens:

$$\rho_{1Min} = 1{,}22 \frac{\lambda}{D} f'$$

Zur Realisierung eines kleinen Messlichtpunktes ist somit ein großer Durchmesser D der Eintrittspupille bei kurzer objektseitiger Brennweite zu realisieren. Die Messlichtwellenlänge ergibt sich aus den zur Verfügung stehenden Lichtquellen. Für die Autofokusmesstechnik werden in der Regel Halbleiterlaser mit Wellenlängen λ von 630 nm bzw. 780 nm eingesetzt.

Um gleichzeitig den beschriebenen physikalischen Rahmenbedingungen und den Forderungen nach einer kompakten und handhabbaren Sensorkonfiguration gerecht zu werden, besitzen Autofokussensoren im Allgemeinen einen relativ kleinen freien Arbeitsabstand von 1 mm bis max. 15 mm je nach Sensortyp. Die Messbereiche sind bei den gängigen Geräten in Abhängigkeit der Auflösung wählbar. Typische Messbereiche sind je nach Fabrikat und Optionswahl 6 µm, 60 µm, 100 µm, 600 µm und 1000 µm. Die Dynamik der Messsysteme wird durch die mechanischen Bauteile zur Nachfokussierung bestimmt. In Abhängigkeit der Objektivmassen und der auszuregelnden Höhendifferenzen können Messfrequenzen bis zu 1200 Hz realisiert werden.

4.3.3.4 Laser-Richtstrahlverfahren

Das Laser-Richtstrahlverfahren (LRV) wird – wie das Fluchtungsfernrohr – zur Messung von *transversalen* Abweichungen von einer Referenzgeraden eingesetzt.

Bei dem LRV wird als Referenz ein aufgeweiteter und kollimierter Laserstrahl eingesetzt.

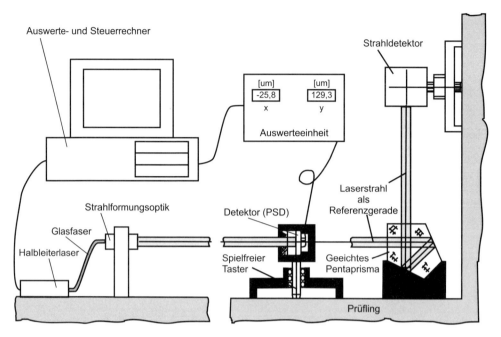

Bild 4.3-38: Anordnung eines Messsystems nach dem Laser-Richtstrahlverfahren

Der prinzipielle Aufbau einer Laser-Richtstrahl-Messanordnung ist in **Bild 4.3-38** dargestellt. Der Laserstrahl wird nach seiner Erzeugung in einem Laser durch ein optisches System aufgeweitet und kollimiert. Der Laserstrahl steht somit als Referenzstrahl mit weitestgehend konstantem Durchmesser und konstantem Strahlprofil zur Verfügung. Als Detektor wird eine Halbleiter-Photodiode eingesetzt, die die Position des Auftreffpunktes des Laserstrahls auf der Diode in Form von Strömen als x- und y-Koordinaten liefert. Der Detektor ist auf einem Schlitten aufgebracht, der über die zu prüfende Fläche bewegt wird. An ausgezeichneten Stellen auf der Fläche oder während der Bewegung des Schlittens werden Messungen ausgelöst und beispielsweise in einem PC weiterverarbeitet und gespeichert.

Im Folgenden werden die einzelnen Komponenten der Messanordnung und ihre Einflüsse auf die Messunsicherheit vorgestellt und diskutiert.

Der Laser

Aus Kostengründen und wegen ihrer kompakten Bauform werden heute nahezu ausschließlich Halbleiter-Laserdioden als Strahlquellen eingesetzt. Halbleiter-Laserdioden haben die Eigenschaft, dass aufgrund von thermischen Effekten während des Betriebs die räumliche Lage des emittierten Lichtstrahls zeitlich nicht konstant ist. Dies führt nach der Strahlformung dazu, dass die Richtungsreferenz während einer Messung ebenfalls nicht konstant ist, womit die Messung unbrauchbar wäre.

Abhilfe kann hier einerseits der Einsatz von zwei weiteren fest im Raum positionierten Detektoren schaffen, wobei während einer laufenden Messung die aktuelle Lage des Referenzstrahls mitgemessen wird. Nachteilig ist hierbei jedoch, dass weitere optische Bauelemente wie zum Beispiel Strahlteiler (Abschnitt 4.3.1) in den Strahlengang gestellt werden müssen, welche die Strahlintensität senken und das Strahlprofil verändern können.

Andererseits kann der Laserstrahl nach seiner Erzeugung mittels einer geeigneten Vorrichtung in eine Glasfaser eingekoppelt werden. Am anderen Ende der Glasfaser steht ein räumlich und zeitlich stabiler Laserstrahl zur Verfügung, der anschließend auf eine Strahlformungsoptik trifft. Lageinstabilitäten des Laserstrahls von der Glasfasereinkopplung machen sich somit nur noch als Intensitätsschwankungen bemerkbar, die mittels einer geeigneten Verarbeitung der Detektorsignale eliminiert werden können. Weiterhin kann durch die *faseroptische Kopplung* der Laser an einer geschützen Stelle aufgestellt werden. Lediglich die Strahlformungsoptik muss fest im Raum fixiert werden.

Strahlformung

Das aus der Glasfaser austretende Licht wird kollimiert und auf einen geeigneten Strahldurchmesser aufgeweitet. Die Größe des Strahldurchmessers hängt maßgeblich von der maximalen Entfernung des Detektors ab, da ein kollimierter Laserstrahl tätsächlich immer einen mehr oder weniger merkbar divergierenden Strahlverlauf hat. In einem gewissen Rahmen kann der Durchmesser jedoch als konstant angenommen werden. Die Konstanz des Strahldurchmessers ist in sofern von Bedeutung, als dass der transversale Messbereich des Detektors über die zu messende Distanz konstant bleiben sollte.

Der Laserstrahl im Medium Luft

Kollimiertes Laserlicht breitet sich im Medium Luft nur dann geradlinig aus, wenn der bezüglich der Ausbreitungsrichtung transversale Gradient des Luftdrucks, der Lufttemperatur und der Luftfeuchtigkeit über die gesamte Messdistanz konstant ist [Pf 72]. Da dies selbst unter Laborbedingungen nur selten gegeben ist, kann diesem Umstand Rechnung getragen werden, indem *beispielsweise gezielt axiale Luftturbulenzen* in den Strahlengang eingebracht werden. Die momentane Lage des Strahls ist dann so über einen gewissen Zeitraum verteilt, dass die exakte Strahllage durch *Mittelung* bestimmt werden kann.

Der Detektor

Als Detektoren werden meist PSDs (Position Sensitive Diodes, Abschnitt 4.3.1) der verschiedensten Bauformen eingesetzt. Sie zeichnen sich dadurch aus, dass sie den Flächenschwerpunkt des Lichtflecks auf der Detektoroberfläche direkt in Form von zwei Strömen je Koordinatenrichtung (x und y) ausgeben. Eine aufwendige Berechnung dieser Position, wie sie beispielsweise bei einem Einsatz einer CCD-Kamera als Detektor notwendig wäre, kann entfallen. Daher sind sehr hohe Messfrequenzen von bis zu 30 kHz möglich.

Fremdlichteinflüsse

Lichtempfindliche flächenhaft messende Sensoren empfangen nicht nur das Nutzlicht (Laserstrahl) sondern auch das Umgebungslicht. Ein PSD liefert jedoch den Flächenschwerpunkt aus dem insgesamt auf ihn treffenden Licht. Somit ist mit unkorrekten Messwerten zu rechnen. Abhilfe kann hier durch zwei Möglichkeiten geschaffen werden. Einerseits kann ein Farbfilter vor den Detektor in den Strahlengang des Laserlichts gesetzt werden, der das Störlicht herausfiltert. Andererseits kann das Störlicht durch eine Amplitudenmodulation des Laserlichts und eine entsprechende Demodulation bei der Detektorsignalauswertung unterdrückt werden (*„Lock-In"-Verfahren*). Bei dieser Methode ist vorteilhaft, dass keine weiteren optischen Bauelemente in den Strahlengang des Lasers eingebracht werden müssen, die auch zusätzliche Fehlerquellen sein können.

Messunsicherheit

Die Messunsicherheit von Laser-Richtstrahlsystemen hängt von folgenden Faktoren ab:

- Stabilität der Vorrichtung zur Fixierung der Strahlformungsoptik
- Umwelteinflüsse der Umgebungsluft
- Auflösung des Detektors
- Quantisierungsrauschen beispielsweise der A/D-Wandlerkarte zum Einlesen der Messdaten in einen PC

Unter idealen Bedingungen sind Unsicherheiten von unter 1 µm auf 10 m Messabstand erreichbar. Realisistisch sind jedoch Unsicherheiten von 2-10 µm/m Messabstand unter Produktionsbedingungen in einer Fertigungshalle.

Anwendungsbeispiel

Beim Hochpräzisionsdrehen ist die gerade Führung des Drehwerkzeugs entlang der Drehachse entscheidend für die Genauigkeit der gefertigten Werkstücke, da Abweichungen der vorgegebenen Relativbewegung zwischen Werkzeug und

Werkstück zwangsläufig zu geometrischen Maßabweichungen der herzustellenden Bauteilform führen. Zur hochgenauen Kontrolle der Führungsachsen während des Drehprozesses können Laser-Richtstrahlsysteme, die in die Drehmaschine integriert werden, eingesetzt werden. Hierzu wird der Detektor (PSD) am Drehwerkzeug befestigt und der Laserstrahl parallel zur Drehachse ausgerichtet **(Bild 4.3-39)**.

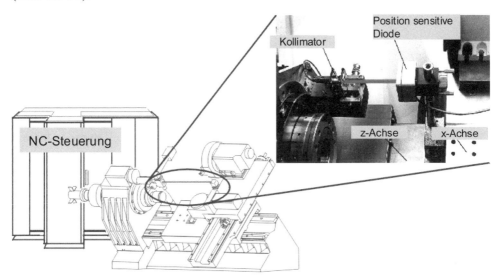

Bild 4.3-39: Integration eines Laser-Richtstrahlsystems in eine Hochpräzisionsdrehmaschine

Kommt es während der Drehbearbeitung aufgrund der hochdynamischen Prozesskräfte zu Verschiebungen des Werkzeugs von der Sollposition, so verschiebt sich im gleichen Maße der Detektor relativ zum ausgerichteten Laserstrahl. Die Auswerteeinheit des Laser-Richtstrahlsystems registriert die Bewegungen des Sensors und leitet die Messdaten über eine externe Datenschnittstelle an die NC-Steuerung weiter. Hierdurch ist es möglich, permanent die Geradheitsabweichung des Werkzeugs zu bestimmen und Positionsabweichungen mit Hilfe der NC-Steuerung sofort zu kompensieren. Der Effekt dieser Kompensation zeigt sich deutlich in **Bild 4.3-40**, in dem die Positionsabweichungen eines Werkzeugs, das kurzzeitig unter dem Einfluss einer Kraft von 200 N quer zur Vorschubrichtung stand, dargestellt sind.

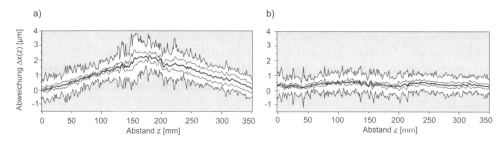

Bild 4.3-40: Abweichungen eines Werkzeugs von der Sollposition. a) ohne Kompensation, b) mit Kompensation

4.3.3.5   2D-Laser-Lichtschnittverfahren

Das Lichtschnittverfahren beruht auf dem Triangulationsprinzip. Hierbei wird ein Lichtvorhang durch Aufweitung des Laserstrahls mittels einer speziellen Zylinderlinse, durch holographische Projektion oder durch einen oszillierenden Spiegel erzeugt. Beim Lichtschnittverfahren wird der Zeilendetektor durch eine CCD-Matrix-Kamera ersetzt. Mit Hilfe von Bildverarbeitungsalgorithmen wird die Lage der Lichtlinie auf der Kamera ermittelt. Nach einer Kalibrierung der Sensorik erhält man das Höhenprofil entlang der Laserlinie in Sekundenbruchteilen.

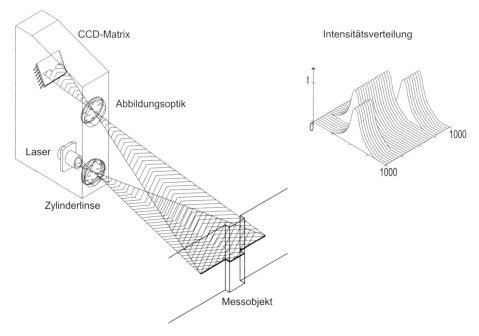

Bild 4.3-41: Aufbau eines Lichtschnittsensors

Im Gegensatz zu Punkttriangulationssystemen, wie im Abschnitt 4.3.3.1 beschrieben, ist zur Realisierung einer 2D-Messung keine zusätzliche mechanische Achse erforderlich.

Die Auflösung eines solchen Systems ist vom Messbereich und der Auflösung der eingesetzten Kamera abhängig. In der Fertigungsmesstechnik variiert die Breite der projizierten Laserlinie auf dem Messobjekt von ca. 2 mm bis 15 mm. Entsprechend variiert der Messbereich der zu detektierenden Höhenunterschiede. Setzt man eine CCD-Matrix-Kamera mit einer Auflösung von 1000 x 1000 Pixeln ein, so erhält man eine laterale und transversale Auflösung von 2 µm - 15 µm. Durch eine Detektion der abgebildeten Laserlinie im Subpixelbereich lässt sich die Auflösung noch erhöhen. Die Messfrequenz ist von der Auflösung der eingesetzten CCD-Matrix-Kamera und der Leistungsfähigkeit des Bildverarbeitungssystems abhängig. So variieren die Messfrequenzen von ca. 2 Hz bis 50 Hz. Die erzielbare Messunsicherheit ist wie bei den Punkttriangulationssystemen von der Oberflächenbeschaffenheit der Probe abhängig.

4.3.3.6 Interferometrische Verfahren

Die Grundlage interferometrischer Verfahren ist die kohärente Überlagerung von Lichtwellen, die verschiedene Wege zurückgelegt haben. Aufgrund der Skalierung mit der Wellenlänge des benutzten Lichtes handelt es sich um sehr hochauflösende Verfahren, beispielsweise ermöglichen längenmessende Interferometer die Bestimmung von Verschiebungen mit der Auflösung weniger Nanometer. In diesem Abschnitt werden nach der grundlegenden Funktion eines Interferometers Gesichtspunkte diskutiert, die für den praktischen Einsatz derselben von Bedeutung sind. Hiernach erfolgt die Darstellung der Längenmessung mit Interferometern, in einem weiteren Abschnitt wird die Erweiterung auf formmessende Techniken vorgestellt.

Aufbau und Funktionsweise von Laserinterferometern

Die grundlegenden Komponenten sämtlicher Interferometer sind ein optisches Element zur Aufteilung einer elektromagnetischen Welle (Strahlteiler) sowie eines mit der Aufgabe, die Teilwellen nach Durchlaufen verschiedener Wege wieder zusammenzuführen. Die beiden Bauteile können, wie im Falle des Michelson-Interferometers, identisch sein. Die Voraussetzung für ein auswertbares Interferenzsignal ist eine konstante Phasenbeziehung der beiden Teilwellen. Diese, mit „Kohärenz zweier Wellen" bezeichnete Eigenschaft, ist erfüllt, wenn die Wegdifferenz der Teilstrahlen geringer ist als die Kohärenzlänge der eingesetzten Lichtquelle. Aufgrund ihrer guten Kohärenzeigenschaften werden in der Interferometrie überwiegend Laser eingesetzt.

Die Beschreibung der Funktion von Interferometern erfolgt anhand des Michelson-Aufbaus. Das Resultat ist leicht auf andere Aufbauten sowie auf zwei Dimensionen erweiterbar.

Der Aufbau eines Michelson-Interferometers ist in **Bild 4.3-42** dargestellt. Der von dem Laser ausgehende Lichtstrahl wird von dem Strahlteiler aufgespalten. Die resultierenden Teilwellen werden nach Durchlaufen der Wegstrecken s_1 bzw. s_2 von Spiegeln reflektiert. Nachdem beide Teilstrahlen die zugehörigen Strecken erneut durchlaufen haben, werden sie hinter dem Interferenzpunkt überlagert. In Abhängigkeit von der relativen Phasenlage der Teilwellen wird eine Intensität zwischen einem Maximalwert und beinahe vollständiger Auslöschung registriert.

Zur mathematischen Beschreibung des Interferenzsignales wird die komplexe Schreibweise für die Felder benutzt.

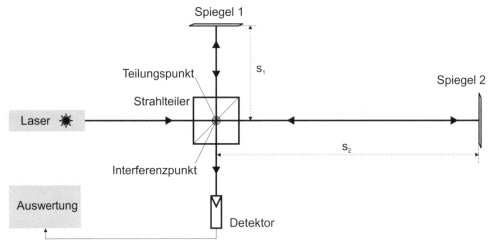

Bild 4.3-42: Aufbau eines Michelson-Interferometers

Die vom Laser ausgehende Feldstärke wird durch Gleichung 4.3-7 beschrieben.

$$\vec{E}_a(x,t) = \vec{E}_0 \cdot \exp\left[i \cdot 2\pi \cdot \left(f \cdot t - \frac{x}{\lambda} \right) \right] \qquad (4.3\text{-}7)$$

f ist die Frequenz und λ die Wellenlänge des eingesetzten Lichtes. Die Größe t beschreibt das zeitliche Verhalten der Welle und x den von ihr zurückgelegten Weg.

Der als ideal angenommene Strahlteiler teilt die Welle in zwei identische Wellen der Amplitude $E_0/2$ auf. Bei ihrer Überlagerung im Interferenzpunkt haben die Wellen die Strecken $2 \cdot s_1$ bzw. $2 \cdot s_2$ zusätzlich zurückgelegt. Hinter diesem Punkt wird die Feldstärke durch Gleichung 4.3-8 gegeben.

$$\vec{E}_{sum}(x,t) = \frac{\vec{E}_0}{2} \cdot \exp\left[i \cdot 2\pi \cdot \left(f \cdot t - \frac{x_g + 2s_1}{\lambda}\right)\right]$$

$$+ \frac{\vec{E}_0}{2} \cdot \exp\left[i \cdot 2\pi \cdot \left(f \cdot t - \frac{x_g + 2s_2}{\lambda}\right)\right] \tag{4.3-8}$$

Mit x_g wird hier diejenige Wegstrecke bezeichnet, die beide Teilstrahlen gemeinsam zurücklegen.

Die auf dem Detektor auftreffende Intensität I berechnet sich hieraus zu:

$$I = \left|\vec{E}_{sum}\right|^2 = \frac{\left|\vec{E}_0\right|^2}{4} \cdot (1 + \cos\phi) \quad \text{mit} \quad \phi = 2\pi \cdot \frac{2 \cdot (s_2 - s_1)}{\lambda} \tag{4.3-9}$$

Der Herleitung dieser Gleichung liegen folgende Voraussetzungen zugrunde:

• Es existieren ideale optische Komponenten

• Der Brechungsindex der Luft kann vernachlässigt werden

Ohne diese Annahmen, die bei dem Einsatz von Interferometern im Produktionsumfeld außerhalb optischer Labore nicht realistisch sind, geht Gleichung 4.3-9 in Gleichung 4.3-10 über.

$$I = I_0 \cdot (1 + \gamma \cdot \cos\phi) \quad \text{mit} \quad \phi = 2\pi \cdot \frac{2 \cdot (s_2 - s_1) \cdot n_L}{\lambda} \tag{4.3-10}$$

γ wird als Modulationsgrad des Interferenzsignals bezeichnet und I_0 ist ein konstanter Offset. In dem Phasenterm, der die gesuchte Information beinhaltet, wurde die geometrische durch die optische Wegdifferenz ersetzt. Diese Änderungen haben in der Praxis weitreichende Konsequenzen, die im Folgenden diskutiert werden.

Zunächst besitzt Gleichung 4.3-10 drei unbekannte Größen. Um die Interferenzphase zu bestimmen, sind demnach zwei weitere Gleichungen dieser Werte zu bestimmen. In der Praxis haben sich hierzu das Phasenschiebeverfahren, Quadratursignale sowie die Heterodyntechnik bewährt (Abschnitt 4.3.3.2).

Zunächst ist festzuhalten, dass die räumliche Information in dem Argument des Cosinus steckt. Aufgrund der Periodizität desselben wiederholt sich ein registrierter Intensitätswert, wenn die optische Weglänge eines der Teilstrahlen s_1 oder s_2 um ein ganzzahliges Vielfaches von $\lambda/(2 \cdot n_L)$ geändert wurde. Für die Wellenlänge eines HeNe-Lasers (633nm) bedeutet dies eine Signalwiederholung im Abstand von nur 316,5 nm. Somit ist der Eindeutigkeitsbereich einer einzelnen Intensitätsmessung auf diesen Wert begrenzt. Die Beseitigung der genannten Einschränkung ist Gegenstand zahlreicher Forschungsvorhaben. Die interferometrische Längenmessung wird durch den Einsatz eines Wellenlängenkontinuums zu einem absolutmessenden System erweitert [Thi 93]. In der Formmessung ermöglichen mehrere diskrete Wellenlängen die Erweiterung des Eindeutigkeitsbereiches.

Des Weiteren ist zu beachten, dass anstelle der geometrischen die optische Wegdifferenz, die aus der erstgenannten durch Multiplikation mit dem Brechungsindex n_L hervorgeht, gemessen wird. Der Brechungsindex der Luft hängt von deren Temperatur, dem Luftdruck, der Luftfeuchtigkeit, ihrem CO_2-Gehalt sowie weiteren Parametern ab. Größenordnungsmäßig ändert sich n_L um $1 \cdot 10^{-6}$, wenn sich die Temperatur im Messstrahlengang um 1 K oder der Luftdruck um 3,7 hPa ändert. Dies zeigt, dass der Brechungsindex für Präzisionsmessungen mit Genauigkeiten im Bereich weniger µm sehr genau bestimmt werden muss. Dies kann entweder nach der Parametermethode, d.h. Messung der Luftparameter und Berechnung des Brechungsindex [Edl 66] oder durch direkte Brechungsindexmessung mittels Refraktometer durchgeführt werden. Letztgenannte Technik ist die genauere der beiden Verfahren.

Als letzte Einflussgröße ist die Laserwellenlänge selbst zu nennen. Diese muss für hochgenaue Messungen auf relative Genauigkeiten um $1 \cdot 10^{-8}$ stabil gehalten werden. Ausreichend stabilisierte HeNe-Laser sind aufgrund der mittlerweile starken Verbreitung von Interferometern kommerziell verfügbar.

Längenmessende Interferometrie

Interferometer werden aus Gründen des Justageaufwandes und der Unempfindlichkeit gegen mechanische Störungen in der Praxis nicht mit Planspiegeln, sondern mit den in Abschnitt 4.3.1 beschriebenen Retroreflektoren aufgebaut. Soll die gemessene Wegdifferenz eindeutig einer Verschiebestrecke zugeordnet werden, so muss die Position eines der beiden Interferometerspiegel festgehalten werden. Aus diesem Grunde wird meist der Spiegel im Referenzarm direkt mit dem Strahlteiler verbunden.

Nahezu alle kommerziell erhältlichen Interferometer arbeiten nach dem Heterodynverfahren. Hierbei wird über die Frequenzverschiebung des Laserlichtes durch den Dopplereffekt die Verschiebegeschwindigkeit des Messspiegels bestimmt. Die Spiegelposition ergibt sich dabei durch Integration der Verschiebegeschwindigkeit über die Zeit. Der grundlegende Aufbau eines Heterodyninterferometers ist in **Bild 4.3-43** zu sehen.

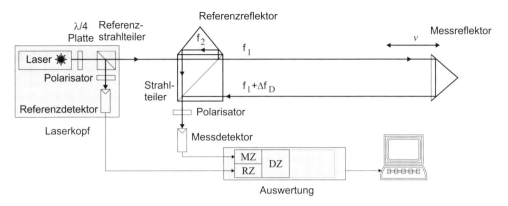

Bild 4.3-43: Schematischer Aufbau eines Heterodyn-Interferometers

Es wird ein Laser eingesetzt, der zwei Frequenzen emittiert, die typischerweise um 2 MHz auseinander liegen und entgegengesetzt zueinander zirkular polarisiert sind. Eine $\lambda/4$-Platte wandelt diese in zwei senkrecht zueinander linear polarisierte Komponenten um. Ein geringer Teil des Lichtes beider Frequenzen wird mit dem Referenzstrahlteiler ausgekoppelt. Der hinter einem Polarisator positionierte Photodetektor registriert als Referenzsignal die Differenzfrequenz:

$$f_{\text{Ref}} = f_2 - f_1 \tag{4.3-11}$$

Im dargestellten Michelson-Interferometer wird der Laserstrahl durch einen polarisierenden Strahlteiler so aufgespalten, dass der Teilstrahl mit der Frequenz f_1 den Messarm und derjenige mit f_2 den Referenzarm durchläuft. Ruht der Messspiegel, wird analog zum Referenzsignal die Differenzfrequenz f_{Ref} registriert. Bei einer Bewegung des Messreflektors wird die Frequenz f_1 um Δf_D verschoben. Aufgrunddessen erscheint nun auf dem Detektor die Frequenz:

$$f_{\text{Mess}} = f_2 - \left(f_1 + \Delta f_D\right) \quad \text{mit} \quad \Delta f_D = -2 \cdot f_1 \cdot \frac{v}{c} \tag{4.3-12}$$

Hierbei ist v die Spiegel- und c die Lichtgeschwindigkeit. Mit der nachgeschalteten Elektronik wird die Differenzfrequenz f_v bestimmt.

$$f_v = f_{\text{Mess}} - f_{\text{Ref}} = 2 \cdot f_1 \cdot \frac{v}{c} \tag{4.3-13}$$

Die Verschiebestrecke des Messspiegels ergibt sich hieraus zu:

$$L = \int_{t_1}^{t_2} v(t)\, dt = \frac{\lambda_1}{2} \int_{t_1}^{t_2} f_v\, dt \tag{4.3-14}$$

Die Wellenlänge λ_1 ist mit der Frequenz f_1 über $c = \lambda \cdot f$ verknüpft. Neben dem Vorteil, dass die Differenzfrequenz f_v über das Vorzeichen der Spiegelgeschwin-

digkeit direkt die Richtung der Spiegelverschiebung beinhaltet, besitzt das Heterodynverfahren den Vorteil der geringeren Justage- und somit Störempfindlichkeit.
Nachteilig ist die aufwendigere Elektronik sowie die durch f_{Ref} begrenzte Verschiebegeschwindigkeit.

Anwendungsbeispiele von Laserinterferometern

Mit Interferometern werden neben der beschriebenen Längenmessung hochgenaue
Winkel-, Geradheits- sowie Rechtwinkligkeitsmessungen durchgeführt. Zu diesem
Zweck ist die Anordnung der Komponenten des Interferometers derart zu
modifizieren, dass die Interferenzphase in Gleichung 4.3-10 eindeutig mit der
gesuchten geometrischen Größe verknüpft wird [Don 93]. Hierzu sind für
kommerzielle Interferometer entsprechende Optionen erhältlich.

Am weitesten verbreitet sind Laserinterferometer im Werkzeugmaschinenbau, insbesondere in der Ultrapräzisions- und Feinwerktechnik. Maschinen, in denen der
Vorschub mit Laserinterferometern kontrolliert wird, dienen der Herstellung
komplexer Bauteile mit Fertigungstoleranzen weniger Nanometer.

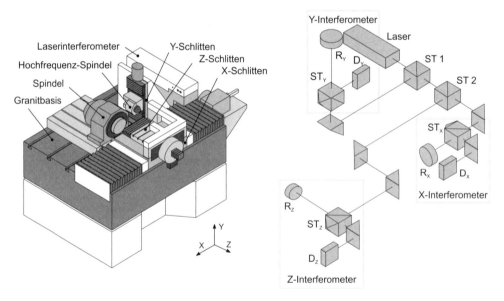

Bild 4.3-44: Einsatz eines Laserinterferometers in einer Ultrapräzisions-Bearbeitungsmaschine

Bild 4.3-44 zeigt eine dreiachsige Ultrapräzisions-Bearbeitungsmaschine, in der
die Bewegung aller drei Achsen mit Laserinterferometern kontrolliert wird. Im
rechten Teil des Bildes ist der Strahlengang der Interferometer schematisch
dargestellt. Die Strahlteiler ST1 und ST2 teilen den einfallenden Laserstrahl in 3
Teilstrahlen von etwa gleicher Intensität auf. Nach Durchlaufen mehrerer

Umlenkoptiken stehen diese Teilstrahlen in den Interferometern an den jeweiligen Achsen zur Verfügung. Die Strahlteiler des X- und des Y-Interferometers mit aufgesprengtem Referenzreflektor werden mit dem Bett der Maschine, die Retroreflektoren R_X und R_Y mit den Schlitten der zugehörigen Achsen verbunden. Das Interferometer für die Z-Achse ist demgegenüber wie auch der Z-Schlitten auf dem X-Schlitten montiert, da diese während des Bearbeitungsvorganges mit dem X-Schlitten bewegt werden müssen.

Darüber hinaus ist die Laserinterferometrie heutztage ein unverzichtbares Hilfsmittel zur Genauigkeitsprüfung und Kalibrierung von Werkzeugmaschinen, Koordinatenmessmaschinen und Robotern. Für die meist eingebauten inkrementalen Messsysteme können so Korrekturschablonen erstellt und die Genauigkeit optimiert bzw. geprüft werden.

3D-Formprüfinterferometrie

Im vorigen Abschnitt wurde der Effekt der Interferenz genutzt, um Abstandsinformationen zu erhalten. In diesem Abschnitt soll in Ergänzung dazu die Formprüfinterferometrie als weitere Methode der Fertigungsmesstechnik erläutert werden.

Das Prinzip der Formprüfinterferometrie besteht im optischen Vergleich der zu prüfenden Fläche mit einer planen oder sphärischen Referenzfläche exakt bekannter Form. Um die geforderten Messunsicherheiten im Submikrometerbereich zu erreichen, kann auch hier die Wellenlänge eines Helium/Neon-Lasers von 632,8 nm als Maßstab verwendet werden. Allerdings muss für die Formprüfung zunächst eine Wellenfront bekannt hoher Formgenauigkeit erzeugt werden.

Wie **Bild 4.3-45** zeigt, wird die vom Laser emittierte ebene Wellenfront geringen Durchmessers durch ein Raumfilter von hochfrequenten Störungen befreit und in eine Kugelwelle transformiert. Diese trifft auf den Kollimator, eine speziell ausgelegte qualitativ hochwertige Optik, die die Kugelwelle in eine ebene Welle umwandelt. Abweichungen dieser Wellenfront von der Planarität im Bereich von nur ca. 30 nm ($\lambda/20$) können erreicht werden.

Nach dem gleichen Prinzip wie im vorigen Abschnitt werden dann zwei Wellen, die Messwelle und die Referenzwelle, überlagert, und es kommt zur Interferenz. In der Formprüfinterferometrie wird jedoch darauf geachtet, dass die Wellen zu Wellenfronten hoher Formgüte mit Durchmessern bis zu 150 mm aufgeweitet werden, da sie für die Güte dieser Messtechnik entscheidend sind.

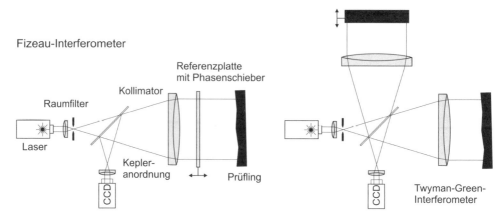

Bild 4.3-45: Prinzip der Formprüfinterferometer nach Fizeau und Twyman-Green

Im Falle des Twyman-Green-Interferometers, in **Bild 4.3-45** rechts dargestellt, sind Referenz- und Messarm räumlich voneinander getrennt. Um dies zu erreichen, wird ein Strahlteiler eingesetzt, der die Wellenfront im Intensitätsverhältnis 50 : 50 aufteilt. Beide Teilwellenfronten werden mit jeweils einer Optik kollimiert. Während die Referenzwellenfront von einem als Referenz fungierenden Präzisionsplanspiegel ohne Änderung der Phase in sich zurück reflektiert wird, trifft die Messwellenfront auf den Prüfling. Bei der Reflexion am Prüfling wird der Messwellenfront nun gleichsam das Profil des Prüflings aufgeprägt. Eine Abänderung der ursprünglich konstanten Phase ϕ der Messwellenfront in eine Verteilung $\phi(x,y)$ ist die Folge. Die Information über das Höhenprofil $z(x,y)$ des Prüflings ist somit in dieser Phasenverteilung enthalten. Die so geformte deformierte Messwellenfront interferiert mit der reflektierten Referenzwellenfront nach deren Überlagerung am Strahlteiler, und es kommt zur Ausprägung eines Interferogramms.

Beim in **Bild 4.3-45** links dargestellten Fizeau-Interferometer, der zweiten häufig eingesetzten Ausführungsform in der Formprüfinterferometrie, wird der Referenzarm gleichsam in den Messarm hineingedreht, wodurch ein zweiter Kollimator nicht nötig ist. Anstelle eines Referenzspiegels kommt dann eine Glasplatte, in der Regel aus BK7 gefertigt, als Referenz zum Einsatz, die die Referenzwelle mit ca. 4% der Intensität reflektiert, während die Messwelle transmittiert wird. Um die Intensitäten beider Wellen anzupassen und den Kontrast

$$\gamma(x, y) = \frac{I_{max} - I_{min}}{I_{max} + I_{min}} \tag{4.3-15}$$

zu optimieren, müssen dann jedoch Abschwächungsfilter eingesetzt werden.

Das Interferenzmuster repräsentiert folglich die Formabweichung der Prüflings-fläche relativ zur eingesetzten Referenzfläche. Im Falle einer planen Referenz entspricht diese Formabweichung dem Höhenprofil des Prüflings.

Der Kollimator und eine weitere Optik, die gemeinsam eine Kepler-Anordnung repräsentieren, bilden das Interferogramm verkleinert auf die Kamera im Auswertearm ab. Es wird von einem CCD-Sensor detektiert und über eine Framegrabber-Karte der Auswertesoftware zugeführt.

Die mathematische Beschreibung des auftretenden Interferenzmusters entspricht nahezu der in Gleichung 4.3-10. Es ist jedoch zu berücksichtigen, dass die Phase der Wellenfront nicht konstant ist, sondern eine über die Fläche ausgedehnte Phasenverteilung darstellt. Folglich gilt die Interferometergleichung

$$I(x,y) = I_0(1 + \gamma(x,y)\cos(\phi(x,y) + \alpha)) \qquad (4.3\text{-}16)$$

wobei ohne Begrenzung der Allgemeinheit angenommen wurde, dass die konstante Phase der Referenzwellenfront 0 ist. Wieder gilt es, aus einer Gleichung mit drei Unbekannten die Verteilung $\phi(x,y)$ zu extrahieren, da hierin die Information enthalten ist. Dies kann z.B. mit der Phasenschiebetechnik geschehen, die nun kurz beschrieben werden soll.

Wird im Falle des Fizeau-Aufbaus die Referenzfläche definiert bewegt, ändern sich die optischen Weglängen im Interferometer. Dies führt zu einer Verschiebung der Streifen im Interferogramm und somit zu einem additiven Phasenterm α in Glei-chung 4.3-16. Indem n Schiebungen um Winkel $n \cdot \alpha$ durchgeführt werden und jeweils die Intensitäten des Interferogramms $I_n(x,y)$ gemessen werden, kann ein lösbares Gleichungssystem erzeugt [Rob 93][Mal 92] und die Phasenverteilung $\phi(x,y)$ der Messwellenfront berechnet werden.

In der technischen Realisierung wird die Referenzfläche über Piezostellelemente um definierte Bruchteile der Wellenlänge verschoben und dabei jeweils ein Interferogramm von der CCD-Kamera aufgenommen. Die ermittelten Grauwerte der Kamerapixel werden bezogen auf Gleichung 4.3-16 als Intensitätswerte $I_1(x,y),..,I_n(x,y)$ mit $n \geq 3$ interpretiert. Daraus ergibt sich z.B. für $n = 5$ [Rob 93]:

$$\phi = \arctan\frac{2(I_2 - I_4)}{2I_3 - I_5 - I_1}, \quad \phi := \phi(x,y), \quad I_n := I_n(x,y) \qquad (4.3\text{-}17)$$

Aufgrund der bei dieser Berechnung auftretenden Arcus-Tangens-Funktion ist die resultierende Phasenverteilung jedoch mehrdeutig. Alle Phasenwerte werden modulo 2π berechnet. Zu jedem einzelnen Wert muss folglich zunächst noch ein Vielfaches von 2π addiert werden, um die Eindeutigkeit herzustellen („Unwrapping"). Das Kriterium, nachdem dieses Vielfache bestimmt wird, ergibt sich direkt aus dem Abtasttheorem (Abschnitt 4.5.1).

Es existieren sehr viele Ansätze und Verfahren für das Unwrapping [Rob 93], eine ideale Lösung kann jedoch nicht angegeben werden. Es hängt im Allgemeinen von der Qualität des Messresultates ab, ob komplexe oder einfache Methoden Anwendung finden. Schließlich wird durch Skalierung mit der eingesetzten Wellenlänge das quantitative Höhenprofil rekonstruiert:

$$z(x, y) = \frac{\lambda}{2 \cdot 2\pi} \phi(x, y) \qquad \qquad (4.3\text{-}18)$$

Das Höhenprofil des Prüflings ist somit ermittelt.

In **Bild 4.3-46** ist die Prozedur der Phasenschiebung illustriert. Oben dargestellt sind die 5 phasengeschobenen Interferogramme. Bei dem hier eingesetzten 5-Bild-Verfahren [Mal 92] wird die Phase in fünf Schritten insgesamt um 2π verschoben, so dass das fünfte Interferogramm dem ersten entsprechen muss. Diese Bedingung kann herangezogen werden, um das Piezostellelement des Phasenschiebers zu kalibrieren. Nach der Berechnung mittels Gleichung 4.3-17 ergibt sich dann die Darstellung in **Bild 4.3-46** unten links. Man erkennt, dass die Phaseninformation erhalten wurde, jedoch aufgrund des Arcus-Tangens noch mehrdeutig ist. Schließlich ist in **Bild 4.3-46** unten rechts das Ergebnis nach der Unwrapping-Prozedur und der Skalierung entsprechend Gleichung 4.3-18 dargestellt. In diesem Beispiel handelte es sich um die Messung eines verkippten Planspiegels.

phasengeschobene Interferogramme

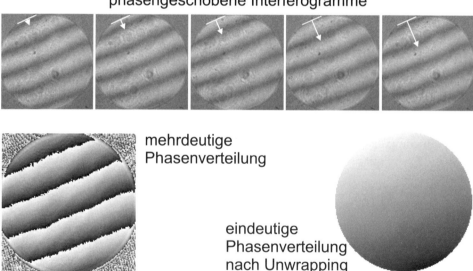

mehrdeutige
Phasenverteilung

eindeutige
Phasenverteilung
nach Unwrapping

Bild 4.3-46: Formprüfinterferometrie mit Phasenschiebung

Neben der Formprüfinterferometrie unter Verwendung der Phasenschiebetechnik existieren noch andere Methoden zur Phasenauswertung [Rob 93], auf die jedoch im Rahmen dieser Abhandlung nicht eingegangen werden soll.

4.3.3.7   Laserscanner

Der Laserscanner ist ein Messsystem zur Bestimmung von Werkstückabmessungen, das nach dem Lichtschrankenprinzip arbeitet, d.h. der Lichtweg zwischen Laserquelle und Photodetektor wird durch das zu untersuchende Werkstück unterbrochen. Der prinzipielle Aufbau des Laserscanners ist in **Bild 4.3-47** gezeigt.

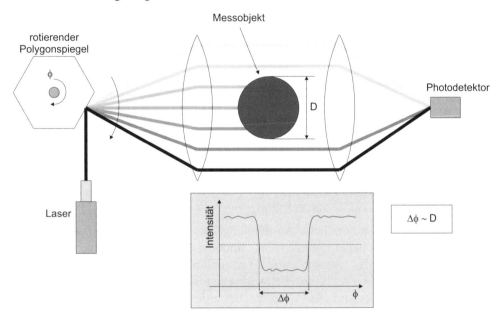

Bild 4.3-47: Schematischer Aufbau des Laserscanners

Ein Laserstrahl wird von einem rotierenden Polygonspiegel periodisch abgelenkt, wobei der Scanbereich durch die Anzahl der Ecken des Spiegels festgelegt wird **(Bild 4.3-48)**. Der gespiegelte Laserstrahl trifft dann auf eine Linse in deren Brennpunkt der Laserstrahl reflektiert wurde und die somit für jede Winkelstellung ϕ des Polygonspiegels den Laserstrahl stets in die gleiche Richtung ablenkt, so dass der Strahl hinter der Linse kontinuierlich parallel verschoben wird.

Anschließend trifft der Strahl auf eine zweite Linse in derem Brennpunkt ein Photodetektor steht. Zwischen den beiden Linsen wird das Messobjekt angebracht, das für bestimmte Winkel den Detektor vor dem Laserlicht abschattet. Bei den entsprechenden Winkelstellungen wird vom Detektor ein Intensitätsrückgang verzeichnet, dessen Dauer Rückschlüsse über die Bauteilgeometrie erlaubt. Der zu messende Durchmesser D eines Prüflings ist proportional zum Winkel $\Delta\phi$ bei dem der Lichtweg durch das Messobjekt blockiert wird.

Die momentane Winkelstellung des Polygonspiegels wird z.B. über Inkremental-geber gemessen. Bei dieser Anordnung reichen ein einziger Laser und ein einziger Photodetektor aus, um einen Bereich zu scannen, der deutlich größer ist als der Laserstrahldurchmesser selbst.

Bild 4.3-48: Funktionsweise des Polygonspiegels

Zur Messung von kantigen Gegenständen bieten sich grundsätzlich zwei Vorgehensweisen an:

- Das Messobjekt wird mehrfach gescannt, wobei nach jeder Messung eine definierte Drehung des Messobjekts erfolgt. Der Verlauf des Schattenmaßes gibt Auskunft über die Profilgeometrie des Prüflings.

- Es wird gleichzeitig mit zwei oder drei Scannern gemessen, die im Winkel von 90° bzw. 60° zueinander versetzt sind.

Da der Laserstrahl eine endliche Ausdehnung hat, wird er nicht abrupt durch die Objektkanten abgeschattet, sondern es findet eine kosinusförmige Aus- und Einblendung statt. Um dennoch die Bauteilabmessungen möglichst exakt zu erfassen, wird in der Praxis ein Schwellwert festgelegt, der über- bzw. unter-schritten werden muss, um eine Unterbrechung des Strahlengangs zu detektieren. Mit dieser Maßnahme wird eine Auflösung erreicht, die unterhalb des Strahl-durchmessers liegt. Die Auflösung, die mit einem Laserscanner erzielt werden kann, liegt unterhalb von 1 µm bei einem Messbereich von 2000 µm. Dies ent-spricht einer relativen Auflösung von $5\cdot10^{-4}$. Die Messgeschwindigkeit liegt bei ca. 400 Scans / Sekunde.

4.3.4   Optische Messgeräte

4.3.4.1   Fluchtungsfernrohr

Das Fluchtungsfernrohr arbeitet nach dem Prinzip der Messung der *transversalen* Abweichung von hintereinander liegenden Zielmarken. Als Referenzlinie – auch Fluchtungsgerade genannt – dient die optische Achse des Fernrohrs, die durch eine

Strichkreuzmarke im Okular des Fernrohrs und eine externe Referenz-Strichkreuzmarke im Raum definiert ist.

Nach der exakten Ausrichtung des Fernrohrs auf die externe Kreuzmarke verbleibt das Fernrohr starr im Raum. Zwischen der externen Referenzmarke und dem Fernrohr befinden sich weitere Strichkreuzmarken (Messmarken), die durch Fokussierung des Fernrohrs auf die Messmarken einzeln anvisiert werden. Dabei treten folgende Schwierigkeiten auf:

- Der Abbildungsmaßstab ändert sich mit der Entfernung.

- Das Fernrohr muss mit der Entfernung nachfokussiert werden, wobei die Lage des Fernrohrs bzw. die Lage der Fernrohrzielachse im Raum stabil bleiben muss.

Diese Problematik wird im Folgenden diskutiert.

Änderung des Abbildungsmaßstabs

Der Abbildungsmaßstab wird mit wachsender Entfernung der Messmarke immer kleiner. Das hat einerseits zur Folge, dass die Messunsicherheit entsprechend größer wird. Andererseits müsste sich der Maßstab im Okular entsprechend anpassen.

Als Lösung für diese Probleme könnte ein Maßstab auf den Messmarken aufgebracht werden. Durch den variablen Abbildungsmaßstab wäre dieser externe Referenzmaßstab jedoch in der Nähe zu grob und in der Ferne zu fein.

Weiterhin könnte das Fernrohr solange seitlich parallel verschoben werden, bis die beiden Strichkreuzmarken fluchten (*Nullmethode*). Durch Messung der seitlichen Verschiebung könnte die Abweichung bestimmt werden. Hierzu sind jedoch hochgenaue und empfindliche Verfahrachsen notwendig, auf die das Fernrohr montiert und hochgenau ausgerichtet sein muss.

Letztlich bleibt nur die Möglichkeit, die seitliche Verschiebung virtuell durchzuführen. Dies wird durch neigbare Planparallelplatten vor dem Fernrohrobjektiv realisiert (**Bild 4.3-49**). Für kleine Neigungen dieser Platten ist der Drehwinkel ϑ direkt proportional zum seitlichen Versatz Δy. Es gilt der Zusammenhang

$$\Delta y = \vartheta \cdot d \cdot \left(1 - \frac{1}{n}\right) \tag{4.3-19}$$

wobei d die Dicke der Platte und n den Brechungsindex der Platte charakterisiert.

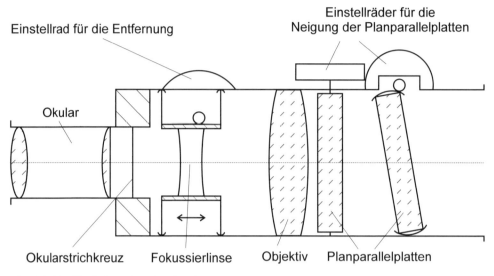

Bild 4.3-49: Fluchtfernrohr mit Fokussierung

Nachfokussierung

Zur Messung von Messmarken, die in verschiedenen Abständen vom Fernrohr angeordnet sind, muss das Fernrohr nachfokussiert werden. Dies geschieht normalerweise durch eine Änderung des Abstands zwischen Okular und Objektiv. Dabei ist zu beachten, dass die beiden optischen Achsen – und damit die resultierende Fernrohrzielachse – nicht verändert werden. Dies ist jedoch nur selten mit hinreichender Genauigkeit zu gewährleisten, da entsprechende Führungen und Optiken nur schwer zu fertigen sind.

Abhilfe schafft hier eine Fokussierlinse, die zwischen Okular und Objektiv eingeschoben wird (**Bild 4.3-49**). Unter der Voraussetzung, dass die Brechkraft dieser Fokussierlinse klein gegenüber der Brechkraft des Objektivs ist, haben Führungsfehler nur einen sehr geringen Einfluss.

Messunsicherheit

Die Unsicherheit, mit der der seitliche Versatz der Messmarke von der Zielachse des Fernrohrs angegeben werden kann, ist von der Winkelauflösung des Auges, der Fernrohrvergrößerung und der Entfernung der Messmarke vom Fernrohr abhängig. Nach [Tiz 91b] kann die Messunsicherheit nach folgender Formel ermittelt werden:

$$\Delta y = \pm \left(a + \frac{L}{b} \right) \mu m \tag{4.3-20}$$

Als Beispiel wird ein 30fach vergrößerndes Fernrohr aufgeführt, bei dem $a = 5$ und $b = 3 \cdot 10^5$ empirisch ermittelt wurden. Dabei sind in b die Einfangunsicherheit des Auges und die Führungsfehler der Fokussierlinse repräsentativ enthalten.

4.3.4.2   Autokollimationsfernrohr

Das Autokollimationsfernrohr (AKF) wird zur Richtungsprüfung eingesetzt. Dabei werden *Winkelabweichungen* gegen die optische Achse des Fernrohrs gemessen.

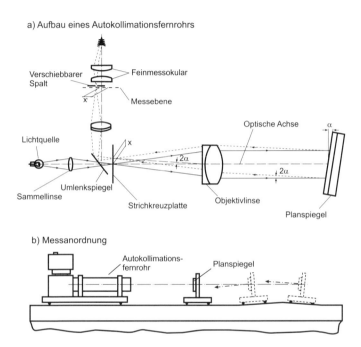

Bild 4.3-50: Prinzip des Autokollimationsfernrohrs

Das AKF eignet sich besonders gut zur:

- parallelen Ausrichtung von Flächen sowie
- Parallelitätsprüfung.

Aus dem AKF wird eine beleuchtete Marke ins Unendliche projiziert. In den Strahlengang der Projektion wird ein hochgenau gefertigter Planspiegel senkrecht auf die zu prüfende Fläche gestellt, so dass das Bild der beleuchteten Marke in das AKF zurück gestrahlt wird. Ist die Fläche nicht parallel zu dem Projektions-strahlengang angeordnet, so wird der Projektionsstrahl nicht in sich selbst, sondern leicht neben seine Ausgangsposition in dem AKF reflektiert. Diese Abweichung ist ein Maß für die Neigung der Prüffläche gegen die optische Achse des AKF. Durch die Reflexion wird der Neigungswinkel verdoppelt (**Bild 4.3-50**).

Daher verfügt das AKF über eine doppelte Messempfindlichkeit für Winkelabwei-chungen. Die maximale Entfernung des Planspiegels vom AKF wird u.a. durch den Neigungswinkel beschränkt.

Neigung des Spiegels

Bei einem zu großen Abstand zwischen dem Spiegel und dem AKF sowie einer zu großen Neigung des Spiegels kann der Projektionsstrahl an dem AKF vorbei reflektiert werden. Somit sind dann keine Messungen mehr möglich.

Messunsicherheit

Die Unsicherheit, mit der die Winkelabweichung $\Delta\alpha$ von der optischen Achse des AKF bestimmt werden kann, ist im Wesentlichen von der Objektivbrennweite f_{OB} und der Unsicherheit abhängig, mit welcher der Versatz Δy der Abbildung der projizierten Marke in der Okularebene bestimmt werden kann. Es gilt folgender Zusammenhang:

$$\tan\left(2\,\Delta\alpha\right)=\frac{\Delta y}{f_{OB}}\quad\Rightarrow\quad\Delta\alpha_{rad}\approx\frac{\Delta y}{2f_{OB}} \tag{4.3-21}$$

4.3.4.3   Messmikroskop und Profilprojektor

Messmikroskope und Profilprojektoren gehören zu den vielseitigsten optischen Prüfmitteln zur Bestimmung der geometrischen Abmessungen von Werkstücken.

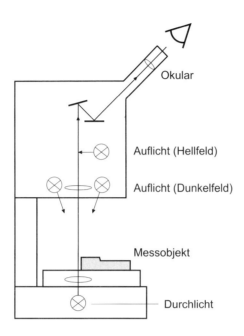

Bild 4.3-51: Prinzipieller Aufbau eines Messmikroskops

Mit beiden Verfahren ist die schnelle und wirtschaftliche Bestimmung der zweidimensionalen Koordinaten von vorzugsweise 2D- und 2½D-Objekten in einer Messebene möglich. Derartige Messobjekte sind beispielsweise Stanz- und Biegeteile, Kunststoffteile, Kurvenscheiben, Nocken, Außengewinde, Zahnräder, Lehren und Dichtungen. Das beleuchtete Messobjekt wird dabei mit einer Abbildungsoptik vergrößert und bei einem Messmikroskop durch ein Messokular beobachtet, wie in **Bild 4.3-51** dargestellt, bzw. bei Profilprojektoren auf einem Projektionsschirm sichtbar gemacht (**Bild 4.3-52**). Zur Vermeidung von Messabweichungen auf Grund der Veränderung des Abbildungsmaßstabs bei ungenügendem Scharfstellen des Objektes in der Messebene werden Abbildungsoptiken mit telezentrischem Strahlengang eingesetzt [Srö 90].

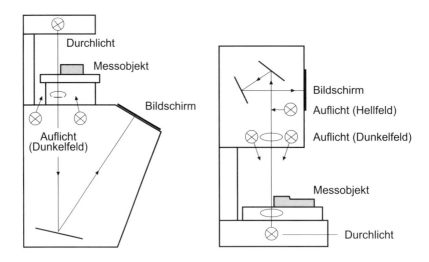

Bild 4.3-52: Prinzipieller Aufbau von Profilprojektoren

Um die für die jeweilige Messaufgabe optimal geeignete Beleuchtung einstellen zu können, stehen dem Anwender sowohl Durchlicht- wie auch Auflicht-Hellfeld-(Beleuchtung senkrecht zur Messebene) und Auflicht-Dunkelfeldbeleuchtung (Beleuchtung unter einem Winkel zur Messebenennormalen) zur Verfügung. Vorzugsweise ist die Durchlichtbeleuchtung einzusetzen, bei der das Profil des Messobjektes im Schattenbildverfahren abgebildet wird, da hierbei geringere Messunsicherheiten erzielt werden. Konturen auf der Oberseite, wie beispielsweise Nuten und Sacklöcher, können dagegen nur im Auflicht und damit ungenauer geprüft werden.

Das physikalische Prinzip des Messmikroskops entspricht dem eines herkömmlichen Mikroskops. Bei einem Mikroskop erzeugt das Objektiv ein vergrößertes reelles Zwischenbild des Objektes. Dieses Zwischenbild wird mit dem Okular, welches die Funktion einer Lupe hat, betrachtet und dient der weiteren Vergrößerung des Zwischenbildes (**Bild 4.3-53**).

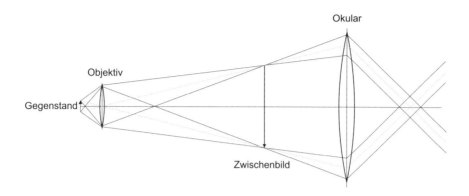

Bild 4.3-53: Prinzipieller Strahlengang beim Mikroskop

Die Gesamtvergrößerung des Mikroskops ergibt sich aus dem Produkt der Objektiv- und der Okularvergrößerung. Das Auflösungsvermögen eines Mikroskops, sprich der Abstand Δx zweier Punkte, die sich noch getrennt beobachten lassen, hängt von der Wellenlänge λ des Lichtes und der numerischen Apertur NA des Objektivs nach folgendem Zusammenhang ab [Her 89]:

$$\Delta x \geq 0{,}61 \frac{\lambda}{NA} \qquad\qquad (4.3\text{-}22)$$

Aus obiger Gleichung geht hervor, dass das Auflösungsvermögen mit kürzer werdender Wellenlänge und größerer numerischer Apertur zunimmt. Aus diesem Grund werden in modernen konfokalen Messmikroskopen Laser als Lichtquellen eingesetzt, deren emittierte Strahlung bis in den ultravioletten Bereich hinein reicht.

Das konfokale Prinzip erlaubt zudem die Bestimmung der fehlenden dritten Koordinate in räumlichen Strukturen. Hierbei wird eine punktförmige Lichtquelle durch das Mikroskopobjektiv auf das Objekt abgebildet (**Bild 4.3-54**). Liegt das Objekt exakt im Brennpunkt, so wird das Licht vom Objekt über denselben Weg durch das Objektiv hindurch und über einen Strahlteiler auf einen Detektor reflektiert. Befindet sich das Objekt außerhalb des Brennpunktes, hält dagegen eine Lochblende das reflektierte Licht vor dem Detektor zurück. Der abgebildete Lichtpunkt wird über ein Spiegelsystem sehr schnell Punkt für Punkt und Zeile für Zeile über das Objekt bewegt und auf diese Weise eine Messebene abgetastet [Lic 94]. Anschließend wird das Objekt in der Höhe geringfügig verfahren und erneut abgetastet. Durch das Übereinanderlegen dieser Schichtaufnahmen ergibt sich somit die dreidimensionale Struktur des Objektes.

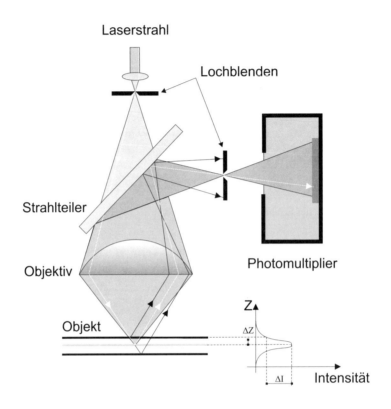

Bild 4.3-54: Prinzipieller Strahlengang bei einem konfokalen Mikroskop

Moderne Profilprojektoren werden in zwei unterschiedlichen Bauformen eingesetzt, wobei das Bild des Messobjektes jeweils über hochpräzise Spiegel umgelenkt und vergrößert auf einem Projektionsschirm dargestellt wird (**Bild 4.3-52**). Der Messbereich von Profilprojektoren ist dabei im Allgemeinen größer als der von Messmikroskopen, so dass auch größere Objekte ohne den Einsatz von Verfahrachsen direkt gemessen werden können. Somit kann beispielsweise durch das Anlegen einer entsprechenden Schablone an das projizierte Bild auf einfache Weise eine lehrende Prüfung vom Anwender manuell durchgeführt werden.

Zur Messung der Objektgeometrie mit Messmikroskopen bzw. Profilprojektoren wird das Messobjekt auf zwei senkrecht zueinander verschiebbaren Tischen aufgespannt und optisch 'angetastet'. Hierbei bringt der Prüfer eine Marke, z.B. ein Fadenkreuz, durch eine entsprechende Positionierung der verschiebbaren Tische in eine definierte Überdeckung mit der anzutastenden Kante des vergrößert abgebildeten Messobjektes (Koinzidenzlage). Mit Messschrauben oder inkrementalen Weggebern, die mit den Tischen gekoppelt sind, werden dann die zweidimensionalen Punktkoordinaten gemessen und diese dann beispielsweise zu einem Abstand zwischen zwei Punkten verknüpft (Abschnitt 4.4). Die in der Fertigungsmesstechnik eingesetzten Geräte sind dabei mit unterschiedlichen, an die jeweilige Messaufgabe angepassten Strichplatten ausgerüstet (**Bild 4.3-55**), wobei die Vergrößerung variabel zwischen 5- und 400-fach durch entsprechende Objektive einstellbar ist.

Da bei der visuellen Antastung nur eine subjektive Messwerterfassung möglich ist, sind moderne Messmikroskope und Profilprojektoren mit optoelektronischen Sensoren ausgestattet. Diese 'Tastaugen' bzw. 'Kreis-Kreisringdetektoren' sind Fotoempfänger und entsprechen damit im Prinzip einer Lichtschranke, die in der Koinzidenzlage einen Schaltimpuls zum Auslesen der Wegmaßstäbe erzeugt. Damit ist eine automatisierte, objektive und dynamische Messwerterfassung möglich, wobei Messunsicherheiten im μm-Bereich möglich sind.

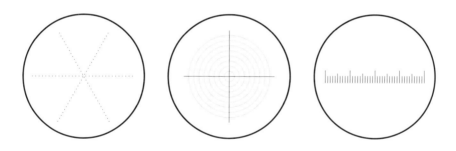

Bild 4.3-55: Verschiedene aufgabenspezifische Strichplatten

Die Weiterentwicklungen der letzten Jahre auf dem Gebiet der Messmikroskope und Profilprojektoren führten insbesondere durch die Integration der Bildverarbeitung zu äußerst leistungsfähigen optischen dreidimensionalen Koordinatenmessgeräten (**Bild 4.3-56**) [Chr 91].

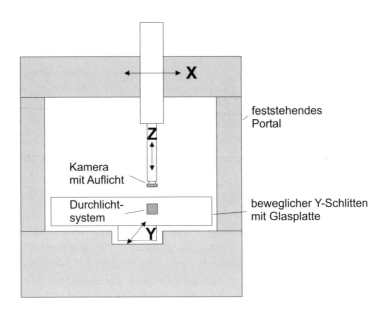

Bild 4.3-56: Prinzipskizze eines optischen dreidimensionalen Koordinatenmessgerätes

Hierbei wird das Messobjekt vergrößert auf eine CCD-Kamera abgebildet. Mit entsprechenden Bildverarbeitungsalgorithmen werden automatisch die Kantenpunkte aus diesen Grauwertbildern mit einer Messunsicherheit bis in den Submikrometerbereich gemessen. Dabei können mehrere Kantenpunkte entweder wie bei taktilen Koordinatenmessgeräten durch das Verfahren der Sensorik und das Messen jeweils eines Punktes pro Bild (Messung am Bild) oder aber bei kleineren Objekten direkt in einem Bild (Messung im Bild) und damit schneller gemessen werden. Störungen durch Reflexe und Staub lassen sich mit Hilfe entsprechender Bildverbesserungen (Filteroperationen) eliminieren, so dass diese Geräte auch direkt im Fertigungsbereich eingesetzt werden.

Durch die Integration von Autofokussensoren kann auch in der dritten Koordinatenrichtung Z gemessen werden. Dabei wird auf eine Objektkante oder die Objektoberfläche fokussiert, indem während eines Suchlaufs in Z-Richtung der Kontrast bzw. der Gradient innerhalb eines Bildfensters bestimmt wird. Am Z-Ort des maximalen Kontrastes/Gradienten ist der Fokuspunkt erreicht und das Objekt befindet sich in einem bekannten Abstand vor dem Sensor.

Die Leistungsfähigkeit optischer Koordinatenmessgeräte entspricht bezüglich Flexibilität, automatisiertem Ablauf von Messprogrammen, Programmierbarkeit und

Messdatendokumentation den taktilen Geräten. Ebenfalls sind die geräte-spezifischen Kenngrößen, die nach VDI 2617, Blatt 6, bestimmt werden, mit denen taktiler Geräte vergleichbar, wobei jedoch eine schnellere Messdatenerfassung erreicht wird und insbesondere kleine, flache, empfindliche oder verformbare Objekte mit diesen Geräten gemessen werden.

Die Antastabweichungen bei optischen Koordinatenmessgeräten sind im Wesent-lichen auf die Fehlereinflüsse bei der optischen Abbildung des Objektes zurückzu-führen [Sha 96]. Diese entstehen beispielsweise an gekrümmten Oberflächen (lie-gende Zylinder), auf Grund der Gestalt der Kante und der Höhe des Messobjektes sowie bei Auflichtmessungen insbesondere durch die Mikrooberflächenbeschaf-fenheit. Durch die Einstellung der jeweils optimalen Beleuchtung sowie messauf-gabenspezifischer Einmessungen können diese jedoch minimiert werden.

4.4 Koordinatenmesstechnik

4.4.1 Grundlagen der Koordinatenmesstechnik

Im Zuge steigender Qualitätsanforderungen an industrielle Produkte besteht die Notwendigkeit, sowohl die Produktqualität als auch ihren Produktionsprozess immer genauer, vor allem aber schneller und kostengünstiger zu überwachen. Mit ansteigender Produktkomplexität kommt der messenden Prüfung hierbei eine steigende Bedeutung zu. Als ein äußerst flexibles und effizientes Werkzeug für die geometrische Prüfung von Werkstücken haben sich Geräte und Messverfahren der Koordinatenmesstechnik herausgestellt.

4.4.1.1 Prinzip der KMT

Charakteristisch für die Koordinatenmesstechnik ist die idealisierte Definition einzelner Werkstückteilgeometrien (z.B. Bohrung, Flanschfläche) durch die mathematische Verknüpfung einzelner Oberflächenpunkte in ausgezeichneten, zumeist für die Funktion des Werkstücks wichtigen Bereichen in einem gemeinsa-men Koordinatensystem (**Bild 4.4-1**) [Neu 93], [Pf 92]. Die Erfassung dieser Raumpunkte kann hierbei mit unterschiedlichen Prinzipien erfolgen, auf die im Abschnitt 4.4.2.2 näher eingegangen wird.

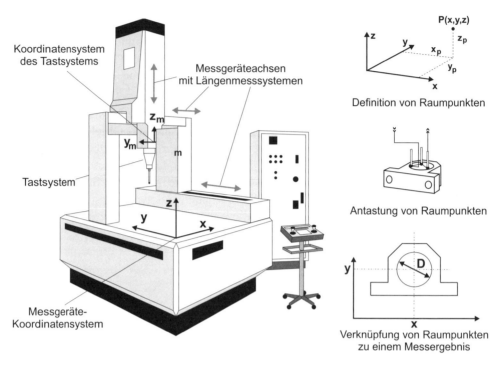

Bild 4.4-1:   Prinzip der Koordinatenmesstechnik

Als Koordinatenmessgeräte (KMG) können grundsätzlich alle Messgeräte bezeichnet werden, die das o.g. Prinzip der Koordinatenmesstechnik nutzen, um die Istgeometrie realer Werkstücke zu erfassen und ihre Abweichungen im Vergleich zur Sollgeometrie zu bestimmen. Im Weiteren wird jedoch der im allgemeinen Sprachgebrauch übliche Sinn verwendet, wonach mit Koordinatenmessgerät ein im dreidimensionalen Raum messendes Messgerät mit begrenztem Messvolumen verstanden wird.

In Kombination mit einer entsprechenden Mess- und Auswertesoftware bieten KMGs Messmöglichkeiten für praktisch alle geometrischen Merkmale an prismatischen, rotationssymmetrischen und -unsymmetrischen Werkstücken.

Neben dem klassischen KMG, als bedeutendem Vertreter der koordinatenmesstechnischen Gerätetypen, sollen hier zwei weitere Koordinatenmesssysteme genannt werden, die hauptsächlich dann zum Einsatz kommen, wenn das Messvolumen üblicher KMGs für die Größe des Messobjektes nicht ausreicht bzw. eine große Anzahl Messpunkte in einer kurzen Zeit erfasst werden sollen:

- Triangulationsmesssysteme (Abschnitt 4.3.3.1)

- Photogrammetrie-Messsysteme (Abschnitt 4.3.2.4)

4.4.1.2 Begriffe zur Werkstückbeschreibung

Die häufigste Aufgabe der Fertigungsmesstechnik besteht darin, die Abweichungen der realen von der idealen Gestalt durch Messung des Werkstücks zu ermitteln, d.h. Maß-, Lage- und Formabweichungen zu bestimmen. Hierbei lässt sich die Gestalt eines Werkstücks durch seine einzelnen Formelemente und deren räumliche Lage zueinander beschreiben. In der Koordinatenmesstechnik werden dabei folgende Begriffe verwendet:

- Die *Sollgeometrie* bezeichnet eine ideale Form, wie sie durch die Konstruktion theoretisch vorgegeben wird und in der Fertigung hergestellt werden soll.

- Die *Istgeometrie* dagegen beschreibt eine idealisierte Form, wie sie messtechnisch erfasst worden ist.

- Als drittes Element der Zustandsbeschreibung einer Werkstückgeometrie dient die *Abweichung*, welche die Differenz zwischen Istgeometrie und Sollgeometrie darstellt.

Dadurch, dass bei der Messung die reale Werkstückoberfläche nur durch einzelne Punkte repräsentiert wird, kann die Istgeometrie die reale Ausprägung der Werkstückform nur annähern. Um zu verdeutlichen, dass es sich bei der Messung der Werkstückgestalt um ein repräsentatives Abbild der realen Form handelt, das mit mathematischen Beschreibungsmechanismen die Gestalt beschreibt, wird der Begriff Werkstückgeometrie verwendet (**Bild 4.4-2**).

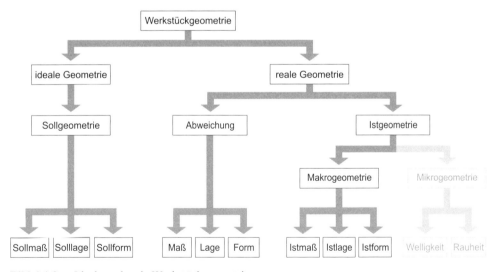

Bild 4.4-2: Ideale und reale Werkstückgeometrie

4.4.1.3 Geometrieelemente und ihre Parameter

Die Formelemente einer Werkstückgeometrie werden durch Merkmale und Attribute definiert. Bei der Geometriemessung der Bohrung ist zu erkennen, dass der gefertigten Bohrung ein idealgeometrisches Element zugeordnet wird (**Bild 4.4-3**). Dieses idealgeometrische Element ist im Falle der Bohrung ein Zylinder. Die mathematische Beschreibung eines Zylinders liefert dabei die geometrischen Parameter, mit denen die Merkmale Maß, Lage und Form dieses Formelementes definiert werden.

Um im Soll-Ist-Vergleich die Abweichungen eines Formelementes beurteilen zu können, wird sowohl die Soll- als auch die Istgeometrie durch ein idealgeometrisches Ersatzelement definiert. Ein Ersatzelement wird hierbei durch Regressionsgleichungen beschrieben, so dass deren Parameter für diskrete Messwerte (Raumpunkte) berechnet und mit den Parametern der Sollgeometrie verglichen werden können. Die hierfür erforderliche Ausgleichsrechnung wird auf numerischem Weg durchgeführt. Der aus den Messpunkten berechnete Ausgleichszylinder ist also verallgemeinert ein Ausgleichselement, dessen Parameter die Istgeometrie der Bohrung bestimmt. Letztendlich interessant für die Qualitätsprüfung ist der Vergleich der einzelnen Parameter bzw. Merkmalausprägungen eines Formelementes mit den Sollvorgaben (Sollmaß, -lage und -form) und ihren Toleranzen.

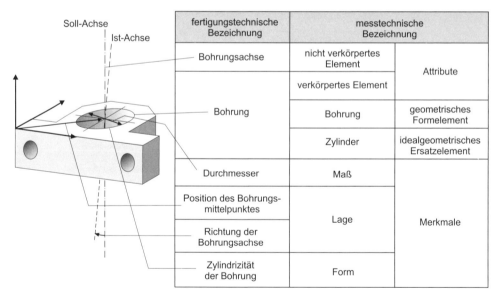

Bild 4.4-3:   Geometrie – Element – Merkmal

Am Beispiel der Bohrung wird deutlich, dass mit der Berechnung des Ausgleichs-kreises die Maßabweichung des Durchmessers und die Abweichungen der einzelnen Messpunkte vom Ausgleichszylinder, die Formabweichungen der realen Bohrung, von der idealen Sollgeometrie beschrieben werden (**Bild 4.4-4**). Damit ist aber zunächst noch nichts über die Lage des Zylinders, respektive der Bohrung im Werkstück ausgesagt. Um nun auch die Lage messtechnisch erfassen zu können, ist ein Bezugssystem zu definieren, auf das sich alle Formelemente beziehen.

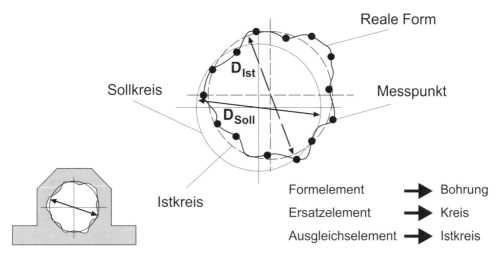

Bild 4.4-4: Messaufgabe Bohrungsdurchmesser

In der Koordinatenmesstechnik wird typischerweise das 3-Ebenen-Bezugssystem verwendet, (**Bild 4.4-5**). Es ergibt sich aus der Verwandtschaft mit dem Mess-geräte-Koordinatensystem, das zumeist als kartesisches System im Messgerät verkörpert ist und andererseits konform mit dem Koordinatensystem ist, das in der Vektorrechnung bei der numerischen Auswertung verwendet wird. Dieses Bezugs-koordinatensystem ermöglicht es, die Lage des Zylinders im Raum und damit auch zu anderen im Bezugskoordinatensystem gemessenen Geometrien exakt zu definie-ren. Hierdurch können auch Merkmale durch Verknüpfung aus mehreren Geome-trieelementen abgeleitet werden, z.B. Parallelität zweier Achsen in einem Getriebe-gehäuse.

Die Koordinatenmesstechnik ist typischerweise in der Lage, geometrische Abweichungen zu messen, die neben den makrogeometrischen Eigenschaften wie Maß und Lage auch einige Formanteile der Gestaltabweichungen enthalten. Typischerweise können mit KMGs Gestaltabweichungen erster und zweiter Ordnung, d.h. nach der Definition der DIN 4760 Formabweichungen und Wellig-keiten, erfasst werden. Welches Auflösungsvermögen die Koordinatenmessung bzgl. der Abweichungsordnung hat, hängt sehr stark von dem verwendeten Antastprinzip und dem Tastsystem ab.

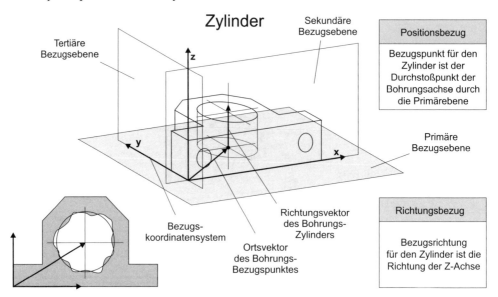

Bild 4.4-5:   Bezugselement – Bezugskoordinatensystem

4.4.1.4   Bestimmung geometrischer Basiselemente

Zur Bestimmung geometrischer Qualitätsmerkmale eines Werkstücks werden in einem definierten Koordinatensystem Raumpunkte erfasst und mittels einer Tastkugelradiuskorrektur in Parameter geometrischer Basiselemente transformiert.

Erfassung eines Raumpunktes

Die Erfassung einzelner Raumpunkte kann mit unterschiedlichen Messprinzipien durchgeführt werden (Abschnitt 4.4.2.2). Im Folgenden beziehen sich alle Verfahrensbeschreibungen auf taktile, mechanisch antastende Tastsysteme. Die Messung einer Werkstückgeometrie erfolgt hierbei durch Antastung mit einem Taster, der im Prinzip in verschiedenen Formen – als Kugel-, Scheiben-, Zylinder- oder Kegeltaster – verfügbar ist. Im Folgenden wird immer von einem kugelförmigen Taster ausgegangen, weil er das universellste und das am häufigsten auf KMGs eingesetzte Tastelement ist. Die Tastergeometrie (d.h. der Tastkugeldurchmesser und die Lage des Tastkugelmittelpunktes) wird vor der Messung durch die Kalibrierung an einem Normal (üblicherweise eine hochgenaue Keramikkugel) in Bezug auf das Messgeräte-Koordinatensystem bestimmt. Mit Hilfe der Verfahrachsen wird durch eine Relativbewegung zwischen Tastsystem und Werkstück ein Punkt angetastet und der Tastkugelmittelpunkt als gemessene Koordinaten im Messgeräte-Koordinatensystem (MKS) der Auswertesoftware übergeben. Durch Messung mehrerer Punkte und der Zuweisung zu einem geometrischen Element werden die Messdaten, d.h. die Parameter einer berechneten Ausgleichsgeometrie, im Werkstück-Koordinatensystem (WKS) bereitgestellt. Aus den Messdaten kann anschließend die Istgeometrie berechnet werden. Um in der Auswertung von den gemessenen Punkten zum geometrischen Istelement zu gelangen, sind drei Grundaufgaben zu erfüllen:

- Koordinatentransformation vom MKS in das WKS
- Tastkugelradius-Korrektur (Antastpunktberechnung)
- Berechnung des Ersatzelementes (Istgeometrieberechnung)

Die Istgeometrie wird nicht nur dazu verwendet, die Abweichungen des realen Werkstücks zu bestimmen, sondern auch, um z.B. ein werkstückeigenes Koordinatensystem zu bilden.

Koordinatensysteme und Transformationen

Zu prüfende Werkstücke sind durch die Konstruktion in einem einheitlichen Maßsystem beschrieben. Die Fertigungszeichnung legt dabei das Bezugssystem fest, in dem die Lage und die Maße der einzelnen Formelemente definiert sind. Bei der Messung ist nun sicherzustellen, dass die Istgeometrie und die Abweichungen der Merkmale auch in diesem Bezugssystem ausgegeben werden. Zu diesem Zweck wird bei der Messung zunächst ein Koordinatensystem messtechnisch definiert, das dem geforderten Bezugssystem aus der Konstruktion entspricht (**Bild 4.4-6**).

Als Koordinatensysteme werden nicht nur kartesische Systeme verwendet (**Bild 4.2-6**), sondern auch Kugel- und Zylinder-Koordinatensysteme. Zylinder-Koordinatensysteme werden hauptsächlich dort eingesetzt, wo die Drehachse die Hauptachse des KMG darstellt, also z.B. bei speziellen Verzahnungsmessgeräten, Wellenprüfgeräten und Formmessgeräten. Zumeist sind die Messgeräte-Koordinatensysteme jedoch als kartesische Koordinatensysteme ausgebildet. Zweckmäßigerweise wird dann auch vom Benutzer bei der Messung ein Koordinatensystem gleichen Typs als Werkstück-Koordinatensystem definiert. Im Folgenden werden ausschließlich kartesische Koordinatensysteme behandelt. Die prinzipielle Verfahrensweise in der Koordinatenmesstechnik ist jedoch unabhängig vom Typ des Koordinatensystems, in dem die räumliche Lage eines Punktes gemessen und dargestellt wird. Hier soll nur auf die Existenz anderer Koordinatensysteme hingewiesen werden. Alle Koordinatensysteme können auf das kartesische Koordinatensystem durch Koordinatentransformation zurückgeführt werden.

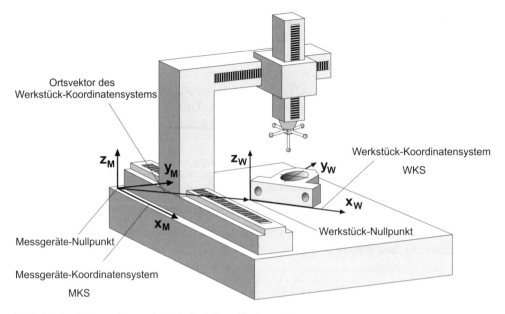

Bild 4.4-6:   Messgeräte- und Werkstück-Koordinatensystem

In der konventionellen Messtechnik muss ein Prüfobjekt mechanisch aufwendig ausgerichtet werden, weil die Messachse des Messmittels zur Bezugsrichtung des zu messenden Maßes parallel sein muss. Dies führt in der Praxis bei komplexen Geometrien häufig zum Einsatz teurer Vorrichtungen. Ein großer Vorteil und eine signifikante Kostenersparnis liegt bei der Koordinatenmesstechnik darin, dass die mechanische Ausrichtung durch eine rechnerische Ausrichtung ersetzt wird. Durch die Messung der Bezugsflächen des Werkstücks im Messgeräte-Koordinatensystem wird das Werkstück-Koordinatensystem vor der eigentlichen Durchführung der Messaufgabe bestimmt. Dabei sind der Ursprung und die Ausrichtung des Werkstück-Koordinatensystems gegenüber dem Messgeräte-Koordinatensystem zu ermitteln.

Tastkugelradius-Korrektur

Nach einer Antastung der Werkstückoberfläche steht der Tastkugelmittelpunkt als Messwert zur Verfügung. Der eigentlich interessierende Punkt bei der Antastung ist jedoch nicht der Tastkugelmittelpunkt, sondern der Berührpunkt bei der Antastung, da er ein Punkt der realen Werkstückgeometrie ist. Das Verfahren zur Berechnung des Antastpunktes ausgehend vom Tastkugelmittelpunkt wird Tastkugelradius-Korrektur genannt.

Bei der Antastung des Werkstückes in einem Punkt sind verschiedene Begriffe definiert, die zur Beschreibung der unterschiedlichen Zustände des Werkstücks benötigt werden (**Bild 4.4-7**). Der Punkt, der die konstruierte Geometrie beschreibt, heißt Sollpunkt. Dieser wird von außerhalb des Werkstückes, im idealen Fall entgegengesetzt zu seiner Normalenrichtung – der Sollnormalen – angefahren. Die Tastkugel berührt bei der Antastung das Werkstück auf der Oberfläche. Dieser Punkt heißt Berührpunkt. Der Punkt, der vom Messgerät in kartesischen Koordinaten ausgegeben wird, heißt Messpunkt und ist – unter idealen Bedingungen, also ohne Verformungen des Taststiftes – identisch mit dem Tastkugelmittelpunkt. Mit Hilfe der Tastkugelradius-Korrektur wird aus dem Messpunkt der Antastpunkt berechnet. Er muss nicht zwangsläufig physikalisch auf der Oberfläche vorhanden sein und ist zumeist auch nicht identisch mit dem Berührpunkt. Der berechnete Antastpunkt stellt damit eine Näherung der realen Kontur dar und definiert einen Punkt ihres messtechnischen Abbildes, der Istgeometrie. Dieser Punkt wird demzufolge auch Istpunkt genannt.

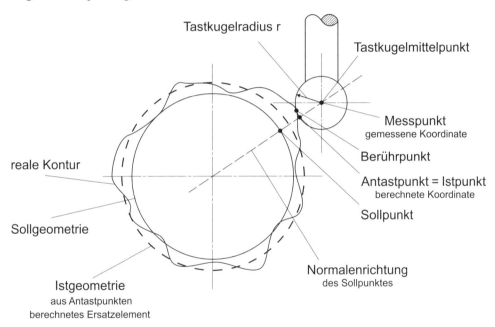

Bild 4.4-7: Begriffsdefinitionen bei der Punktmessung

Entscheidenden Einfluss auf den Berechnungsgang hat die Wahl der Reihenfolge von Tastkugelradius-Korrektur und Ersatzelementberechnung. Es werden zwei Varianten unterschieden:

- Kompensation am Punkt und

- Kompensation am Ersatzelement.

Bei der Kompensation des Tasterradius am Punkt wird für jeden Messpunkt mit Hilfe des Tastkugelradius und einer Korrekturrichtung der entsprechende Antastpunkt berechnet. Die berechneten Antastpunkte repräsentieren die Istgeometrie des Werkstückes. Die Richtigkeit der Korrektur ist entscheidend von der Korrekturrichtung abhängig.

Das Verfahren der Kompensation am Ersatzelement ist das Wichtigste, da es bei den meisten Messaufgaben, nämlich der Messung von Standardgeometrieelementen, Verwendung findet. Durch die Tastkugelmittelpunkte wird zuerst ein idealgeometrisches Ersatzelement berechnet und an diesem anschließend die Tasterradiuskorrektur durchgeführt.

Geometrische Basiselemente und Berechnungsverfahren

Werkstückoberflächen lassen sich durch geometrische Formelemente beschreiben, die häufig auf relativ einfache Weise durch Elemente der ebenen und räumlichen Trigonometrie definiert werden können. Die mathematische Behandlung dieser Elemente ist die Voraussetzung für die Lösung der Messaufgaben, wie z.B. der Bestimmung des Abstandes zweier Bohrungen oder der Bestimmung des Durchmessers einer Welle. In der Koordinatenmesstechnik werden folgende Basis-Geometrieelemente unterschieden:

- 1-Dimensional :   Punkt

- 2-Dimensional :   Gerade, Kreis

- 3-Dimensional :   Ebene, Kugel, Zylinder, Kegel

Die vier Basiselemente – Ebene, Kugel, Zylinder und Kegel – sind dreidimensional ausgeprägte Elemente, die durch ihre Oberfläche verkörpert werden. Dadurch ist die Berechnung ihrer Istnormalen und eine Auswertung ohne weitere Hilfselemente immer möglich. Charakteristisch für die Elemente Punkt, Gerade und Kreis ist, dass sie als Element nur durch Antastung nicht eindeutig bestimmt werden können. Geraden sind z.B. nur als Kanten verkörpert, die nicht eindeutig angetastet werden können. Ebenso ist der Kreis nur als Kante verkörpert. Er wird jedoch häufig an zylindrischen Flächen verwendet, um z.B. Hilfselemente für weitere Berechnungen zu erhalten. Zur Form- und Lageprüfung von Bohrungen und Wellen sollte anstatt des Kreises besser ein Zylinder verwendet werden.

Für die Darstellung der Grundgeometrieelemente werden Methoden der Vektoralgebra verwendet [Neu 93], [Pf 92].

4.4.1.5   Mess- und Auswertestrategie

Mathematische und messtechnische Gründe fordern für jedes Geometrieelement eine bestimmte Mindestpunktzahl:

- Die mathematische Mindestpunktzahl ergibt sich aus der Zahl der Freiheitsgrade, die ein Element besitzt. Weiterhin existieren Nebenbedingungen, die die Anordnung der Messpunkte betreffen. So dürfen z.B. die vier Punkte einer Kugel nicht in einer Ebene liegen oder Punkte nicht identisch sein.

- Die messtechnische Mindestpunktzahl ergibt sich daraus, dass der Einfluss kleiner Formabweichungen auf das Ergebnis gering bleiben sollte. Sie muss also größer als die mathematische Mindestpunktzahl sein. Je nach Formabweichung der Realgeometrie und der Anforderung, welche Größenordnung der Gestaltabweichungen noch aufgelöst werden soll, muss zumeist als real verwendete Punktzahl ein Vielfaches der mathematischen Mindestpunktzahl verwendet werden.

Stehen bei der Messdatenauswertung mehr als die mathematische Mindestpunktzahl zur Verfügung, so ist das geometrische Ersatzelement durch Messpunkte überbestimmt. Als Ersatzelement wird in der Koordinatenmesstechnik mit Hilfe von Regressionsgleichungen ein Ausgleichselement berechnet. Die Wahl des Regressionsverfahrens hat einen erheblichen Einfluss auf das berechnete Ausgleichselement. Das in der Koordinatenmesstechnik hauptsächlich eingesetzte Regressionsverfahren ist die Gauß-Bedingung, mit der nahezu alle Algorithmen zur Ausgleichselementberechnung arbeiten. Neben der Wahl des Ausgleichsverfahrens ist die Wahl der Ausgleichsbedingung mitentscheidend, ob das Messergebnis die funktionstechnischen Eigenschaften des Werkstücks widerspiegelt. Je nach Form des geometrischen Elementes und seiner spezifischen Funktion in seiner Baugruppe ist es sinnvoll, auch andere als die Gauß-Ausgleichsbedingung zu wählen. Die vier üblichen Ausgleichsbedingungen lauten:

- Gauß-Bedingung oder auch L_2-Norm

- Tschebyscheff-Bedingung oder auch L_∞-Norm

- Pferchbedingung

- Hüllbedingung

Weiterführende Literatur zu den Berechnungsverfahren und zu Ausgleichsalgorithmen sind in [War 84], [Hmd 89], [Wol 84], [Krm 86], [Wol 75] zu finden.

Beurteilung von Mess- und Berechnungsergebnissen

Ein Hilfsmittel zur Beurteilung von Messergebnissen ist die Anwendung der Statistik. Da in der Koordinatenmesstechnik nicht die gesamte Oberfläche eines Messobjektes erfasst wird, sondern als Stichprobe nur eine endliche Anzahl von Messpunkten, bietet es sich an, die Abweichungen d_i der Messpunkte in Bezug zum Ausgleichselement genauer zu betrachten. Da viele Abweichungen systematischer Natur sind, z.B. ein n-seitiges Gleichdick an einer Welle, sind oft notwendige Bedingungen der Statistik verletzt, so dass bei der Interpretation eines Messergebnisses neben der Standardabweichung auch immer die kleinsten und größten Abweichungen berücksichtigt werden sollten.

4.4.1.6 Messabweichungen und Messunsicherheit von Koordinatenmessgeräten

Die Qualität der Messergebnisse wird entscheidend beeinflusst durch die Umgebungseinflüsse (Abschnitt 2.3), die auf das Koordinatenmessgerät bzw. das zu messende Werkstück einwirken sowie durch das Geräteverhalten und Bauteilkomponenten selbst. Gerätespezifische Ursachen für die Messabweichungen eines Koordinatenmessgerätes sind z.B.:

- Unvollkommene Messsysteme
  - Maßverkörperung
  - Sensoren
  - Interpolationseinrichtung

- Reibung

- Antastverhalten

- statische und dynamische Verformungen

- Software des Gerätes

Für die Anwender eines Koordinatenmessgerätes ist von besonderem Interesse, mit welcher Messunsicherheit (Abschnitt 2.3) bei der Durchführung einer Messaufgabe zu rechnen ist. Allgemein werden Messabweichungen in Vergleichsmessungen mit kalibrierten Normalen bestimmt. Der Wert der Messabweichung ist hierbei abhängig von der Messaufgabe und kann aus diesem Grund in der Koordinatenmesstechnik lediglich als längenabhängige Messabweichung angegeben werden [VDI/VDE 2617 1-6], [DIN EN ISO 10360-2]. Bei der DIN EN ISO 10360-2 handelt es sich um eine internationale Richtlinie zur Überwachung der Messunsicherheit von Koordinatenmessgeräten für die Messaufgabe der Längenmessung im Raum. Hierbei werden Endmaße oder Stufenendmaße als kalibrierte Längenverkörperung eingesetzt. Die Richtlinien werden angewendet, um eine periodische Überwachung der Koordinatenmessgeräte bzw. eine Abnahmeprüfung der Geräte zu ermöglichen (Kapitel 6).

Die Messabweichung von Koordinatenmessgeräten wird wesentlich durch die Komponentenabweichungen der Führungsbahnen beeinflusst [VDI/VDE 2617 1-6]:

- Positionsabweichungen

- Rechtwinkligkeitsabweichungen

- Geradheitsabweichungen

- Rotatorische Abweichungen

- Antastabweichungen

Diese Abweichungskomponenten können mit Hilfe von Prüfkörpern bzw. mit einem Laserinterferometer (Abschnitt 4.3.3.6) erfasst und z.T. rechnerisch korrigiert werden [Neu 88]. Die Beschreibung und Korrektur der systematischen Abweichungen bei der Längenmessung im Raum ist ein erster Ansatz zur Verringerung der Messergebnisse.

Neben der rechnerischen Korrektur der systematischen Messabweichungen können weitere Unsicherheitseinflüsse rechnerisch abgeschätzt werden. Das auch als virtuelles KMG bezeichnete Prinzip verfolgt diesen Ansatz. Das Konzept des virtuellen KMG besteht aus drei Schritten [Tra 96]:

- messtechnische Ermittlung systematischer und zufälliger Abweichungskomponenten des KMG

- Abschätzung nicht messtechnisch bestimmbarer Unsicherheitsbeiträge

- Simulation der Messaufgabe auf dem virtuellen KMG zur Abschätzung der messaufgabenspezifischen Unsicherheit der Ergebnisse

Das virtuelle KMG wurde von einigen Herstellern in ihre vorhandenen Softwaresysteme integriert, so dass neben den auf dem Koordinatenmessgerät erfassten Messergebnissen eine merkmalspezifische Messunsicherheitsabschätzung durchgeführt und dokumentiert wird.

Die mit dem oben genannten Verfahren bestimmte Längenmessunsicherheit kann jedoch nur eingeschränkt auf die bei einer bestimmten Messaufgabe tatsächlich auftretende Messunsicherheit übertragen werden. Dies wird besonders deutlich, wenn sich die Messaufgabe von einer Längenmessaufgabe stark unterscheidet. Zur Abschätzung der Messunsicherheit wird in diesem Fall ein kalibrierter Prüfkörper, ein sogenannter Komparator benötigt, an dem die Messaufgabe in gleicher oder zumindest ähnlicher Form durchgeführt werden kann. Aus dem Vergleich der kalibrierten Werte mit den gemessenen Werten werden die Messabweichungen bestimmt.

Ein typisches Beispiel für das Komparatorverfahren findet sich in der Verzahnungsmessung auf Koordinatenmessgeräten. Hier wurde für die Abschätzung der Messunsicherheit von Kegelradmessungen ein spezieller Prüfkörper, das Kegelradnormal, entwickelt und erprobt [Pf 96].

4.4.2 Systemkomponenten und Bauarten von Koordinatenmessgeräten

Mitte der sechziger Jahre wurden aus mit Längenmesssystemen ausgerüsteten Werkzeugmaschinen Koordinatenmessgeräte entwickelt. Dadurch wurde die Erfassung von nahezu beliebigen räumlichen Geometrien in kurzer Zeit und mit einer geringen Messunsicherheit möglich. Der Messablauf erfolgte zunächst durch manuelle Führung des Messgerätes und durch Ablesen der Messsysteme durch den Bediener. Außerdem musste bei den ersten Geräten das Werkstück für die Messung manuell zum Koordinatensystem des Gerätes ausgerichtet werden. Die Weiterentwicklung der Koordinatenmessgeräte befasste sich hauptsächlich mit der Automatisierung der Messwertaufnahme und insbesondere der Messdaten-verarbeitung. Durch den Einsatz von Messgeräterechnern wurde die CNC-Steuerung des KMGs realisiert, sowie die Messwertaufnahme und die Messdaten-auswertung wesentlich beschleunigt.

Entscheidenden Einfluss auf den Gebrauchswert des KMGs hat die Software, die als problemorientierte Anwendungssoftware die Flexibilität und Genauigkeit der Lösung der gestellten Messaufgaben entscheidend mitbeeinflusst. In den achtziger Jahren wurde hier das Hauptaugenmerk auf die Realisierung messaufgaben-spezifischer Software gelegt. Zur Verbesserung der Messgerätehardware wurden die Tastsysteme optimiert und neben den mechanisch antastenden Systemen auch optische Sensoren adaptiert. Die Entwicklung in den neunziger Jahren zeichnet sich besonders durch Bestrebungen zur Integration von KMGs in den Fertigungsfluss und durch die rechnerunterstützte Korrektur von Fehlereinflüssen bei der Messung aus (Abschnitt 4.4.1.6).

Im Folgenden werden zunächst der Aufbau und die unterschiedlichen Bauformen von Koordinatenmessgeräten beschrieben.

4.4.2.1 Bauarten

Der Aufbau eines Koordinatenmessgerätes besteht im Wesentlichen aus den mechanischen Gerätebaugruppen, den Antrieben, den Längenmess- und Tast-systemen, der Steuerung und dem Bedienpult, dem Messgeräterechner mit den Peripheriegeräten zur Ausgabe der Messergebnisse sowie problemorientierter Messsoftware. Je nach Ausführung des Koordinatenmessgerätes können neben der genannten "Grundausstattung" weitere Zusatzeinrichtungen wie mobile oder in die Grundplatte integrierte Drehtische, Tasterwechseleinrichtungen, Temperatur-sensoren und Werkstückzuführ- oder -spann-Einrichtungen zum Gerät gehören.

Die unterschiedlichen Bauformen von Universal-Koordinatenmessgeräten lassen sich in vier Grundtypen gliedern (**Bild 4.4-8**):

• Ständerbauart

- Auslegerbauart

- Portalbauart

- Brückenbauart

Neben den vier Grundtypen wurde eine neue Bauart entwickelt, die auf dem Gelenkarm-Prinzip basiert. Die Bauform ist in ihrer Kinematik ähnlich einem Roboter mit zwei Lenkern und vertikalen Gelenkachsen. Ein Koordinatenmessgerät, das nach diesem Prinzip gebaut wurde, besteht aus einem höhenverschiebbaren Gelenksystem mit zwei hochgenauen Winkelmesssystemen und einem messenden 3D-Tastkopf. Dieses Messgerät zeichnet sich durch geringe Abmessungen sowie einfache manuelle Bedienung aus. Es wird insbesondere für die fertigungsnahe Prüfung von Maß-, Form- und Lageabweichungen an Werkstücken kleiner und mittlerer Abweichungen eingesetzt [Lot 96].

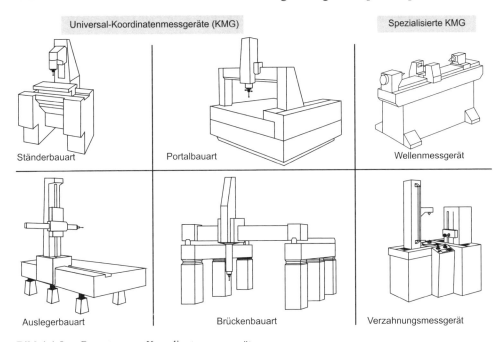

Bild 4.4-8:   Bauarten von Koordinatenmessgeräten

Ständerbauart

Geräte dieser Bauart stellen typischerweise ein Messvolumen bis zu 0,25 m^3 zur Verfügung. Sie zeichnen sich durch gute Zugänglichkeit aus und bieten aufgrund ihrer zumeist kurzen Achsen eine sehr hohe Steifigkeit. Durch die Steifigkeit und die Anordnung der Geräteachsen, bei der das Abbe´sche Prinzip (siehe

Kapitel 2.3.2.4) relativ gut eingehalten wird, ist mit diesen Gerätetypen eine sehr geringe Messunsicherheit bis unter 1 μm realisierbar. Die Einsatzgebiete reichen von Lehrenprüfungen über kleine prismatische und wellenförmige Werkstücke bis hin zu Verzahnungen.

Auslegerbauart

Die Auslegerbauweise zeichnet sich durch ein Maximum an Zugänglichkeit aus und wird in verschiedensten Größenordnungen, vom Auftischgerät bis hin zu Messvolumen mit Zimmergröße hergestellt. Aufgrund der gegenüber der Kraglänge kurzen Führungslänge ist die statische und dynamische Steifigkeit dieses Gerätetyps am geringsten. Die minimal erzielbaren Messunsicherheiten sind dementsprechend deutlich höher als bei den anderen Bauformen. Einsatzgebiete sind z.B. die Messung von Halbzeugen und Werkstücke aus der Blechbearbeitung, sowie die Geometrieprüfung von ganzen Baugruppen im Fahrzeug-, Flugzeug- und Anlagenbau.

Portalbauart

Die Portalbauweise stellt mittlerweile die am häufigsten vertretene Bauart dar. Sie deckt einen Großteil der in der Fertigungsmesstechnik benötigten Messvolumina ab. Typische Vertreter stellen ein Messvolumen von 1 bis 2 m^3 zur Verfügung. Sie zeichnen sich durch eine große Steifigkeit aus. Bei der Portalbauweise unterscheidet man zwei Varianten:

- Bei der einen ist das Portal als bewegliche Baugruppe ausgeführt und das Werkstück auf dem Gerätetisch feststehend,
- bei der zweiten ist der Gerätetisch als bewegliche Baugruppe mit dem darauf fixierten Werkstück realisiert, wobei das Portal mit dem Gerätegrundgerüst ortsfest verbunden ist.

KMGs in Portalbauweise werden typischerweise zur Messung von Werkstücken und kleinen bis mittleren Baugruppen des Maschinen-, Geräte- und Fahrzeugbaus eingesetzt.

Brückenbauart

Zur Messung großer Messobjekte ist die Brückenbauweise konzipiert. Es wurden bereits KMGs mit einem Messvolumen bis zu 16 x 6 x 4 m^3 realisiert. Sie zeichnet sich dadurch aus, dass die beweglichen Baugruppen nicht auf einem gemeinsamen Gerätegrundtisch aufsetzen, sondern dass die Basis durch ein Fundament gebildet wird. Die Einsatzgebiete für diesen Gerätetyp sind der Groß- und Schwermaschinenbau. Dieser Gerätetyp wird aber auch zur Karosseriemessung oder zur Messung von Großwerkzeugen der Umformtechnik sowie Flugzeugbaugruppen und Turbomaschinenkomponenten eingesetzt.

Trotz der unterschiedlichen Bauarten von KMGs lassen sich alle Typen auf ein gemeinsames gerätetechnisches Konzept zurückführen. Die Gerätebasis trägt bei allen Bauarten die festen und beweglichen mechanischen Baugruppen. Die Gerätebasis muss genügend steif sein, um lastabhängige Deformationen zu minimieren und in einer schwingungsisolierenden Lagerung, möglichst als Dreipunktlagerung aufgestellt sein. Als Material für die Geräte-Baugruppen werden vorzugsweise Hartgestein, Stahl oder Guss verwendet. Der Gerätetisch besteht häufig aus Hartgestein, weil seine natürliche Alterung abgeschlossen ist. Hartgestein zeichnet sich durch eine geringe Korrosionsanfälligkeit aus und ist gleichzeitig billiger und leichter als Stahl. Außerdem besitzt Hartgestein einen geringeren Temperaturausdehnungskoeffizienten als Stahl, so dass durch Temperaturschwankungen eine geringere Längenänderung verursacht wird. Durch die geringere Wärmeleitfähigkeit erfolgt die Anpassung der Baugruppe an Temperaturänderungen jedoch wesentlich langsamer, so dass innere Spannungen in der Baugruppe zu Verformungen führen. Um den Einfluss kurzfristiger Temperaturgradienten am Messgerät besser zu eliminieren, wird das Hartgestein für bewegte Baugruppen (z.B. Portal und Pinole) teilweise durch Aluminium ersetzt. Das Aluminiumbauteil verändert bei Temperaturänderungen zwar seine äußeren Abmessungen wesentlich stärker als das Gestein, aufgrund der besseren Wärmeleitfähigkeit sind die inneren Temperaturgradienten und damit die Verformungen jedoch geringer. Weitere Werkstoffe, die in der Koordinatenmesstechnik eingesetzt werden, sind Keramik (geringer Temperaturausdehnungskoeffizient) und Kohle-Faser-Verbundwerkstoffe (geringes Gewicht bei gleichzeitig hoher Steifigkeit, geringe Massenträgheit der Bauteile).

4.4.2.2 Systemkomponenten

Die erreichbare Messunsicherheit eines Koordinatenmessgerätes wird durch seine Systemkomponenten beeinflusst. Neben dem mechanischen Aufbau und der Präzision der aus Führungen, Lagerungen und Antrieben bestehenden mechanischen Komponenten sind hier insbesondere die Längenmesssysteme der bewegten Achsen und das Tastsystem von entscheidender Bedeutung.

Führungen-Lagerungen-Antriebe

Maßgebend für die mechanische Genauigkeit des Messgerätes ist die Geradheit der Führungsbahnen und die Rechtwinkligkeit der Führungen zueinander, die ja die Richtungen des Messgeräte- bzw. des Referenz-Koordinatensystems verkörpern.

Als Führungen kommen Hartgestein und Stahl zur Anwendung. In Verbindung mit Hartgestein werden Luftlager und bei Stahl Wälzlager verwendet. Luftlager haben den Vorteil, dass sie keinen Stick-Slip-Effekt aufweisen, große Lasten statisch und dynamisch aufnehmen können und selbstreinigende Eigenschaften haben. Wälzlagerungen können auch große Lasten dynamisch mit guter Genauigkeit aufnehmen und weisen eine geringe Reibung sowie geringen Verschleiß auf.

Das Bewegen der Baugruppen erfolgt je nach Automatisierungsstufe des KMG heute allgemein motorisch durch elektrisch angetriebene Servomotoren. Die Ansteuerung der Motoren kann dabei entweder durch den Bediener über das Steuerpult des KMG erfolgen oder durch Steuerprogramme, die im Messgeräterechner abgearbeitet werden. Die Kraftübertragung vom Antrieb auf die bewegte Baugruppe erfolgt dabei auf unterschiedliche Weise mit Hilfe von Kugelumlaufspindeln, Reibrädern, Bändern oder seltener auch über Verzahnungen und Ketten. Die Auswahl des Übertragungsverfahrens richtet sich neben den Kosten auch nach den unterschiedlichen Anforderungen an Eigenschaften wie Steifigkeit, dynamisches Verhalten, Schlupf, Umkehrspiel, Verschleiß und Reibung.

Längenmesssysteme

Den Geräteachsen sind Längen- bzw. Wegmesssysteme zugeordnet. Sie bestehen aus der Maßverkörperung und den Sensoren zum Lesen der Position oder der Wegänderung. Folgende Kopplungsmechanismen zwischen Maßverkörperung und Lesesystem werden in Koordinatenmessgeräten angewendet:

- Zahnstange-Stirnrad
- Trapez-Gewindespindel
- Kugelumlaufspindel
- Inductosyn-Verfahren (induktives Verfahren)
- Glas und Metall-Strichmaßstäbe (opto-elektronisches Verfahren)
- Laserinterferometer

Es werden hauptsächlich inkrementale Messsysteme in KMGs eingesetzt, da die Kenntnis über den absoluten Ursprung des Bezugs-Koordinatensystems bei der Messung meistens nicht erforderlich ist. Die Längenmesssysteme sind eine für die Genauigkeit des Koordinatenmessgerätes entscheidende Komponente und werden deshalb in ihrer Auflösung eine Größenordnung genauer ausgelegt, als die Längenmessunsicherheit des KMG.

Um Messabweichungen zu minimieren, muss eine sinnvolle Anordnung der Längenmesssysteme im KMG realisiert werden. Nach dem Abbe´schen Komparatorprinzip (Abschnitt 2.3.2.4) sollen die Maßverkörperungen mit der am Objekt zu messenden Länge fluchten oder wenigstens einen möglichst geringen Abstand haben. Aus baulichen Gründen können Führungen und Messsysteme natürlich nicht fluchten, sondern nur mit fertigungstechnischer Genauigkeit parallel und nahe beieinanderliegend ausgeführt werden. Durch die Verletzung des Komparatorprinzips und durch die Unvollkommenheit der Führungen und Achsrichtungen werden Messabweichungen induziert, welche in 21 Komponenten – 9 translatorische, 9 rotatorische sowie 3 Rechtwinkligkeits-Abweichungen – unterteilt werden. Die 21 Komponentenabweichungen können rechnerisch zu einem großen Teil kompensiert werden [Neu 88].

Tastsysteme

Das Tastsystem eines KMG stellt den Bezug zwischen dem Messpunkt am Objekt und dem Geräte-Koordinatensystem her. Das Prinzip der Messpunktaufnahme besteht darin, mit einem Tastelement die Oberfläche anzutasten und gleichzeitig die Längenmesssysteme des KMG in dieser Position auszulesen. In KMGs werden Tastsysteme verwendet, die sowohl auf dem optischen als auch auf dem mechanischen (taktilen) Antast-Prinzip beruhen (**Bild 4.4-9**).

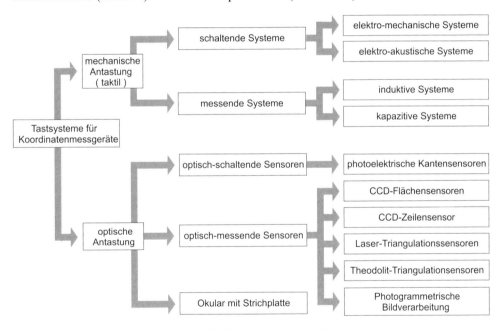

Bild 4.4-9: Einteilung der Tastsysteme für Koordinatenmessgeräte

Die meisten Systeme arbeiten mit mechanischer Antastung, wobei schaltende und messende Tastsysteme zu unterscheiden sind. Die Messung einzelner Punkte erfolgt hierbei durch Antastung mit einem Taster, der im Prinzip in verschiedenen Formen – als Kugel-, Scheiben-, Zylinder- oder Kegeltaster – verfügbar ist. Bei mechanischen Tastsystemen werden häufig Taststifte mit Kugeln (Kugel-werkstoffe: Rubin, Glas, Stahl) als Antastelemente verwendet, die möglichst steif und verschleißarm sind, und deren Durchmesser und Position im Raum sehr genau kalibriert werden kann. Es werden auch optisch arbeitende Triangulationssensoren und CCD-Kameras mit Bildverarbeitung eingesetzt (Abschnitt 4.3.2 und 4.3.3). Zielsetzung bei der Integration optischer Systeme ist hauptsächlich die Reduzierung der Messzeit. Im weiteren wird lediglich auf die mechanischen Antastverfahren eingegangen [Pre 97].

Schaltende Tastsysteme

Wegen der Reaktionszeit der Steuerung während der Antastung und aus Gründen des Kollisionsschutzes ist eine Auslenkung des Tasters während der Antastung erforderlich. Bei schaltenden Tastsystemen ist dies meist durch eine "Knickstelle" realisiert (**Bild 4.4-10**). Schaltende Tastsysteme arbeiten grundsätzlich dynamisch, d.h. mindestens eine Geräteachse wird während der Antastung bewegt. Die Antasterkennung erfolgt durch einen Impuls, der das Auslesen der Längenmesssysteme und das Abspeichern der Koordinaten im Messgeräterechner auslöst.

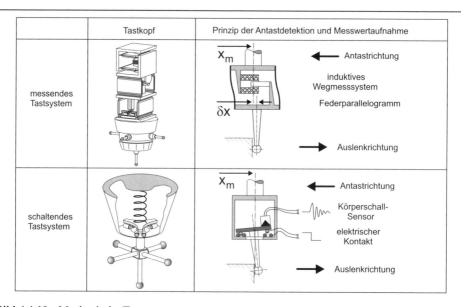

Bild 4.4-10: Mechanische Tastsysteme

Messende Tastsysteme

Bei den messenden 3D-Tastsystemen ist der Taster durch drei rechtwinklig zueinander angeordnete Federparallelogramme mit einer Geräteachse verbunden. Für jedes Parallelogramm existiert ein zumeist induktiver Wegaufnehmer, der die Verschiebung aus der Ruhelage in ein wegproportionales elektrisches Signal wandelt

(Bild 4.4-10). Die drei Parallelogramme sind hierbei orthogonal zueinander ange-ordnet und ermöglichen so die genaue Bestimmung der räumlichen Auslenkung des Tastsystems in Form kartesischer Koordinaten. Die beschriebene Funktionalität der mechanischen Federparallelogramme kann auch durch elektronische Federn realisiert werden. Die Antasterkennung erfolgt bei messenden Systemen durch die Auslenkung des Tasters, wobei die Ermittlung der Koordinaten des Messpunktes durch die Verrechnung der Koordinaten der ausgelesenen Längenmesssysteme des KMG mit den Koordinaten des ausgelenkten Tastsystems erfolgt.

Geräte mit messenden Tastsystemen ermöglichen eine Vielzahl unterschiedlicher Antastverfahren.

Einzelpunktantastung

- Bei der statischen Messung wird nach der Antasterkennung die Bewegung gestoppt und nach Abklingen der Eigenschwingungen des Messgeräts werden die Messsysteme ausgelesen. Dieses Antastverfahren liefert die Messdaten mit der geringsten Messunsicherheit.

- Bei der dynamischen Antastung wird in der Bewegung während der Auslen-kung der Messpunkt übernommen. Hierbei werden nach Antasterkennung während des Anfahr- oder des Rückfahrvorganges das Messsystem im Tastkopf und die Längenmesssysteme kontinuierlich ausgelesen und diejenigen Koor-dinaten als Messpunkt abgespeichert, die entweder bei einer vorgegebenen Antastkraft erreicht werden oder die bei einer Tasterauslenkung von "Null" von den Messgeräteachsen bereitgestellt werden. Die dynamische Antastung hat den Vorteil einer höheren Messgeschwindigkeit als die statische Antastung, sie liegt jedoch mit der erzielbaren Messunsicherheit etwas höher.

Scanning-Verfahren

- Gegenüber den Verfahren der Einzelpunktantastung wird beim Scannen die Oberfläche des Werkstücks kontinuierlich abgefahren. Beim Scannen wird das Tastsystem motorisch so geführt, dass es ständig ausgelenkt ist, also eine Anta-stung vorliegt. Die Bahn, die das Tastsystem beschreibt, wird durch die Sollgeometrie definiert und bei großen Abweichungen in Sollnormalenrichtung nachgeführt, bis eine ausreichende Tasterauslenkung gegeben ist. Die Messpunkte werden während des dynamischen Messvorgangs entweder weg- oder zeitabhängig aufgenommen. Mit dem Scannen können geometrische Elemente schnell und mit einer sehr hohen Punktzahl (mehrere tausend Punkte pro Element sind möglich) aufgenommen werden. Die Messwerte unterliegen jedoch dynamischen Einflüssen, die u.a. aus der Maschinendynamik und Rei-bungseffekten resultieren. Für den optimalen Einsatz der Scanning-Technologie ist daher die genaue Kenntnis der Zusammenhänge zwischen der Messunsicher-heit, den Scanning-Parametern und anderen messaufgabenspezifischen Faktoren von großer Bedeutung. Ein wesentlicher Vorteil dieser Technologie liegt darin, dass neben der Maß- und Lageprüfung zusätzlich auch die Formabweichungen auf gleichem Messgerät erfasst werden können.

4.4.2.3 Betriebsarten und Automatisierungsstufen

Aus der Vielzahl der Einzelfunktionen eines KMG, die das Verfahren der Achsen, die Antastung des Werkstücks bis hin zur Datenauswertung und Programmierung des Messablaufs ermöglichen, lassen sich drei Schwerpunkte ableiten:

- Achsenantrieb und Objektantastung
- Programmierung und Steuerung des Messablaufs
- Datenerfassung und Auswertung

Diesen Schwerpunkten können im Wesentlichen drei unterschiedliche Automatisierungsstufen von Koordinatenmessgeräten zugeordnet werden. Die Varianten lassen sich in

- handgeführte Koordinatenmessgeräte mit Positionsanzeige einzelner Achsen,
- handgeführte Koordinatenmessgeräte mit rechnerunterstützter Messdatenauswertung und -protokollierung sowie
- CNC-Koordinatenmessgeräte

untergliedern. Aufgrund einer allgemein angestrebten hohen Flexibilität und einem gleichzeitig hohen Automatisierungsgrad der Mess- und Prüfeinrichtungen werden immer häufiger CNC-gesteuerte KMG mit der Option zum vollautomatischen Betrieb eingesetzt.

Software

Bei der Software werden Komponenten zur Auswertung und Protokollierung von Messdaten, zur Messablaufplanung und -steuerung sowie zur Kommunikation mit externen Datenverarbeitungssystemen unterschieden. Zur Erzeugung eines automatisch ablaufenden Messprogramms wird beispielsweise eine Menüoberfläche für den Bediener geöffnet, in der er einen vordefinierten Ablauf anwählt und die spezielle Ausführung nur noch durch Eingabe von Parametern spezifiziert.

Für die Programmierung von Koordinatenmessgeräten, d.h. dem Umsetzen der gestellten Messaufgabe in Steuer- und Auswertefunktionen, bieten die Hersteller inzwischen zahlreiche Softwarepakete an. Aufgrund der herstellerspezifischen Softwaresysteme besteht der Nachteil einer uneinheitlichen Handhabung. Messprogramme für die gleiche Messaufgabe sind somit prinzipiell nicht von einem Koordinatenmessgerät auf ein anderes übertragbar.

Der Einsatz von Koordinatenmessgeräten in der Serienprüfung benötigt eine rationelle Methode, um häufig wiederkehrende Prüfabläufe schnell und kostengünstig durchführen zu können. Dazu ist es notwendig, Messabläufe am KMG nicht wiederholt manuell durchzuführen, sondern softwareunterstützt durch sogenannte Teileprogramme Werkstücke gleicher Geometrie im CNC-Ablauf zu messen. Diese Steuerprogramme reduzieren den Bedienaufwand bei der Geometrieprüfung auf Koordinatenmessgeräten erheblich. Trotz der teils stark differierenden Softwarekonzepte stellen die bereitgestellten Softwaresysteme vergleichbare Funktionen zur Verfügung. Grundsätzlich lassen sich zur Generierung der erforderlichen Informationen für die Durchführung der Messung auf dem KMG drei verschiedene Programmierverfahren unterscheiden [Pf 92]:

- Manuelle Programmierung

Hierunter ist die manuelle Erzeugung der Steuerdaten mit Hilfe einer hierfür geeigneten Programmiersprache zu verstehen. Dieses Verfahren kommt häufig zur nachträglichen Änderung von CNC-Messprogrammen zum Einsatz und kann herstellerspezifisch direkt am Steuerrechner des KMG angewendet werden.

- Lernprogrammierung oder Teach-In-Verfahren

Dieses bereits aus der Programmierung von Robotern bekannte Verfahren zur Programmierung automatisch ablaufender Bewegungszyklen und Funktionsaufrufe ermöglicht die Erstellung eines Messprogramms durch die automatische Speicherung aller zur Durchführung einer Messaufgabe erforderlichen Bewegungsabläufe sowie der angetasteten Formelemente während einer manuell gesteuerten Messung.

- Off-Line-Programmierung

Die Off-Line-Programmerstellung wird maschinenfern an einem entsprechenden Programmierplatz ohne Messgerät angewendet. Die hier eingesetzten Systeme bauen auf CAD-Funktionalitäten und dort vorhandenen Werkstückinformationen auf.

4.4.3 Einsatz der Koordinatenmesstechnik

Durch die Integration der Koordinatenmessgeräte in die Fertigungsumgebung und die optimierte Anbindung der Koordinatenmesstechnik an vorgelagerte Bereiche der Produktentwicklung und die Arbeitsvorbereitung können die Wirtschaftlichkeit und die möglichen Einsatzbereiche der Koordinatenmesstechnik erweitert werden.

4.4.3.1 Einsatzbereiche

Zunächst wurden Koordinatenmessgeräte primär für den Einsatz im Messraum konzipiert. Im Zuge automatisierter und rechnergesteuerter

Fertigungseinrichtungen hat sich das Einsatzgebiet der Koordinatenmessgeräte jedoch wesentlich erweitert. Aufgrund der Flexibilität und Universalität des Koordinatenmessprinzips ist es möglich, durch entsprechende Anpassung, Erweiterung oder Weiterentwicklung der Hard- und Softwarekomponenten unterschiedliche Ausführungsformen des KMG zu realisieren, die den Aufgabenstellungen in praktisch allen Bereichen gerecht werden können (**Bild 4.4-11**).

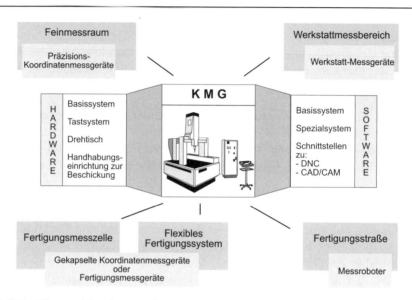

Bild 4.4-11: Einsatzgebiete für Koordinatenmessgeräte

Im Feinmessraum werden Präzisions-Koordinatenmessgeräte eingesetzt. Sie sind konstruktiv auf geringstmögliche Messunsicherheit hin ausgelegt, was auch klimatisierte sowie schwingungsarme Umgebungsbedingungen erfordert. Die Messmöglichkeiten sind sehr universell. Als Tastsysteme kommen hauptsächlich hochgenaue, taktil-messende Tastsysteme zum Einsatz. Der Automatisierungsgrad ist im Allgemeinen, bedingt durch die gerätetechnische Vielfalt von Tasterwechseleinrichtungen, Drehtischen etc., relativ gering. Durch die rechnergeführte CNC-Steuerung ist die Flexibilität und Universalität jedoch sehr hoch.

Für den normalen Werkstattbetrieb werden schnellere und preiswertere Koordinatenmessgeräte benötigt. Der mechanische Aufbau hierfür entwickelter Geräte ist robust und weitgehend unempfindlich gegenüber den in der Werkstatt üblichen Umgebungsbedingungen.

In hochautomatisierten Fertigungseinrichtungen, wie z.B. Fertigungszellen und Flexiblen Fertigungssystemen, bietet es sich an, das KMG direkt in das System zu integrieren. Die Funktion des KMG ist bei solchen Systemen mit dem Material-

und Informationsfluss gekoppelt und so die automatische Beschickung des KMG mit Paletten sowie eine aus der Fertigungsleitebene gesteuerte Messung möglich [Pc 97]. Zum Einsatz kommen Koordinatenmessgeräte aus dem Bereich der Werkstattmessgeräte, die durch klimatisierte Kapselung vor den Umgebungseinflüssen zusätzlich geschützt werden können.

Von Seiten der Software werden für einige sehr komplexe Werkstücktypen fertige Messprogramme angeboten, die den aufwendigen Messablauf und die Messdatenauswertung weitgehend automatisch durchführen. So werden Messprogramme für standardisierte Maschinenelemente wie z.B. Verzahnungen oder Nockenwellen und auch für häufig eingesetzte Werkzeugtypen wie z.B. Wälzfräser und Schaberäder von den Messgeräteherstellern angeboten. Mit steigender Komplexität der Werkstückgeometrie wie beispielsweise bei Kegelradverzahnungen oder Turboläufern aus dem Strömungsmaschinenbereich ist die Verwendung einer vierten Geräteachse notwendig. Mit der Ergänzung des, zumeist als kartesisches System ausgelegten, Messgeräte-Koordinatensystems durch einen Drehtisch wird eine Erweiterung der Messmöglichkeiten insbesondere bei schwer zugänglichen Werkstückformen realisiert. Da Verzahnungen im Maschinenbau sehr häufig eingesetzt werden, stehen speziell für diesen Werkstücktyp Verzahnungsmessgeräte zur Verfügung. Bei ihnen ist das Gerätekonzept bzgl. Werkstückaufnahme und der Drehachse als Hauptachse des Messgerätes auf den Werkstücktyp zugeschnitten. Ähnliche spezialisierte Gerätekonzepte existieren auch als Wellenprüfgeräte und Nockenwellenmessgeräte.

4.4.3.2   Wirtschaftlichkeit

Sofern die Koordinatenmesstechnik und das Koordinatenmessgerät nicht das einzige System zur Lösung der Messaufgabe darstellt, müssen einige Voraussetzungen erfüllt werden, um einen gegenüber anderen Messmitteln und Messmethoden wirtschaftlichen Einsatz realisieren zu können. Die Koordinatenmesstechnik wird immer dann eingesetzt werden müssen, wenn die Werkstückgeometrie dreidimensional ausgeprägt ist und insbesondere dann, wenn zu messende Merkmale wie z.B. Bohrungsachsen körperlich nicht vorhanden sind. Der Einsatz von Koordinatenmessgeräten wird technologisch sinnvoll, wenn die Anzahl der Merkmale je Werkstück steigt bzw. für das Messergebnis eine sehr geringe Messunsicherheit gefordert wird. Ein wirtschaftlicher Einsatz der Koordinatenmesstechnik ist dann zu erzielen, wenn Messergebnisse nicht nur für die Qualitätsprüfung verwendet werden, sondern in einem Regelkreis zur kontinuierlichen Anpassung von Fertigungs- und Konstruktionsprozessen dienen.

Der Vorteil beim Einsatz von Koordinatenmessgeräten im Vergleich zu konventionellen Mess- und Prüfeinrichtungen besteht darin, dass eine Vielzahl unterschiedlicher Messaufgaben in einer, maximal zwei Aufspannungen teil- oder vollautomatisch abgewickelt werden. Bei der konventionellen Fertigungsprüfung gibt es für fast jede Messaufgabe mehrere, alternative Messgeräte. Dies erfordert umfangreiche Erfahrung während der Prüfplanung und der Auswahl der Messmittel. Die konventionellen Prüfmittel verursachen bei ihrem Einsatz häufig hohe Nebenzeiten, da in der Regel der Messablauf nicht automatisierbar ist.

Diesen Nachteilen der konventionellen Mess- und Prüftechnik steht auf dem Gebiet der universellen Koordinatenmesstechnik der Nachteil hoher Anschaffungs- bzw. Betriebskosten gegenüber. Ein wirtschaftlicher Einsatz von Koordinatenmess-geräten kann nur dann erzielt werden, wenn erhebliche Messzeiteinsparungen gegenüber konventionellen Messverfahren zu erreichen sind, eine gute Auslastung des Gerätes erzielt wird sowie bei sich häufig ändernden Messaufgaben.

4.4.3.3   Integration der Koordinatenmesstechnik

Im Hinblick auf die effiziente Anwendung sowie die Integration der Koordina-tenmesstechnik in den Produktentstehungsprozess müssen mehrere Kommu-nikationsschnittstellen zwischen KMG, prüfvorbereitenden bzw. -nachbereitenden Prozessen sowie dem Anwender realisiert werden.

Konstruktion – KMG

Ein deutlicher Beitrag zur Reduzierung des Programmieraufwandes ergibt sich aus einer informationstechnischen Kopplung von rechnerunterstützter Zeichnungs-erstellung (CAD) und der Off-Line-Programmierung sowohl für das Fertigen (NC-Programmierung), als auch für das Handhaben (Robotik) und die Generierung von CNC-Messprogrammen. Zielsetzung ist die integrierte Informationsverarbeitung durch Wiederverwendung einmal im Produktentstehungsprozess angefallener Da-ten.

Für den Datenaustausch zwischen den Systemen stehen neben verschiedenen herstellerspezifischen Schnittstellen auch standardisierte und z.T. genormte Schnittstellen zur Verfügung. Als häufig verwendete und standardisierte Schnitt-stellen für CAD-Daten stehen

- IGES,

- VDAFS

zur Verfügung. Der heutige Stand der Technik ermöglicht die Datenübernahme sowohl für prismatische und rotationssymmetrische Werkstücke, als auch für Werkstücke mit Freiformoberflächen.

Bei der messgerätefernen Generierung von CNC-Messprogrammen werden die generierten Steuerdaten mittels einer Schnittstelle auf den Messgeräterechner übertragen und dort in einen Messablauf umgesetzt. Die Interpretation und Ausführung der Steuerdaten erfolgt am Messgerät durch einen herstellerspezifischen Postprozessor. Neben verschiedenen herstellerspezifischen Lösungen existiert die Norm

- ISO 22193

mit der Daten zur Steuerung von Koordinatenmessgeräten zwischen messgeräte-fernem Programmiersystem und Koordinatenmessgerät ausgetauscht werden können. Das Vokabular enthält Elemente zur Definition von Messaufgaben und zur Beschreibung von geometrischen Zusammenhängen, z.B. für Formelemente, Toleranzen und Koordinatensysteme.

Prüfplanung – KMG

Im Gegensatz zu anderen Mess- und Prüfmitteln ist es bei der Prüfplanung für Messaufgaben mit Koordinatenmessgeräten absolut erforderlich, Prüfstrategien vorzugeben. Dies wird derzeit zumeist durch den Experten, der auch das Messprogramm erstellt, durchgeführt, so dass hier keine einheitlichen und damit vergleichbaren Messstrategien zum Einsatz kommen. Die Messstrategie beinhaltet in Abhängigkeit von der Messaufgabe Informationen über das Antastverfahren, Antastpunktverteilung am Werkstück, Auswerteverfahren sowie die Darstellung der Messergebnisse. Genau diese Informationen können jedoch nur von Spezialisten mit entsprechendem Erfahrungswissen bereitgestellt werden.

Eine Vernetzung zwischen Konstruktion (CAD), Koordinatenmessgerät und Prüf-planung kann genutzt werden, um Messstrategien für die einzelnen Messaufgaben eines Werkstücks automatisiert zu definieren, Merkmalen zuzuordnen und hierauf aufbauend einen Messablauf zu erzeugen.

Benutzungsschnittstelle

Koordinatenmessgeräte erfordern aufgrund des hohen Komplexitätsgrades ihrer Bedienung und Programmierung einen hochqualifizierten Spezialisten, der mit dem Gerät und der vorhandenen Software vertraut ist. Sowohl die Bedienung als auch die Programmerstellung für Koordinatenmessgeräte unterschiedlicher Hersteller ist uneinheitlich und derzeit nur von speziell geschulten Fachkräften zu bedienen.

Die Messergebnisdarstellung erfolgt zumeist in Form von Messprotokollen und/ oder einer Visualisierung. Diese sollten eine anwenderfreundliche Bedienerführung sowie eine ansprechende, klare und merkmalbezogene Darstellung der Messergebnisse aufweisen.

Messdatenbereitstellung

Der Datenaustausch zwischen den Systemen aus unterschiedlichen Anwendungs-bereichen ist nur dann problemlos, wenn neben den Datenstrukturen auch Funktionen standardisiert sind. Dies ist für den allgemeinen Fall noch nicht realisiert. Es gibt spezielle Lösungen z.B. für Verzahnungen, bei denen eine Datenrückführung der Istgeometrie in den Konstruktions- und Fertigungsprozess realisiert ist. Das Ziel der Integration von Koordinatenmessgeräten in die Qualitätsregelkreise eines modernen Produktionsprozesses ist in der Koordinatenmesstechnik noch nicht für beliebige Geometrien realisiert.

Während der Datenfluss von der Konstruktion zu der Koordinatenmesstechnik schon weitgehend automatisiert ist, existieren noch Lücken bei der Messdatenrückführung. Eine automatische Speicherung der Messergebnisse in einem hierfür geeigneten Datenspeicherungssystem findet allgemein nicht statt, ist jedoch im Rahmen der Produkthaftung und zur Weiterverarbeitung mit anderen Systemen von Interesse (z.B. Statistische Prozessregelung SPC, Abschnitt 5.2). Nach wie vor werden die Ergebnisse der Koordinatenmesstechnik oft unter Einschaltung manueller Zwischenschritte als steuernde oder regelnde Daten im Fertigungsprozess eingesetzt. Diese Lücke versucht man heute durch weitere Softwareentwicklungen und Standardisierungsbestrebungen zu schließen.

4.5   Form- und Oberflächenprüftechnik

4.5.1   Formprüftechnik

Aufgabe der Formprüftechnik ist es, Formabweichungen an einem Werkstück messtechnisch zu erfassen und durch einen Vergleich der ermittelten Formkenngrößen mit den tolerierten Größen eine Aussage über die Qualität von gefertigten Bauteilen zu treffen.

4.5.1.1   Einführung

Aufgrund folgender Ursachen treten nach VDI 2601 bei gefertigten Werkstücken Abweichungen von der geometrisch-idealen Gestalt auf (**Bild 4.5-1**):

- maschinenbedingte Ursachen
- werkstückbedingte Ursachen
- umgebungsbedingte Ursachen

VDI/VDE 2601: "Jedes Werkstück, und sei es noch so genau hergestellt, weist Abweichungen von der geometrisch-idealen Gestalt auf"		
Maschinenbedingte Ursachen	Werkstückbedingte Ursachen	Umgebungsbedingte Ursachen
• statische und dynamische Abweichungen der Form und Lage von Führungen und Lagerungen von bewegten Maschinenkomponenten • Positionierabweichungen dieser bewegten Komponenten • elastische Verformungen der Maschine, der Führungen oder des Werkzeugs • Werkzeugverschleiß • Lagerspiel • Schwingungen zwischen Werkzeug und Maschine	• Inhomogenitäten im Werkstoff • Deformation des Werkstücks beim Bearbeiten • örtlich unterschiedliche Temperaturverteilung beim Bearbeitungsvorgang • Nachschwinden nach Bearbeitung • Freiwerden von inneren Spannungen nach Bearbeitung • Härteverzug bei Wärmebehandlung	• örtliche Temperaturschwankungen • zeitliche Temperaturschwankungen • Schwingungen, die von der Umgebung über das Fundament auf die Maschine übertragen werden.

Bild 4.5-1: Ursachen für Formabweichungen nach VDI 2601

Außerdem können Veränderungen der Berührungs- und Reibungsverhältnisse während der Bearbeitung sowie Bedienungsfehler Form- und Lageabweichungen an den gefertigten Werkstücken verursachen. Meistens wirken sich mehrere unterschiedliche Ursachen gleichzeitig auf das Fertigungsergebnis aus. Ihre Trennung ist in der Regel nur teilweise möglich [War 84].

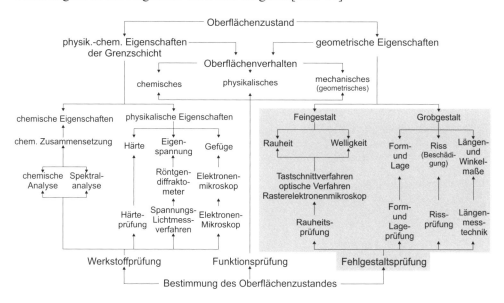

Bild 4.5-2: Eigenschaften der Oberfläche und deren Prüfung nach VDI 2601

Neben den anderen in der VDI/VDE 2601 genannten Oberflächeneigenschaften, die in **Bild 4.5-2** dargestellt sind, sollen in diesem Abschnitt die Grobgestalt- und in Abschnitt 4.5.2 Feingestaltabweichungen untersucht werden.

Im Ordnungssystem für Gestaltabweichungen nach DIN 4760 sind Formabweichungen als Gestaltabweichungen 1. Ordnung angegeben und somit Grobgestaltabweichungen (**Bild 4.5-3**). Gestaltabweichungen 2.-5. Ordnung zählen dagegen bereits zu den Feingestaltabweichungen. Entsprechend unterschiedlich sind auch die einzusetzenden Fertigungsmesstechniken zur Erfassung dieser Abweichungen ausgeführt.

4.5.1.2   Taktile Formprüfung

Die Form eines Werkstückes ist aus geometrischen Formelementen zusammengesetzt. Dabei kann es sich sowohl um die mathematisch einfach beschreibbaren Standardformelemente Punkt, Gerade, Kreis, Ebene und Kugel handeln, als auch um komplizierte Geometrieelemente wie z.B. asphärisch gekrümmte Flächen oder Nocken. Die idealen geometrischen Formen werden bei der Tolerierung von Formelementen als *Nenn-Geometrieelemente* angegeben.

Die erfassten und abgeleiteten Formelemente dagegen werden als *Ist-Geometrieelemente* bezeichnet. Durch die Angabe von Formtoleranzen in einer Zeichnung wird eine *Toleranzzone* festgelegt, innerhalb der alle Punkte des erfassten Geometrieelements liegen müssen. Je nach Art der Formtoleranz und ihrer Angabe in der Zeichnung kann es sich bei der Toleranzzone um eine flächenhafte oder räumliche Zone handeln. Die Toleranzzone wird durch geometrisch ideale Flächen- oder Linienelemente begrenzt, wie in Abschnitt 2.5.2.2 ausführlich beschrieben wird. *Formabweichungen* sind jene Gestaltabweichungen, die bei der Betrachtung der ganzen Oberfläche oder einer ihrer Teilflächen in deren ganzer Ausdehnung feststellbar sind.

Gestaltabweichung (als Profilschnitt überhöht dargestellt)	Beispiele für die Art der Abweichung	Beispiele für die Entstehungsursache
1. Ordnung: Formabweichungen	Geradheits-, Ebenheits-, Rundheits-Abweichung, u.a.	Fehler in den Führungen der Werkzeugmaschine, Durchbiegung der Maschine oder des Werkstückes, falsche Einspannung des Werkstückes, Härteverzug, Verschleiß
2. Ordnung: Welligkeit 	Wellen (siehe DIN EN ISO 8785)	außermittige Einspannung, Form- oder Laufabweichungen eines Fräsers, Schwingungen der Werkzeugmaschine oder des Werkzeuges.
3. Ordnung: Rauheit	Rillen (siehe DIN EN ISO 8785)	Form der Werkzeugschneide, Vorschub oder Zustellung des Werkzeuges.
4. Ordnung: Rauheit	Riefen Schuppen Kuppen (siehe DIN EN ISO 8785)	Vorgang der Spanbildung (Reißspan, Scherspan, Aufbauschneide), Werkstoffverformung beim Strahlen, Knospenbildung bei galvanischer Behandlung.
5. Ordnung: Rauheit nicht mehr in einfacher Weise darstellbar	Gefügestruktur	Kristallisationsvorgänge, Veränderung der Oberfläche durch chemische Einwirkung, Korrosionsvorgänge
6. Ordnung: nicht mehr in einfacher Weise darstellbar	Gitteraufbau des Werkstoffes	

Die dargestellten Gestaltabweichungen 1. bis 4. Ordnung überlagern sich in der Regel zu der Ist-Oberfläche.

Beispiel:

Bild 4.5-3: Ordnungssystem für Gestaltabweichungen [DIN 4760]

Das Verhältnis der Formabweichungsabstände zur Tiefe ist im Regelfall größer 1000 : 1. Die Formabweichung ist der Wert der größten Abweichung eines Formelementes von seiner geometrisch idealen Form. Durch die Angabe der *Formtoleranz* wird die größte zulässige Formabweichung in einer Werkstattzeichnung festgelegt. ISO 1101 definiert als Formtoleranzen (**Bild 4.5-4**):

- *Geradheit*
- *Ebenheit*
- *Rundheit*
- *Zylinderform*
- *Linienform und*
- *Flächenform*

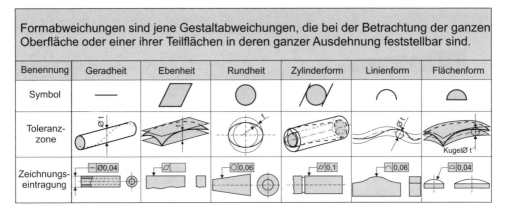

Bild 4.5-4:   Formabweichungen und Formtoleranzen

Entsprechend der Vielfalt der bezüglich der Form der Nenn-Geometrielemente zu prüfenden Werkstücke, gibt es eine große Anzahl verschiedener Prüfprinzipien und Prüfverfahren. Eine detaillierte Darstellung dazu findet sich in [War 84]. Die Verfahren beinhalten im Allgemeinen den Vergleich mit einem Prüfnormal, das verkörpert (z.B. Lineal, Messplatte, Drehtischachse) oder nicht verkörpert (z.B. Laserstrahl) sein kann. Die tolerierten Geometrieelemente (Gerade, Ebene, Rundheit) werden entweder durch Abstands- oder durch Winkelmessungen zum Bezugselement ermittelt (Abschnitt 2.5.2.2).

Die Prüfmittel sind hinsichtlich ihrer Messunsicherheit so auszuwählen, dass die Messunsicherheit der Prüfverfahren in einem vertretbaren Verhältnis zur vorgegebenen Toleranz steht. Dabei sollte die geräteseitige Messunsicherheit in der Regel nicht mehr als 20% der jeweiligen Toleranz betragen (Abschnitt 2.3.3).

Für das Ausrichten von Werkstücken gilt im Allgemeinen die Minimum-Bedingung: beim Messen von Formabweichungen ist das Werkstück so auszurichten, dass der größte Abstand zwischen der Bezugslinie bzw. -fläche und irgend einem Punkt der gemessenen Oberfläche minimal wird.

Exemplarisch sollen in diesem und im nächsten Abschnitt die taktile Rundheitsprüfung, die interferometrische Formprüfung an glatten und die Interferometrie an rauen Oberflächen diskutiert werden.

4.5.1.3   Taktile Rundheitsprüfung

Neben der Geradheits- und Planaritätsprüfung stellt die Rundheitsprüfung die am häufigsten eingesetzte Methode der Formprüfung dar und soll hier stellvertretend diskutiert werden. **Bild 4.5-5** zeigt Ausführungsform und Prinzip eines Formprüfgerätes (Formtester MFU7, Firma Mahr GmbH, Göttingen) zur Rundheitsprüfung. Dabei muss entweder das Werkstück um seine eigene Achse, oder das Tastelement um das stillstehende Werkstück rotieren. In jedem Fall ist es notwendig, eine Rotationsachse zu erzeugen, die senkrecht auf der gewünschten Messebene steht und die durch den Mittelpunkt des zu messenden Werkstückprofiles verläuft. Lageänderungen der Messebene und der Rotationsachse werden der Messung als Störung überlagert und haben somit einen Messfehler zur Folge. Die Prüfung ist an der geforderten Anzahl von Messquerschnitten durchzuführen. Die größte der an den einzelnen Querschnitten ermittelten Rundheitsabweichungen ist mit dem angegebenen Toleranzwert zu vergleichen.

Wird eine *Rundheitsprüfung durch Messen von Radiusabweichungen* durchgeführt, so sind die am Umfang eines rotationssymmetrischen Geometrieelementes ermittelten Radiusänderungen nach einer der in **Bild 4.5-6** aufgeführten Methoden auszuwerten. Die Rundheitsabweichung f_k ergibt sich in jedem der dargestellten Fälle zu:

$$f_k = R_a - R_i \qquad\qquad\qquad (4.5\text{-}1)$$

wobei R_a der größte und R_i der kleinste ermittelte Radius ist.

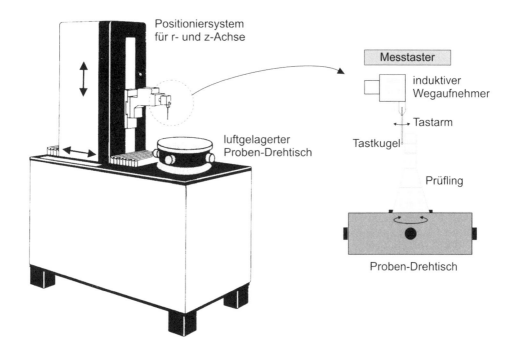

Bild 4.5-5:   Taktiles Formprüfgerät

Beim Verfahren des *Kleinstmöglichen Außenkreises* (MCC: Minimum Circumscribed Circle) wird ein Hüllkreis berechnet, der den kleinsten das Rundheitsprofil einschließenden Kreis repräsentiert. Der *Größtmögliche Innenkreis* (MIC: Maximum Inscribed Circle) stellt einen Pferchkreis dar, der dem Rundheitsprofil als größter Kreis eingeschrieben werden kann. Nach der Methode *Kleinster radialer Abstand von Außen- und Innenberührkreis* (MZC: Minimum Zone Circles) werden zwei konzentrische Kreise berechnet, die das Rundheitsprofil mit minimalem Radienabstand einschließen. Der *Referenzkreis* (LSC: Least Square Circle) läuft durch das gemessene Rundheitsprofil, und die minimierte Quadratsumme der Profilabweichungen.

Für die in **Bild 4.5-6 a)** dargestellte *Einpunkt-Antastung* wird der Prüfling auf einem Rundtisch koaxial zur Messeinrichtung ausgerichtet. Für die Ausrichtung ist es von Vorteil, wenn der Rundtisch über eine Zentrier- oder Nivelliereinrichtung verfügt. Die auf die Rotationsachse bezogenen radialen Abweichungen werden während einer vollen Umdrehung aufgenommen und zur Ermittlung der Rundheitsabweichung herangezogen.

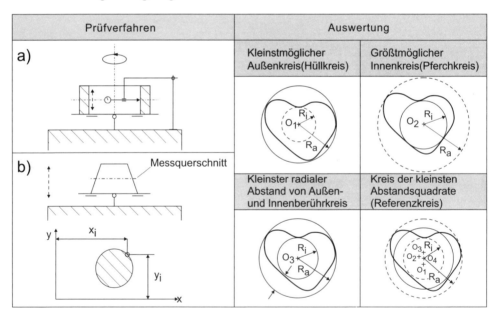

Bild 4.5-6:   Rundheitsprüfung durch Messen von Radiusabweichungen

Eine Bestimmung von Radiusabweichungen zur Rundheitsprüfung ist ebenfalls durch das *Messen von Koordinaten* möglich, wie **Bild 4.5-6 b)** zeigt. Hierfür wird der Prüfgegenstand mit seiner Rotationsachse parallel zu einer Koordinatenachse ausgerichtet. Für die geforderte Anzahl von Messpunkten von mindestens 4 an einem Messquerschnitt werden jeweils die beiden Koordinaten x_i und y_i bestimmt. Anschließend kann die Rundheitsabweichung f_k nach einem der vorgestellten Auswerteverfahren berechnet werden.

Wird eine Rundheitsprüfung durch eine *Zweipunkt-Antastung* durchgeführt, so muss der Prüfgegenstand nach der Ausrichtung fixiert werden. Bei der Umdrehung des Prüfgegenstandes wird die maximale Anzeigedifferenz ermittelt. Die Rundheitsabweichung f_{ak} ist dann gleich der Hälfte der maximalen Anzeigedifferenz. Das Verfahren wird angewendet, um Formabweichungen, die auf geradzahlige Vielecke zurückzuführen sind, zu ermitteln (**Bild 4.5-7 a)**). Formabweichungen, die auf ungeradzahlige Vielecke (Gleichdicke) zurückzuführen sind, können nur mit der *Dreipunkt-Antastung* ermittelt werden (**Bild 4.5-7 b)**). Der in der Formel für die Rundheitsabweichung auftretende Faktor k hängt dabei sowohl vom Öffnungswinkel α des V-förmigen Prismas als auch von der Anzahl n der Erhebungen der Profillinie ab (**Bild 4.5-7 c)**). Die gebräuchlichsten Prismenwinkel sind in der Praxis $\alpha = 90°$ und $\alpha = 108°$. Formabweichungen, die auf geradzahlige Vielecke zurückzuführen sind, können mit der Dreipunkt-Messung nicht erfasst werden.

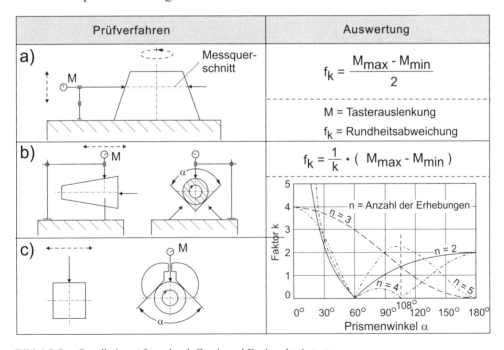

Bild 4.5-7:   Rundheitsprüfung durch Zwei- und Dreipunkt-Antastung

Bild 4.5-8 links, zeigt das Messprotokoll der Messung an einer Nockenwelle. Die ungefilterte Darstellung macht deutlich, dass im Messresultat mehrere

Gestaltabweichungen überlagert sind, so dass klare Aussagen ohne weiteres nicht möglich sind. Insbesondere hochfrequente Schwingungen müssen zunächst durch Tiefpassfilterung eliminiert werden. Das wesentlich aufschlussreichere Resultat nach der Filterung ist in **Bild 4.5-8** rechts, mit verändertem Maßstab dargestellt.

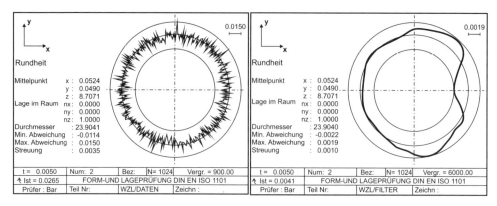

Bild 4.5-8:   Rundheitsmessung vor (links) und nach (rechts) Tiefpassfilterung

4.5.1.4   Formprüfinterferometrie an optisch glatten Oberflächen

Neben den tastenden Methoden der Formprüfung haben sich mit der Entwicklung der Rechnertechnologien automatisiert arbeitende Formprüfinterferometer fest in der Fertigungsmesstechnik etabliert [Tiz 91a][Mal 92][Tu 95]. Überall, wo einerseits Messunsicherheiten im Submikrometerbereich erforderlich sind (Glas-, Optik-, Halbleiterindustrie) und andererseits die Rauheiten der zu prüfenden Flächen unterhalb der in der Interferometrie typischerweise eingesetzten Wellenlänge des Laserlichts von 633 nm liegen, stellen Formprüfinterferometer den Stand der Technik dar. Daher soll im Rahmen dieser Abhandlung auf sie eingegangen werden. Das Konzept der Formprüfinterferometrie wurde bereits in Abschnitt 4.3.3.6 erläutert. Hier sollen entsprechende Realisierungen zur Messung planer, sphärischer und asphärischer Flächen vorgestellt werden.

Formprüfinterferometrie an Flächen mit planer Grundform

In diesem Fall werden, wie bereits in 4.3.3.6 erläutert, hochwertige Referenzplatten mit Formabweichungen von weniger als ca. 15 nm eingesetzt ($\lambda/50$). Da es sich im Allgemeinen um Relativmessungen handelt, die die Abweichung des Prüflings relativ zu dieser Referenzfläche bestimmen, ist die erreichbare Messunsicherheit dementsprechend begrenzt. In der Praxis sind Messunsicherheiten von $\lambda/10$ erreichbar [Tu 95]. Der Aufbau eines handelsüblichen Formprüfinterferometers in

Anlehnung an Interferometer V-100 der Fa. Möller-Wedel ist in **Bild 4.5-9** dargestellt.

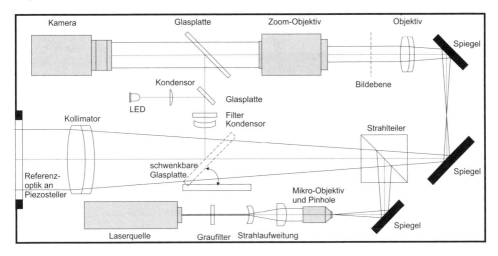

Bild 4.5-9: Aufbau eines Formprüfinterferometers zur Prüfung planer Flächen

Über das in Abschnitt 4.3.3.6 bereits beschriebene Messprinzip hinaus kann man hier insbesondere das Modul zur Justierung von Referenzfläche und Prüfling erkennen. Über einen motorisiert schwenkbaren Spiegel kann zwischen Justage- und Messmodus umgeschaltet werden. Im Justage-Modus werden zur Grobjustierung die Lichtreflexe einer LED an Kollimator und Referenz bzw. Prüfling mit der Kamera detektiert und in Übereinstimmung gebracht. Die Feinabstimmung erfolgt dann durch Minimierung der Interferenzliniendichte im Messmodus.

Zur Detektion der Interferogramme werden handelsübliche CCD-Sensoren mit 8 Bit Grauwertauflösung eingesetzt. Entsprechend sind bei Berücksichtigung eines nicht optimalen Kontrastes Phasenauflösungen von besser als $\lambda/100$ realisierbar. Die laterale Auflösung ist bestimmt durch die Pixelzahl des eingesetzten CCD-Chips (typisch 768 x 576) und das Vergrößerungsverhältnis der Kepler-Anordnung bei Berücksichtigung evtl. eingesetzter Zoom-Objektive.

Bei der Digitalisierung gilt das Sampling-Theorem, nach dem eine Hell-Dunkel-Periode des Streifenmusters zumindest von zwei Abtastpunkten detektiert werden muss. Dies entspricht einer maximalen theoretischen lokalen Steigung der Prüflingsfläche von:

$$\Delta z_{max} = \frac{1}{2}\frac{\lambda}{2} \tag{4.5-3}$$

Wird diese Grenze z.B. bei der Messung von Asphären überschritten, tritt eine UnterAntastung des Signals auf, sog. Aliasing. Zusätzlich wird die Modulationstransferfunktion (MTF) beeinträchtigt, was zu einer Verschlechterung des Kontrastes führt. Daher ist der Messbereich handelsüblicher Interferometer auf ca. 25 µm Abweichung des Prüflings von der jeweiligen Referenz limitiert.

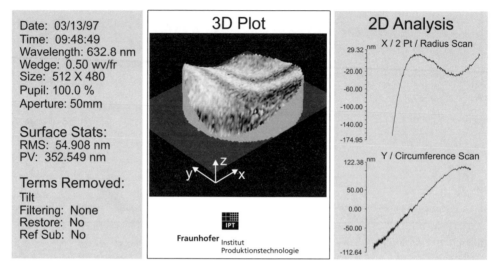

Bild 4.5-10: Messung einer Glasprobe mit einem Laserinterferometer (WYKO6000, WYKO Corp., Tucson, USA)

Als Beispiel für ein Messprotokoll ist in **Bild 4.5-10** das Resultat der Messung einer polierten BK7-Glasprobe zu sehen. Während in der 3D-Darstellung insbesondere die maximale Formabweichung (Peak-to-Valley, P-V) und die visuelle Darstellung der Form interessieren, sind in der 2D-Darstellung quantitative Profilanalysen entlang von Schnittgeraden interessant.

Formprüfinterferometrie an Flächen mit sphärischer Grundform

Häufig weisen zu prüfende Proben, z.B. Glaslinsen, eher eine sphärische als eine plane Grundform auf. Bei Einsatz ebener Referenzen führt dies, wie bereits erwähnt, schnell zu Aliasing und eine Auswertung der Messung wird unmöglich. In diesem Fall bietet sich der Einsatz von sphärischen, den Prüflingen optimal angepassten Referenzflächen an, die die ebene Wellenfront in eine sphärische Wellenfront hoher Qualität (besser als $\lambda/10$) umwandeln (**Bild 4.5-11**). Bei diesen i.A. aus mehreren konvex-konkaven Linsen aufgebauten Präzisionsoptiken wird als Referenzfläche meist die letzte Fläche verwandt, die aus diesem Grund nicht entspiegelt ist [Tu 95].

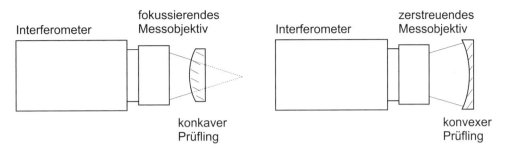

Bild 4.5-11: Einsatz von Fizeau-Messobjektiven zur Messung sphärischer Prüflinge

In kommerziellen Systemen (vgl. **Bild 4.5-9**) kann der Austausch der planen Referenzoptik durch diese sphärischen Referenzoptiken, die auch als Mess-Objektive oder *Fizeau-Objektive* bezeichnet werden, sehr schnell und einfach erfolgen, da die Optiken in entsprechenden Schnellverschlüssen gehaltert sind und Dejustierungen im Justage-Modus sehr schnell korrigiert werden können. Auf diese Weise können Prüflinge mit Formabweichungen von wiederum bis zu 25 µm jedoch relativ zur eingesetzten sphärischen Referenz gemessen werden. Insbesondere bei Linsen und Spiegeln ist diese Option interessant, da hier neben planen meist sphärische Grundformen Anwendung finden.

Allerdings sollte das Fizeau-Objektiv auf den jeweiligen Prüfling abgestimmt sein. Wie **Bild 4.5-12** zeigt, bleibt die nutzbare Apertur bzw. die laterale Auflösung sonst eingeschränkt. Im Allgemeinen sollte das Öffnungsverhältnis des Messob-jektivs, d.h. Durchmesser dividiert durch Brennweite, dem halben Öffnungsver-hältnis des Prüflings entsprechen.

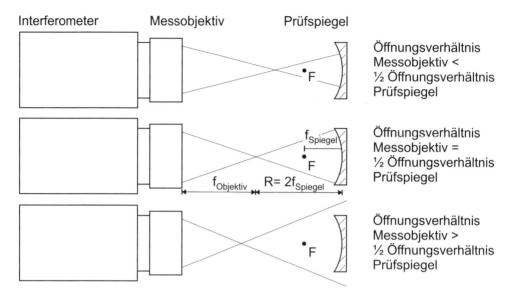

Bild 4.5-12: Anpassung von Fizeau-Messobjektiven an konvexe Prüflinge

Neben sphärischen und planen Flächen gewinnen asphärische Flächen immer größere Bedeutung. Ihre interferometrische Prüfung ist in Sonderfällen möglich [Tu 95][Pf 97] und wird auch industriell umgesetzt.

Interferometrie an Asphären mit synthetischen Hologrammen

Sind plane und sphärische Flächen nach wie vor die am häufigsten eingesetzten Grundformen optischer Komponenten, sind insbesondere zylindrische, torische sowie rotationssymetrisch asphärische Flächen in industriellen Anwendungen wie Scanneroptiken, zylindrischen Kollimationslinsen oder bei Strahlformungsoptiken in der Lasertechnik interessant. Für den Fall zylindrischer und torischer Linsen bietet der Einsatz von Interferometern mit synthetischen Hologrammen als diffraktiver Referenzoptik bereits kommerziell die Möglichkeit einer interferometrischen Prüfung. Der Aufbau eines solchen Messsystems (Interferometer ZylMess45, Fa. Berliner Institut für Optik GmbH, BIFO, Berlin) ist in **Bild 4.5-13** dargestellt. Wurden in Abschnitt 4.5.1.3 noch Fizeau-Objektive eingesetzt, um refraktiv eine dem Prüfling angepasste Referenzwelle zu erzeugen, geschieht dies in diesem Falle bei Einsatz eines synthetischen Hologramms diffraktiv also beugungsoptisch [Shw 76][Tiz 88]. Kern des dargestellten Systems ist ein kleines Formprüfinterferometer mit integrierter Phasenschiebung und CCD-Kamera (μPhase-Kompaktinterferometer, Fa. Fisba Optik AG, St. Gallen, Schweiz). Über ein Kollimatorobjektiv wird eine ebene Wellenfront erzeugt und mittels eines computergenerierten

Hologramms (CGH), das hier als Messobjektiv fungiert, in eine dem Prüfobjekt angepasste Wellenfront umgewandelt.

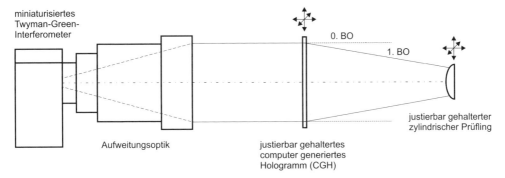

Bild 4.5-13: Interferometer mit computergeneriertem Hologramm zur Prüfung zylindrischer Flächen

Das CGH wird zunächst mit einer Raytracing-Software anhand eines simulierten Interferometeraufbaus berechnet. Dabei wird die Kenntnis der Parameter aller Optiken des Systems sowie insbesondere die ideale Form des zu untersuchenden Prüflings vorausgesetzt. Nach hochaufgelöster Reproduktion dieses Interferogramms in einem geeigneten Medium (z.B. Elektronenstrahllithografie) wird es in der Bildebene des Interferometers eingesetzt. Da bei der Berechnung die Form des Prüflings explizit angegeben worden ist, lässt sich zeigen [Tu 95], dass bei Beugung der Referenzwelle am synthetischen Hologramm in erster Beugungsordnung die ideale Objektwellenfront rekonstruiert wird. Diese trifft als Referenzwelle auf den Prüfling und wird, entsprechend der Abweichung des Prüflings von seiner Idealform, deformiert reflektiert. Nach erneutem Durchgang durch das CGH wird die Objektwellenfront wieder kollimiert und interferiert mit der Referenzwelle. Das Interferenzmuster, das nun die Abweichung des Prüflings von seiner Idealform repräsentiert, wird wie bereits in Abschnitt 4.3.3.6 beschrieben, durch Phasenschiebung ausgewertet.

4.5.1.5   Interferometrie mit schräger Inzidenz an optisch rauen Oberflächen

Für die interferometrische Formprüfung mit senkrechtem Lichteinfall sind, wie im letzten Abschnitt beschrieben wurde, *optisch glatte* Flächen mit Rauheiten unterhalb der eingesetzten Laserwellenlänge notwendig. Voraussetzung ist weiterhin, dass die optischen Weglängen in Mess- und Referenzarm nicht zu stark differieren, da sonst Aliasing auftritt und die Auswertung der Messung nicht möglich ist.

Sind die zu prüfenden Oberflächen jedoch nicht poliert sondern matt, wird das einfallende Licht diffus reflektiert. Die optischen Wegunterschiede werden zu groß und auswertbare Interferogramme können nicht mehr erhalten werden, da entweder das Sampling-Theorem verletzt oder aber das reflektierte Licht nicht mehr vom

Kollimator erfasst wird und das optische System verlässt. Hier setzt die Interferometrie mit schräger Inzidenz (*Grazing Incidence Interferometry*) ein [Pck 92]. Sie beruht auf dem bekannten Effekt, dass auch matte Flächen glänzend werden, wenn man sie unter einem schrägen Winkel betrachtet. **Bild 4.5-14** zeigt, wie man diesen Effekt ausnutzen kann, um interferometrische Messungen an *optisch rauen* Flächen durchzuführen.

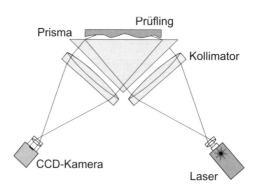

Bild 4.5-14: Interferometer mit schräger Inzidenz zur Prüfung rauer Flächen

Nach der Kollimation wird Laserlicht in ein Prisma eingekoppelt. Durch Reflexion an der inneren Hypotenusenfläche (Ebenheit besser 0,06 µm) wird zunächst die Referenzwelle erzeugt. Im eigentlichen Messarm kommt es dann aufgrund der Brechung beim Austritt des Lichtes durch die Referenzfläche zu sehr flachen Austrittswinkeln und die Messwelle trifft unter schräger Inzidenz auf die Prüflingsoberfläche. Auch bei diesem Interferometer wird die Messwellenfront durch die Objektoberfläche deformiert und dann reflektiert. Nach dem erneuten Eintritt in das Prisma findet Interferenz mit der Referenzwelle statt und beide Wellenfronten werden in den Auswertearm auf den CCD-Sensor abgebildet.

Lag im Falle der Interferometrie mit senkrechter Inzidenz die Empfindlichkeit, d.h. die Höhendifferenz auf der Prüflingsfläche, die zu einem Hell-Dunkel-Streifen im Interferenzmuster führt, bei

$$S_\perp = \frac{\lambda}{2} \qquad\qquad\qquad (4.5\text{-}4)$$

so ist sie bei der schrägen Inzidenz mit Einfallswinkel α auf

$$S_\alpha = \frac{\lambda}{2\cos\alpha} \qquad\qquad\qquad (4.5\text{-}5)$$

reduziert. Das Verfahren wird also unempfindlicher gegenüber Oberflächenrauheiten und erlaubt auch die Formprüfung an Planflächen schlechterer Oberflächenqualität. Für die Fertigungsmesstechnik ist das Verfahren sehr interessant, zumal aufgrund des einstellbaren Inzidenzwinkels die Empfindlichkeit variabel ist. Mit abnehmender Empfindlichkeit nimmt auch die Messunsicherheit ab, wohingegen der Messbereich ansteigt. Das Messsystem kann somit nach Abwägung der angestrebten Messparameter an die jeweilige Messaufgabe angepasst werden.

Mit kommerziellen Geräten sind Empfindlichkeiten zwischen 0,5 µm und 4 µm einstellbar (Topos 50, Fa. LAMTECH Lasermesstechnik GmbH, Stuttgart). Mit diesen Werten ergeben sich Auflösungen von 0,01 µm und erreichbare absolute Messunsicherheiten von ±0,1..0,5 µm. Auf diese Weise sind Messbereiche bis zu 0,1 mm Abweichung von der Referenz möglich. Die laterale Ortsauflösung ist aufgrund der Pixelzahl des CCD-Sensors und der nachgeschalteten Bildver- arbeitung auf 1/500 des Messbereichs begrenzt. **Bild 4.5-15** zeigt das Resultat einer Messung an einem Zahnrad. Die Interferometrie mit schräger Inzidenz nimmt folglich in ihrer erreichbaren Messgenauigkeit eine Position gerade zwischen der Interferometrie mit senkrechter Inzidenz und Verfahren der Streifenprojektion (Abschnitt 4.3.2.5) ein.

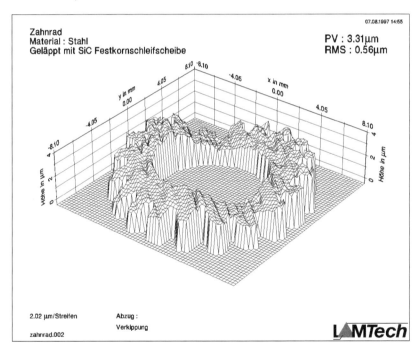

Bild 4.5-15: Messung der geläppten Stirnseite eines Zahnrades mit schräger Inzidenz

Aufgrund des eingesetzten Prismas mit seiner planen Grundfläche können nur annähernd plane Prüflinge mit dieser Messtechnik untersucht werden. Eine Erweiterung stellt auch hier der Einsatz diffraktiv optischer Elemente (DOEs) dar

[Shw 97]. Dabei wird, wie in Abschnitt 4.5.1.4 durch ein synthetisches Hologramm eine der Sollform des Prüflings optimal angepasste Wellenfront erzeugt. Abweichungen des Prüflings von seiner idealen Form führen zu Wellenfrontaberrationen, die interferometrisch gemessen und ausgewertet werden. Das Verfahren erlaubt die Messung von Zylindern mit in Grenzen freien Grundflächen. Entsprechende kommerzielle Messsysteme stehen kurz vor der Marktreife.

4.5.2   Oberflächenprüftechnik

4.5.2.1   Einführung

Die Oberflächenprüftechnik hat zur Aufgabe, die Welligkeit und/oder Rauheit von technischen Oberflächen messtechnisch zu erfassen und aus den ermittelten Messwerten Kennwerte zur Beurteilung der Oberflächenqualität eines Werkstückes zu ermitteln.

Nach dem in **Bild 4.5-2** dargestellten Ordnungssystem für Gestaltabweichungen gemäß DIN 4760 handelt es sich bei der *Welligkeit* um Gestaltabweichungen 2. Ordnung. Welligkeiten sind nach DIN 4774 überwiegend periodisch auftretende Gestaltabweichungen am Werkstück, deren Wellenlängen größer sind als die Rillenabstände seiner Rauheit. Das Verhältnis zwischen Wellenabstand und -tiefe beträgt im Allgemeinen zwischen 1000 : 1 und 100 : 1. Gestaltabweichungen der Ordnung 3 bis 5 (vgl. **Bild 4.5-2**) werden als *Rauheit* bezeichnet. Rauheit sind regelmäßig oder unregelmäßig wiederkehrende Gestaltabweichungen, deren Abstände nur ein relativ geringes Vielfaches ihrer Tiefe betragen [DIN 4774]. Das Verhältnis zwischen den Rauheits-(Rillen)-Abständen und deren Tiefen liegt zwischen 150 : 1 und 5 : 1 [VDI/VDE 2601]. Bei realen Profilen überlagern sich Welligkeit und Rauheit. Somit es ist häufig erforderlich, beide Feingestaltabweichungen getrennt voneinander zu bewerten.

4.5.2.2   Dateninterpretation und Rauheitskenngrößen

Zur Bestimmung von zweidimensionalen Oberflächenkenngrößen wird der Profilschnitt vorzugsweise quer zur Richtung der Bearbeitungsriefen gelegt, wodurch sich das Querprofil ergibt (**Bild 4.5-16**).

Die gemessenen Oberflächenprofile beinhalten jedoch im Allgemeinen die additive Überlagerung von Formabweichung, Welligkeit und Rauheit. Für die Bestimmung von Oberflächenkenngrößen sind die einzelnen Abweichungen getrennt auszuwerten. Dieses geschieht durch die Anwendung von Hoch-, Band- oder Tiefpassfiltern, die gemäß DIN EN ISO 4288 als Wellenfilter bezeichnet werden.

Wird z.B. ein ungefiltertes Ist-Profil auf den Eingang eines Wellenfilters gegeben, so werden je nach Grenzwellenlänge λ_c des Filters Signalanteile unterdrückt oder unverfälscht übertragen. Zur Ermittlung des Rauheitsprofils wird ein Hochpassfilter eingesetzt, dessen Cutoff λ_c die Wellenlänge angibt deren Amplitude zu 50% übertragen wird. Langwelligere Anteile, wie Welligkeit werden daher mit zunehmender Wellenlänge stärker gedämpft und die Amplituden der kurzwelligeren Anteile, die zur Rauheit zählen, werden mit nahezu 100% übertragen. Analog lassen sich Formabweichungen durch Tiefpassfilter und die Welligkeit durch Bandpassfilter aus einem Oberflächenprofil extrahieren.

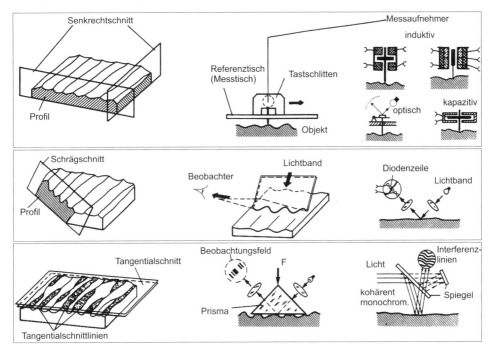

Bild 4.5-16: Verschiedene Arten des Profilschnitts

Rauheitskenngrößen werden, falls nicht anders angegeben, an Einzelmessstrecken definiert, deren Länge abhängig von der Grenzwellenlänge des eingesetzten Filters ist. Zur Bewertung der Rauheit einer Oberfläche werden zusätzlich Kenngrößen als Mittelwerte aus mehreren Einzelmessstrecken bestimmt, siehe auch **Bild 4.5-17**.

Die Gesamtmessstrecke besteht aus 5 Einzelmessstrecken. Aufgrund der charakteristischen Eigenschaften des einzusetzenden Wellenfilters und zur Minimierung von Beschleunigungs- und Bremseinflüssen werden insgesamt 7 Einzelmessstrecken gemessen. Die Bezugslinie für die Rauheitsauswertung bildet sich durch das eingesetzte Filter und ist nach DIN EN ISO 4287 eine mittlere Gerade innerhalb einer Einzelmessstrecke. In **Bild 4.5-17** ist eine Auswahl von Rauheitskenngrößen und deren Definitionen angegeben.

Zur quantitativen Bestimmung der Oberflächengüte werden derzeit in der Industrie neben Tastschnittgeräten auch Weißlichtinterferometer und sogar Rasterkraftmikroskope eingesetzt. Letztere erlauben Auflösungen im Angström-Bereich, werden jedoch hier nicht weiter erläutert. Ein wesentlicher Grund für die weite Verbreitung dieser Oberflächenprüfgeräte liegt in der Tatsache begründet, dass aus dem gemessenen Oberflächenprofil unmittelbar die geforderten Oberflächenkenngrößen gewonnen werden können.

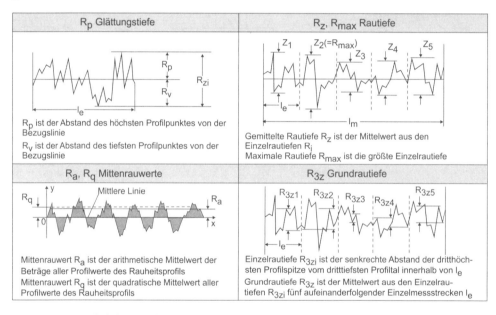

Bild 4.5-17: Rauheitskenngrößen nach DIN EN ISO 1302 und DIN EN ISO 4287

4.5.2.3   Tastschnittgeräte

Bei der Anwendung von elektrischen Tastschnittgeräten wird für die Ermittlung der Oberflächenqualität ein senkrechter Profilschnitt auf der Werkstückoberfläche abgetastet und ausgewertet [War 84]. Dabei werden die Auslenkungen der Tastnadel entweder induktiv oder laserinterferometrisch aufgenommen (**Bild 4.5-16**). Da die Nadel den Prüfling berührt, sind im Falle zu weicher Materialien evtl. auch Beschädigungen möglich.

Die einfachste Ausführung eines elektrischen Tastschnittgerätes, das *Einkufentast-system*, ist nur durch ein Gelenk mit der Vorschubeinrichtung verbunden und stützt sich mit einer Gleitkufe auf der Werkstückoberfläche ab. Es handelt sich somit um ein halbstarres System. Durch diese Anordnung wird das Tastsystem hauptsächlich durch die Gleitkufe und in geringerem Maße, entsprechend den Hebelver-hältnissen, durch die Vorschubeinheit geführt. Die Vorschubeinheit muss deshalb parallel zur zu prüfenden Oberfläche ausgerichtet werden. Einkufentastsysteme erfordern am Prüfling nur einen sehr geringen Platzbedarf und erlauben bei einer geeignet gewählten geometrischen Ausbildung des Tastkopfes eine einfache Durchführung der Messung auch an schwer zugänglichen Werkstückbereichen, wie z.B. an Bohrungen. Die verschiedenen geometrischen Ausführungen des Tast-kopfes unterscheiden sich in der Anordnung der Tastspitze zur Gleitkufe. Hierbei kann die Gleitkufe vor, hinter oder neben der Tastspitze angeordnet sein. Ein großer Nachteil beim Einsatz von Einkufentastsystemen besteht in der möglichen Verfälschung der Messergebnisse bei der Profilerfassung. Die Größe dieser Verfälschung ist dabei abhängig vom Verhältnis zwischen dem Abstand Tastspitze-Gleitkufe zur Profilwellenlänge sowie von der Geometrie der Gleitkufe beim Auftreten einzelner Profilspitzen. Demnach können wellige Profilanteile sowohl völlig ausgelöscht als auch mit doppelter Höhe übertragen werden.

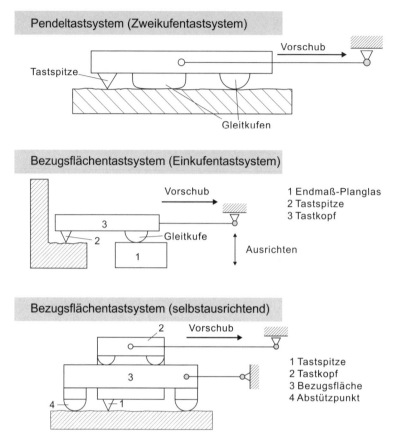

Bild 4.5-18: Beispiele für Tastsysteme [Tes 1]

Pendeltastsysteme (Zweikufentastsysteme), wie in **Bild 4.5-18** oben dargestellt, werden auf zwei kugelförmigen oder zylindrisch ausgebildeten Gleitkufen, die in Tastrichtung hintereinanderliegen, auf der Oberfläche des Prüfgegenstandes geführt. Durch das Vorhandensein von zwei Gleitkufen richten sich diese Tastsysteme beim Aufsetzen auf die zu prüfende Oberfläche selbständig aus. Am Prüfgegenstand wird jedoch eine relativ große Länge, abhängig vom Gleitkufen-abstand, für die Durchführung einer Oberflächenprüfung benötigt. Dieses hat zur Folge, dass mit diesen Systemen keine kleinen Werkstücke geprüft werden können.

Bei *Bezugsflächentastsystemen* wird der Tastkopf auf einer nahezu ideal geome-trischen Bezugsebene geführt, die auch als Referenz für die Messung fungiert. Im Gegensatz zu den auf Gleitkufen geführten Tastsystemen findet in diesem Fall lediglich eine Berührung zwischen der Oberfläche des Prüfgegenstandes und der Tastspitze statt. Somit wird bis auf den Einfluss der Geometrie der Tastspitze das Oberflächenprofil unverfälscht übertragen. Für die taktile Oberflächenprüfung stellen Bezugsflächentastsysteme ein ideales Prüfmittel dar, da mit ihrer Hilfe die Welligkeit und die Rauheit einer technischen Oberfläche erfasst werden kann. Bei hinreichend langen Messstrecken lässt sich auch die Formabweichung eines Prüfgegenstandes bestimmen.

Die einfachste Ausführungsform eines Bezugsflächentastsystemes ist durch die Anwendung eines *Einkufentastsystemes* gegeben, wobei die Gleitkufe auf einem Endmaß oder einer Planglasplatte als Bezugsfläche geführt wird (**Bild 4.5-18** mitte). Dieses Bezugsflächentastsystem hat einen sehr geringen Platzbedarf am Prüfgegenstand, wodurch auch die Prüfung kleiner Werkstücke möglich ist.

Das in **Bild 4.5-18** unten dargestellte *selbstausrichtende Bezugsflächentastsystem* zeichnet sich durch seine einfache Handhabbarkeit und durch seinen schwingungsarmen Messaufbau aus. Die Bezugsfläche ist bei dieser Messanordnung direkt in das Tastsystem integriert, und der Tastkopf ist über ein Gelenk mit der Vorschubeinrichtung verbunden. Als Nachteil ist der relativ große Platzbedarf am Prüfgegenstand zu sehen, der durch den Abstand der Abstützpunkte auf der zu prüfenden Oberfläche gegeben ist.

Bei allen aufgeführten Tastschnittgeräten hängt das Messergebnis stark von der geometrischen Ausführung der Tastspitze ab. Die geometrischen Ausführungsformen von Tastspitzen sind durch DIN EN ISO 3274 genormt (**Bild 4.5-19**).

Für die Oberflächenprüfung sind im Allgemeinen aus Diamant hergestellte Tastspitzen ausschließlich in Form eines Kegels oder einer Pyramide mit den angegebenen Spitzenwinkeln und Spitzenradien zulässig. Dabei bestimmt der Spitzenradius die Grenze der erfassbaren Rauheit zu kleinen Wellenlängen hin. Durch die Abrundung der Tastspitze stellt das gemessene Istprofil stets ein Hüllprofil an das tatsächliche Oberflächenprofil dar. Eine allgemein gültige Abschätzung der durch die Tastspitzengeometrie bedingten Messfehler konnte bisher jedoch nicht angegeben werden [War 84]. Die Auswahl einer geeigneten Tastspitze bleibt somit der Erfahrung des Benutzers überlassen, der unter Berücksichtigung der zu erwartenden Messergebnisse speziell für jeden Anwendungsfall über die geometrische Form der zu verwendenden Tastspitze zu befinden hat.

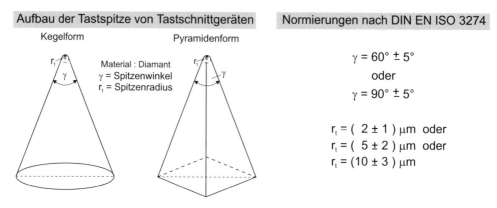

Bild 4.5-19: Ausführungsformen von Tastspitzen [DIN EN ISO 3274]

Ein Beispiel für die Ausführungsform eines Bezugsflächentastsystems mit interferometrischer Aufnahme der Tastnadelauslenkung ist in **Bild 4.5-20** dargestellt.

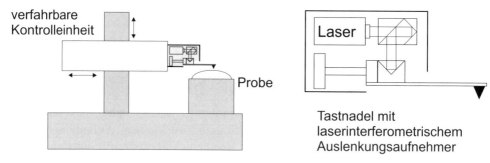

Bild 4.5-20: Tastschnittgerät mit laserinterferometrisch abgenommener Tastnadel (Form Talysurf Series II, Fa. Rank Taylor Hobson)

Das Resultat einer Messung mit einem induktiv kontrollierten Tastschnittsystem ist in **Bild 4.5-21** gezeigt. Gemessen wurde in diesem Fall eine Stahlwelle. Neben dem 2D-Profil ist insbesondere die Rauheitsanalyse von großem Interesse, um Aussagen über die Qualität des Fertigungsprozesses zu erhalten.

Neben diesen zweidimensionalen Profilschrieben ist auch die dreidimensionale Analyse von Oberflächen interessant. Hierfür ist es erforderlich, mehrere parallele Profilschnitte aufzunehmen und zu verrechnen. Messsysteme mit entsprechender Hard- und Software sind kommerziell ebenfalls erhältlich.

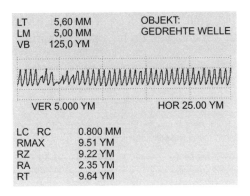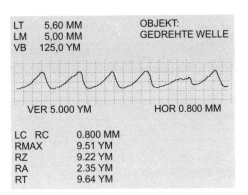

Bild 4.5-21: Messung mit einem induktiv abgenommenen Tastschnittgerät (Perthometer S8P, Firma Mahr GmbH, Göttingen)

4.5.2.4   Optisches Tastschnittsystem

In Abschnitt 4.3.3.3 wurde das Autofokusverfahren als Methode der berührungslosen Abstandsmessung eingeführt. Neben den taktilen und interferometrischen Messaufnehmern stellt diese optische Methode mit Auflösungen im Sub-μm-Bereich ebenfalls eine Alternative zur Oberflächenprüfung dar, vorausgesetzt der Sensor wird in ein geeignetes Handhabungssystem integriert. Dabei werden hohe Anforderungen an die Mechanik bzgl. Positioniergenauigkeit und Linearität bei der Führung des Sensors gestellt. Die Ausführungsform eines solchen optischen Tastschnittsystems ist in **Bild 4.5-22** dargestellt (Mikrofokus, Fa. UBM Messtechnik, Ettlingen). Über 2 Verfahrachsen kann der Sensor, der an einer Brückenhalterung befestigt ist, mit hoher Präzision über den Prüfling verfahren werden. Es erfolgt gleichsam eine berührungslose Abrasterung der Probe. Der Arbeitsabstand des Sensors ist in Abhängigkeit von der jeweiligen Kollimationsoptik somit in Grenzen einstellbar. Messbereiche bis zu 1 mm sind möglich.

Bei der Erfassung mittels optischen Tastschnitt dient der Laserfokusfleck (Durchmesser ca. 1 μm) als berührungslos abtastendes Element. Im Vergleich zur taktilen Tastnadel (Durchmesser ca. > 4 μm) können somit feinere Strukturen erfasst werden. Zudem unterscheidet sich die optische Messtechnik deutlich vom taktilen Tastschnitt, bei dem eine direkte Wechselwirkung zwischen Tastnadel und Probe stattfindet. Diese führt i.A. zu einer Tiefpassfilterung der gemessenen Oberflächenstruktur, da die Nadelspitze aufgrund ihrer endlichen Ausdehnung nicht in der Lage ist, alle Feinheiten der Oberfläche aufzulösen. Bei der optischen Antastung dagegen wird die Oberfläche mit ihrer Mikrostruktur den auftreffenden Fokusfleck aufgrund von Streueffekten verändern, was ebenfalls eine Auswirkung auf das Ergebnis einer Auswertung hat. Da die Verfälschungen bei taktiler und optischer Antastung unterschiedlich sind, ist folglich ein Vergleich von Messergebnissen, die mit beiden Systemen an der gleichen Probe ermittelt wurden, ohne weiteres nicht möglich

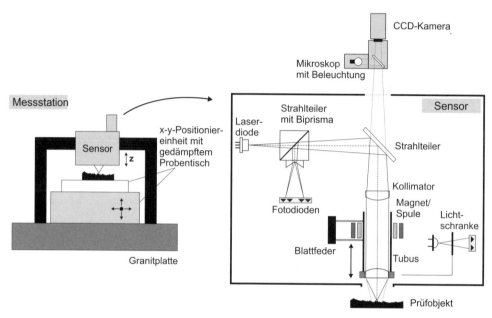

Bild 4.5-22: Optisches Tastschnittsystem

4.5.2.5   Weißlichtinterferometer

Eine weitere Methode zur berührungslosen Messung rauher Oberflächen ist die Weißlichtinterferometrie [Ca 93]. Mit ihr können schnell, genau und reproduzierbar dreidimensionale Oberflächenprüfungen durchgeführt werden. Selbst Stufenhöhen bis zu 500 μm sind messbar. Darüber hinaus kann durch zusätzlichen Einsatz von Phasenschiebe-Methoden die Auflösung bis in den nm-Bereich erhöht werden. Wie **Bild 4.5-23** links zeigt, wird das Licht einer Weißlichtquelle zunächst über einen Strahlteiler in das Messgerät eingekoppelt. Es durchläuft dann ein Mikroskopobjektiv, in das ein Mirau-Interferometer eingebaut ist [Mal 92]. Entspricht nun die Weglänge des Lichtes zwischen Objektiv und Prüfling exakt der Weglänge des Lichtes im Interferometer, treten Weißlicht-interferenzen auf. Wie in einem herkömmlichen Mikroskop können diese Interferenzen dabei detektiert werden. Da das Höhenprofil des Prüflings über die Messapertur hinweg i.A. nicht konstant ist, variiert folglich auch die optische Weglänge im Objektarm. Nur in den Bereichen, wo die Höhe des Prüflings konstant ist und die Weglängen von Mess- und Referenzarm gleich sind, bleiben die Weißlichtinterferenzen sichtbar. Über Piezoelemente kann das Objektiv jedoch hochaufgelöst nachgeführt werden, so dass der Ort der Weißlichtinterferenz eingestellt werden kann. Über Positionsdecoder wird der Weg dabei exakt aufgenommen.

Im Gegensatz zur kohärenten Interferometrie wird bei der Weißlichtinterferometrie die kurze Kohärenzlänge einer Weißlichtquelle gezielt ausgenutzt. Die Modulation des Interferenzsignals nimmt infolge der kurzen Kohärenzlänge von nur wenigen µm schnell ab. **Bild 4.5-23** rechts zeigt den entsprechenden Intensitätsverlauf exemplarisch für ein Pixel.

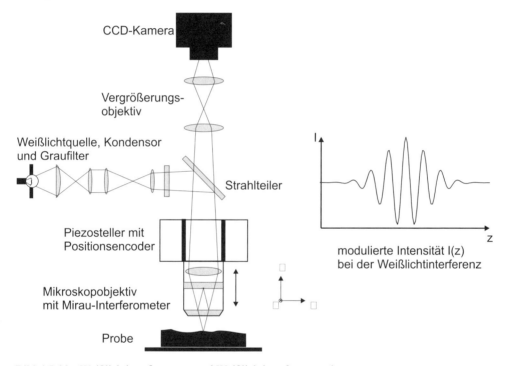

Bild 4.5-23: Weißlichtinterferometer und Weißlichtinterferenzstruktur

Bei der Nachführung des Objektivs und einer entsprechenden Änderung der Weglängendifferenz wird also die Intensität in jedem Pixel entsprechend diesem Intensitätsverlauf durchmoduliert. Die relative Messung der Objekthöhe wird durchgeführt, indem die Modulation aus dem Interferenzsignal extrahiert wird und ihr Maximum als Funktion der Weglängenänderung berechnet wird. Der Einsatz spezieller Hardware mit parallel arbeitenden digitalen Signalprozessoren und die Implementierung von Algorithmen der Signalverarbeitung erlauben die Bestimmung des Modulationsmaximums in Echtzeit.

Im Gegensatz zur Messung der Phase, wie sie in der kohärenten Interferometrie durchgeführt wird, findet in der Weißlichtinterferometrie also eine Schwerpunkts-bestimmung des Phasenpaketes statt, wobei die Phasenbeziehung verloren geht. In der kohärenten Interferometrie wird also dahingehend relativ gemessen, dass die Abweichung der Prüflingsfläche von der eingesetzten Referenz bestimmt wird. In der Weißlichtinterferometrie wird durch die Referenzfläche zunächst eine Interferenzstruktur erzeugt. Diese wird ausgewertet, um gleichsam Höhenlinien auf dem Prüfling zu bestimmen. Durch die Messung der Verschiebung des Objektivs über Piezoelemente kann den jeweiligen Höhenlinien eine quantitative Höhen-information zugeordnet werden. Hystereseeffekte der Piezos können durch Implementierung entsprechender Regler praktisch eliminiert werden.

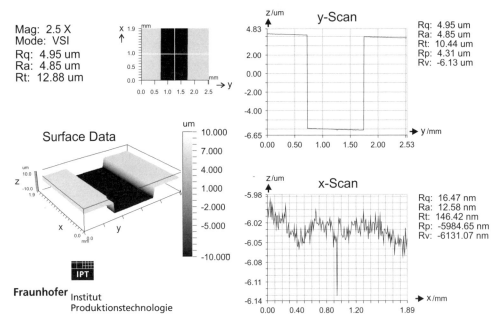

Bild 4.5-24: Messung einer Stufenstruktur mit Weißlichtinterferometer (RSTplus Surface Profiler, Fa. WYKO Corp., Tucson, USA)

Bild 4.5-24 dokumentiert eine Messung an einer Stufenstruktur. Sowohl der Messbereich bei der Stufenmessung im horizontalen Schnitt als auch die enorm hohe Auflösung ($< 1\,nm$) im vertikalen Schnitt werden durch dieses Resultat illustriert. Der Messbereich handelsüblicher Weißlichtinterferometer erstreckt sich von wenigen Nanometern bis hin zu 500 µm. Verschiedene Mikroskopobjektive mit Vergrößerungen von 2,5x bis 40x können eingesetzt werden. Die laterale Auflösung wird begrenzt durch das eingesetzte Mikroskopobjektiv und die Pixelzahl des eingesetzten CCD-Sensors bzw. des verwendeten Frame-Grabbers und liegt zwischen 0,1 μm und 12,7 μm. Das maximale Messfeld beträgt 8 mm x 6 mm bei 2,5-facher Vergrößerung.

4.6 Lehrende Prüfung

Die Lehrung ist eines der ältesten Verfahren zur maßlichen Prüfung von Werkstücken. Ihren Ursprung hat sie in der Verwendung von Modellen zur Herstellung von kompliziert geformten Gegenständen.

Sie stellt eine funktionsorientierte Prüfung dar, da das Zusammenwirken verschiedener Werkstückbereiche so geprüft wird, wie es den späteren Einsatzbedingungen entspricht (z.B. muss eine Welle in ein Lager passen, unabhängig von ihrem "mittleren" Durchmesser). Das Ergebnis der Prüfung mit einer Lehre beinhaltet eine eindeutige Aussage, d.h., das subjektive Element bei einer Prüfentscheidung wird reduziert, das Prüfergebnis ist reproduzierbar.

Die Anforderungen an das Prüfpersonal sind gering, sodass nach geringer Einarbeitung auch eine ungelernte Kraft qualifizierte Prüfaussagen treffen kann. Die Prüfung selbst geschieht in kurzer Zeit, die Ergebnisse können unmittelbar zu Korrekturmaßnahmen an Bearbeitungsmaschinen herangezogen werden. Lehren sind fertigungsnah einsetzbar, da sie einfach zu handhaben und mechanisch stabil aufgebaut sind. Sofern die zu prüfenden Werkstücke einen ähnlichen Temperaturausdehnungskoeffizienten wie der Lehrenstahl haben, ist eine temperaturneutrale Prüfung realisierbar. Die gebräuchlichsten Lehrentypen sind genormt, sodass sie als Standardprüfmittel von verschiedenen Herstellern angeboten werden.

Die Prüfung mit Lehren ist seit Jahrzehnten in der Industrie etabliert. Ein Haupteinsatzgebiet ist der Austauschbau, bei dem jedes unabhängig gefertigte Werkstück durch ein gleiches in seiner Funktion ersetzbar sein muss. Versuche, modernere Prüfverfahren breitflächig einzusetzen, scheiterten häufig an deren Komplexität und Anfälligkeit im Vergleich zu der Schlichtheit und Zuverlässigkeit des Lehrungsprinzips.

Lehren werden verwendet zur Beurteilung sowohl einfacher als auch komplexer Geometrien, bei denen verschiedene Geometrieelemente oder -merkmale zu einer Funktion beitragen. Während messende Prüfgeräte einzeln spezifizierte Merkmale wie z.B. Durchmesser und Zylinderform getrennt ermitteln müssen, erzielt ein einziger Lehrungsschritt die vollständige, für die Funktion wichtige Information. Ebenso lassen sich komplizierte Geometrien wie Freiformflächen nur äußerst umständlich beschreiben und somit einer messenden Prüfung zugänglich machen, wohingegen eine Lehrung in einem Schritt eine schnelle Beurteilung erlaubt.

4.6.1   Taylorscher Grundsatz

Eine Lehre nach dem taylorschen Grundsatz besteht immer aus zwei Teilen und eine Lehrung aus zwei Schritten. Auf einer Gutseite mit dem Maximum-Material-Maß des zu untersuchenden Elementes wird dessen Funktion geprüft, während auf der Ausschussseite mit dem Minimum-Material-Maß dieses Elementes die Einhaltung des Höchstmaßes überwacht wird.

W. Taylor formulierte 1905 seinen Grundsatz folgendermaßen (**Bild 4.6-1**):

- Die *Gutlehre* sollte so ausgebildet sein, dass sie die zu prüfende Form in ihrer Gesamtwirkung beurteilt.

- Dagegen sollte die *Ausschusslehre* nur einzelne Bestimmungsstücke der geometrischen Form des Werkstückes prüfen.

Durch diese Forderung wird sichergestellt, dass die Toleranzgrenzen nicht durch Formabweichungen des Werkstücks überschritten werden. In Fällen, in denen die Formtoleranz größer ist als die Maßtoleranz, hat der taylorsche Grundsatz keine Berechtigung. Die meisten Lehren entsprechen nicht dem taylorschen Grundsatz, da sie entweder nur für eine Einschrittlehrung ausgelegt sind oder aber nicht die Einhüllende der beteiligten geometrischen Elemente prüfen, sondern ein Zweipunktmaß (z.B. Rachenlehren) [Lot 78].

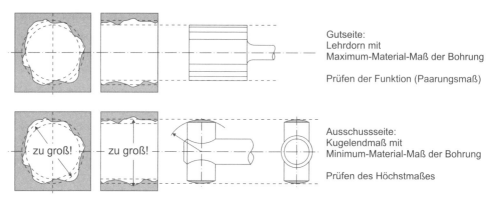

Gutseite:
Lehrdorn mit
Maximum-Material-Maß der Bohrung

Prüfen der Funktion (Paarungsmaß)

zu groß!   zu groß!

Ausschussseite:
Kugelendmaß mit
Minimum-Material-Maß der Bohrung

Prüfen des Höchstmaßes

Bild 4.6-1:   Taylorscher Grundsatz

Im Laufe des zwanzigsten Jahrhunderts sind verschiedene Versionen und Verallgemeinerungen des taylorschen Grundsatzes entstanden. Eine Erweiterung besagt, dass er auch für Lehren gilt, deren Lage zum Werkstück in einer zusätzlichen Vorschrift gefordert wird. Wenn eine Bohrung beispielsweise einer Rechtwinkligkeitsforderung bezüglich einer Werkstückebene unterliegt, muss der Dorn senkrecht zu dieser Ebene stehen. In einem solchen Fall ist die Erweiterung des taylorschen Grundsatzes nach Weinhold [Lot 80] sinnvoll: „Die Gutlehre muss alle Elemente, die bei der Paarung zugleich beteiligt sind, gemeinsam erfassen. Es müssen bei der Lehrung Werkstück und Gutlehre alle Relativlagen einnehmen, die zwischen dem Werkstück und seinem Gegenstück vorkommen können oder die durch zusätzliche Lagebedingungen vorgeschrieben sind.“

4.6.2   Arten der lehrenden Prüfung

Eine Untergliederung der lehrenden Prüfung kann nach verschiedenen Aspekten vorgenommen werden. Bei einer Einteilung nach ihrem Einsatzzweck gibt es folgende Lehrenarten:

- *Arbeitslehren* zum Prüfen von Werkstücken
- *Prüflehren* als Gegenlehren zum Prüfen von Arbeitslehren und
- *Revisionslehren* zum Nachprüfen derjenigen Werkstücke, die zuvor beim Prüfen mit der Arbeitslehre "Nacharbeit" ergaben.

Eine andere Möglichkeit besteht in der Unterscheidung ihrer prinzipiellen geometrischen und funktionellen Eigenschaften. **Bild 4.6-2** zeigt eine entsprechende Gliederung sowie typische Vertreter bzw. Eigenschaften der jeweiligen Lehrenklasse.

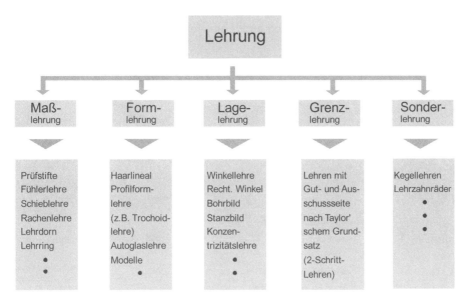

Bild 4.6-2:   Einteilung der lehrenden Prüfung

Die Aufteilung in Maß-, Form- und Lagelehren orientiert sich an der Tolerierung in technischen Zeichnungen nach den genormten Tolerierungsgrundsätzen (Abschnitt

2.5). Lehren erfassen normalerweise mehr als nur ein einzelnes Maß-, Form- oder Lagemerkmal. Eine entsprechende Einteilung hat demzufolge Überschneidungen.

Die Grenzlehren als weitere Gruppe beinhalten die Lehren, mit denen Toleranzeinhaltungen geprüft werden können. Sie sind immer zweiteilig oder zweiseitig (Gut- und Ausschusslehre) ausgeführt und gehorchen im Allgemeinen dem taylorschen Grundsatz.

Unter die Sonderlehren fallen alle Prüfmittcl, die für eine Prüfung mit Lehrungscharakter vorgesehen sind, aber sich nicht in die vorher beschriebenen Kategorien einordnen lassen.

4.6.2.1   Maßlehrung

Maßlehrung wird dann angewendet, wenn entweder ein minimaler oder ein maximaler Wert nicht überschritten werden darf. Dies ist dann der Fall, wenn ein einseitig kritisches Maß vorliegt.

Beispielsweise muss bei einer Unterlegscheibe die Bohrung mindestens so groß sein, dass eine vorgesehene Schraube hindurchpasst. Eine geringe Unterschreitung des Maßes schließt ihre funktionsfähige Verwendung aus. Eine kleine Überschreitung des Durchmessers ist jedoch eher unkritisch. Entsprechendes gilt für einen Sechskant-Schraubenkopf, der bei geringfügiger Überschreitung der Schlüsselweite untauglich ist, während eine Unterschreitung toleranter gehandhabt werden kann.

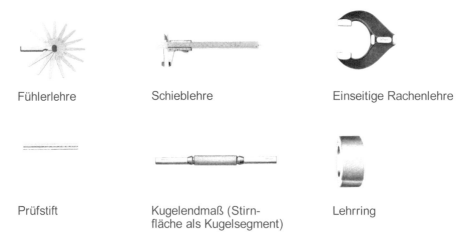

| Fühlerlehre | Schieblehre | Einseitige Rachenlehre |

| Prüfstift | Kugelendmaß (Stirn-
fläche als Kugelsegment) | Lehrring |

Bild 4.6-3:   Ausführungen von Maßlehren

Maßlehren erlauben nur zwei mögliche Aussagen, nämlich "passt" oder "passt nicht". Eine Beurteilung auf Toleranzeinhaltung ist nicht möglich, es sei denn, zwei unabhängige Maßlehren werden als Gut- und Ausschusslehre gemäß dem taylorschen Grundsatz verwendet.

Klassische Maßlehren sind Fühlerlehren und Prüfstifte. Die Schieblehre als solche zu bezeichnen, ist nicht angebracht. Beim Einsatz als Messschieber hat sie ohnehin nichts mit einer Lehre zu tun, jedoch kann der Schieber auch auf einen festen Wert eingestellt und geklemmt werden, um eine Maßlehrung durchzuführen. Auch bei anderen Lehrentypen, z.B. bei Gewinde- und Rachenlehren, findet man einstellbare Ausführungen, die eine mehrfache und flexiblere Verwendung ermöglichen sollen. Lehrring und Rachenlehre sind – einzeln betrachtet – Maßlehren, sind sie in ihren Prüfmaßen jedoch aufeinander abgestimmt, bilden sie gemeinsam eine Grenzlehre nach dem taylorschen Grundsatz (Abschnitt 4.6.2.4).

4.6.2.2 Formlehrung

Zu den Aufgaben der Formlehrung zählt die Überprüfung von Konturen, Profilen und Modellen. Die regelgeometrischen Formen (Geradheit, Ebenheit, Kreisform und Zylinderform) können in der Regel nicht aussagekräftig durch Lehrung geprüft werden.

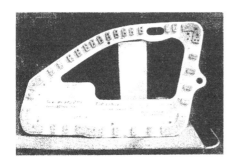
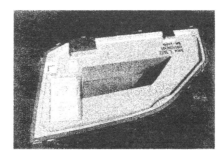

Flachglaslehre   Glaslehre
                                  (Seitenscheibe BMW)

Bild 4.6-4:   Ausführungen von Formlehren (Quelle Glaslehren: Sekurit Saint Gobain GmbH)

Frei geformte Kanten und Flächen waren lange Zeit nur durch eine Lehrung zu beurteilen. Dabei verwendete man die Originalmodelle, denen auch die Werkzeuge zur Herstellung zugrunde lagen. Bekanntes Beispiel für Formlehren sind die ehemals verwendeten Glaslehren im Automobilbau. Bis vor wenigen Jahren stellten die Automobilfirmen den Glaszulieferern für jede Scheibe eines PKW eine sogenannte Originallehre zur Verfügung, die im Prinzip ein Modell des betreffenden Karosserieausschnitts war. Davon mussten dann Abwicklungen gefertigt werden, um den Zuschnitt des Flachglases überprüfen zu können. Bei diesen Flachglaslehren werden Anlagepunkte montiert, die den Verlauf der Kontur repräsentieren. Bei der Prüfung muss das Glas innerhalb der geschlossenen Kontur liegen, die Abstände der Kante zu den Stützstellen dürfen nicht zu groß sein. Ähnlich verhält es sich mit der Beurteilung des fertig geformten Glases. Hier wird die Übereinstimmung mit der Kantenführung einer Abformung der Originallehre geprüft.

Die Problematik der Formlehrung wird am Beispiel eines Haarlineals deutlich. Mit einem Haarlineal kann die Geradheit einer Kante oder Fläche beurteilt werden. Bei der Anlage des Lineals an eine ungerade Kante wird entweder eine stabile Zweipunkt- oder eine labile Einpunktanlage erreicht. Zweipunktanlagen können auch mehrfach vorhanden sein. Zur Beurteilung wird der Spalt herangezogen, der zwischen Lineal und Prüfobjekt entsteht. Er kann am besten im Gegenlicht (hoher Kontrast) bewertet werden. Eine Beurteilung ist fragwürdig und unterliegt dem subjektiven Empfinden des Prüfers. Eine derartige Lehrung wird daher nur dann Verwendung finden, wenn Sollgeometrien lediglich tendenziell eingehalten werden müssen, also keine konkrete Toleranz angegeben wurde.

4.6.2.3 Lagelehrung

Die Lagelehrung zeichnet sich durch eine hohe Komplexität bedingt durch Mehrfachpassungen aus. Da die möglichen Lagebeziehungen von Geometrieelementen in Bauteilen so vielfältig sind, können entsprechende Lagelehren nur Spezialanfertigungen für den jeweiligen Werkstücktyp sein. Aufgrund der Mehrfachpassungen ist auch die ausreichend genaue Herstellung problematisch und damit teuer. Ausgenommen davon sind Rechtwinkligkeits- und Winkellehren, für die ähnlich Grundsätzliches gilt wie für das Lineal bei den Formlehren. So konzentrieren sich die komplizierten Lagelehren auf Position und Konzentrizität (**Bild 4.6-5**).

Zu den Aufgaben der Lagelehrung zählt die Überprüfung von funktionalen Zusammenhängen mehrerer beteiligter Geometrieelemente sowie die Prüfung auf Vorhandensein von Merkmalen (Schablonen). Bei einer Konzentrizitätslehre besteht der Lehrenkörper aus einem mehrstufigen Dorn, der vollständig mit dem Werkstück zu paaren ist. Er entspricht der Gutseite einer Grenzlehre, da hier das Zusammenwirken der beteiligten geometrischen Elemente geprüft wird. Nach dem taylorschen Grundsatz muss für eine vollständige Lehrung noch zusätzlich bestimmt werden, ob die Einzeldurchmesser das Höchstmaß überschreiten.

Das für viele Messgeräte nicht oder nur schwer zu handhabende Maximum-Material-Prinzip kann mit Lagelehren elegant und schnell umgesetzt werden. Dabei wird die Erweiterung einer Einzeltoleranz erlaubt für den Fall, dass andere an einer Bauteilfunktion beteiligte Toleranzen nicht vollständig ausgenutzt wurden (Abschnitt 2.5.2.4).

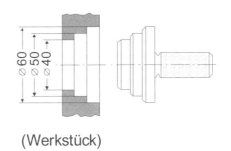

(Werkstück)

Rechtwinkligkeitslehre   Konzentrizitätslehre

Bild 4.6-5:   Ausführungen von Lagelehren

Bild 4.6-6 zeigt ein entsprechendes Beispiel: Eine Platte enthält fünf Bohrungen, die durch theoretisch genaue Maße in ihrer Lage zueinander festgelegt sind. Der Durchmesser der fünf Bohrungen ist jeweils toleriert. Zusätzlich ist eine Positionstoleranz der vier kleinen Bohrungen in Bezug auf die große Bohrung angegeben, wobei das Maximum-Material-Prinzip Anwendung findet. Für den Fall, dass eine kleine Bohrung von ihrer theoretisch genauen Position abweicht, aber in ihrem Durchmesser am oberen Ende des Toleranzfeldes liegt, kann trotzdem noch eine Paarung mit der Lehre bzw. mit dem funktionalen Gegenstück erfolgen. Gleiches gilt für die zentrale Bezugsbohrung.

Die zugehörige Lehre setzt sich zusammen aus fünf Zapfen, die senkrecht auf einer Grundplatte fixiert sind. Sie befinden sich mit ihrer Mittelachse an den theoretisch genauen Positionen der entsprechenden Bohrungen. Ihre Länge entspricht der Dicke der zu prüfenden Platte, da die Bohrungen in ihrer vollen Länge beurteilt werden müssen. Der zentrale Zapfen hat als Durchmesser das Maximum-Material-Maß der mittleren Bohrung, da in der Bezugsangabe der Positionstoleranz das eingekreiste "M" (Symbol für die Anwendung des Maximum-Material-Prinzips *MMP*) aufgeführt ist. Die kleinen Zapfen haben als Durchmesser das "Wirksame Maß", das sich aus dem Maximum-Material-Maß der Bohrung abzüglich der Positionstoleranz ergibt.

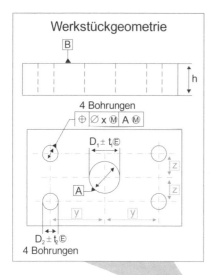
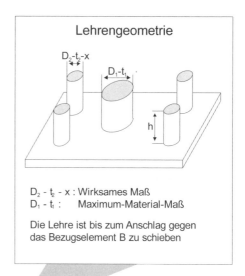

Bild 4.6-6: Beispiel für eine Lagelehrung

4.6.2.4   Grenzlehrung

Aufgabe der Grenzlehrung ist die Beurteilung der Paarungsfähigkeit bestimmter einzelner Bauteilmerkmale. Die Grenzlehre ist eine Arbeitslehre. Sie besteht aus zwei Lehrenkörpern, einer Gut- und einer Ausschusslehre. Die Beurteilung bezieht sich auf das Maß, die Form und/oder die Lage eines Werkstückelementes [Lun 90], [Mah 28].

Grundsätzlich wird heute von der Gutseite einer Grenzlehre verlangt, dass sie gemäß dem taylorschen Grundsatz ein formvollkommenes Gegenstück darstellt, das durch eine Art von Funktionsprüfung die Paarungsmöglichkeit des betreffenden Prüflings mit den zugehörigen Werkstücken gewährleistet. Von dieser Regel kann abgewichen werden, wenn durch das Herstellungsverfahren verschiedene Fehlermöglichkeiten ausgeschaltet werden und dadurch eine Vereinfachung der Gutlehre zugelassen werden kann. Ein Beispiel hierfür ist die Verwendung von Rachenlehren anstelle von Lehrringen bei der Gutprüfung von Wellen, die drehend gefertigt werden. Aufgrund des Herstellverfahrens kann mit hinreichender Sicherheit davon ausgegangen werden, dass die Wellen von einer ausreichenden Rundheit sind. Daher ist es nicht nötig, den Durchmesser mit einem Lehrring über seinen vollen Umfang zu prüfen. Eine Zweipunkt-Prüfung mit einer Rachenlehre lässt eine Aussage über den gesamten Umfang zu.

2-mäulige
Grenzrachenlehre

1-mäulige
Grenzrachenlehre

Gewindegrenzlehrdorn

Grenzlehrdorn

Bild 4.6-7:   Ausführungen von Grenzlehren

Gewindelehren nach dem taylorschen Grundsatz besitzen auf der Gutseite einige
Gewindegänge, sodass die Funktion über die ganze Länge eines Gewindes geprüft
werden kann. Auf der Ausschussseite weisen sie dagegen nur einen vollständigen
Gewindegang auf. Weitere Vertreter der Grenzlehren sind die Grenzlehrdorne, die
entsprechend dem genormten Passungssystem ebenfalls genormt sind. Grenzrachenlehren gibt es sowohl in einmäuliger als auch in zweimäuliger Ausführung.
Bei der einmäuligen Form sind die Messflächen auf einer Seite gestuft, sodass in
einem Bewegungsablauf Gut- und Ausschusslehrung durchgeführt werden können.

4.6.2.5   Sonderlehrung

Als Sonderlehrung werden diejenigen Verfahren zur lehrenden Prüfung bezeichnet,
die sich nicht ohne Weiteres in das herkömmliche Schema einordnen lassen. Eine
Sonderlehrung wird oft in Verbindung mit anzeigenden Messinstrumenten
durchgeführt.

Ein Beispiel für eine Sonderlehrung ist die Einflanken-Wälzprüfung von Evol-
ventenverzahnungen. Für dieses Verfahren werden Lehrzahnräder mit festgelegten
Ausprägungen verwendet [VDI 2608].

Dabei werden das Lehrzahnrad und das Werkzahnrad unter dem vorgeschriebenen
Achsabstand miteinander abgewälzt, wobei entweder die Rechtsflanken oder die
Linksflanken in ständigem Eingriff bleiben. Die Abweichungen von der fehlerfrei
gleichförmigen Bewegungsübertragung werden gemessen. Die Einflanken-
Wälzabweichung des zu untersuchenden Rades ist die Abweichung seiner

Drehstellung von der Sollstellung. Sie kann entweder als Winkel oder als Strecke längs des Umfanges eines Kreises (Wälzweges) gemessen werden.

4.6.3   Normen zur lehrenden Prüfung

Lehren sind in den deutschen Normen sehr breit repräsentiert (103 DIN-Normen) [DIN 87]. Obwohl die meisten "aktuellen" Versionen aus den 1970er-Jahren stammen, spiegelt diese Vielzahl doch auch die Bedeutung von Lehren in der industriellen Praxis wider. **Bild 4.6-8** zeigt eine Übersicht.

Die Normen stellen eine verbindliche Grundlage zwischen Lehrenherstellern und Kunden dar. Sie beschränken sich im Wesentlichen auf die Lehren, die als Massenprüfmittel für ebenfalls genormte Passungen und Gewindeabstufungen verwendet werden. Weiterführende Angaben sind unter [DIN 87] zu finden.

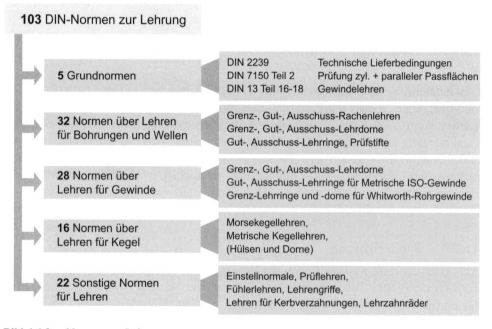

Bild 4.6-8:   Normen zur Lehrung

4.6.4   Prinzip der virtuellen Lehrung

Im Gegensatz zur traditionellen körperlichen Lehrung verfügt die virtuelle Lehrung über das Potenzial, neben der reinen "gut-schlecht"-Aussage auch differenziertere Angaben über den Lehrungsvorgang machen zu können [Pf 94]. Damit wird es möglich, Trends bei der Ausprägung funktioneller Merkmale oder Merkmalsgruppen festzustellen und bereits vor der dramatischen Meldung "Ausschuss" korrigierend in den Fertigungsprozess eingreifen zu können. Außerdem kann eine statistische Beobachtung der Fertigungsergebnisse durchgeführt werden, die sowohl eine Reduzierung als auch Dynamisierung des Prüfaufwandes erlaubt. Selbst im Falle von "Nicht paarungsfähig" ist eine Analyse des Lehrungsergebnisses durchführbar, bei der Informationen über mögliche Ansätze von Nacharbeit generiert werden.

Bild 4.6-9 zeigt das Prinzip der virtuellen Lehrung. Die Idee besteht darin, den Vorgang der Lehrung auf einem Rechner zu simulieren. Dazu wird die Geometrie einer Lehre aus den CAD-Daten der zu prüfenden Elemente abgeleitet und rechnerintern dargestellt. Die Oberfläche der zugehörigen realen Bauteilelemente wird durch ein Koordinatenmessgerät mit scannendem Tastkopf erfasst und digitalisiert. Die rechnerinterne Darstellung der Lehre und das digitale Modell der realen Elemente gestatten es nun, den Vorgang der Lehrung durch ein Rechnerprogramm numerisch durchzuführen. Das auf diese Weise erzielte Ergebnis liefert neben der reinen Gut-/Schlecht-Aussage auch weitere Informationen, die für die Steuerung des Fertigungsprozesses wesentlich sind.

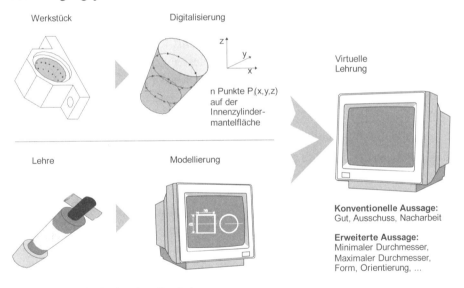

Bild 4.6-9:   Prinzip der virtuellen Lehrung

Der klare Vorteil der virtuellen Lehrung liegt in dem höheren Informationsgehalt ihres Prüfergebnisses, aus dem Hinweise zur Steuerung des Fertigungsprozesses abgeleitet werden können. Beispielsweise bei Lehrungen, an denen mehrere Elemente beteiligt sind, wie Lagelehrungen, liefert die virtuelle Lehrung den Hinweis, welche der beteiligten Elemente fehlerhaft gefertigt sind. Dies leistet die körperliche Lehrung nicht – sie macht lediglich eine Aussage darüber, ob die Gesamtheit der geprüften Merkmale in Ordnung ist, ohne Aufschluss über ein einzelnes Merkmal zu geben.

Der Nachteil der virtuellen Lehrung ist der höhere Aufwand, den das Prinzip erfordert. So sind für die virtuelle Lehrung ein scannendes Koordinatenmessgerät oder ein Formmessgerät und eine Rechnerausstattung mit der entsprechenden Software nötig. Des Weiteren sind die Ansprüche an den Prüfer wesentlich höher als bei der konventionellen Lehrung. Aus diesem Grund ist das Prinzip nicht ähnlich fertigungsnah einzusetzen wie die konventionelle Lehrung.

4.7 Integration von Prüfmitteln in automatisierte Messvorrichtungen

Ein wesentliches Ziel der industriellen Automatisierung ist die Entlastung des Menschen von Routinearbeiten. Dies gilt natürlich auch für die Mess- und Prüftechnik. Eine Routinearbeit wäre beispielsweise die Prüfung zahlreicher Teile eines Fertigungsloses mithilfe handgeführter Messmittel. Ohne Automatisierung müssten

- die Messmittel und die Werkstücke manuell geführt werden,
- die Messwertanzeigen bei jeder Messung abgelesen werden,
- die Messergebnisse handschriftlich protokolliert werden,
- die Messprotokolle durch eine Arbeitskraft ausgewertet und archiviert werden.

Glücklicherweise sind heute zahlreiche Techniken verfügbar, mit deren Hilfe sich je nach Aufwand ein unterschiedlicher Automatisierungsgrad erreichen lässt.

Automatisierung in der Fertigungsmesstechnik bedeutet neben der automatischen Führung von Messmittel oder Werkstück vor allem die datentechnische Weiterverarbeitung der Messwerte. Hierzu muss das Messmittel über geeignete elektronische Schnittstellen verfügen, d.h. rein mechanische Messmittel sind für die Integration in automatisierte Messeinrichtungen ungeeignet.

Der Abschnitt 4.7.1 über elektronische handgeführte Messmittel am rechnergestützten Messplatz zeigt den ersten Schritt hin zur automatisierten Prüfdatenerfassung. Dabei werden Messmittel und Werkstück zwar noch manuell geführt, der automatischen Weiterverarbeitung der Messwerte sind jedoch keine Grenzen gesetzt.

Ein höherer Automatisierungsgrad lässt sich erreichen, wenn neben der datentechnischen Integration der Messmittel auch deren Führung automatisiert wird. Dies ist beispielsweise bei Koordinatenmessmaschinen der Fall, die in Abschnitt 4.4 vorgestellt wurden und mit deren Hilfe geometrische Merkmale eines Werkstückes nach einem Messprogramm automatisch abgetastet werden können. Die Messergebnisse können neben der direkten Ausgabe an der Maschine auch über Datenschnittstellen der Maschinensteuerung bzw. des Bedienrechners zur Weiterverarbeitung bereitgestellt werden. Das gleiche Prinzip kommt beim Messen auf Werkzeugmaschinen zur Anwendung, wenn ein Tastkopf, der wie ein Werkstück eingespannt wird, nach einem NC-Programm entsprechend der abzutastenden Merkmale automatisch verfahren wird. Die Werkzeugmaschine wird in dem Fall kurzzeitig zur Koordinatenmessmaschine.

Die nächste Steigerung des Automatisierungsgrades ist die automatische Handhabung von Messmittel und Werkstück. Dies ist häufig die Folge aus der Integration der Mess- und Prüftechnik in den Materialfluss von Fertigungseinrichtungen und insbesondere dann erforderlich, wenn zahlreiche Werkstücke und mehrere Fertigungsmerkmale unter engen Zeitvorgaben zu messen sind. Repräsentativ für diese Anwendungsfälle sind robotergestützte Messvorrichtungen und Vielstellenmessvorrichtungen, die in den Abschnitten 4.7.2 und 4.7.3 kurz vorgestellt werden.

4.7.1 Elektronische handgeführte Messmittel am rechnergestützten Messplatz

Aufgrund der Fortschritte, die in den letzten Jahrzehnten auf den Gebieten der Elektronik und Datentechnik erreicht wurden, sind heute zahlreiche Messmittel und Rechnerkomponenten preiswert verfügbar, die eine Integration handgeführter Messmittel an einen rechnergestützten Messplatz ermöglichen. Neben den rein mechanischen Handmessmitteln werden zunehmend elektronische und digitale Ausführungen eingesetzt, die meistens auch über Schnittstellen zum Anschluss an externe Auswerteeinheiten verfügen. Auswerteeinheiten können z.B. spezielle Geräte sein, die einzelne Handmessmittel um bestimmte Funktionen ergänzen, oder Rechnersysteme basierend auf Industriestandards (PC-Systeme, VMEbus-Rechner, o.ä.) mit Programmen zur Messwertauswertung und -weiterverarbeitung (**Bild 4.7-1**). Derzeit gebräuchlich sind neben herstellerspezifischen Schnittstellen vor allem RS-232- bzw. V.24-Schnittstellen, die für eine einfache, sternförmige Anbindung der Messmittel an einen Messplatzrechner eine praktikable Lösung bieten.

Die RS-232- bzw. V.24-Schnittstelle ist die mit Abstand am weitesten verbreitete serielle Datenschnittstelle. Sie ist gerätetechnisch sehr einfach und preiswert zu realisieren und ist auf praktisch jedem Rechnersystem, vom Single-Chip-Microcontrollersystem bis hin zur Workstation, vorhanden.

Üblicherweise wird an eine RS-232- bzw. V.24-Schnittstelle nur ein einziges Gerät angeschlossen, d.h., für jedes Messmittel ist eine Schnittstelle im Rechnersystem erforderlich.

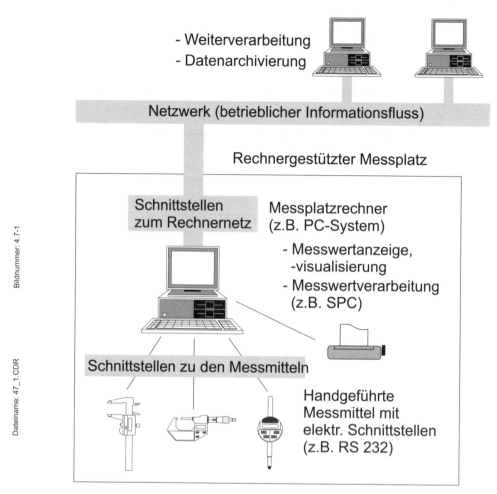

Bildnummer: 4.7-1

Dateiname: 47_1.CDR

Bild 4.7-1:   Rechnergestützter Messplatz mit handgeführten Messmitteln

Spezifiziert wurde die RS-232-Norm von der amerikanischen „Electronic Indu-stries Association" (EIA). Die korrekte Bezeichnung der derzeit gebräuchlichen dritten Überarbeitung der RS-232-Norm lautet EIA RS-232-C. Die internationale Version ist die CCITT-Empfehlung V.24 des CCITT (Comité Consultatif Inter-national de Télégraphique et Téléphonique), die bis auf wenige nur sehr selten genutzte Unterschiede mit der Norm EIA RS-232-C übereinstimmt.

Jedoch legt die RS-232-Norm bzw. der V.24-Standard weder das Datenformat noch die Mechanismen zum Datenaustausch fest. Die Art und Weise, wie über RS-232-Schnittstellen Messdaten ausgetauscht werden, bleibt hersteller- und gerätespezifisch.

Solange Messmittel, Rechnerkomponenten und Software von einem Hersteller bezogen werden, sollten alle Einzelkomponenten aufeinander abgestimmt sein. Jedoch ist derzeit die Kombination von Produkten unterschiedlicher Hersteller noch nicht durch entsprechende Normen oder Industriestandards abgesichert.

Sind die Messmittel erst einmal Hard- und Software-technisch an ein Rechnersystem angeschlossen, stehen damit umfangreiche und industriell eingeführte Techniken der Datenverarbeitung und Datenkommunikation zur Verfügung, um die Messwerterfassung, -protokollierung, -auswertung und -archivierung automatisiert durchzuführen. In der Regel erfolgt vor Ort, d.h. am Messplatz, bereits eine Auswertung und Visualisierung. Hierfür sind beispielsweise CAQ-Programme verfügbar, die eine statistische Auswertung von Prüfdaten bieten, und eine direkte Messwertübernahme aus Handmessgeräten einiger Hersteller unterstützen.

Die verdichteten Prüfergebnisse können nach der ersten Auswertung vor Ort über das Netzwerk zu anderen Abteilungen bzw. Rechnern transportiert werden, z.B. zur Archivierung, Überwachung oder weiteren Verarbeitung.

Für den Datentransfer zwischen Rechnersystemen existieren zahlreiche Standards und Produkte. Jedoch setzten sich jene Techniken durch, die von Massenproduktion und Preisverfall der Rechnerkomponenten am meisten profitierten. Dies war zum einen Ethernet [Heg 92] als Standard für Übertragungsmedium, Anschlusstechnik und Zugriffsverfahren, zum anderen TCP/IP (Transmission Control Protocol / Internet Protocol) als darauf aufbauendes Kommunikationsprotokoll [Tan 89]. Ethernet wurde neben weiteren Kommunikationssystemen für die Rechnervernetzung von dem amerikanischen „Institute of Electrical and Electronical Engineers" (IEEE) standardisiert [Sta 93]. TCP/IP und ergänzende Protokolle wie beispielsweise das „File Transfer Protocol" (FTP) haben sich aus dem ARPANET, ein von der „Defense Advance Research Projects Agency" des US-Verteidigungsministeriums initiiertes Netzwerk, und dem daraus hervorgegangenem Internet entwickelt [Tan 89]. Ethernetsteckkarten sind mittlerweile für fast jedes modulare Rechnersystem, TCP/IP- und ergänzende Software für fast jedes Betriebssystem und fast jede Ethernetschnittstelle verfügbar. Ethernet und TCP/IP gehören derzeit zur Grundausstattung der meisten netzwerkfähigen Rechnersysteme.

Jedoch werden auch mit der TCP/IP-Spezifikation noch keine Festlegungen hinsichtlich Datenformate oder Interpretation der transportierten Daten getroffen. Auf TCP/IP aufbauend sind jedoch umfangreiche Softwareprodukte verfügbar, beispielsweise Datenbanksysteme mit Zugriffsfunktionen über das Netzwerk, welche die Erstellung vernetzte Rechneranwendungen wie zur Prüfdatenerfassung und -weiterverarbeitung unterstützen.

4.7.2   Robotergestützte Messvorrichtungen

Um Messabläufe vollautomatisch durchführen zu können, ist neben der daten-technischen Integration der Messmittel auch die vollautomatische Handhabung von Messmittel und Werkstück erforderlich.

Dies erfordert in der Regel den Aufbau von speziellen Messvorrichtungen, die an das Werkstückspektrum angepasst werden müssen, und sich daher erheblich im konstruktiven Aufbau unterscheiden. Jedoch sind die angewandten Aufnehmer-prinzipien und die Prinzipien der datentechnischen Integration weniger unterschiedlich. Dies ist nicht weiter verwunderlich, wenn man bedenkt, dass etwa 90 % aller Merkmale von mechanisch gefertigten Werkstücken Längen und Längenverhältnisse sind [Dut 96]. In automatisierten Messeinrichtungen für die Prüfung geometrischer Merkmale werden also überwiegend Weg- und Winkelauf-nehmer mit elektronischen Schnittstellen eingesetzt.

Industrieroboter werden in der Produktionstechnik überwiegend für Montage- und Fügeoperationen eingesetzt. Müssen verschiedene Teile, die beispielsweise in mehreren, toleranzbehafteten Schritten bearbeitet werden, zu Baugruppen verbaut werden, stellt sich häufig das Problem, dass vor dem Montageprozess eine Paarungsauswahl zueinanderpassender Werkstücke erfolgen muss, um eine optimale Baugruppenqualität zu erzielen.

Eine Montage begleitende, durch Robotereinsatz flexibel automatisierte Prüfzelle kann hierbei die für die Werkstückauswahl benötigten Daten erfassen, in Abhängigkeit davon den Materialfluss steuern und geeignet gepaarte Werkstücke dem Montageprozess zur Verfügung stellen.

Zudem ermöglicht der Einsatz eines Roboters die Verwendung flexibler Mess- und Prüfvorrichtungen, die durch den Roboter umkonfiguriert werden können und somit an eine Klasse von Werkstücken – z. B. Varianten in der variantenreichen Klein- und Mittelserienfertigung – angepasst werden können.

Im Anwendungsfall nach **Bild 4.7-2** handelt es sich um die Hauptkomponenten eines Kupplungsausrücklagers. Über ein Palettentransportsystem werden die Einzelteile zur Prüfzelle transportiert, wo die qualitätsrelevanten und materialflusssteuernden Merkmale mit verschiedenen Prüfmitteln (taktile Wegaufnehmer, Laserscanner) vollautomatisch erfasst werden.

Für die Steuerung der Messstationen und für die Prüfdatenerfassung sowie für die Steuerung des Materialflusses innerhalb der Prüfzelle kommt ein Sensor-/Aktor-Bussystem zum Einsatz. Alle eingesetzten Prüfmittel sind über ihre elektrischen Schnittstellen entweder direkt an Ein-/Ausgangsmodule mit Busschnittstelle angeschlossen, oder sie sind mit Prozessorsystemen für die Messsteuerung und Datenvorverarbeitung verbunden, die wiederum über Busschnittstellen verfügen. Die Robotersteuerung, die Schalter und Aktoren des Palettentransportsystems sowie der Zellenrechner sind ebenfalls über geeignete Schnittstellen an das Bussystem angeschlossen.

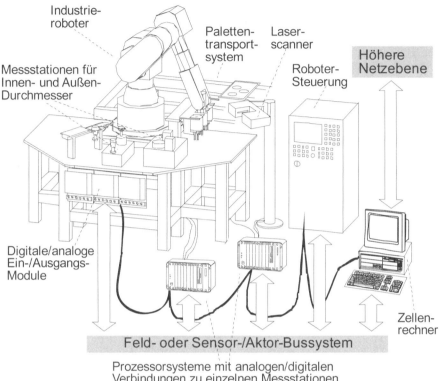

Bild 4.7-2: Robotergestützte „Prüfzelle" für die voll automatisierte Prüfung unterschiedlicher Werkstücke und Merkmale

Der Zellenrechner verfügt neben der Schnittstelle zum zelleninternen Bussystem auch über eine Schnittstelle zum übergeordneten Netzwerk und ist damit in den betrieblichen Informationsfluss eingebunden. Über diese Schnittstelle werden Steuerungsinformationen ausgetauscht und Prüfdaten zur Weiterverarbeitung und Archivierung zu anderen Rechnersystemen transportiert.

Kommunikationstechnisch kann diese Schnittstelle zur höheren Netzebene beispielsweise mittels Etherneteinsteckkarte und TCP/IP-Software realisiert werden, wie bereits in Abschnitt 4.7.1 vorgestellt. Die Auswahl eines geeigneten Bussystems ist jedoch nicht so naheliegend, da sich hierfür mittlerweile zahlreiche unterschiedliche Standards etabliert haben und entsprechend viele Produkte angeboten werden. Von den genormten Feld- und Sensor-/Aktor-Bussystemen führen im Bereich der Steuerungstechnik PROFIBUS [DIN 19245], insbesondere

PROFIBUS-DP, INTERBUS [DIN 19258], CAN [ISO-IS 11898], [Ets 94] und FIP [Let 93] den europäischen Markt an. International wird seit Jahren in der IEC (International Electrotechnical Commission) an einer weltweiten Feldbus-Norm gearbeitet [IEC 95]. Bis zur Verabschiedung einer vollständigen IEC-Norm, die neben technischen und organisatorischen Fragen vor allem zahlreichen Firmen-interessen Rechnung tragen muss, dürften sich bereits nationale und europäische Normen etabliert haben. Die Spezifikationen von PROFIBUS-FMS und -DP (Deutschland), FIP (Frankreich) und P-NET (Dänemark) liegen mittlerweile als europäische Norm EN 50170 vor [Böt 96].

Alleine dieser Sachverhalt lässt erkennen, dass sich industrielle Anwender und Hersteller von Automatisierungskomponenten noch auf unbestimmte Zeit mit verschiedenen Feld- und Sensor-/Aktor-Bussystemen auseinandersetzen und deren unterschiedliche, zum Teil sehr komplexe Schnittstellen und Anwendungsregeln handhaben müssen. Mittlerweile gilt als unumstritten, dass es kein universelles Bussystem für alle Anwendungsfälle geben kann.

Die konkreten Randbedingungen, die zur Auswahl eines Bussystems für die Anwendung nach **Bild 4.7-2** führten, werden hier nicht dargelegt, da sie weiterführende informations- und kommunikationstechnische Betrachtungen erfordern. Hier sei auf entsprechende Fachliteratur verwiesen.

4.7.3   Vielstellenmessvorrichtungen

Als Viel- oder Mehrstellenmessvorrichtungen werden in der industriellen Praxis Messvorrichtungen bezeichnet, die 1-dimensionale geometrische Merkmale mit mehreren Aufnehmern zeitgleich an mehreren Stellen eines Werkstückes erfassen **(Bild 4.7-3)**.

Gebräuchlich sind Messvorrichtungen, die nach einem Baukastensystem durch Kombination von einzelnen Bauelementen flexibel an die Messaufgaben angepasst werden können. Das modular aufgebaute Mehrstellenmessgerät ist schnell verfügbar, leicht zu verändern, instand zu setzen und nach Auslaufen der Fertigung in wieder verwendbare Grundbausteine zu zerlegen. Allerdings sind derartige Vorrichtungen trotz Modularisierung nur für ein bestimmtes Werkstückspektrum einsetzbar und nur begrenzt auf andere Werkstücke umrüstbar.

Die Vielfalt der realisierten Lösungen erschwert eine übergeordnete Darstellung. Industriell gebräuchlich sind vor allem Mehrstellenmessgeräten für wellenförmige Teile mit einer horizontalen Werkstückaufnahme und solche für scheibenförmige Teile mit einer vertikalen Werkstückaufnahme. Die Grundbausteine beider Vor-richtungen sind ähnlich:

- Grundgestell, ggf. aus mehreren Einzelkomponenten zusammengesetzt
- Messbügel und Komponenten zur Aufnahme von Messwertaufnehmern

- Messeinsätze, Messköpfe, Umlenkköpfe, Anschläge
- Prismen, Spitzen und Futter zur Aufnahme des Messobjekts

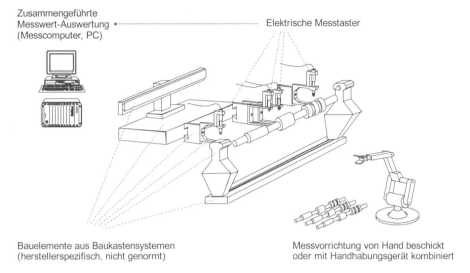

Zusammengeführte
Messwert-Auswertung ◄─────────────────────── Elektrische Messtaster
(Messcomputer, PC)

Bauelemente aus Baukastensystemen   Messvorrichtung von Hand beschickt
(herstellerspezifisch, nicht genormt)   oder mit Handhabungsgerät kombiniert

Bild 4.7-3:   Komponenten einer typischen Vielstellen-Messvorrichtung

Diese Bauelemente sind jedoch nicht genormt und die von den verschiedenen Herstellern angebotenen Baukästen für Messvorrichtungen in der Regel untereinander nicht kompatibel.

Als Messwertaufnehmer werden vor allem induktive oder digitale Messtaster verwendet. Die Messwertauswertung und Verknüpfung mehrerer Messstellen sowie die Visualisierung erfolgt in externen Auswerteeinheiten und angeschlossenen Rechnersystemen. Durch die Modularität heutiger Rechnersysteme wie beispielsweise PC-Systeme oder VMEbus-Systeme wird die Kombination geeigneter Schnittstellenkarten für den Anschluss der induktiven oder digitalen Messtaster ermöglicht.

Vielstellenmessgeräte werden in der Regel mit einem Normal (Meisterstück, Werkstück mit bekannten Abmaßen oder mit Parallelendmaßen) kalibriert. Jedoch unterliegen Vielstellenmessgeräte einem Verschleiß, der durch Kalibrieren nur bedingt ausgeglichen werden kann. Daher ist es notwendig, auch diese Prüfmittel einer regelmäßigen Prüfmittelüberwachung, wie in Kapitel 6 beschrieben, zu unterziehen.

Ein weiteres Merkmal von Mehrstellenmessgeräten ist, dass sie, wenn sie nicht von Hand beschickt werden, häufig mit einer Handhabungseinrichtung kombiniert und in automatisierte Fertigungsanlagen integriert sind.

Bild 4.7-4 zeigt als typische Anwendung eine robotergestützte Vielstellenmessvorrichtung zur Erfassung von Durchmesser- und Längenmaßen an wellenförmigen Werkstücken. Wie in der Anwendung nach **Bild 4.7-3** erfolgt auch hier die Handhabung von Mess- und Vorrichtungskomponenten mit einem Industrieroboter. Als Grundlage dient ein konventioneller Vorrichtungsbaukasten, der für den automatisierten Roboterbetrieb modifiziert wurde. Zur eigentlichen Vorrichtungsmechanik gehören eine Messbügelaufnahme sowie eine entsprechende Anzahl von Messbügeln, die mit Messtastern ausgestattet sind. Die Messbügelaufnahme ist auf einem pneumatisch betätigten Rollschlitten angebracht, der beim Messvorgang an die eingespannte Welle herangefahren wird. Die für bestimmte Durchmesserbereiche voreingestellten Messbügel sind in einem Bereitstellmagazin angeordnet. Von hier aus werden sie bei Bedarf vom Industrieroboter entnommen und auf der Messbügelaufnahme automatisch montiert. Zur Gesamtanlage gehören des Weiteren eine Greiferwechseleinrichtung und ein palettenorientiertes Werkstückzuführsystem.

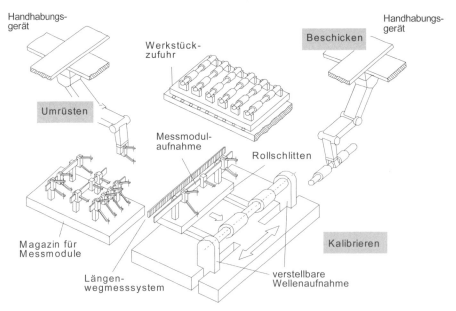

Bild 4.7-4:   Flexibel konfigurierbare Vielstellen-Messvorrichtung mit taktiler Durchmesserprüfung

Der Industrieroboter konfiguriert nicht nur die Anzahl und Anordnung der Messmodule, sondern rüstet auch die Wellenaufnahme flexibel um. Hierbei handelt es sich um eine Aufnahme zwischen Spitzen, die mit Roboterunterstützung entweder ausgewechselt oder verstellt wird.

Nach dem Aufbau wird die Messvorrichtung durch Einlegen eines Meisterteils automatisch kalibriert. Anschließend übernimmt der Industrieroboter das Teilehandling und die Beschickung der Messanlage.

Bild 4.7-5 zeigt als weiteres Beispiel eine Vielstellen-Messvorrichtung zur berührungslosen Prüfung von Merkmalen an einer Pkw-Tür [GFM 97].

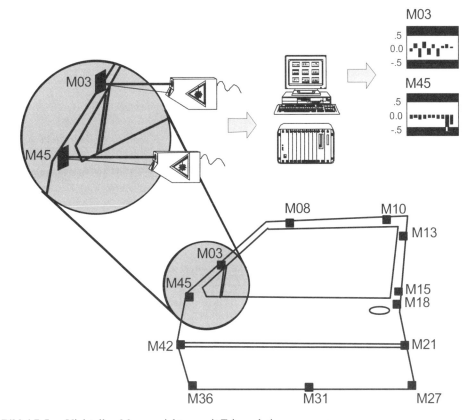

Bild 4.7-5:   Vielstellen-Messvorrichtung mit Triangulationssensoren

Ein wichtiges Qualitätsmerkmal von PKW-Türen ist die Fallung bzw. Krümmung. Abweichungen im Bereich von 0,5 mm können bereits zu optischen Mängeln und Windgeräuschen am Endprodukt führen. Um diese Merkmale fertigungsintegriert und vollautomatisch zu erfassen, wurde eine Vielstellenmessanlage eingerichtet. Im Gegensatz zur taktilen Erfassung von Prüfdaten kommen hier Laserabstandssensoren zum Einsatz.

Am Ende einer Fertigungszelle wird jede achte Vordertür vom Roboter in die Messvorrichtung eingelegt. Innerhalb weniger Sekunden bestimmen dann 12 Laserabstandssensoren die Istwerte der Fallung berührungslos an der Außenkontur der Tür. Abschließend entnimmt der Roboter die geprüfte Tür und legt sie auf das Montageband, das die Tür zur Einbaustation weiterleitet.

Die Messergebnisse werden automatisiert erfasst und einem Auswerteprogramm zur statistischen Prozessregelung (SPC) zugeführt.

Auch bei dieser optischen Vielstellenmessvorrichtung ist eine regelmäßige Kalibrierung erforderlich, die in diesem Anwendungsfall ebenfalls automatisch erfolgt. Hierzu dient eine Meistertür, die beispielsweise bei Schichtwechsel eingelegt wird.

Schrifttum

[Ah 91]	Ahlers, R. J.: Industrielle Bildverarbeitung, Addison-Wesley, 1991
[App 77]	Appold, H. et al.: Technologie Metall für maschinentechnische Berufe. 9. Aufl., Verlag Handwerk und Technik, Hamburg 1977
[Bar 97a]	Bartelt, R.: Formtester oder 3D-Koordinatenmessgerät? Werkstatt und Betrieb Vol. 130, München: Carl Hanser Verlag, 1997
[Bar 97b]	Bartelt, R.: Oberflächenrauheit richtig messen, Teil 1: Beschreibung der gebräuchlichsten Kenngrößen. F&M Vol. 105, München: Carl Hanser Verlag, 1997
[Bäs 89]	Bässmann, H; Besslich, P.W.: Konturorientierte Verfahren in der digitalen Bildverarbeitung. Springer-Verlag Berlin, Heidelberg, New York, London, Paris, Tokyo, 1989
[Ber 93]	Berthold, G.: Potentiometrische Sensoren als Weggeber und Stellungsmelder, Sensoren in der Praxis, S. 28-37, München, Franzis-Verlag GmbH: 1993
[Böt 96]	Böttcher, J.: EN 50170 - Die europäische Feldbusnorm. Entstehung, Spezifikationen und Folgen für Hersteller und Anwender, in: Elektronik, Heft 12/96 vom 11. Juni '96, Franzis-Verlag, München 1996
[Bre 93]	Breuckmann, B.: Bildverarbeitung und optische Messtechnik in der industriellen Praxis. München, Franzis-Verlag, 1993
[Brü 96]	Brüggeman, C.; Kross, J.: Charakterisierung von CCD-Kameras. Feinwerktechnik und Messtechnik F&M 104, 9/1996
[Ca 93]	Caber, P.J., Martinek, S.J., Niemann, R.J.: A new interferometric profiler for smooth and rough surfaces, Proc. SPIE 2088, Laser Dimensional Metrology, Photonex'93, October 1993
[Chi 95]	De Chiffre, L.; Hansen, H.N.: Metrological limitations of optical probing techniques for dimensional measurements. Annals of the CIRP Vol. 44/1995
[Chr 91]	Christoph, R., Wiegel, E.: In drei Dimensionen optoelektronisch Messen. Sonderdruck Kontrolle Juli/August 1991, Konradin Verlag
[DIN 87]	N.N.: Längenprüftechnik 2, Lehren. Hrsg.: DIN, Deutsches Institut für Normung e.V., Beuth-Verlag, Berlin/Köln, 1987
[Don 93]	Donges, A.; Noll, R.: Lasermeßtechnik, Grundlagen und Anwendungen. Heidelberg: Hüthig-Verlag GmbH, 1993.
[Dut 96]	W. Dutschke: Fertigungsmeßtechnik, Teubner Verlag Stuttgart 1996, 3. Auflage

[Edl 66]   Edlén, B.: The Refractive Index of Air. Metrologia 2, S. 71-80, 1966.

[Ets 94]   Etschberger, K. (Hrsg.): CAN - Controller area network, Hanser, München Wien, 1994

[GFM 97]   N.N.: Laser-Vielstellenmeßsystem IST-3 prüft Kontur von PKW Türen in der Fertigung; Produktinformation der Gesellschaft für Messtechnik mbH, Hirzenrott 2, 52076 Aachen

[Hab 91]   Haberäcker, P.: Digitale Bildverarbeitung Grundlagen und Anwendungen, Carl Hanser Verlag München Wien, 4. Auflage, 1991

[Hec 87]   Hecht, E.: Optics. Reading, Masachusetts: Addison-Wesley Publishing Company, 1987.

[Heg 92]   Hegering, H.-G.; Läpple, A.: Ethernet - Basis für Kommunikationsstrukturen, DATACOM Buchverlag, Bergheim, 1992

[Hei 91]   Heime, K.: Elektronische Bauelemente. Vorlesungsskript, RWTH Aachen, 1991

[Her 89]   Hering, E., Martin, R., Stohrer, M.: Physik für Ingenieure. 2. Aufl., VDI-Verlag Düsseldorf, 1989

[Her 92]   Hering, E.; Martin, R.; Stohrer, M.: Physik für Ingenieure. VDI-Verlag GmbH, Düsseldorf 1992

[Hmd 89]   Hemd, A. vom: Standardauswertung in der Koordinatenmesstechnik Dissertation RWTH Aachen 1989

[Hou 62]   Hough, P.V.C.: Methods and Means for Recognizing Complex Patterns, U.S. Patent 3069654, 1962

[IEC 95]   IEC1158 (Teile 2 ...7 im Entwurf), Feldbus für industrielle Leitsysteme, Beuth-Verlag Berlin 1992 ... 1995

[Jäh 96]   Jähne, B.; Massen. R.; Scharfenberg, H.: Technische Bildverarbeitung - Maschinelles Sehen. Springer-Verlag Berlin Heidelberg, 1996

[Jäh 97]   Jähne, B., Digitale Bildverarbeitung, Springer Verlag, Berlin, 4. Auflage, 1997

[Kle 88]   Klein, M. V.; Furtak, T. E.: Optik. Berlin, Heidelberg: Springer-Verlag, 1988.

[Koc 91]   Koch, A.: Streckenneutrale und Bus-fähige faseroptische Sensoren für die Wegmessung mittels Weißlicht-Interferometrie, VDI-Verlag GmbH Düsseldorf 1991

[Kör 95]   Körner, K.; Nyarsik, L.; Fritz, H.: Schnelle Planitätsmessung von großflächigen Objekten. Messen, Steuern und Regeln MSR, 11-12/1995

[Kr 86]   Krautkrämer, J.: Werkstoffprüfung mit Ultraschall. Springer-Verlag, Berlin Heidelberg New York London Paris Tokyo 1986

[Krm 86]   Krumholz, H.-J.: Optimierte Istgeometrie-Berechnung in der Koordinatenmesstechnik Dissertation RWTH Aachen 1986

[Ku 88]   Kuttruf, H.: Physik und Technik des Ultraschalls. Hirzel Verlag, Stuttgart 1988

[Ler 96]   Lerner, E.J. Charge-coupled devices capture image information in Laser Focus World, August 1996, S. 103–116

[Let 93]   Leterrier, P.: The FIP Protocol, Centre de Compétence FIP, Nancy, 1993

[Lez 90]   Lenz, R.: Grundlagen der Videometrie, angewandt auf eine ultra-hochauflösende Kamera. Technisches Messen tm 57, 10/1990

[Lic 94]	Lichtman, J.W.: Konfokale Mikroskopie. Spektrum der Wissenschaft, Oktober 1994, S. 78ff.

[Lip 97]   Lipson, S. G.; Lipson, H. S.; Tannhauser, D. S.: Optik, Springer Verlag, Berlin, Heidelberg, 1997

[Lot 96]   Lotze, W.: Das Gelenkarmmeßgerät - Ein neues Koordinatenmeßgerät VDI-Berichte Nr. 1258, VDI Verlag GmbH Düsseldorf 1996

[Lot 78]   Lotze, W; Glaubitz, W: Taylorscher Grundsatz - Grundlage für das Prüfen im Austauschbau. Feingerätetechnik Berlin 29 (1980) 2, S. 51-55

[Lük 85]   Lüke, H.D.: Signalübertragung, Grundlagen der digitalen und analogen Nachrichtenübertragungssysteme, Springer-Verlag Berlin Heidelberg, 1985

[Lun 90]   Lunze, U.: Beschreibung und Prüfung der Paarungsgeometrie prismatischer Werkstücke. Dissertation, Dresden, 1990

[Lv 91]   Leavers, V.F.: Shape Detection in Computer Vision using the Hough Transform, Springer Verlag, Berlin, Heidelberg, New York, London, Paris, Tokyo, 1992

[Mah 28]   Mahr, C.: Die Grenzlehre. Carl Mahr, Esslingen, 1928

[Mal 92]   Malacara, D.: Optical Shop Testing. New York, Chichester, Brisbane, Toronto, Singapore, John Wiley & Sons, 2nd Edition 1992

[Mar 80]   Marr, D.; Hildreth E.: Theory of Edge Detection. Proc. R. Soc. London ser. B. Vol. 207, 1980

[Moh 90]   Möhrke, G.: Mehrdimensionale Geometrieerfassung mit optoelektronischem Triangulationssensor - Verfahren, Meßunsicherheit, Anwendungsbeispiele. Dissertation RWTH Aachen 1992

[Neu 88]   Neumann, H.J. (Hrsg.): CNC-Koordinatenmeßtechnik (Kontakt und Studium, Bd. 172) Expert-Verlag Ehningen 1988

[Neu 93]   Neumann, H.J. (Hrsg.): Koordinatenmeßtechnik (Kontakt und Studium, Bd. 426) Expert-Verlag Ehningen 1993

[NN 91]   Digitale Längen- und Winkelmeßtechnik, Verlag Moderne Industrie, 1991

[NN 95a]   Optische Werke G. Rodenstock München: Produktioninformation Foto-Optik

[NN 95b]   Carl Zeiss Jena GmbH - Industrial Optics and Lasers: Produktinformation Telezentrische Objektive - Reihe VisionMess TVM

[NN 97]   Pressekonferenz 97: Sicher, schnell und wirtschaftlich produzieren mit absoluten Meßsystemen, Heidenhain 13.06.1997

[Pc 97]   Pietschmann, C.: Merkmalorientierte Fertigungsintegration von Koordinaten-meßgeräten Shaker Verlag Aachen, 1997

[Pck 92]   Packroß, B., Pfister, B., Schmidt, G.: Interferometer mit schrägem Lichteinfall. Kontrolle 1992, November

[Pf 72]   Pfeifer, T.: Neuere Meßverfahren zur Beurteilung der Arbeitsgenauigkeit von Werkzeugmaschinen. Habilitationsschrift RWTH Aachen, 1972

[Pf 90]   Pfeifer, T.; Czuka, F.-J.: Meßsystem zur 100%-Kontrolle von Stanzteilen im Produktionstakt. Technisches Messen tm 57, 2/1990

[Pf 92a]   Pfeifer, T. et al.: Optoelektronische Verfahren zur Messung geometrischer Größen in der Fertigung. Kontakt&Studium, Bd. 405, Hrsg. Technische Akademie Esslingen, Expert-Verlag 1992

[Pf 92b]   Pfeifer, T. (Hrsg.): Koordinatenmeßtechnik für die Qualitätssicherung. VDI Verlag 1992

[Pf 94]   Pfeifer, T.; Pietschmann C.: Numerische Paarungslehrung mit Koordinatenmeßgeräten. In: Innovative Qualitätssicherung in der Produktion. Beuth-Verlag, Berlin, 1994

[Pf 96a]   Pfeifer, T.; Rümenapp, S.; Feldhoff, J: Ultraschall zur Bestimmung von Faserorientierungen in Verbundkunststoffen, Kunststoffberater 7/8 1996

[Pf 96b]   Pfeifer, T.; Beyer, W.; Freudenberg, R.; Meyer, S.: Task specific Mechanical Standards e.g. Measuring of Bevel Gears on Coordinate Measuring Machines VDI-Berichte Nr. 1230, VDI Verlag GmbH Düsseldorf 1996

[Pf 97]   Pfeifer, T., Mischo, H., Evertz, J., Manekeller, S.: An Approach to Model Based Interferometry, in: Kunzmann, Waldele, Wilkening, Corbett, McKeown, Weck, Hümmler (Eds.): Progress in Precision Engineering and Nanotechnology, 1997, Volume 1

[Pra 91]   Pratt, William K.: Digital image processing. 2. ed. Wiley Verlag New York 1991

[Pre 97]   Pressel, H.-G.: Genau messen mit Koordinatenmeßgeräten. Expert-Verlag, Renningen-Malmsheim, 1997

[Pro 92]   Profos, P.; Pfeifer, T.: Handbuch der industriellen Meßtechnik. R. Oldenbourg Verlag München Wien 1992

[Rob 93]   Robinson, D.W.; Reid, G.T.: Interferogram Analysis, IOP Publishing Ltd 1993, Bristol, Philadelphia

[Rod 1]   N.N.: RM 600, Optisches Oberflächenprüfgerät, Firmenschrift der Firma Optische Werke Rodenstock, München

[Ru 96]   Rümenapp, S.: Automatisierte Ultraschallprüfung von Faserverbundkunststoffen. Dissertation RWTH Aachen, Shaker Verlag, Aachen 1996

[Sch 54]   Schmidt, H.: Lehren. Springer-Verlag, Berlin/Göttingen/Heidelberg, 1954

[Sei 95]   Seitner, R.: Si-Positions-Detektoren. Firmenschrift, 1995

[Sha 96]   Scharsich, P., Pfeifer, T.: Abnahme und Überwachung optischer Koordinatenmeßtechnik - Die neuen Blätter 6.0, 6.1, 6.2 der Richtlinie VDI/VDE 2617.VDI-Berichte 1258 'Koordinatenmeßtechnik', VDI-Verlag, April 1996

[Sha 97]   Scharsich, P., Pfeifer, T.: Kalibrierung und Anwendungsmöglichkeiten aktiver Photogrammetriemeßsysteme. GMA-Bericht Nr. 30 zur DGZfP-VDI/VDE-GMA Fachtagung 'Optische Formerfassung'

[Shw 76]   Schwider, J.; Burov, R.: Testing of Aspherics by means of Rotational-Symmetric Synthetic Holograms. Optica Applicata, Vol. VI, 1976, p. 83-88

[Shw 97]   Schwider, J.: DOE-Based Interferometry, in: Jüptner, Osten: FRINGE97, Berlin: Akademie Verlag, 1997, S. 205-212

[Sne 78]   Schneider, C. A.: Entwicklung eines Laser-Geradheits-Meßsystems zur Durchführung geometrischer Prüfungen im Maschinenbau. Dissertation RWTH Aachen, 1978

[Srö 90]   Schröder, G.: Technische Optik. 7. Aufl., Vogel Fachbuch Würzburg, 1990

[St 88]   Steeb, S.: Zerstörungsfreie Werkstück- und Werkstoffprüfung, Expert Verlag 1988

[St 93]   Steinbrecher, R.: Bildverarbeitung in der Praxis, R. Oldenbourg Verlag, 1993

[Sta 93]   Stallings, W.: Networking Standards, Addison-Wesley, Reading (Massachusetts), 1993

[Swa 97]   Schwab, O.; Lorscheider, H.; Scheuvens, B.: Oberflächenstrukturen mit der Zeilenkamera erfasst. Feinwerktechnik und Meßtechnik F&M 105, 1-2/1996

[Tan 89]   Tanenbaum, A.S.: Computer Networks, Prentice-Hall, Englewood Cliffs (New York), 1989

[Tes 1]   N.N.: Elektronisches Meß- und Steuersystem für Werkzeugmaschinen, Firmenschrift der Fa. Tesa S.A., Renens/Schweiz

[Thi 93]   Thiel, J.: Entwicklung eines wellenlängenstabilisierten Halbleiterlaser-Interferometers zur relativen Längen- sowie absoluten Abstandsmessung. Fortschr.-Ber. VDI Reihe 8 Nr. 354, Düsseldorf: VDI-Verlag 1993

[Thi 95]   Thiel, J.; Pfeifer. T.; Hartmann, M.: Interferometric Measurement of absolute distances of up to 40m. Measurement 16 (1995), S. 1-6.

[Tiz 88]   Tiziani, H.J.; Packroß, B.; Schmidt, G.: Testing of aspheric surfaces with computer generated holograms. In: Weck, M.; Hartel, R. (eds.): Ultraprecision in Manufacturing Engineering. Springer-Verlag, Berlin, Heidelberg, New York, London, Paris, Tokyo, 1988, p. 335-342

[Tiz 91a]   Tiziani, H.J.: Kohärent-optische Verfahren in der Oberflächenmeßtechnik. Technisches Messen (tm), Jg. 58, 1991, S. 228-234

[Tiz 91b]   Tiziani, H. J.: Optische Meßtechnik und Meßverfahren. Vorlesungsskript, 1991, Stuttgart

[Tr 89]   Tränkler, H.-R.: Taschenbuch der Meßtechnik, R. Oldenbourg Verlag München Wien 1989

[Tra 96]   Trapet, E.; Wäldele, F.: Rückführbarkeit der Meßergebnisse von KoordinatenmeßgerätenVDI-Berichte Nr. 1258, VDI Verlag GmbH Düsseldorf 1996

[Tra 82]   Trapet, E.: Ein Beitrag zur Verringerung der Meßunsicherheit von Fluchtungsmeßsystemen auf Laser-Basis. Dissertation RWTH Aachen, 1982

[Tu 95]   Tutsch, R.: Formprüfung allgemeiner asphärischer Oberflächen durch Interferometrie mit.... Aachen: Verlag Shaker, Band 29/94

[War 84]   Warnecke, H.J.; Dutschke, W. (Hrsg.): Fertigungsmeßtechnik - Handbuch für Industrie und Wissenschaft Springer Verlag Berlin Heidelberg New York Tokyo 1984

[Wk 95]   Weck, M: Werkzeugmaschinen Band 3.2 Automatisierungs- und Steuerungstechnik 2, VDI-Verlag 4. Auflage 1995

[Wk 96]   Weck, M.: Werkzeugmaschinen Band 4, Meßtechnische Untersuchung und Beurteilung, VDI-Verlag 5. Auflage 1996

[Wol 75]   Wolf, H.: Ausgleichsrechnung I - Formeln zur praktischen Anwendung Dümmler-Verlag, Bonn 1975

[Wol 84]   Wollersheim, H.-R.: Theorie und Lösung ausgewählter Probleme der Form- und Lageprüfung auf Koordinatenmeßgeräten Dissertation RWTH Aachen 1984

[Zam 91]   Zamperoni, P: Methoden der digitalen Bildverarbeitung, Wiesbaden Vieweg-Verlag, 1991

Normen und Richtlinien

DIN 862   DIN 862: Messschieber, Anforderungen Prüfung. Beuth-Verlag GmbH, Berlin 2005

DIN 863   DIN 863: Messschrauben, Teil 1, Bügelmessschrauben, Normalausführung, Begriffe, Anforderungen, Prüfung. Beuth-Verlag GmbH, Berlin 1999

DIN 878   DIN 878: Messuhren. Beuth-Verlag GmbH, Berlin 2006

DIN 879   DIN 879: Feinzeiger, Teil 1, Feinzeiger mit mechanischer Anzeige. Beuth-Verlag GmbH, Berlin 1999

DIN 2258   DIN 2258: Normung graphischer Symbole für Zeichnungseintragungen. Beuth-Verlag GmbH, Berlin 1986

DIN 2270   DIN 2270: Fühlhebelmessgeräte. Beuth-Verlag GmbH, Berlin 1985

DIN 4760   DIN 4760: Gestaltabweichungen - Begriffe Ordnungssystem. Beuth-Verlag Berlin 1982

DIN EN ISO 3274 DIN EN ISO 3274: Oberflächenbeschaffenheit: Tastschnittverfahren – Benennung, Nenneigenschaften von Tastschnittgeräten. Beuth-Verlag Berlin 1998

DIN EN ISO 4287 DIN EN ISO 4287: Oberflächenbeschaffenheit: Tastschnittverfahren – Benennung, Definition und Kenngrößen der Oberflächenbeschaffenheit. Beuth-Verlag Berlin 1998

DIN EN ISO 4288 DIN EN ISO 4288: Oberflächenbeschaffenheit: Tastschnittverfahren – Benennung, Regeln und Verfahren für die Beurteilung der Oberflächenbeschaffenheit. Beuth-Verlag Berlin 1998

DIN EN ISO 1101 DIN EN ISO 1101: Technische Zeichnungen; Form- und Lagetolerierung; Form-, Richtungs-, Orts-, und Lauftoleranzen; Allgemeines, Definitionen, Symbole, Zeichnungseintragungen, 2008

DIN EN ISO 10360-2 DIN EN ISO 10360-2 Geometrische Produktspezifikation (GPS) - Annahmeprüfung und Bestätigungsprüfung für Koordinatenmessgeräte (KMG) - Teil 2: KMG angewendet für Längenmessungen: 2006

VDI/VDE 2601   VDI/VDE 2601: VDI/VDE - Richtlinien 2601, Blatt 1, VDI/VDE-Handbuch der Messtechnik, August 1991

VDI 2617 Blatt 6 VDI/VDE 2617 Blatt 6.0, 6.1, 6.2, 6.3: Koordinatenmessgeräte mit optischer Antastung. Beuth-Verlag

VDI/VDE/DGQ 2618 VDI/VDE/DGQ 2618 Blatt 7.2 Prüfanweisung für Winkelmesser. VDI-Verlag, Düsseldorf 2008

VDI/VDE-GMR   Dokumentation Laserinterferometrie in der Längenmesstechnik.VDI-Berichte 548, Düsseldorf: VDI-Verlag 1985.

4.8   Faseroptische Sensoren

4.8.1   Grundlagen zur Lichtwellenleitung

Nachdem Lichtwellenleiter in den letzten Jahrzehnten breiten Einsatz in der Telekommunikation zur Sprach- und Datenübertragung gefunden haben, gewinnen faseroptische Systeme auch im Bereich der Messtechnik immer mehr an Bedeutung. Dabei werden optische Fasern sowohl als Bildleiter oder Beleuchtungselemente sowie zur Übertragung optischer Sensorinformationen oder auch als Sensor selber eingesetzt. Besonders durch die Möglichkeit zur Miniaturisierung ergeben sich mit faserbasierten Ansätzen neue Möglichkeiten zur prozessintegrierten Qualitätsüberwachung.

4.8.1.1 Lichtausbreitung in optischen Fasern

Lichtwellenleiter (LWL) dienen dazu – wie der Name andeutet – elektromagnetische Strahlung flexibel in definierte Richtungen zu lenken. Anders als in einem homogenen Medium wird die Ausbreitung der elektromagnetischen Welle durch die Geometrie des Lichtwellenleiters dimensionell eingeschränkt.

Oft spricht man bei Lichtwellenleitern von Fasern, bzw. entsprechend dem verwendeten Material von Glasfasern. Die einfachste Ausführung einer Faser zur Lichtwellenleitung ist eine sogenannte Stufenindexfaser **(Bild 4.8-1)**, die aus einem Kern mit Brechungsindex n_1 und einem Mantel (sog. Cladding) mit einem geringeren Brechungsindex n_2 besteht. Der Begriff Stufenindex rührt daher, dass sich an der Grenzschicht der Brechungsindex unstetig ändert und so eine Stufenverteilung des ortsabhängigen Brechungsindex vorliegt. Koppelt man nun Licht an der Stirnfläche in den Kern der Faser ein, so breitet sich das Licht innerhalb des Kerns entsprechend dem Brechungsgesetz aus. Trifft das Licht auf die Grenzfläche zum Mantel, so kommt es zur Totalreflexion solange der Auftreffwinkel gemäß dem Snellius'schen Brechungsgesetz nicht kleiner als

$$\alpha \geq \arcsin\left(n_1 / n_2\right) \tag{4.8-1}$$

ist [Hec 05]. Auf diese Weise wird das Licht an den Grenzflächen total reflektiert und es kommt zu einer Wellenleitung in Richtung der Faser. Die Wellenleitung mittels Lichtwellenleitern beruht somit auf dem Prinzip der inneren Totalreflexion. Der Leistungsverlust bei der Wellenleitung ist dann lediglich durch die Absorption und Streuung im Fasermaterial bestimmt. Bei unsachgemäßer Verlegung von Lichtwellenleitern kann es jedoch zu starken Biegeradien kommen, die zu einem großen Winkel α führen. Dadurch wird die Totalreflexion unterbunden und es tritt ein Leistungsverlust in der Faser auf.

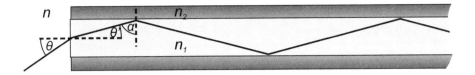

Bild 4.8-1: Totalreflexion und Einkopplung in eine Stufenindexfaser

Einkopplung

Eine wichtige Kenngröße für den Einsatz von Lichtwellenleitern ist der Akzeptanzwinkel θ, unter dem Licht in den Wellenleiter eingekoppelt bzw. ausgekoppelt werden kann. Sowohl beim Einsatz einer Faser zur Datenübertragung, als auch bei der Verwendung als Sensor ist diese Eigenschaft, genauso wie die numerische Apertur bei optischen Instrumenten eine grundlegende Größe (siehe auch Abschnitt 4.3). Dies soll hier am Beispiel der Stufenindexfaser aus **Bild 4.8-1** erläutert werden. Die Einkopplung hängt von den herrschenden Brechungsindices ab. Tritt das Licht aus dem umgebenden Medium mit Brechungsindex n in den Faserkern (n_1) ein, findet gemäß dem Brechungsgesetz ($n \sin \theta = n_1 \sin \theta'$) eine Richtungsänderung statt. Über die Verhältnisse im rechtwinkligen Dreieck ergibt sich außerdem $n_1^2 \sin^2 \theta' = n_1^2 - n_1^2 \sin^2 \alpha$. Zusammen mit der Bedingung für die Totalreflexion aus Gleichung 4.8-1 ergibt sich schließlich der Zusammenhang für die Lichteinkopplung in eine Faser wobei man die Größe $n \sin \theta$ als numerische Apertur NA bezeichnet:

$$NA = n \sin \theta = \sqrt{n_1^2 - n_2^2} \tag{4.8-2}$$

Die numerische Apertur einer Faser, d.h. ihr Akzeptanzwinkel, hängt also lediglich von den herrschenden Brechungsindices in Faserkern und Fasermantel, sowie im umgebenden Medium ab.

4.8.1.2 LWL-Typen und Übertragungsverhalten

Verschiedene Typen von Lichtwellenleitern **(Bild 4.8-2)** weisen ein unterschiedliches Übertragungsverhalten auf, das hier erläutert werden soll. Folgende Typen kommen zum Einsatz:

- *Stufenindex-Fasern* (auch *Multimodefasern*) weisen einen stufenförmigen Brechungsindexverlauf auf und besitzen meist Kerndurchmesser im Bereich von ca. 100-600 μm.

- *Singlemode-Fasern* (auch *Monomodefasern*) besitzen ebenfalls einen stufenförmigen Brechungsindexverlauf haben jedoch einen Kerndurchmesser < 10 µm.

- *Gradientenindex-Fasern* besitzen einen meist parabolischen Brechungsindexverlauf und weisen ähnliche Kerndurchmesser wie Multimode-Stufenindex-Fasern auf.

Die Notwendigkeit für verschiedene Fasern ist in unterschiedlichen Anforderungen an die zu transportierende Lichtleistung und im sogenannten Dispersionsverhalten begründet. Bei den vergleichsweise dicken Stufenindex-Multimode-Fasern gibt es viele mögliche Ausbreitungswege für das eingekoppelte Licht. Anschaulich existieren z.B. viele unterschiedliche Einstrahlwinkel, die über die Totalreflexion zu einer Wellenleitung führen. Physikalisch gesprochen: Es gibt vielfältige Lösungen der Wellengleichung, die sich aus den Maxwellschen Gleichungen ableiten. Diese ausbreitungsfähigen elektromagnetischen Wellen werden als Moden bezeichnet. Abhängig vom Kerndurchmesser und den Verhältnissen der Brechzahlen weisen diese Fasern bis hin zu mehreren Millionen unterschiedlicher Moden auf (daher auch Multimode-Faser).

Stufenindexfaser

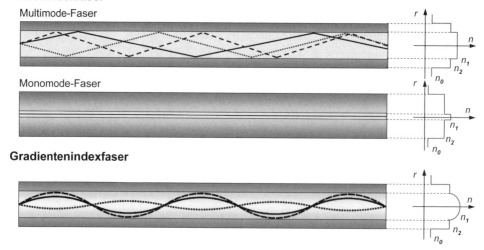

Bild 4.8-2: Glasfasertypen (verschiedene Moden sind in unterschiedlicher Strichart skizziert)

Diese Eigenschaft führt zwar dazu, dass viel Leistung durch eine solche Faser transportiert werden kann, jedoch legen die unterschiedlichen Moden (z.B. je nach Winkel) unterschiedliche Wege in der Faser zurück. Das bedeutet, dass ursprünglich gleichzeitige Signale zeitlich verschoben am Ende der Faser austreten. Hierbei spricht man von Modendispersion.

Aus diesem Grund scheiden Multimode-Fasern für die schnelle Datenübertragung aus, da schnell modulierte Signale durch die Modendispersion stark verbreitert werden und eine Auswertung auf der Empfängerseite nicht mehr möglich ist. Ebenso sind sie nicht in messtechnischen Anwendungen zur Abstandsmessung einsetzbar. Vorteile bringen diese Fasern dort, wo eine besonders hohe Lichtleistung über relativ kurze Strecken transportiert werden muss und die zeitliche Signalverbreiterung keine Auswirkungen hat.

Um die Modendispersion zu minimieren, wurde die Gradientenindexfaser entwickelt. Hier nimmt der Brechungsindex vom Zentrum zum Rand des Faserkernes hin ab. Das führt zu einem nicht-geradlinigen Verlauf der Lichtstrahlen (siehe **Bild 4.8-2**). Die Strahlen, die sich entfernt vom Zentrum ausbreiten, legen zwar auch hier einen längeren physikalischen Weg zurück, jedoch ist dort gleichzeitig der Brechungsindex geringer und das Licht somit schneller – so wird der Laufzeitunterschied zwischen unterschiedlichen Moden minimiert. Theoretische Betrachtungen zeigen, dass sich eine minimale Modendispersion für einen parabelförmigen Brechungsindexverlauf ergibt [Str 02]. Durch das bessere Dispersionsverhalten können diese recht preiswert herzustellenden Fasern wesentlich besser auch zu Datenübertragungszwecken eingesetzt werden. Des Weiteren ergeben sich Möglichkeiten zur Strahlformung, was diese Fasern besonders interessant für messtechnische Anwendungen macht.

Für heutige Hochgeschwindigkeitsdatennetze reichen die Eigenschaften der bisher diskutierten Lichtwellenleiter nicht aus. Auch für messtechnische Zwecke sind Dispersionseffekte gerade bei Abstand messenden und interferometrischen Verfahren äußerst störend. Neben der bisher betrachteten Modendispersion erweist sich die Profildispersion (hervorgerufen durch einen nicht idealen Brechungsindexverlauf) als störend. Um diesen Problemen zu begegnen, ist die Reduzierung auf wenige bzw. eine einzige Mode sinnvoll. Ist der Kerndurchmesser einer Faser kleiner als 10 µm, kann sich innerhalb der Faser nur noch eine einzige Mode als Lösung der Wellengleichung ausbreiten und man spricht daher von einer Singlemode-Faser. Wegen der kleinen Abmessungen versagt hier auch die geometrische Optik mit dem Modell der strahlenförmigen Ausbreitung und nur noch die Wellentheorie liefert korrekte Aussagen. Dadurch, dass in der Singlemode-Faser keine Moden- und Profildispersion vorliegt, lassen sich sehr hohe Übertragungsraten erreichen. Lediglich die chromatische Dispersion stellt noch einen zu berücksichtigenden Faktor dar. Denn wie bei allen optischen Elementen ist auch bei Fasern der Brechungsindex wellenlängenabhängig [Dem 99]. Bei nicht streng monochromatischem Licht kommt es zu einer Verbreiterung des Pulses, da unterschiedliche Wellenlängen andere optische Wege zurücklegen.

4.8.2 Anwendungen von Lichtwellenleitern zur Prüfdatenerfassung

Neben der Anwendung in der Telekommunikation haben Lichtwellenleiter inzwischen einen breiten Einsatz in vielfältigen Anwendungsbereichen gefunden. In der Messtechnik reicht das Einsatzgebiet von der geometrischen Messtechnik über Spektrometer, Magnetfeld- und pH-Wert-Messungen bis hin zu Druck- und Temperatursensoren. Besondere Bedeutung hat inzwischen die Überwachung der strukturellen Integrität bei großen Bauwerken und in technischen Applikationen wie Windkraftwerken und Flugzeugen [Jon 08].

Neben der Erfassung der genannten Messgrößen ist auch der Bereich der Bildgebung ein wichtiger Anwendungsbereich optischer Fasern. Sowohl in industriellen als auch in medizinischen Applikationen dienen Fasern immer häufiger zur Bildgebung an schlecht zugänglichen Stellen bei komplexen Bauteilen bzw. in der minimalinvasiven Medizin. In den anschließenden Absätzen soll ein kurzer Überblick über wichtige Anwendung und deren grundlegende Funktionsprinzipien gegeben werden.

4.8.2.1 Intrinsische und extrinsische Fasersensoren

Prinzipiell wird zwischen intrinsischen und extrinsischen Fasersensoren unterschieden, abhängig davon, wie das Signal in der Faser entsteht. Bei extrinsischen Sensoren wird nicht auf das Licht innerhalb der Faser eingewirkt, sondern das Licht wird erst nach Austritt aus der Faser z.B. in Amplitude, Phase oder Frequenz beeinflusst. Anschließend tritt das Licht wieder in die Faser ein, die es zu einer Auswerteeinheit leitet. Also dient die Faser bei extrinsischen Sensoren nur zum reinen Lichttransport. Bei intrinsischen Sensoren hingehen verbleibt das Licht in der Faser und wird darin durch Umgebungseinflüsse (wie z.B. die mechanische Dehnung) beeinflusst. Im Folgenden sollen nun exemplarisch einige Beispiele für Fasersensoren kurz erläutert werden.

Ein äußerst einfacher extrinsischer Sensor, der lediglich auf der Variation der Intensität beruht, kann auf folgende Weise realisiert werden. Zwei Lichtwellenleiter stehen sich in einem kurzen Abstand so gegenüber, dass es entsprechend der numerischen Apertur zu einer guten Einkopplung von der einen in die andere Faser kommt (**Bild 4.8-3**). Gestaltet man nun den Abstand zwischen den Faserenden flexibel, so führen bereits kleinste Abstandsänderungen zu Änderungen in der Einkoppeleffizienz. Somit kann dieser Sensor über die Auswertung der übertragenen Intensität zur Messung kleinster Verschiebungen oder zu Frequenzmessungen herangezogen werden.

Zur Messung von Füllständen oder zur Abschätzung des Brechungsindex kann ein einfacher intrinsischer Sensor zum Einsatz kommen, der den Effekt der

Totalreflexion ausnutzt. Über eine abgeschliffene Faserendfläche oder ein Prisma wird Licht aufgrund der inneren Totalreflexion zurück zu einem Detektor reflektiert. Der Effekt der inneren Totalreflexion hängt von der Brechungsindexdifferenz zwischen Glas und umgebenden Medium ab (siehe auch Gleichung 4.8-1). Ändert sich nun der Brechungsindex des umgebenden Mediums, z.B. durch einen ansteigenden Füllstand, wird die Totalreflexion für bestimmte Winkel unterbunden **(Bild 4.8-3)**. Darüber ist mittels Messung der Intensität die Detektion des Füllstands möglich.

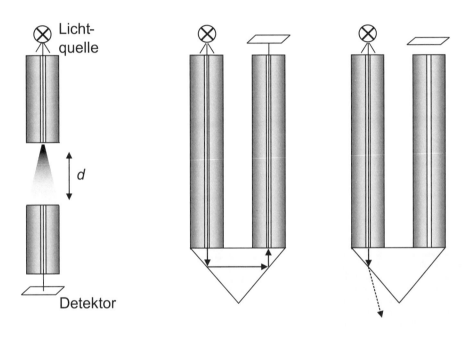

Extrinsischer Abstandssensor   Intrinsischer Füllstandssensor

Bild 4.8-3: Intrinsischer und extrinsischer Sensor

Faser-Bragg-Gitter (FBGs)

Eine besonders wichtige Klasse von Sensoren sind die sogenannten Faser-Bragg-Gitter. Diese „Gitter" sind Fasern, die längs der Ausbreitungsrichtung des Lichts eine periodische Brechungsindexschwankung aufweisen. Diese Veränderungen im

Brechungsindex werden über Belichtungsprozesse mittels Hochleistungslasern in die Fasern eingebracht.

Die periodische Schwankung des Brechungsindex führt dazu, dass das Licht an den entstandenen Grenzflächen zurückgestreut wird. Wie bei den Braggreflexionen, die aus der Röntgenbeugung bekannt sind, kommt es zur Überlagerungen der an den unterschiedlichen Schichten reflektierten Wellen. Entsprechend der Bedingung

$$\lambda_B = 2n_{eff}\,p \tag{4.8-3}$$

kommt es bei einer bestimmten Wellenlänge λ_B zu einer konstruktiven Interferenz zwischen den unterschiedlichen Rückreflexionen. Dabei gilt es den effektiven Brechungsindex des Faserkerns n_{eff} und die Gitterperiode p zu berücksichtigen. Bei Einkopplung von breitbandigem Licht wird daher das Licht der Wellenlänge λ_B reflektiert, wohingegen eben diese Wellenlänge bei der Transmission im Spektrum unterdrückt wird.

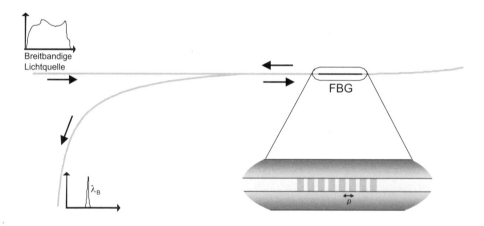

Bild 4.8-4: Prinzip des Faser-Bragg-Gitters

Kommt es nun zu Dehnungen dieser Faser, so ändert sich die reflektierte Wellenlänge. Wertet man das reflektierte oder transmittierte Signal spektral aus, so lassen sich z.B. mechanische Spannungen oder Temperaturveränderungen gut überwachen. Dehnt sich eine Faser z.B. um 1 µm pro Meter, so führt das bei einer verwendeten Wellenlänge von $\lambda = 1300$ nm zu einem Wellenlängenshift von $(\Delta\lambda = \lambda - \lambda_B) \sim 1$ pm [Dec 06]. Eine solche Änderung der Wellenlänge ist mittels hochpräziser Spektrometer detektierbar. Bringt man an unterschiedlichen Stellen einer langen Faser FBGs unterschiedlicher Gitterperiode ein, so führt jedes Bragg-

Gitter zu einem reflektierten „Peak" definierter Wellenlänge. Auf diese Weise lässt sich die Dehnung der Faser über viele Meter Länge gleichzeitig an mehreren Messstellen überwachen. Neben einer Dehnung führt eine Temperaturänderung zu einer starken Änderung im effektiven Brechungsindex n_{eff}, so dass auch Temperaturmessungen möglich sind. Mit Faser-Bragg-Gittern werden z.B. Flugzeugrümpfe oder ganze Brückenkonstruktionen über lange Zeiträume auf Dehnungen überwacht um Alterungserscheinungen zu verfolgen.

4.8.2.2 Bildgebende Verfahren

In vielen industriellen Anwendungen werden bildgebende Verfahren benötigt, um Prüfungen an schwer zugänglichen Stellen eines Bauteils durchführen zu können. An komplexen Bauteilen wie z.B. Motorenblöcken ist oft eine Qualitätsprüfung von Innenseiten oder innerhalb von Bohrungen notwendig. Hier kommen endoskopische Bildgebungsverfahren zum Einsatz. Etabliert haben sich bereits sogenannte starre Endoskope, bei denen ein Linsensystem eine Abbildung durch ein schmales Rohr hindurch realisiert. Hier sind minimale Arbeitsdurchmesser von ca. 2 mm erreichbar. Mit entsprechenden Optiken sind dabei auch Panoramaaufnahmen möglich.

Für viele Anwendungen hingegen sind starre Endoskope mit entsprechend eingeschränktem Arbeitsbereich nicht ausreichend. Hier bieten faseroptische flexible Endoskope viele Vorzüge, sodass diese in der Medizin zum Einsatz kommen und auch in der industriellen Prüftechnik immer breitere Anwendung finden. Bei faseroptischen Endoskopen werden die Fasern lediglich als Lichtleiter zur Übertragung der Lichtintensität verwendet. Dabei entspricht jede Einzelfaser einem Pixel im übertragenen Bild. Um ein Bild mit hinreichender Auflösung realisieren zu können, besitzen die verwendeten Faserbündel meist mehrere Tausend Fasern. Bei vielen Anwendungen wird zusätzlich eine Beleuchtung an der schlecht zugänglichen Stelle benötigt, daher werden neben den Fasern zur Bildübertragung auch Fasern zur Beleuchtung in das Faserbündel integriert. Aktuelle Endoskope erreichen optische Auflösungen von 10000 Pixeln bei einem Sondendurchmesser von etwa 2,5 mm [Dec 06]. Zusätzlich sind Fasersonden in ein solches Faserbündel integrierbar, die dann zur Bildgewinnung z.B. Daten über Druck oder Temperatur liefern können.

4.8.3 Faserbasierte Messverfahren

Nachdem bisher grundlegend Fasersensoren sowie Fasern zur Bildgebung behandelt worden sind, sollen nun Beispiele zur faserbasierten optischen Messtechnik vorgestellt werden. Schwerpunkt bildet dabei ein neuartiges faserbasiertes Weißlichtinterferometer.

4.8.3.1 Faserbasierte Weißlichtinterferometrie

Bereits in Kapitel 4.5 wurde das Weißlichtinterferometer als Gerät zur Oberflächenprüfung vorgestellt (siehe 4.5.2.5). Dort wird ein Mikroskopstrahlengang mit interferometrischer Referenzstrecke realisiert. Durch die Verwendung von kurzkohärentem Weißlicht kommt es auf dem Detektor dann zu Interferenzerscheinungen, wenn der Abstand zur Oberfläche im Rahmen der Kohärenzlänge des Lichts der Länge der Referenzstrecke entspricht.

Dieses Verfahren kann faserbasiert zur hochgenauen absoluten Abstandsmessung verwendet werden. Ein einfaches Konzept dazu zeigt **Bild 4.8-5**, in dem der gesamte Strahlengang durch Fasern ersetzt ist. Dadurch wird das Messverfahren besonders robust, da Einflüsse durch Luftturbulenzen und Verunreinigungen minimiert sind. Der sonst notwendige Strahlteilerwürfel zur Teilung in Referenz- und Messstrecke wird dabei durch einen Faser-X-Koppler ersetzt, welcher das von der Lichtquelle kommende Licht aufspaltet, damit es anschließend zum Einen vor dem Messobjekt, zum Anderen vor dem Referenzspiegel aus der Faser ausgekoppelt wird. An den Oberflächen kommt es jeweils zur Reflexion zurück in die Faserenden, wo die beiden Lichtwellen dann über den Faserkoppler auf den Detektor überlagert werden. Wie in allen Weißlichtinterferometern, treten nur bei exakter Übereinstimmung der Länge beider Strecken Interferenzerscheinungen auf. Wird nun der Abstand des Referenzspiegels mechanisch durchgestimmt, erhält man bei abgeglichener Länge der beiden Lichtpfade im Bereich der Kohärenzlänge die sogenannte Weißlichtsignatur und kann diese auswerten. Mit diesem Verfahren ist eine genaue und robuste Abstandsmessung möglich.

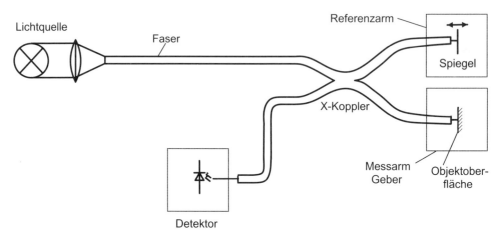

Bild 4.8-5: Einfaches faserbasiertes Weißlichtinterferometer zur Abstandsmessung (Quelle: [Bos 03])

Eine Weiterentwicklung dieses einfachen Konzepts besteht aus zwei gekoppelten Interferometern, einem sogenannten Geberinterferometer, welches wie in **Bild 4.8-6** faserbasiert ausgeführt ist (rechts), und einem Empfängerinterferometer welches als klassisches Michelson-Interferometer realisiert ist (links). Die Verwendung zweier gekoppelter Interferometer ermöglicht einige wichtige Verbesserungen:

- Verzicht auf einen zusätzlichen Referenzspiegel

- Elektronisches Durchstimmen des Messbereichs, statt mechanischer Verstellung des Referenzspiegels

Ein Nachteil des einfachen Designs aus **Bild 4.5-5** ist, dass Referenzstrecke und Messstrecke sehr genau aufeinander einjustiert sein müssen: Die Faserlänge, Fasertyp, Verlegung und die herrschende Temperatur müssen identisch sein, um einen maximalen Interferenzkontrast zu erreichen. Diese Probleme lassen sich minimieren, indem man die Fresnelreflexion der Faserendfläche und keine zusätzliche Referenzstrecke verwendet. In diesem Fall dient die Faserendfläche sozusagen als Referenzspiegel. Im erweiterten Setup in **Bild 4.8-6** durchlaufen daher sowohl Mess- als auch Referenzwelle im Geberinterferometer bis auf den Messabstand zwischen Faserende und Prüfling die gleichen physikalischen Wege (sogenannte „common path Konfiguration"). Dieses Setup entspricht einem Fabry-Perot-Interferometer, in dem externe Einflüsse sich gleichartig auf beide Strecken auswirken.

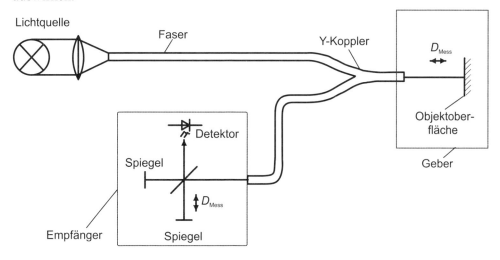

Bild 4.8-6:   Gekoppelte Interferometer zur faseroptischen Abstandsmessung (Quelle: [Bos 03])

Aufgrund der speziellen Konfiguration sind die Wege der beiden Signale (von der Faserendfläche und vom Prüfling) unterschiedlich lang ($OL_R+D_{Mess}=OL_M$). Weißlichtinterferenzen treten jedoch nur auf, wenn der Gangunterschied (hier D_{Mess}) zwischen den beiden Strecken im Bereich der Kohärenzlänge (l_{Koh}) liegt. Für die meisten Einsatzgebiete werden Arbeitsabstände (D_{Mess}) von mehreren Hundert Mikrometern benötigt. Da die Kohärenzlänge l_{Koh} jedoch nur wenige Mikrometer beträgt, muss die Differenz zwischen l_{Koh} und D_{Mess} wieder ausgeglichen werden. Dazu dient das sogenannte Empfängerinterferometer, welches als Michelson-Interferometer in **Bild 4.8-6** (links) über Abstimmung der Weglängen wieder eine Überlagerung der beiden Signale realisiert.

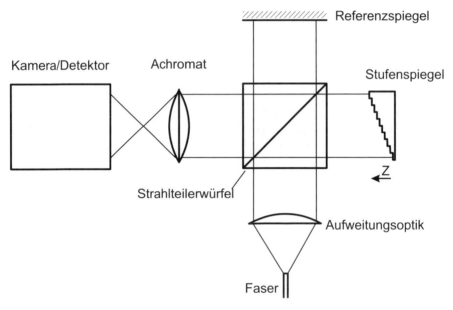

Bild 4.8-7:   Empfänger-Interferometer mit Stufenspiegel (Quelle: [Bos 03])

Das Empfängerinterferometer als Michelson-Interferometer hat also zunächst eine wichtige Aufgabe. Die Längen der beiden Michelson-Interferometerarme unterscheiden sich so, dass der durch den Arbeitsabstand im Geberinterferometer enstandene Gangunterschied wieder ausgeglichen werden kann. Dadurch legen die Signale bis zum Detektor in etwa wieder den gleichen Weg zurück und die Weißlichtinterferenzen werden sichtbar. Eine Besonderheit des Empfängerinterferometers ist die Verwendung eines Stufenspiegels (siehe **Bild 4.8-7**), der den Einsatz einer mechanischen Scaneinheit z.B. durch Piezoelemente umgeht. Durch diesen Spiegel variieren die zurückgelegten optischen Weglängen für unterschiedliche laterale Positionen auf dem Spiegel. Jeder Pixel des Detektors bildet also einen speziellen optischen Weg bis zum Stufenspiegel ab. Auf diese Weise ist also die gesamte Höheninformation lateral verteilt auf der CCD-Kamera abgebildet.

Bild 4.8-8 zeigt das Detektorbild mit der Weißlichtsignatur auf einer Stufe des Spiegels. Über die Stufe, auf der das Korrelogramm auftritt und die Lage des Korrelogramms ist dann der Messabstand D_{Mess} hochgenau erfassbar. Die Verwendung eines normalen Planspiegels würde eine mechanische Spiegelverschiebung erfordern, um das Weißlichtinterferogramm innerhalb des Messbereichs in z zu detektieren. Bei der Verwendung des Stufenspiegels ist diese mechanische Verstellung (und der zusätzlich notwendige Wegaufnehmer) nicht notwendig, da der gesamte Messbereich durch die unterschiedlichen Entfernungen zur Spiegeloberfläche an unterschiedlichen Orten der CCD abgebildet wird.

Auf diese Weise ist ein sehr robustes Messsystem zur hochgenauen, berührungslosen Abstandsdetektion realisiert, auf das durch den vollständigen Verzicht auf mechanische Elemente nur wenige gut zu beherrschende Fehlereinflüsse einwirken [Bos 03].

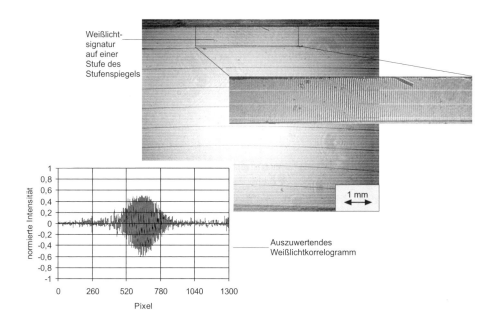

Bild 4.8-8: Detektordaten mit dem Weißlicht-Interferogramm auf dem Stufenspiegel (Quelle: [Bos 03])

Einsatz der faserbasierten Weißlichtinterferometrie zur Inspektion kleiner Bohrungen

Ein besonderer Vorteil des vorgestellten Fasersensors ist die äußerst kompakte Sensorspitze die eine Zugänglichkeit in kleinen Kavitäten ermöglicht. Um eine Strahlablenkung zu realisieren, wird am Faserende ein Mikroprisma angebracht. Durch die interne Reflexion am 45°-Prisma wird der Strahl um 90° umgelenkt und eine Abstandsmessung senkrecht zur Faserrichtung ist möglich.

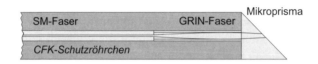

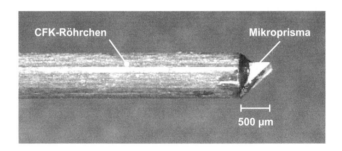

Bild 4.8-9:   Faserspitze des Weißlichtsensors mit Mikroprisma zur Strahlumlenkung

In Kombination mit einem Portal zur Rotation des Prüflings kann eine Rundheitsmessung von kleinen Bohrlöchern realisiert werden. Dazu führt man den Fasersensor mit dem Mikroprisma in die Bohrung ein und misst den Abstand zur Innenwand der Bohrung. Während der Rotation des Prüflings wird dann für jeden Winkel ein Abstand detektiert und darüber kann dann eine Aussage über die Rundheit der Bohrung getroffen werden. Aufgrund der Kompaktheit der Sonde sind Bohrungen von unter 1 mm Durchmesser prüfbar. Besonders wegen der Höhenauflösung unterhalb einem Nanometer und Messunsicherheiten von weit unter einem Mikrometer ergeben sich vielfältige Einsatzgebiete für diese Sensorik gerade dort, wo kleinste Bohrungen sehr eng toleriert sind. Denkbares Einsatzgebiet ist zum Beispiel die Einspritzdüsentechnik im Dieselmotor [Sch 08].

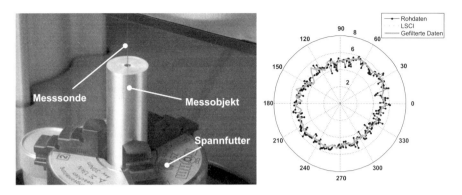

Bild 4.8-10: Rundheitsmessung mit dem Fasersensor (links), Datensatz der Rundheitsmessung (rechts)

4.8.3.2 Fasertechnik in der optischen Messtechnik zur Geometrieprüfung

Faser-Taster für Koordinatenmessgeräte

Das Unternehmen Werth Messtechnik GmbH bietet einen speziellen auf Glasfasertechnik basierenden Sensor für ihre Koordinatenmessgeräte an. Dieser Sensor besteht aus einer dünnen Glasfaser, an deren Ende eine kleine Glaskugel angeschmolzen ist. Die Faser mit Kugel wird in das Bildfeld der hoch vergrößernden Optik des Koordinatenmessgeräts gebracht. Durch die Faser wird die Kugel am Faserende beleuchtet und ist somit über die Optik erfassbar.

Zur Messung tastet man nun mit der Kugel das Werkstück seitlich an. Dies führt zu einer Auslenkung der Kugel aus ihrer „Nullposition". Diese Auslenkung wird von der Bildverarbeitung detektiert und über die Richtung der Auslenkung und den bekannten Kugelradius kann der Berührpunkt erfasst werden (siehe **Bild 4.8-9**). Die Fasertasterkugeln sind mit minimalem Durchmesser von bis zu 25 μm erhältlich. Auf diese Weise kann in den zwei Dimensionen der Bildverarbeitung die laterale Ausdehnung und Geometrie von kleinen Bohrungen und Kavitäten erfasst werden [Rau 05].

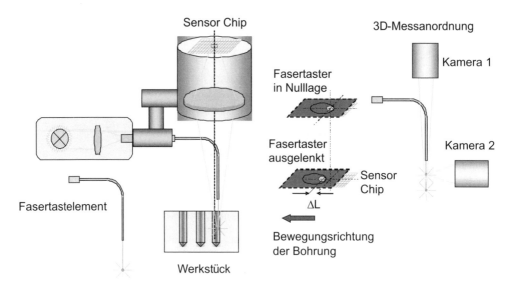

Bild 4.8-11: Fasertaster-Prinzip für Koordinatenmessgeräte (Quelle: Werth Messtechnik)

Eine Weiterentwicklung dieses Sensortyps ermöglicht auch die Antastung in der dritten Dimension „von oben". Dazu werden zwei Kugeln übereinander am Faserende realisiert. Diese werden von einer Laserquelle beleuchtet, was zur Entstehung von Interferenzen zwischen dem rückreflektierten Licht der beiden Kugeln führt. Bei einer Antastung in Faserrichtung verschieben sich die beiden Kugeln leicht gegeneinander und über die Auswertung der Änderung des Interferenzmusters kann neben der lateralen Information aus der Bildverarbeitung auch eine Höheninformation gewonnen werden.

Einsatz von Lichtwellenleitern für optische Sensoren

Ein breites Anwendungsspektrum von Lichtwellenleitern betrifft deren extrinsischen Einsatz bei optischen Sensoren. Hierbei dient die Faser, wie bereits diskutiert, lediglich als Lichtleiter ohne Sensoreigenschaften.

Ein wichtiger Einsatzbereich ist die Verwendung von Fasern in abstandsmessenden Systemen. Dabei sind

- Chromatische Sensoren
- Reflexkoppler
- Fasergekoppelte Interferometer

die verbreitetsten Sensoren. Das Prinzip der chromatischen Abstandsmessung beruht auf der chromatischen Aberation optischer Elemente. Der Effekt der chromatischen Aberation führt dazu, dass ein Linsensystem für unterschiedliche

Wellenlängen andere Fokuspunkte aufweist, da die Brechzahl von der Wellenlänge abhängt (Dispersion). Chromatische Sensorsysteme bestehen aus einer Lichtquelle, die über einen Lichtwellenleiter an das aberierende Linsensystem gekoppelt ist. Das Licht wird dann vom Prüfling zurückreflektiert und wiederum über Fasern zu einem Spektrometer zur Auswertung geführt. Über die Intensitätsverteilung des Spektrums lässt sich dann der Abstand des Prüflings vom Sensorkopf bestimmen [Rah 09].

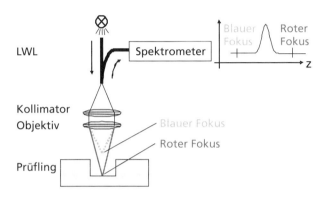

Bild 4.8-12: Chromatisches Messprinzip mit LWL-Kopplung

Ähnlich wie der einfache Sensor, vorgestellt in Abschnitt 4.8.2.1, arbeiten sogenannte Reflexkoppler. Hierbei wird das Licht über eine Faser oder ein Faserbündel auf die Oberfläche gestrahlt. Das Licht wird reflektiert und gemäß numerischer Apertur und Abstand wird eine bestimmte Lichtleistung zurück in die Faser eingekoppelt. Über eine Kalibrierung ist dann anhand der detektierten Lichtintensität der Abstand messbar.

Hochgenaue Abstandsmessungen sind mit Interferometern möglich. In diesem Zusammenhang finden Fasern auch in miniaturisierten Laserinterferometern Einsatz. Hier können z.B. die recht großformatigen Laserquellen fasergekoppelt ausgeführt werden, sodass der eigentliche Sensorkopf sehr flexibel positioniert und eingesetzt werden kann.

Schrifttum

[Hec 05]   Hecht, E.: Optik. 4. Aufl. München: Oldenbourg, 2005

[Str 02]   Strobel, O.: Lichtwellenleiter-Übertragungs- und Sensortechnik. 2., verb. und aktual. Aufl. Berlin: VDE Verlag, 2002

[Dem 99]   Demtröder, W.: Elektrizität und Optik. 2., überarb. und erw. Aufl. Berlin: Springer, 1999

[Jon 08]   Jones, M: Structural-health monitoring: A sensitive issue. In: nature photonics, Jg. 2, H. 3, S. 153–154, 2008

[Dec 06]   DeCusatis, C.; DeCusatis, C. J.: Fiber optic essentials. Amsterdam, Boston: Elsevier/Academic Press, 2006

[Bos 03]   Bosbach, C.: Miniaturisiertes Weißlicht-Interferometer mit hoher Messfrequenz für die absolute Abstandsmessung. Aachen: Shaker (Berichte aus der Produktionstechnik, Bd. 2003,13), 2003

[Rau 05]   Rauh, W.: Präzision mit gläserner Faser. In: Mikroproduktion, 01/2005

[Rah 09]   Rahlves, M.; Seewig, J.: Optisches Messen technischer Oberflächen. Messprinzipien und Begriffe. 1. Aufl. Berlin: Beuth (Beuth-Pocket Messwesen), 2009

[Sch 08]   Schmitt, R.; König, N.; Depiereux, F.: Faseroptische Rundheitsmessung von Bohrlöchern mit kleinem Durchmesser. tm-Technisches Messen 57 (2008) 12

4.9   Röntgen-Computertomografie

Mit optischen (Abschnitt 4.3) und taktilen Sensoren (Abschnitt 4.4) können vielfältige dimensionelle Merkmale an Werkstücken erfasst werden. Bei einigen dimensionellen Merkmalen ist jedoch aufgrund mangelnder Zugänglichkeit ein Einsatz dieser Sensoren nicht möglich. Ebenfalls gibt es Merkmale, die im Inneren eines Werkstücks liegen. Beispiele für solche Merkmale sind Poren, Lunker oder Einschlüsse bei Gussbauteilen. Wie ist aber trotz der Unzugänglichkeit dennoch eine zerstörungsfreie Qualitätssicherung und Bewertung dieser Merkmale möglich?

Ein zerstörungsfreies Prüfverfahren, das in den letzten Jahren an Bedeutung gewonnen hat ist die industrielle Röntgen-Computertomografie (RCT). Der Zusatz „industriell" unterstreicht, dass es sich nicht um die medizinische Röntgen-Computertomografie, sondern um für die Belange der Produktionstechnik ausgelegte Röntgen-Computertomografen handelt. Die Unterschiede liegen sowohl im Anlagenaufbau als auch in den Fragestellungen, für die RCT-Systeme eingesetzt werden.

Mit der RCT können Bauteile geprüft werden, die aufgrund ihrer komplexen Geometrie nicht zerstörungsfrei mit taktilen oder optischen Verfahren geprüft werden können. Darüber hinaus ist mit demselben Gerät auch die Erkennung von Lunkern und Porositäten im Inneren des Bauteils möglich. Auch weiche und verformbare Bauteile können gemessen werden, da die RCT ein berührungsloses Verfahren ist.

Nachfolgend werden physikalische und technologische Grundlagen der RCT-Technologie vorgestellt, um dann auf Anwendungsgebiete einzugehen. Für den messtechnischen Einsatz der RCT wird gesondert auf die zu berücksichtigenden Anforderungen eingegangen.

4.9.1 Grundlagen der Röntgen-Computertomografie

4.9.1.1 Einordnung von Röntgenstrahlung in das elektromagnetische Spektrum

Röntgenstrahlung ist eine energiereiche nicht sichtbare elektromagnetische Strahlung. Sie wurde von Wilhelm Conrad Röntgen im Jahr 1895 entdeckt. Das Spektrum der Röntgenstrahlung schließt sich an das kurzwellige Ende der UV-Strahlung an und weist Wellenlängen von 10^{-8} m (weiche Röntgenstrahlung) bis zu 10^{-11} m (harte Röntgenstrahlung) auf, wobei für das kurzwellige Ende keine eindeutige Grenzwellenlänge definiert ist. Die Photonenenergie liegt zwischen 1 keV und 250 keV, entsprechend einer Frequenz von etwa $2,5 \cdot 10^{17}$ Hz bis $6 \cdot 10^{19}$ Hz. Während harte Röntgenstrahlung Materie besser durchdringt, ist mit weicher Röntgenstrahlung ein höherer Kontrast möglich. Die Einstellung des Röntgenstrahlungsbereichs stellt daher einen Kompromiss zwischen durchstrahlbarer Wanddicke und Bildkontrast dar.

4.9.1.2 Historische Entwicklung der Röntgen-Technologie

Die theoretischen Grundlagen für die Rekonstruktion bei der Röntgen-Computertomografie und bei anderen tomografischen Verfahren basieren auf der Radon-Transformation. Diese wurde bereits 1917 vom österreichischen Mathematiker Johann Radon beschrieben [Rad 17], hat aber erst durch die Entwicklung und den Einsatz von leistungsfähigen Rechenautomaten praktische Anwendungen gefunden. Den von Radon beschriebenen Zusammenhang machten sich 1971 Cormack und Hounsfield zu nutze, um die ersten RCT-Aufnahmen an einem Menschen zu machen [Hou 73]. Seitdem hat sich die RCT in der Medizintechnik etabliert. Röntgentechnik in der Produktion ist zwar schon seit Jahrzehnten bekannt, jedoch handelt es sich hierbei um 2D-Radiographie-Verfahren, die zur reinen Defekterkennung eingesetzt werden [Hal 95]. RCT-Systeme in der Produktionstechnik sind seit Anfang 1980 vorwiegend für die zerstörungsfreie Prüfung im Einsatz [Rei 83]. Speziell für messtechnische Anwendungen ausgelegte RCT-Systeme gibt es aber erst seit 2005.

4.9.1.3 Systemkomponenten und Funktionsprinzip

Nachfolgend wird das Funktionsprinzip der RCT anhand der einzelnen Systemkomponenten erläutert. Hierbei wird die gesamte Prozesskette von der Erzeugung der Röntgenstrahlen über die Strahlungsschwächung im Bauteil bis zur Aufnahme der Röntgenstrahlen im Detektor vorgestellt. Darüber hinaus werden die weiterführenden Schritte der Bildverarbeitung und Auswertung beschrieben.

Das Grundprinzip der RCT beruht auf der Erfassung eines Werkstücks aus unterschiedlichen Richtungen in Form von 2D-Durchstrahlungsbildern (Projektionen) und Rekonstruktion dieser Bilder zu einem Volumenmodell des Werkstücks. Grundvoraussetzungen hierfür sind, dass das Werkstück vollständig durchstrahlt werden kann und die Abbildung vollständig ist. Für die erste Bedingung muss nach dem Durchstrahlen des Bauteils eine ausreichende Strahlintensität vorhanden sein; für die zweite Bedingung muss sichergestellt sein, dass das Werkstück unter allen Richtungen vollständig erfasst wird.

Zurzeit werden in der industriellen Praxis zwei verschiedene Methoden zur Bauteilanalyse mittels Röntgentomografie verwendet, die zweidimensionale RCT (auch Fächerstrahl-CT) sowie die dreidimensionale RCT (auch Kegelstrahl-CT).

Bei der zweidimensionalen RCT wird ein fächerförmiger Röntgenstrahl ausgesendet, der das Bauteil nur in einer Ebene durchstrahlt und von einem Zeilendetektor erfasst wird. Das Bauteil wird dann über eine Relativbewegung zur Strahlebene abgerastert. Die vollständige Erfassung des Bauteils kann daher sehr zeitintensiv sein, wenn viele Ebenen durchstrahlt werden müssen.

Die immer stärker werdende Nachfrage nach zeitreduzierter volumetrischer Objekterfassung hat zur dreidimensionalen RCT geführt. Bei der 3D-RCT wird im Gegensatz zur zweidimensionalen RCT ein kegelförmiger Röntgenstrahl verwendet, der von einem Flächendetektor erfasst wird, wie in **Bild 4.9-1** dargestellt.

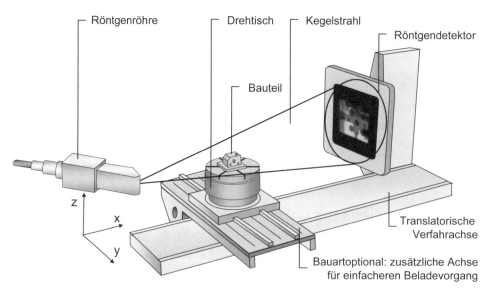

Bild 4.9-1: Prinzip 3D-CT

Röntgenröhre

Nachfolgend werden der Erzeugungsvorgang und die einzelnen Komponenten einer Röntgenröhre näher beschrieben (**Bild 4.9-2**).

Zunächst werden Elektronen aus einem beheizten Wolframfilament durch Glühemission in einem Hochvakuum zwischen 10^{-3} und 10^{-7} mbar freigesetzt. Der von der Heizspannung induzierte Strom wird als Röhrenstrom bezeichnet, wobei von der Stromstärke die Menge an freigesetzten Elektronen abhängt. Die freigesetzten Elektronen werden anschließend durch die Röhrenspannung zur Anode hin beschleunigt. Die Endgeschwindigkeit der Elektronen ist proportional zur Röhrenspannung. Eine geringere Röhrenspannung führt zu einer geringeren kinetischen Energie und resultiert in einer niedrigeren maximalen Strahlungsfrequenz bzw. größeren minimalen Wellenlänge λ_{min}.

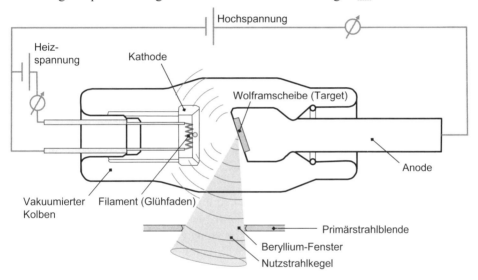

Bild 4.9-2: Aufbau Röntgenröhre

Der Elektronenstrahl wird mittels einer magnetischen Elektronenlinse gebündelt und auf einen Punkt der Targetoberfläche fokussiert. Dieser Punkt wird als Brennfleck bezeichnet. Der Brennfleck ist nicht ideal punktförmig, so dass die Projektionen unscharf sind, vergleichbar einer Schattenprojektion mittels Glühlampe.

Das Target besteht je nach Bauart der Röntgenröhre aus hochdichten Materialien. Es werden vorwiegend Wolfram, Molybdän oder Kupfer verwendet. Reflexionstargets sind gegenüber der Strahlachse geneigt, damit der erzeugte Röntgenstrahl durch das Fenster, üblicherweise Beryllium, seitlich an der Röhre austreten kann, wo er durch eine Blende geformt wird. Die verschiedenen physikalischen Effekte zur Erzeugung von Röntgenstrahlen sind im Folgenden näher beschrieben.

Die beschleunigten Elektronen werden beim Auftreffen auf dem Target stark abgelenkt oder abrupt abgebremst, wodurch die so genannte Bremsstrahlung entsteht, deren Spektrum kontinuierlich ist. Die kinetische Energie der Elektronen wird dabei, ausgelöst durch starke Geschwindigkeitsänderungen, in elektromagnetische Strahlung umgewandelt. Aufgrund der Vielzahl der Ablenk- und Abbremsprozesse entstehen Röntgenquanten (Photonen), deren Energie sich über das kontinuierliche Bremsspektrum erstreckt.

Das Bremsspektrum wird vom charakteristischen Spektrum überlagert, das durch hochenergetische Übergänge in der inneren Elektronenhülle des Targets entsteht. Hierbei kommt es zu einem Zusammenstoß zwischen einem schnellen Elektron und einem Hüllelektron, welches bei ausreichend hoher Energie herausgeschlagen wird, wodurch das Atom ionisiert. Der frei gewordene Platz wird von Valenzelektronen höherer Schalen besetzt, die aufgrund großer Potenzialdifferenz zwischen den einzelnen Schalen ein Photon im Bereich der Röntgenstrahlung emittieren. Die Wellenlänge des Photons ist abhängig von dem jeweiligen Schalenübergang und für das verwendete Targetmaterial charakteristisch.

Der Wirkungsgrad für die Umwandlung kinetischer Energie in Röntgenenergie ist sowohl zur Röhrenspannung und zum Röhrenstrom, als auch zur Kernladungszahl des Targetmaterials linear. Bei einem Wolframtarget liegt der Wirkungsgrad bei einer Elektronenenergie von 100 keV bei 0,7 %. Da die meiste zugeführte Energie in Wärmestrahlung umgesetzt wird, erhitzt sich das Target im Brennfleck bis zur Glühtemperatur, wodurch der Elektronenstrahl tiefer in das Targetmaterial eindringen kann. Der effektive Durchmesser des Brennflecks vergrößert sich nahezu proportional mit der eingebrachten Leistung (Produkt aus Röhrenstrom und Beschleunigungsspannung). Um der wärmeinduzierten Vergrößerung des Brennflecks im Target entgegen zu wirken, wird die Röntgenröhre inklusive Target ständig umlaufgekühlt. Hier existieren auch Ansätze mit rotierendem Target, um die lokale thermische Belastung um den Brennfleck zu reduzieren.

Je größer der Durchmesser des Brennflecks ist, desto unschärfer wird die tomografische Abbildung. Der Brennfleckdurchmesser sollte für messtechnische Anwendungen nicht größer als 50 % der Voxelgröße (s. folgende Seiten) betragen. Daher werden Röntgenröhren nicht nur nach ihrer maximalen Beschleunigungsspannung, sondern auch nach der realisierbaren Brennfleckgröße klassifiziert.

Mikrofokusröhren haben eine max. Beschleunigungsspannung von bis zu 225 kV. Mit diesen Röhren sind zurzeit Brennfleckdurchmesser von kleiner als 10 µm realisierbar, wodurch sich diese Röhrentypen für ein sehr breites Spektrum an kleinen bis mittelgroßen Bauteilen eignen. Bei Kunststoffen bis zu Wanddicken von 250 mm und bei Stahlwerkstoffen bis zu Wanddicken von 25 mm.

Mit Nanofokusröhren ist sogar ein Brennfleckdurchmesser von unter 1 µm bei einer Beschleunigungsspannung von bis zu 100 kV erreichbar. Dadurch ist eine wesentlich höhere Ortsauflösung ohne Bildschärfeverlust möglich. Diese Röhren werden vorwiegend zur zerstörungsfreien Mikrostrukturanalyse von schwach absorbierenden Proben verwendet, können aber teilweise auch für größere Objekte eingesetzt werden [Neu 07].

Minifokus- und Makrofokusröhren verwendet man für die Prüfung von Großbauteilen wie Zylinderköpfen. Diese Röhren erzielen eine Beschleunigungsspannung von bis zu 450 kV bei einer maximalen Röhrenleistung von 2 kW. Dies ermöglicht auch die Durchstrahlung sehr dichter Werkstoffe, z.B. Stahl, und großer Wanddicken. Bauteile von 1000 x 800 mm Größe und bis zu 100 kg Gewicht können gemessen werden. Die Brennfleckgröße bei Minifokusröhren kann aber bis zu 2 mm betragen, so dass die erreichbare Genauigkeit geringer ist als bei Mikrofokusröhren [Bar 07, S. 29f].

Darüber hinaus existieren auch noch Linearbeschleuniger mit Beschleunigungsspannungen bis in den zweistelligen MeV-Bereich. Mit diesen Anlagen können auch sehr große und aus stark absorbierenden Materialien bestehende Bauteile untersucht werden. Diese Anlagen konzentrieren sich jedoch auf einige wenige Spezialanwendungen, z.B. in der Luft- und Raumfahrtindustrie.

Manipulator

Der Manipulator umfasst sowohl lineare Verfahrachsen als auch die Rotationsachse mit dem Drehtisch. Diese Komponenten unterscheiden sich nicht wesentlich von den bei taktilen Koordinatenmessgeräten verwendeten Achsen. Es werden auch hier Glasmaßstäbe als Maßverkörperung eingesetzt. Die lineare Achse in x-Richtung bewegt das Werkstück zwischen Röntgenröhre und Detektor (siehe **Bild 4.9-1**). Je nach Position des Drehtischmittelpunkts ergibt sich eine andere Vergrößerung des Bauteils auf dem Detektor (**Bild 4.9-3**). Bauartoptional gibt es noch eine Verfahrachse in y-Richtung, z.B. damit die Aufrüstung des Werkstücks auf dem Drehtisch erleichtert wird. Während der Tomografierung bleibt die Position des Drehtischmittelpunkts entlang der x-Achse fix, während nur der Drehtisch rotiert. Die Anzahl der in der Steuerungssoftware einzustellenden Winkelschritte des Drehtisches korreliert mit der Anzahl der vom Detektor erfassten Projektionen.

Nach erfolgter Aufspannung rotiert das im Röntgenstrahlkegel befindliche Werkstück schrittweise um die z-Achse, bis eine volle Umdrehung erreicht wird. Zur fehlerfreien Tomografierung muss sichergestellt werden, dass sich das Bauteil

während der Messung nicht bewegt und die Aufspannung den Röntgenstrahl
möglichst nicht abschirmt.

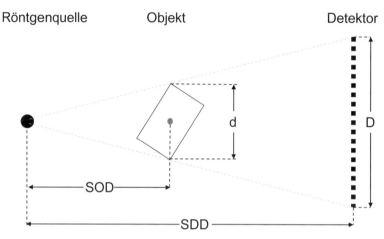

Bild 4.9-3: Vergrößerung bei der RCT

Wesentliche geometrische Kenngröße des rekonstruierten Volumendatensatzes ist
die Voxelgröße V. Sie ist gegeben durch die Größe P der Detektorpixel dividiert
durch die geometrische Vergrößerung M.

$$V = \frac{P}{M}$$

Die Vergrößerung M ist das Verhältnis von festem Fokus-Detektor-Abstand
(Source-Detector-Distance, SDD) zu variablem Fokus-Objekt-Abstand (Source-
Object-Distance, SOD) (**Bild 4.9-3**). Bezugspunkt hierbei ist der Mittelpunkt des
Drehtisches.

$$M = \frac{SDD}{SOD}$$

Die geometrische Vergrößerung ist beschränkt durch den größten
Probendurchmesser d und die Detektorbreite D, da das gesamte Objekt während
aller Drehstellungen im horizontalen Gesichtsfeld des Detektors verbleiben muss,
um einen konsistenten Projektionsdatensatz zu haben.

$$M_{max} = \frac{D}{d}$$

Die erreichbare Auflösung bzw. die kleinste Voxelgröße V_{min} ist somit gegeben durch:

$$V_{min} = \frac{P \cdot d}{D}$$

Für kleine Objekte können sehr hohe Vergrößerungen (z.B. 30-fach) erzielt werden. Der weitere limitierende Faktor ist dann die Größe des Fokusdurchmessers der Röntgenquelle, der nicht größer als die Voxelgröße sein darf, um Unschärfen in der Abbildung zu vermeiden.

Zur Steigerung der geometrischen Auflösung gibt es bei einigen RCT-Systemen die Möglichkeit Teilbereiche des Bauteils zu tomografieren und diese dann zusammenzusetzen. Dieses Vorgehen ist unter dem Namen Rastertomografie bekannt. Hierfür ist entsprechend der Anzahl der Teilvolumina eine höhere Messzeit erforderlich. Eine andere Möglichkeit der Rastertomografie ist die Erweiterung des Messbereichs. So können auch z.B. langgestreckte Bauteile tomografiert werden, die ansonsten nicht innerhalb des Messvolumens liegen.

Absorption

Röntgenstrahlung besitzt die Fähigkeit, feste Körper zu durchdringen, wobei die Intensität der Röntgenstrahlung beim Durchgang durch das Material abgeschwächt wird. Die Abschwächung beruht auf der Interaktion zwischen elektromagnetischer Welle und Materie. Die Hauptmechanismen sind Absorption und Streuung. Die bei industriellen RCT-Anlagen relevanten physikalischen Effekte sind der Photo-Effekt, der Compton-Effekt und die Rayleigh-Streuung. Dabei ist die Auftretenswahrscheinlichkeit der einzelnen Effekte vom Energieniveau des einfallenden Photons abhängig.

Der Photo-Effekt beschreibt die vollständige Absorption des Photons durch Zusammenstoß mit einem Hüllenelektron. Dieses Elektron wird als Photoelektron aus seiner Schale herausgeschlagen und beschleunigt. Der Effekt führt zu einer Verringerung der Quantenanzahl. Mit wachsender Kernladungszahl Z steigt die Auftretenswahrscheinlichkeit für den Photo-Effekt ebenso wie für sinkende Werte der Photonenenergie [Tip 06].

Beim Compton-Effekt trifft ein energiereiches Photon auf ein schwach gebundenes Valenzelektron und tritt mit diesem in Wechselwirkung [Tip 06]. Dabei wird das Elektron aus seiner Elektronenhülle herausgestoßen und beschleunigt. Das Photon verliert bei diesem Effekt einen Teil seiner Energie und wird inelastisch gestreut. Der Compton-Effekt ist der dominierende Wechselwirkungsprozess in Materie für Photonenenergien zwischen 100 keV und 10 MeV, wobei der tatsächliche Bereich vom Werkstoff abhängt. Er trägt sowohl zur Streuung als auch zur Abschwächung des Röntgenstrahls bei und führt somit zu einer Kontrastminderung in den

Projektionsbildern, da die Rekonstruktion auf der Annahme linearer Teilchenbahnen beruht. Durch die Streuung wird von dieser Annahme abgewichen und die Teilchen treffen nicht an der vorgesehenen Stelle auf dem Detektor auf. Je höher die Dichte der Elektronen des durchstrahlten Körpers ist, desto größer ist auch die Auftretenswahrscheinlichkeit für den Compton-Effekt.

Bei der Rayleigh-Streuung tritt das Photon mit dem gesamten Atom in Interaktion, wobei die Energie des Photons nicht ausreicht, um das Atom in einen angeregten Zustand zu versetzen. Dabei kommt es zu einer elastischen Streuung, wodurch sich die Richtung des Röntgenstrahls verändert, nicht jedoch die Energie und Frequenz des Photons. Die Auftretenswahrscheinlichkeit für die Rayleigh-Streuung ist antiproportional zu λ^4.

Die Schwächung der Intensität eines Röntgenstrahls durch die beschriebenen Effekte kann in einem homogenen Material der Dicke d und für monochromatische Röntgenstrahlung mit dem Lambert-Beerschen-Gesetz beschrieben werden.

$$I = I_0 \cdot e^{-\mu d}$$

I_0 entspricht der Primärintensität; I der detektierten Intensität. Der lineare Schwächungskoeffizient μ ist materialabhängig und etwa proportional zu $Z^3\lambda^3$, wobei Z die Kernladungszahl der im durchstrahlten Bauteil vorkommenden Elemente und λ die Wellenlänge angibt. Darüber hinaus ist μ auch vom Energieniveau der Röntgenstrahlung abhängig.

Ausgehend vom Lambert-Beerschen-Gesetz kann die lokale Schwächung in der folgenden Form als Projektion P dargestellt werden.

$$P = \ln\frac{I_0}{I} = \mu \cdot d$$

Bei einem inhomogenen Material wird die Schwächung durch die Summe aller im Strahl befindlichen inkrementellen Teillängen d_i in Abhängigkeit der lokalen Verteilung von μ gebildet. Die Intensität wird folgendermaßen beschrieben.

$$I = I_0 \cdot e^{-\sum_{i=1}^{n} \mu_i \cdot d_i} = I_0 \cdot e^{\int_0^d \mu \cdot ds}$$

$$P = \ln\frac{I_0}{I} = \sum_{i=1}^{n} \mu_i \cdot d_i$$

Aufgrund der Aufsummierung aller Produkte aus inkrementeller Teillänge d_i und lokalen linearen Schwächungskoeffizienten wird erkennbar, dass die Schwächung auch durch im Strahlengang befindliche Aufspannmittel vergrößert wird. Der Durchstrahlweg ist derjenige Weg, den ein Röntgenstrahl insgesamt in einem Bauteil zurücklegt.

Zu beachten ist, dass die linearen Schwächungskoeffizienten μ abhängig von der Energie der Röntgenstrahlung sind. Da von der Röntgenröhre niemals nur eine einzelne Wellenlänge, sondern ein Energiespektrum emittiert wird, kommt es zu einer Verschiebung des Energieschwerpunkts des Spektrums hin zu kurzwelligen Anteilen. Langwellige und damit energieärmere Anteile im Röntgenspektrum (Weiche Röntgenstrahlung) werden stärker geschwächt als kurzwellige energiereichere Anteile (Harte Röntgenstrahlung). Dies führt zu sogenannten Strahlaufhärtungsartefakten, die zu einer Minderung der Bildqualität und somit auch der Geometrietreue führen. Abhilfe gegen Strahlaufhärtungsartefakte können Vorfilter bieten. Vorfilter sind dünne Bleche aus Kupfer oder Aluminium, die in den Strahlengang gebracht werden. Sie bewirken eine Einengung des Spektrums durch Herausfiltern der niedrigenergetischen Strahlungsanteile. Durch den Vorfilter wird aber auch die Strahlungsintensität reduziert, die u.U. durch längere Belichtungszeiten kompensiert werden muss. Darüber hinaus gibt es die Möglichkeit über Algorithmen der Bildverarbeitung die Auswirkung von Strahlaufhärtungsartefakten zu reduzieren [Kas 05, Lan 05].

Aufspannung des Werkstücks

Zur Tomografierung muss das Werkstück auf dem Drehtisch positioniert und fixiert werden. Das Werkstück sollte möglichst zentriert positioniert werden, da so die maximal mögliche Vergrößerung erreicht werden kann. Durch eine exzentrische Aufspannung wandert das Bauteil durch die Drehung des Drehtisches in der Projektion. Somit ist entweder ein größeres Gesichtsfeld oder eine geringe Vergrößerung erforderlich. Bei ersterem erhöht sich die zu speichernde Datenmenge da mehr Detektorpixel ausgelesen werden müssen. Bei zweiterem erhöht sich die Voxelgröße.

Es ist sicherzustellen, dass das Werkstück während der Tomografierung nicht verrutscht, da ansonsten Bewegungsartefakte die Qualität der einzelnen Projektionsbilder mindern.

Übliche Spannmittel sind Schaumstoffzuschnitte (z.B. aus Polystyrol), wenn eine vollständige Analyse des Werkstücks erfolgen soll, oder konventionelle Spannmittel wie Spannbacken, Spannfutter oder Pratzen, wenn nur Teilbereiche des Werkstücks analysiert werden sollen. Die Schaumstoffzuschnitte sind aufgrund der sehr geringen Dichte weitgehend transparent für Röntgenstrahlen. Das Werkstück wird auf dem Schaumstoffzuschnitt positioniert oder in diesen geklemmt. Entscheidend hierbei ist, dass der Schaumstoff trotz der anzustrebenden geringen Dichte eine ausreichende dimensionelle Stabilität auch unter der Gewichtsbelastung durch das Bauteil aufweist, damit es nicht zu einer langsamen Verschiebung des Werkstücks kommt. Dies kann ebenfalls zu unerwünschten Bewegungsartefakten führen. Je nach Geometrie des Werkstücks ist es sinnvoll die entsprechende Negativform des Werkstücks in den Schaumstoff einzubringen, um eine größere Auflagefläche zu bekommen. Hierzu können beispielsweise Hartschaumstoffe auf konventionellen Werkzeugmaschinen zerspant werden.

Ist nur ein Teilbereich des Werkstücks interessant, können auch konventionelle Spannmittel, wie sie in der Koordinatenmesstechnik ebenfalls verwendet werden, zum Einsatz kommen. Diese konventionellen Spannmittel sind z.B. Spannbacken und Pratzen für eckige, sowie Spannfutter für rotationssymmetrische Bauteile. Diese Spannmittel sind i.d.R. aus Stahl. Da dieser die Röntgenintensität stark schwächt, führen selbst geringe im Spannmittel zurückgelegte Wege zu einer starken Reduktion der nutzbaren Strahlungsintensität. Dies schließt i.d.R. eine sinnvolle Auswertung in vom Spannmittel umgebenen Bereichen des Werkstücks aus.

Röntgendetektor

Röntgendetektoren erfassen die Intensität der Röntgenstrahlung nach Durchstrahlung des Bauteils, wobei je nach Winkelstellung des Drehtellers sich eine lokal unterschiedliche Intensität ergibt. Die detektierte Intensität wird im Detektor in ein elektrisches Signal umgewandelt und verstärkt. Der Detektor ist somit die zentrale bildgebende Komponente bei industriellen RCT-Anlagen. Ausgabe des Detektors sind 2D-Grauwertbilder des durchstrahlten Bauteils, die als Projektionen bezeichnet werden. Die Grauwerte korrelieren mit der lokalen Intensität der Detektorpixel. Die erfassten Rohprojektionen können über einen vor der eigentlichen Tomografierung des Bauteils durchgeführten Weißabgleich rauschärmer gemacht werden. Beim Weißabgleich wird die Intensität ohne Bauteil im Strahlengang für verschiedene Beschleunigungsspannungen der Röntgenröhre erfasst und daraus eine Abweichungskennlinie berechnet, die zur Korrektur der Projektionen verwendet wird.

Die Detektoren bestehen entweder aus zeilenförmig (Zeilendetektor bei 2D-RCT) oder matrixförmig (Flächendetektor bei 3D-RCT) angeordneten Pixeln. In den Detektorelementen findet die Umwandlung der Röntgenstrahlen in ein elektrisches Signal statt, was durch Wechselwirkung zwischen Strahlung und Materie geschieht. Dieser Vorgang wird nachfolgend noch eingehender beschrieben. Den einzelnen Detektorelementen sind ein Vorverstärker und ein Analog-Digital-Wandler nachgeschaltet.

Der im Röntgenbild entstehende Kontrast ist, neben der Auflösung und eingestellten Vergrößerung, für die Bildqualität und die Erkennbarkeit der Objekteigenschaften von großer Bedeutung. Die Kontrastdifferenzen entstehen durch unterschiedlich starke Absorption der Röntgenstrahlen im Bauteil und werden durch Dichte- und Dickenunterschiede im Bauteil hervorgerufen. Quanteneffizienz und das Rausch- und Dynamikverhalten des Detektorsystems bestimmen die technischen Grenzen der Nachweisbarkeit von Absorptionsunterschieden.

Die meisten Detektoren erfassen die Intensität der auftreffenden Röntgenstrahlen indirekt. Dabei ist das Verhältnis der Anzahl einfallender Photonen zur Anzahl umgewandelter Photonen die Quanteneffizienz. Sie kann je nach Energieniveau des Spektrums und Bauart des Detektors Werte von 20 % - 60 % erreichen. Diese Werte werden überwiegend bei harter Röntgenstrahlung erreicht, da hierbei ein großer Anteil der Quanten ohne Umwandlung durch den Detektor strahlt [Gev 05, S. 392f].

Stochastische Signalanteile, die das Messsignal überlagern, werden als Rauschen bezeichnet. Sie entstehen durch zufällige Schwankungen im Prozess und verursachen Informations- und Auflösungsverlust, da Signalanteile im Bereich der Rauschhöhe nicht mehr reproduzierbar ausgewertet werden können. Das Signal-Rausch-Verhältnis (Signal-Noise-Ratio, SNR) ist hierbei ein Kennwert, der zur optimalen Detailerkennbarkeit möglichst groß sein sollte. Er gibt das Verhältnis zwischen der mittleren Nutzsignalleistung und der mittleren Rauschleistung an. Das Bildrauschen besteht bei der RCT aus zwei Komponenten, dem Quantenrauschen und dem Rauschen des Detektors.

Das Quantenrauschen überwiegt gegenüber dem Detektorrauschen. Das Quantenrauschen entsteht durch die Verteilungsfunktion der aus der Röntgenröhre emittierten Röntgenquanten. Da diese nicht konstant über der Zeit ist, kommt es bei der Aussendung und Erfassung von Röntgenquanten zu einer Streuung um den Mittelwert. Das Quantenrauschen wird zudem noch durch die zuvor beschriebenen Effekte (Compton, Rayleigh) verstärkt, da diese die Röntgenquanten auf ihrem Weg durch das Objekt zusätzlich beeinflussen. Diese Streueffekte werden durch einen Kollimator reduziert. Dies ist ein Kupferfilter, das sich vor dem Detektor befindet und nur Photonenstrahlen in einer Richtung passieren lässt. Außerdem ist eine Reduzierung des Quantenrauschens durch eine Variation der Verstärkung und der Integrationszeit zu erreichen.

Das Rauschen des Detektors entsteht durch die einzelnen elektronischen Komponenten in der Signalverarbeitungskette. Dabei sind das thermische Rauschen im analogen Bereich der Signalverarbeitung und das Quantisierungsrauschen durch die Analog-Digital-Umwandlung die beiden typischen Ursachen.

Der Dynamikbereich herkömmlicher Detektorsysteme umfasst 16 Bit. Damit stehen 65536 Schritte zur Codierung des erfassten Intensitätsbereichs als Grauwertabstufungen im Projektionsbild zur Verfügung, wodurch sich sogar annähernd homogene Strukturen kontrastreich darstellen lassen.

In der industriellen Praxis haben sich zwei Prinzipien zur Realisierung von Röntgendetektoren durchgesetzt. Die Szintillationsdetektoren, sowie die Ionisationskammer-, bzw. Gasdetektoren.

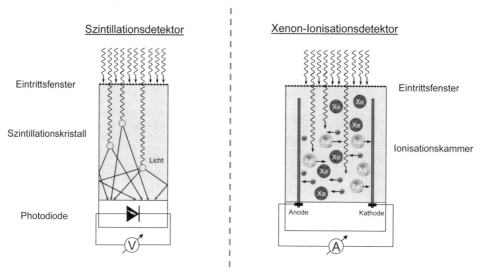

Bild 4.9-4: Detektorarten bei der RCT

Am weitesten verbreitet sind heutzutage Szintillationsdetektoren **(Bild 4.9-4** links), wobei die einzelnen Zellen des Detektors aus einer Kristallschicht (Szintillator) und einem Photodiodenfeld bestehen. Die Röntgenstrahlung tritt durch das so genannte Eintrittsfenster in die Kristallschicht ein und wird dort in langwelliges, sichtbares Licht umgewandelt. Dies geschieht entsprechend der Quantenenergie. Das Licht wird vom Photodiodenfeld ortsaufgelöst registriert und in ein äquivalentes Spannungssignal umgewandelt. Das Signal der Photodiode wird direkt digitalisiert und an die Bildverarbeitung weitergeleitet. Übliche Materialien für die Szintillatorkristalle sind Wismutgermanat, Cäsium-Jodid und Cadmium-Wolframat [Kal 06, S. 53ff.].

Bei Gasdetektoren **(Bild 4.9-4** rechts) tritt eine Wechselwirkung zwischen der Röntgenstrahlung und den sich in der Ionisationskammer befindlichen Gasen, meist Xenongase, auf. Die Röntgenstrahlung ionisiert die Xenonatome durch Herausschlagen eines Hüllelektrons. Durch Anlegen einer Spannung werden die ionisierten Xenonatome zur Kathode und die herausgeschlagenen Elektronen zur Anode hin beschleunigt. Dadurch entsteht ein Stromfluss, dessen Größe proportional zum eintreffenden Röntgenstrahl ist. Xenon-Gasdetektoren werden heutzutage hauptsächlich für Zeilendetektoren verwendet, da die Realisierung von mehrzeiligen Detektoren oder sogar Flächendetektoren sehr schwierig ist.

Rekonstruktion

Aktuelle 3D-RCT-Anlagen verwenden zur Erzeugung der Projektionen eine kegelförmige Strahlgeometrie, so dass diese entsprechend auch bei der Rekonstruktion berücksichtigt werden muss.

Für die Rekonstruktion von tomografischen Datensätzen wurden bereits 1917 von Johann Radon die mathematischen Grundlagen beschrieben. Aber erst durch die Verfügbarkeit von leistungsfähigen Rechenanlagen konnte dieser rechenintensive Ansatz auch praktisch umgesetzt werden. Die Rechenintensivität beruht darauf, dass für jede einzelne Projektion von 1 Million bis zu 4 Millionen Pixel mit 16 Bit-Kodierung vorhanden sind und üblicherweise mehrere Hundert Projektionsbilder erfasst werden. Rekonstruierte Datensätze können daher mehrere Gigabyte an Speicherplatz beanspruchen. Bei der RCT ist daher im Vergleich zu anderen Messverfahren ein erhöhter Speicherbedarf vorhanden.

Ausgehend von einer Nadelstrahlenquelle (idealisierte Strahlquelle mit Fokusdurchmesser 0 mm) wird das Bauteil entlang paralleler Geraden in einer Ebene durchstrahlt, mit dem Ziel, die lokale Verteilung des Schwächungskoeffizienten $\mu(x, y)$ zu bestimmen. Die Funktionsweise des Detektors entspricht der physikalischen Realisierung der Radontransformation, da die Radontransformierte der gesuchten Funktion unmittelbar aus den Rohdaten des Detektors gewonnen wird. Werden Projektionen unter sämtlichen Winkelschritten aufgezeichnet, ist die Radontransformierte der Funktion $\mu(x, y)$ bekannt. In der Realität ergibt sich durch finanzielle und zeitliche Randbedingungen die Notwendigkeit, die Anzahl der Winkelschritte und damit die Anzahl der Projektionen auf ein Mindestmaß zu beschränken. Dadurch entstehen beim Rekonstruktionsprozess weitere Unschärfen. Um die gesuchte Verteilung $\mu(x, y)$ zu rekonstruieren, müssen die eindimensionalen Projektionswerte in den zweidimensionalen Bildbereich rücktransformiert werden. Dies geschieht durch die so genannte inverse Radontransformation. Für die Inversion der Radontransformation stehen drei verschiedene mathematische Verfahren zur Verfügung. Die analytischen Rekonstruktionsalgorithmen, die algebraischen Methoden und die statistischen Verfahren. Standard bei heutigen RCT-Anlagen ist der Rekonstruktionsalgorithmus von Feldkamp et al. [Fel 84], der auf der gefilterten Rückprojektion beruht (siehe **Bild 4.9-5**). Ausgehend von der Projektion, die mathematisch die Radontransformierte der Schwächungsverteilung im Bauteil ist, kann ein sogenanntes Sinogramm erstellt werden. Dieses stellt bildlich die Grauwerte als Funktion des Abstands der Strahltrajektorie Drehzentrum (Drehtisch) und dem Drehwinkel der Projektion dar. Mittels der inversen Radontransformation werden die einzelnen Sinogramme in die gesuchte Schwächungsverteilung zurück transformiert. Aufgrund der einfacheren Berechnung wird diese Rücktransformation im Fourierraum vollzogen. Durch die

Anwendung der Rücktransformation wird das Bildsignal gefiltert, so dass von der gefilterten Rückprojektion gesprochen wird.

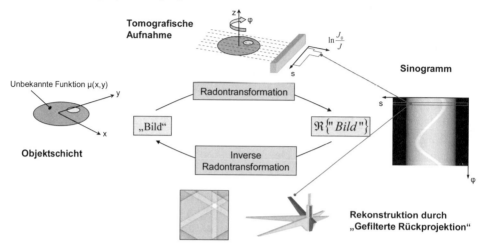

Bild 4.9-5: Rekonstruktion mittels gefilterter Rückprojektion

Nach Ablauf der Rekonstruktion existiert ein 3D-Modell des erfassten Volumens. In diesem Volumen befinden sich sowohl das Bauteil als auch die Aufspannung und die das Bauteil umgebende Luft. Das Modell ist aus vielen Würfeln (sogenannten Voxeln) mit der Voxelgröße V als Kantenlänge aufgebaut. In jedem Würfel ist ein Grauwert gespeichert, der der erfassten Strahlungsintensität entspricht.

Segmentierung

Für die weitergehenden Auswertungen ist nur derjenige Teil des Volumenmodells interessant, der das Bauteil charakterisiert. Insbesondere interessiert für geometrische Merkmale die Werkstückoberfläche. Um diese Oberfläche vom Hintergrund und der Aufspannung zu trennen, ist eine Segmentierung erforderlich. Diese orientiert sich an konventionellen Verfahren aus der 2D-Bildverarbeitung. Hierbei kommen Schwellwerte zur Separation der einzelnen Volumenanteile zum Einsatz. Es existieren globale, lokale und adaptive Schwellwertverfahren.

Eine Schwierigkeit bei der Segmentierung im Volumenmodell ist die eindeutige Definition, wo die Oberfläche des Werkstücks aufhört und wo der Hintergrund anfängt (**Bild 4.9-6**). Üblicherweise gibt es keine scharfen Grauwertübergänge, sondern Grauwertverläufe, die sich über mehrere Voxel hinziehen. Die Voxel haben eine endliche Größe, die von der x-Achsenposition und der Pixelgröße des Detektors abhängt. Daraus ergibt sich eine Unschärfe in der Ortsauflösung.

Beim globalen Schwellwertverfahren wird ein einziger Grauwert als Schwellwert definiert. Alle Grauwerte, die oberhalb dieses Schwellwertes liegen, werden als Material des Werkstücks definiert. Alle Grauwerte, die unterhalb des Schwellwertes liegen, werden als Hintergrund bzw. Aufspannung definiert. Letztere werden anschließend ausgeblendet, so dass in einer Visualisierung nur noch die Oberfläche des Werkstücks übrig bleibt. Nachteilig am globalen Schwellwertverfahren ist, dass artefaktbehaftete Bereiche unter Umständen dem Bauteil zugeschlagen werden und folglich eine fehlerbehaftete Oberfläche generiert wird.

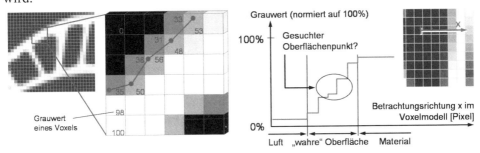

Bild 4.9-6: Oberflächenextraktion im Voxelmodell

Entsprechend gibt es hier Verfahren, die die Voxelnachbarschaft zur Oberflächenbestimmung mit einbeziehen. Diese Verfahren sind vergleichbar zur Kantenfindung in 2D-Bildern (siehe auch Abschnitt 4.3).

Das segmentierte Modell des Werkstücks kann als Punktewolke extrahiert werden. Üblicherweise wird aus Gründen der Visualisierung die Punktewolke über Triangulierungsverfahren zu einer geschlossenen Oberfläche verbunden. Hierdurch wird eine interpolierte Darstellung des Werkstücks erzeugt.

Auswertung/Messung

Das rekonstruierte Volumenmodell ist der Ausgangspunkt für vielfältige Auswertungen. Dies stellt einen großen Vorteil der RCT dar, da das Volumenmodell des Bauteils nur einmal bestimmt werden muss. Die RCT wird sowohl zur Prüfung als auch zur Messung von Merkmalen eingesetzt. Wesentliche Auswertungen sind:

- Defekterkennung
- Montageprüfung
- Dimensionelles Messen

Die Defekterkennung mittels RCT zielt auf ähnliche Anwendungen wie bei der konventionellen 2D-Radiographie ab. Dies sind z.B. Gussbauteile oder Schweißverbindungen. Durch die Durchstrahlung des Bauteils aus vielen unterschiedlichen Richtungen können mittels der RCT zusätzlich zum Nachweis von Defekten, Einschlüssen und Poren diese auch noch in ihrer volumetrischen Ausdehnung und Lage im Bauteil erfasst werden. Somit besitzen RCT-Ergebnisse eine höhere Aussagekraft. Dem gegenüber stehen längere Erfassungszeiten im Vergleich zur Radiographie.

Eine weitere Auswertemöglichkeit ist die Qualitätssicherung von Baugruppen im montierten Zustand. Häufig wird erst durch das Zusammenwirken von mehreren Einzelkomponenten die Funktionalität eines Geräts oder einer Maschine erfüllt. Abweichungen der Einzelkomponenten von der Spezifikation können dazu führen, dass die Baugruppe nicht mehr richtig funktioniert oder frühzeitig ausfallen kann. Durch die Montage ist aber i.d.R. die Zugänglichkeit von Funktionsflächen für taktile oder lichtoptische Sensoren nicht mehr gegeben. Die Prüfung der Einzelkomponenten lässt u.U. keine Rückschlüsse auf mögliche Ausfallursachen zu.

Hier bietet sich die RCT als Prüfverfahren an. Gegenüber der zerstörungsfreien Prüfung mittels Ultraschall besteht bei der RCT der Vorteil, dass kein Medium zum Einkoppeln des Schalls erforderlich ist und nahezu keine Restriktionen bzgl. der Geometrie bestehen.

Neben der Prüftechnik entstand in den letzten Jahren verstärkt ein Bedarf an dimensionellem Messen mittels RCT [Ste 05]. Dieser Bedarf leitet sich aus der Gegebenheit ab, dass Objekte vollständig in 3D bei sehr hoher Punktedichte abgebildet werden können. Bei der RCT geht der Trend daher hin zur Koordinatenmessung [Hil 07].

Nach der Richtlinie VDI/VDE 2630 Blatt 1.2 werden dimensionelle Messaufgaben bei der RCT in 4 Klassen unterteilt:

- SOLL-IST-Vergleich gegen Nominalgeometrie
- SOLL-IST-Vergleich gegen Referenzmessung
- Messung von Maß, Form und Lage
- Wanddickenanalyse

Die ersten beiden Messaufgaben sind referenzbehaftet, während die letzten beiden Messaufgaben referenzfrei sind. Des Weiteren muss zwischen Messaufgaben mit lokal arbeitenden Auswertungen und Messaufgaben mit Auswertungen durch Mittelungen von Bereichen der RCT-Messung (z.B. Einpassung von Regelgeometrien in die RCT-Messung) unterschieden werden [VDI/VDE 2630 Blatt 1.2, S. 3].

Der SOLL-IST-Vergleich gegen die Nominalgeometrie stellt den Best-Fit der extrahierten Oberfläche gegen eine idealisierte Geometriedarstellung des Werkstücks dar. Üblicherweise wird für die idealisierte Geometriedarstellung das CAD-Modell verwendet. Das Ergebnis ist eine farbcodierte Abweichungsdarstellung. Diese kann sowohl für das gesamte Bauteil als auch für definierte Schnittebenen im Bauteil erstellt werden. Des Weiteren lassen sich statistische Kenngrößen über die Abweichungsverteilung oder Histogramme berechnen. Über eine farbcodierte Abweichungsdarstellung des gesamten Bauteils kann sehr schnell ein Eindruck über den aktuellen Stand des Fertigungsprozesses gewonnen werden. Zum Einen wird das Bauteil in seiner Gesamtheit beurteilt. Zum Anderen wird bei kritischen Bauteilbereichen über die Farbgebung auf unzulässige Abweichungen hingewiesen. So wird ein Instrument geschaffen mit dem ein schneller Austausch zwischen Fertigung und Konstruktion oder Kunde und Lieferant möglich ist.

Beim SOLL-IST-Vergleich gegen eine Referenzmessung wird anstatt des CAD-Modells der Best-Fit gegen eine weitere dreidimensionale Punktewolke durchgeführt. Diese kann durch eine weitere RCT-Messung aber auch mittels eines anderen Messverfahrens erstellt worden sein.

Die Messung von Maß, Form und Lage von einzelnen Merkmalen bei der RCT orientiert sich an der taktilen Koordinatenmesstechnik (vgl. Abschnitt 4.4). Übertragen auf die RCT werden für entsprechende Teilbereiche der Punktewolke Regelgeometrien, die dem Nennelement entsprechen, eingepasst. Analog zur taktilen Koordinatenmesstechnik ist zur Vergleichbarkeit von Messungen eine einheitliche Messstrategie notwendige Bedingung. Hierunter fallen auch die verwendeten Ausgleichsbedingungen, z.B. Ausgleichsbedingung nach Gauß oder nach Tschebyschev. Zur Durchführung der Messung muss vorab ein Prüfplan erstellt werden. Dieser kann sich am CAD-Modell des Bauteils anlehnen. Die zu messenden Merkmale werden definiert und ihnen eine Strategie zugeordnet. Ergebnis der Messung ist üblicherweise ein Messprotokoll in grafischer oder tabellarischer Form in dem neben den SOLL- und IST-Werten auch die Abweichungen dargestellt sind. Zu den einzelnen Merkmalen ist die Berechnung von statistischen Kenngrößen möglich. Für Formtoleranzen können zusätzlich Formplots ausgegeben werden.

Bei der Wanddickenanalyse werden in definierten Schnittebenen Dicken von Bauteilwänden normal zur Oberfläche gemessen. Diese Messaufgabe resultiert primär aus den Anforderungen der Gießereiindustrie. Für Gussbauteile ist häufig eine gleichmäßige Wanddicke wünschenswert, um mechanische und thermische Bauteilbelastungen zu minimieren. Ergebnis der Wanddickenanalyse kann analog zu den anderen 3 Messaufgaben eine farbcodierte Abweichungsdarstellung oder ein Messprotokoll sein.

4.9.1.4 Messabweichungen und Messunsicherheit bei der RCT

Der Einsatz der RCT als dimensionelles Messverfahren erfordert die Rückführung auf das nationale Längennormal (siehe auch Abschnitt 6.1.1, Kalibrierkette). Hierzu sind entsprechend kalibrierte Bezugs- und Werksnormale erforderlich. Bedingt durch die historische Entwicklung und den erst in den letzten Jahren aufkommenden Bedarf zum Einsatz der RCT als Messtechnik, existieren bisher nur erste Ansätze zur Rückführung und Kalibrierung [Ste 05]. Die Verschiebung des Fokus hin zur dimensionellen Messtechnik ist ermöglicht worden durch eine deutliche Verbesserung der RCT-Hardware, die den hohen Anforderungen der Industrie bezüglich dimensioneller Genauigkeit Rechnung trägt.

Die Bestimmung von Messabweichungen setzt voraus, dass der kalibrierte Wert als bestmögliche Näherung zum wahren Wert bekannt ist. Das übliche Kalibrierverfahren für die Belange der Fertigung ist die taktile Koordinatenmesstechnik, die zum aktuellen Zeitpunkt bereits eine sehr hohe Genauigkeit und Reproduzierbarkeit aufweist und als Technologie etabliert ist. Für die Rückführung der RCT ist anzustreben taktil kalibrierte Normale und Werkstücke ebenfalls mit der RCT zu messen, um dann systematische Abweichungen berechnen zu können. Über Wiederholversuche können zufällige Abweichungen abgeschätzt werden. Ähnlich wie die taktile Koordinatenmesstechnik stellt die RCT eine komplexe Technologie dar. Dies beruht darauf, dass zum Einen prinzipiell sehr viele Einflussgrößen vorhanden und die wirkenden physikalischen Prinzipien bei der Erzeugung, Absorption und Umwandlung von Röntgenstrahlung nicht linear sind. Wichtige Einflussfaktoren bei der RCT sind in **Bild 4.9-7** in Form eines Ishikawa-Diagramms zusammengefasst. Eine umfassende Aufstellung von möglichen Einflussgrößen und ihrer Auswirkungen befindet sich in der Richtlinie VDI/VDE 2630 Blatt 1.2.

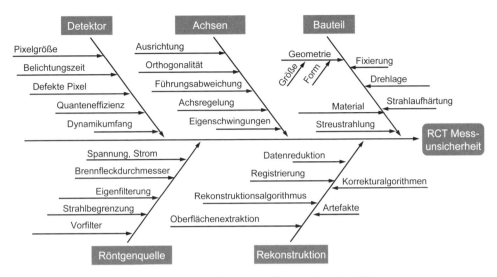

Bild 4.9-7: Wichtige Einflussfaktoren auf die Messunsicherheit bei der RCT

Die etablierten und theoretisch abgesicherten Methoden zur Bestimmung der Messunsicherheit, wie der GUM, stoßen bei der RCT an die Grenzen des Machbaren. Die Aufstellung eines vollständigen analytischen Messmodells, das alle relevanten Einflüsse beinhaltet, erscheint zum aktuellen Zeitpunkt mit vertretbarem Aufwand nicht möglich. Daher konzentrieren sich die Ansätze auf eine empirische Abschätzung der Messunsicherheit. Grundlage hierfür ist die Richtlinie VDI/VDE 2617 Blatt 8, die auch für die taktile Koordinatenmesstechnik Anwendung findet. Ein in dieser Richtlinie beschriebener Ansatz sieht die wiederholte Messung von kalibrierten Werkstücken (ISO/TS 15530-3) vor, wobei diese in Geometrie und Material zum eigentlichen Bauteil ähnlich sein müssen, um die Übertragbarkeit zu sichern. Die Berechnung der erweiterten Messunsicherheit U setzt sich dann aus 4 Anteilen zusammen:

$$ U = k \cdot \sqrt{u_{cal}^2 + u_p^2 + u_w^2 + b^2} $$

Der Beitrag u_{cal} ist die Unsicherheit, die auf Grund des Kalibrierprozesses entsteht (aus Kalibrierzertifikat, entspricht U/k), u_p ist die Unsicherheit des Prüfprozesses (Streuung der Wiederholmessungen, Standardabweichung), u_w ist die Unsicherheit des Werkstücks (z.B. Schwankung der Materialzusammensetzung, Rauheit, thermische Ausdehnung, Werkstückstreuung, …) und b ist die systematische Abweichung zum kalibrierten Wert. Die obige Notation von U weicht von der aktuell gültigen Beschreibung aus ISO/TS 15530-3 ab, entspricht aber den Vorgaben des GUM, bei dem alle Standardunsicherheiten quadratisch zu addieren sind. Für diese 4 Unsicherheitsbeiträge sind beide Verfahren A und B nach GUM zulässig.

Die Messunsicherheit kann durch Kompensation von bekannten systematischen Abweichungen verringert werden. Zum einen können neben dem zu untersuchenden Werkstück kalibrierte Normale mit tomografiert werden. Dies hat den Vorteil, dass dieselben Randbedingungen vorherrschen. Nachteilig ist jedoch, dass ein entsprechend größeres Messvolumen erforderlich ist und das zusätzlich zu tomografierende Normal die Intensität weiter verringern kann.

Als weitere Möglichkcit besteht der Einsatz von Multisensorik [Chr 05]. Hierzu sind beim Anlagenaufbau zusätzliche Achsen vorhanden, um taktile oder lichtoptische Sensoren aufzunehmen. Diese zusätzlichen Sensoren weisen eine bekannte geringe Messunsicherheit auf und sind auf das nationale Längennormal zurückgeführt. Durch Antastung der zugänglichen Oberfläche mit diesen Sensoren kann eine Korrektur für die RCT-Punktewolke berechnet werden, so dass der Einfluss der systematischen Abweichung verringert wird.

Bisher existiert auch noch ein hoher Bedienereinfluss bei der Bauteilaufspannung und Ausrichtung des zu untersuchenden Werkstücks. Je nach Orientierung verändern sich die Durchstrahllängen, so dass unterschiedlich stark Artefakte auftreten können. Vom Bediener werden weiterhin die Röhrenspannung, der Röhrenstrom, die Verwendung eines Vorfilters, die Anzahl an Projektionen bzw. Winkelschritten, die Belichtungszeit und die Detektorempfindlichkeit, die Rekonstruktionsfilter, die Messstrategie und bei Verwendung von Multisensorik die Wahl des Sensors eingestellt. Bisher existieren keine allgemeingültigen Richtlinien, wie merkmalabhängig die am Besten geeigneten Parametereinstellungen gewählt werden. Hier ist zu empfehlen RCT-Messungen durch ausgewiesene Experten durchführen zu lassen, um die Auswirkung auf das Messergebnis möglichst gering zu halten.

4.9.2 Einsatz der Röntgen-Computertomografie

Die industrielle Röntgen-Computertomografie (RCT) stellt eine neue Technologie in der Produktionstechnik dar. Mit der RCT ist sowohl die zerstörungsfreie Werkstoffprüfung als auch das dimensionelle Messen von komplex geformten mechanischen Bauteilen, Elektronikkomponenten sowie Baugruppen möglich.

Ein Beispiel für eine Montageprüfung zeigt **Bild 4.9-8**. Dargestellt ist das segmentierte Volumenmodell eines vollständig montierten Handys. Der Ausschnitt zeigt die integrierte Handykamera. Durch die Segmentierung wird das Kunststoffgehäuse des Handys ausgeblendet. Es kann so überprüft werden, ob alle Einzelkomponenten im Inneren verbaut oder bei der Montage nicht beschädigt worden sind.

Bild 4.9-8: Montageprüfung von Baugruppen – Beispiel Handykamera

Mit der RCT können neben äußeren auch innere Merkmale analysiert werden, wobei Letztere nicht mit taktilen oder lichtoptischen Messverfahren ohne eine vorhergehende Zerstörung des Bauteils erfasst werden können.

Da in Abhängigkeit vom Werkstoff die Röntgenstrahlung unterschiedlich stark geschwächt wird, sind demzufolge an der RCT-Anlage unterschiedliche Parametereinstellungen zu wählen, um qualitativ hochwertige Projektionsbilder und Rekonstruktionen zu erhalten. Unterschieden werden die Werkstoffgruppen Kunststoffe, Leichtmetalle, Schwermetalle, Keramiken und Verbundwerkstoffe. Die gesonderte Betrachtung von Verbundwerkstoffen beruht darauf, dass diese gezielt die Vorteile der eingebundenen Einzelwerkstoffe nutzen. Hinsichtlich der RCT können diese Verbundwerkstoffe Schwierigkeiten bereiten, wenn die Einzelwerkstoffe stark unterschiedlich absorbieren (z.B. Metall-Kunststoff-Verbunde). Dies kann dazu führen, dass die schwächer absorbierenden Bereiche nicht mehr ausreichend Kontrast zum Hintergrund aufweisen und somit nicht sicher segmentiert werden können.

4.9.2.1 Einsatzbereiche

Neben der dimensionellen Messung sind auch die Schadensanalyse, Defekt- und Montageprüfung sowie die Porositätsanalyse, zum Beispiel bei Gussbauteilen aus Leichtmetall oder Verbundbauteilen, wichtige Anwendungen [Her 03, Fie 04]. Aufgrund der zerstörungsfreien Arbeitsweise bietet die RCT gegenüber zerstörenden Methoden, wie der Schliffbilderstellung, Vorteile hinsichtlich Reproduzierbarkeit der Analyse und Wiederverwendbarkeit der untersuchten Probe bei weniger aufwendiger Methodik [Kas 05, S. 10]. Die RCT weist darüber hinaus gegenüber der Schliffbilderstellung deutliche Zeitvorteile auf und liefert aufgrund der 3D-Betrachtung aussagekräftigere Ergebnisse. Diese Potenziale werden auch beim Reverse Engineering genutzt [Bar 05]. Da die RCT berührungslos arbeitet, können auch flexible verformbare Objekte, wie Dichtungen oder Objekte mit empfindlicher Oberfläche gemessen werden. Des Weiteren kann mit der RCT eine sehr große Informationsdichte in kurzer Zeit erzielt werden [Sch 07]. Daher hat die RCT besondere Vorteile, wenn sehr viele geometrische Merkmale mit einer hohen Messpunktanzahl gemessen werden müssen, zum Beispiel bei der Erstmusterfreigabe von mehrpoligen Steckern [Ben 09]. Ein weiteres Beispiel ist die Endfreigabe eines Bauteils anhand eines SOLL-IST-Vergleichs, der üblicherweise als farbcodierte Abweichungsdarstellung erstellt wird (siehe **Bild 4.9-9**). Gegenüber dem etablierten Vergleich von Einzelmerkmalen, wie Ebenenabstände, Durchmesser und Bohrungspositionen, mit den Sollvorgaben wird beim SOLL-IST-Vergleich die Gesamtheit des Bauteils beurteilt. So erhält der Produzent schnell einen Überblick über den aktuellen Stand der involvierten Fertigungsprozesse und kann bei unzulässigen Abweichungen entsprechende Gegenmaßnahmen einleiten. Darüber hinaus wird über die bildliche Darstellung die Kommunikation zwischen Messtechnik, Konstruktion und Fertigung oder zwischen Kunde und Lieferant vereinfacht, da nicht mehr ein umfangreicher Erstmusterprüfbericht analysiert werden muss. Wichtig ist die differenzierte Interpretation des SOLL-IST-Vergleichs. Beispielsweise treten an Fasen oder Entformungsschrägen bei Gussbauteilen größere Abweichungen auf. Diese Merkmale sind aber i.d.R. nicht funktionsrelevant.

Bild 4.9-9: Soll-Ist-Vergleich als farbcodierte Abweichungsdarstellung

Durch die durchdringende Wirkung von Röntgenstrahlen können auch Hinterschneidungen und Merkmale im Bauteilinneren erfasst werden. Somit ermöglicht die RCT die vollständige Erfassung des Bauteils in nur einer Aufspannung. Ein Vorteil, der für das Reverse-Engineering genutzt wird. Zum momentanen Zeitpunkt sind Messungen mit taktilen Koordinatenmessgeräten (KMG) genauer und reproduzierbarer als RCT-Messungen. Bei der RCT ist die Rückführung auf nationale Normale und die Bestimmung der merkmalorientierten Messunsicherheit für viele Anwendungen noch nicht vorhanden, so dass RCT-Messergebnisse noch nicht dieselbe Akzeptanz erlangt haben wie Messungen auf taktilen KMG.

In hochspezialisierten Bereichen, wie der Luft- und Raumfahrt, können gegossene Bauteile begrenzter Dimension noch vor der Weiterverarbeitung auf Inhomogenitäten wie Lunker, Einschlüsse oder lamellenartige Graphitwellen hin untersucht werden. Diese festigkeitsmindernden Faktoren, beispielsweise der Größeneinfluss, die in Festigkeitshypothesen bei der Berechnung von Vergleichsspannungen durch Korrekturwerte teilweise kompensiert werden, könnten wesentlich genauer einbezogen und Bauteile dann wirtschaftlicher dimensioniert werden. Mittels der RCT-Technologie ist ebenfalls die Überwachung von stoffschlüssigen Verbindungen (Schweiß-, Löt- und Klebeverbindungen), ebenso wie die Qualitätssicherung von Faserverbundbauteilen (Analyse der textilen Struktur, Delaminationen in der Harzmatrix, Sandwichbauteilen) möglich. Ein anderes Anwendungsgebiet stellt die Überwachung von Mikrosystemen dar. Hier erfordert die fortschreitende Miniaturisierung mit immer kleineren Fertigungstoleranzen, dass neue zerstörungsfreie Prüfverfahren eingesetzt werden.

4.9.2.2 Einbindung der RCT in die Produktion und Wirtschaftlichkeit

Vor allem in den frühen Phasen der Produktentwicklung kommt der industriellen RCT eine zentrale Rolle zu. Kurze Entwicklungszeiten und Null-Fehler-Produktion erfordern Messverfahren, die zeit- und kostengünstig sowohl zerstörungsfreie Materialprüfung als auch dimensionelles Messen ermöglichen. Bei der Überwachung von Produktionsanläufen sind i.d.R. sehr viele geometrische Merkmale zu prüfen. Entsprechend lange würde eine taktile Messung bei hoher Punktedichte dauern. Die Möglichkeit der RCT das Bauteil in seiner Gesamtheit beurteilen zu können ist hier von großem Vorteil und liefert in relativ kurzer Zeit eine Aussage über den momentanen Stand der Fertigung. RCT-Anlagen erfordern momentan hohe Investitionskosten, so dass sich die Anschaffung über weniger Iterationsschleifen bei der Produktentwicklung und einen schnelleren Produktanlauf amortisieren muss.

Darüber hinaus kann die RCT auch zur Überprüfung einer laufenden Fertigung eingesetzt werden. Momentan sind aber die für eine vollständige RCT-Analyse erforderlichen Zeiten von üblicherweise 20-60 Minuten häufig länger als die Taktzeit der Fertigung, so dass eine 100 %-Prüfung inline zurzeit noch nicht möglich scheint. Es können aber durchaus Stichprobenprüfungen durchgeführt werden. Die verfügbaren RCT-Anlagen werden daher vorwiegend fertigungsfern in Messräumen betrieben.

Soll die RCT in der Fertigungslinie eingesetzt werden, muss die Erfassung möglichst vieler Projektionen im Takt der Fertigung (Inline-Messung) erfolgen. Aufgrund der bisher benötigten Messzeit und der unzureichenden Automatisierung der Aufspannung ist zum aktuellen Zeitpunkt ein Inline-Einsatz der RCT insbesondere für dimensionelle Messaufgaben noch nicht möglich. Es gibt jedoch verschiedene Ansätze für die Inline-CT [Han 07], zum Beispiel dynamische RCT mit kontinuierlicher Drehbewegung.

Damit die RCT-Technologie zur Prüfung von größeren Stichprobenumfängen wirtschaftlich genutzt werden kann, muss die Gesamtzeit zwischen dem Aufspannen der zu untersuchenden Probe und dem Erhalt der Messergebnisse reduziert werden. Dies kann durch Reduktion der Messzeit erfolgen. Bei der Auswertung sind die Punktewolke bzw. das rekonstruierte Volumen in einen fertigen Prüfplan zu laden und der eigentliche Messablauf zu starten. Der Aufwand für die einmalige Erstellung eines Prüfplans für ein Werkstück ist abhängig von der Anzahl der zu analysierenden Merkmale und der Messstrategie. Eine Reduktion der Gesamtzeit ist möglich durch geringere Belichtungszeiten oder weniger Projektionen. Dies kann jedoch zu größeren Unsicherheiten bei der Merkmalsbestimmung führen. Eine weitere Verbesserung ist dann nur durch Weiterentwicklung der Detektorhardware erreichbar.

Zum peripheren Aufwand gehören das Laden des Messprogramms und die Aufspannung der Probe. Hierunter fallen das Anpassen der Aufspannung an die Probengeometrie sowie die Zentrierung des Messobjektes. Das Anpassen an die Probengeometrie, das bislang üblicherweise durch manuell angefertigte und nicht adaptierbare Schaumstoffzuschnitte erfolgt, stellt dabei den größten zeitlichen Aufwand dar.

Schrifttum

[Bar 05]	Bartscher, M.; Hilpert, U.; Goebbels, J.; Weidemann, G.; Puder, H.; Jidav, H.: Einsatz von Computertomografie in der Reverse-Engineering Technologie – Vollständige Prozesskette am Beispiel eines Zylinderkopfes. DGZfP-Jahrestagung 2005, 2.-4. Mai, Rostock, Vortrag 39
[Bar 07]	Bartscher, M.: Geometriebestimmung mit industrieller Computertomographie – Aktueller Stand und Entwicklung. PTB-Berichte F 54, 2007
[Ben 09]	Benninger, R.; Bleicher, M.; Berthold, J.: Roadmap Fertigungsmesstechnik 2020 (Teil 6) – Mit Röntgenblick zum Allrounder. QZ 54 (2009) 10 S. 44-47
[Chr 05]	Christoph, R.; Rauh, W.: Vollständig und genau messen – Tomografie im Multisensor-Koordinatenmessgerät. Quality Engineering 06/2005 S. 28-31
[Fel 84]	Feldkamp, L.: Davis, L.: Kress, J.: Practical cone-beam algorithm. Journal of the Optical Society of America, Band 1 S. 612-619, 1984
[Fie 04]	Fiedler D.; Bartscher M.; Hilpert U.: Dimensionelle Messabweichungen eines industriellen 2D-Computertomographen: Einfluss der Werkstückrauheit. DGZfP Berichtsband 89-CD, DACH-Jahrestagung 2004, Salzburg, 17.-19. Mai 2004
[Gev 05]	Gevatter, H.; Grünhaupt, U.: Handbuch der Mess- und Automatisierungstechnik in der Produktion. 2. Aufl. Berlin: Springer, 2005
[Hal 95]	Halmshaw, R.: Industrial Radiology, Theory and practice. 2. Ed., Netherland, Springer, 1995
[Han 07]	Hanke R.: Fraunhofer IIS Jahresbericht 2007, Entwicklungszentrum Röntgentechnik, Fürth, 2007, S. 63
[Her 03]	Herold F.; Bavendiek K.; Girgat R.-R.: Ein Verfahren zur Fehlererkennung in Röntgenbildern mittels nicht-linearer Diffusion ohne a priori Information. In: DGZfP-Jahrestagung 2003, Mainz, 26. - 28. Mai 2003
[Hil 07]	Hiller, J.; Kasperl, S.; Hilpert, U.; Bartscher, M.: Koordinatenmessung mit industrieller Röntgen-Computertomografie. TM 74 (2007) 11 S. 553-564

[Hou 73]   Hounsfield, G.N.: Computerized transverse axial scanning tomography: Part I, description of the system. Br.J.Radiol. 46, 1016-1022, 1973

[Kak 88]   Kak, A.; Slaney, M.: Principles of Computerized Tomographic Imaging. IEEE Press, 1988

[Kal 06]   Kalender, W.: Computertomographie – Grundlagen, Gerätetechnologie, Bildqualität, Anwendungen. 2. Aufl. Erlangen: Publicis MCD Verlag: 2006

[Kas 05]   Kasperl, S.: Qualitätsverbesserung durch referenzfreie Artefaktreduzierung und Oberflächennormierung in der industriellen 3D-Computertomographie. Diss. Techn. Fakultät der Universität Erlangen-Nürnberg, 2005

[Kas 08]   Kastner, J.: Industrielle Computertomografie – Zerstörungsfreie Werkstoffprüfung. Fachtagung 27.-28. Februar 2008 Wels / Austria

[Lan 05]   Lange, A.; Hentschel, M.; Schors, J.: Direkte iterative Rekonstruktion von computer-tomographischen Trajektorien (DIRECTT). DGZfP-Jahrestagung 2005 Rostock, 2.-4. Mai 2005, Vortrag 17

[Neu 07]   Neuser, E.: Suppes, A.: Von der Micro- zur NanoCT – Neue Spielräume hochauflösender Computertomographie. DGZfP-Jahrestagung 2007 14.-16. Mai 2007, Fürth, Poster 18

[Ste 05]   Steinbeiß, H.: Dimensionelles Messen mit Mikro-Computertomographie. Diss. Technische Universität München, 2005

[Rad 17]   Radon, J.: Über die Bestimmung von Funktionen durch ihre Integralwerte längs gewisser Mannigfaltigkeit. Math.-Phys. Kl. Bd. 69: S. 262-267, Berichte Sächsische Akademie der Wissenschaften, Leipzig, 1917

[Rei 83]   Reimers, P., Goebbels, J.: New possibilities of nondestructive evaluation by X-ray computed tomography. Mater. Eval. 41, 1983

[Tip 06]   Tipler, P.; Mosca, G.: Physik für Wissenschaftler und Ingenieure. 2. Aufl. Elsevier Spektrum Akademischer Verlag: 2006

Normen und Richtlinien

DIN ISO/TS 15530-3   N.N.: DIN ISO/TS 15530-3: Geometrische Produktspezifikation (GPS) - Verfahren zur Ermittlung der Messunsicherheit von Koordinatenmessgeräten (KMG) - Teil 3: Anwendung von kalibrierten Werkstücken oder Normalen, Beuth-Verlag, Berlin 2008

VDI/VDE 2617 Blatt 8   N.N.: VDI/VDE 2617 Blatt 8: Genauigkeit von Koordinatenmessgeräten - Kenngrößen und deren Prüfung - Prüfprozesseignung von Messungen mit Koordinatenmessgeräten, Beuth-Verlag, Berlin 2006

VDI/VDE 2617 Blatt 13   N.N.: VDI/VDE 2617 Blatt 13: Genauigkeit von Koordinatenmessgeräten - Kenngrößen und deren Prüfung; Leitfaden zur Anwendung von DIN EN ISO 10360 für Koordinatenmessgeräte mit CT-Sensoren - VDI/VDE 2630 Blatt 1.3: Computertomografie in der dimensionellen Messtechnik; Leitfaden zur Anwendung von DIN EN ISO 10360 für Koordinatenmessgeräte mit CT-Sensoren, Beuth-Verlag, Berlin 2009

VDI/VDE 2630 Blatt 1.1	N.N.: VDI/VDE 2617 Blatt 1-1: Computertomografie in der dimensionellen Messtechnik - Grundlagen und Definitionen, Beuth-Verlag, Berlin 2009
VDI/VDE 2630 Blatt 1.2	N.N.: VDI/VDE 2617 Blatt 1-2: Computertomografie in der dimensionellen Messtechnik - Einflussgrößen auf das Messergebnis und Empfehlungen für dimensionelle Computertomografie-Messungen, Beuth-Verlag, Berlin 2009
VDI/VDE 2630 Blatt 1.4	N.N.: VDI/VDE 2617 Blatt 1-4: Computertomographie in der dimensionellen Messtechnik - Gegenüberstellung verschiedener dimensioneller Messverfahren, Beuth-Verlag, Berlin 2009

5   Prüfdatenauswertung

Mit der Abkehr von einer lediglich prüfenden Qualitätssicherungsstrategie und dem entsprechend verstärkten Einsatz Fehler vermeidender Ansätze hat sich auch auf dem Gebiet der Prüfdatenauswertung ein grundlegender Wandel vollzogen. Prüfdaten werden heutzutage nicht mehr ausschließlich zum Nachweis der Spezifikationskonformität der hergestellten Produkte genutzt, sondern zunehmend auch als Indikator zur frühzeitigen Aufdeckung von Prozessfehlleistungen eingesetzt **(Bild 1-1)**.

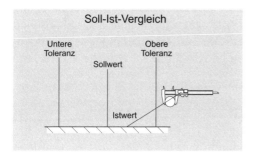

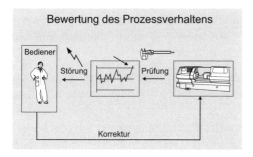
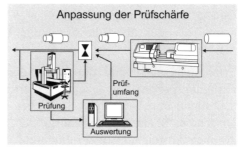

Bild 1-1:   Aufgaben der Prüfdatenauswertung

Im klassischen Sinne wird auf Basis der bei der Prüfdatenerfassung gewonnenen Informationen ein Vergleich zwischen dem erfassten Istwert und dem Sollwert des Merkmals durchgeführt. Mithilfe einer erweiterten Prüfdatenauswertung werden zunehmend auch Regelkreise im operativen Bereich aufgebaut. Innerhalb dieser Regelkreise erhält der Maschinenbediener anhand statistischer Auswertungen der

Prüfdaten eine Entscheidungsgrundlage bezüglich ggf. erforderlicher korrigierender Prozesseingriffe. Darüber hinaus gelangen die Prüfdaten durch ebenenübergreifende Regelkreise in verdichteter Form in die planenden Bereiche und
ermöglichen dort eine adäquate, d.h. im Wesentlichen situationsangepasste
Reaktion auf die tatsächlichen Qualitätsfähigkeiten der einzelnen Prozesse der
operativen Ebene. So kann z.B. auf der Basis der Analyse von Prüfdaten eine
dynamische Anpassung der Prüfschärfe an das momentane Prozessverhalten
erfolgen, oder ein kritischer Abgleich der von der Konstruktion festgelegten
Toleranzen mit den Fähigkeitskennwerten der für die Bearbeitung der tolerierten
Merkmale eingeplanten Fertigungsanlagen durchgeführt werden.

Im geschilderten Sinne ist die Prüfdatenauswertung heutiger Ausprägung als eine
wichtige Säule des präventiven Qualitätsmanagements zu verstehen. Sie stellt eine
Voraussetzung zur Erfüllung der Forderung an moderne Qualitätsmanagementsysteme nach kontinuierlicher Verbesserung der Prozesse der betrieblichen
Leistungserstellung dar [QS-9000], [VDA 4 Teil 1].

Eine Erschließung der mit einer umfassenden Prüfdatenauswertung verbundenen
Potenziale ist nur dann möglich, wenn die zugrundeliegenden statistischen
Verfahren bezüglich ihrer Möglichkeiten und Grenzen geeignet eingesetzt werden.
Die hierzu erforderlichen Grundlagen werden im Abschnitt 5.1 eingehend erläutert.

5.1   Statistische Grundlagen

Eine wesentliche Voraussetzung zur Durchführung einer aussagekräftigen
Prüfdatenauswertung sind grundlegende Kenntnisse im Bereich der Statistik, um
anhand der Ausprägung einzelner Werkstückmerkmale Fertigungsprozesse zu
beurteilen oder über die Annahme bzw. Rückweisung von Werkstücken zu
entscheiden [Pf 96].

Erfahrungsgemäß sind die Werte der Prüfmerkmale innerhalb des durch den
Fertigungsprozess gegebenen Wertebereiches unregelmäßig gestreut. Ihre
Verteilung innerhalb dieses Bereiches ist, bevor sie gemessen werden, ungewiss.
Ursache dafür sind sowohl Störgrößen, denen der Fertigungsprozess ausgesetzt ist,
als auch Abweichungen der eingesetzten Messmittel. Neben zufälligen Störgrößen
muss mit systematischen Störgrößen gerechnet werden, die als solche meist
zunächst nicht erkennbar sind.

Aus Kosten- und Zeitgründen ist es häufig notwendig, die Prüfungen nur an einer
Teilmenge (Stichprobe) der hergestellten Werkstücke durchzuführen. Die Stichprobe steht repräsentativ für die gesamte zu beurteilende Menge, die Grundgesamtheit. Damit die Stichprobe ein möglichst charakteristisches Bild der Grundgesamtheit widerspiegelt, sind ein ausreichend hoher Stichprobenumfang ($n \geq 5$)

und ein hinreichend kleines Zeitintervall zwischen den einzelnen Stichproben zu wählen [Pf 96].

Die Werkstücke werden im Rahmen der Statistik als Merkmalsträger bezeichnet. Ihre Merkmale (z.B. Maße) erhalten durch einen Fertigungsprozess Ausprägungen qualitativer oder quantitativer Art, die registriert bzw. gemessen werden können und hier als Merkmalswerte (Merkmalsausprägungen) bezeichnet werden. Alle Werte eines Merkmals einer zu beurteilenden Menge bilden die Grundgesamtheit des Merkmals. Mithilfe der Methoden der deskriptiven Statistik können die umfangreichen Datenmengen, die bei Prüfvorgängen sowohl in Form von Stichproben als auch bei einer 100%-Prüfung anfallen, durch wenige – jedoch aussagekräftige – Kennwerte (z.B. Mittelwert $\bar{x}$, Varianz s^2) charakterisiert werden.

Mit der deskriptiven Statistik allein lässt sich insbesondere bei Stichproben-prüfungen die Qualität der Werkstücke nicht ausreichend beschreiben, da die Kennwerte, die aus den Stichproben gewonnen werden, nicht unmittelbar auf die Merkmalswerte der nicht geprüften Merkmalsträger übertragen werden können. Für die in diesem Fall erforderlichen Rückschlüsse von der Stichprobe auf die Grundgesamtheit finden die Methoden der induktiven Statistik ihre Verwendung. Hierzu stellt die Wahrscheinlichkeitsrechnung Verfahren und Methoden zur Verfügung, die auf theoretischen Verteilungsmodellen basieren, von denen die wichtigsten vorgestellt werden.

5.1.1 Deskriptive Statistik

Die Methoden der deskriptiven Statistik ermöglichen es, eine große Anzahl von Einzeldaten übersichtlich durch wenige, charakterisierende Kennzahlen darzu-stellen. Dabei ist die Verschiedenartigkeit der Merkmalswerte, die durch eine Messung ermittelt werden, zu berücksichtigen **Bild 1-1**. Je nach Ausprägung der Merkmale werden verschiedene Skalentypen verwendet.

Mit einer *Nominalskala* können Merkmalsausprägungen nur nach dem Kriterium gleich oder verschieden klassifiziert werden. Eine Reihenfolge gibt es nicht. Es wird nur festgestellt, ob die Merkmalsausprägung eines Merkmalsträgers gleich oder ungleich bezüglich einer definierten Ausprägung des Merkmals ist. Bei Ver-wendung einer Ordinalskala können Merkmalsausprägungen zusätzlich in eine natürliche auf- oder absteigende Reihenfolge gebracht werden.

Anhand einer *Kardinalskala* bzw. metrischen Skala können die Ausprägungen des untersuchten Merkmals nicht nur in eine Reihenfolge gebracht werden, sondern zusätzlich können Abstände und Verhältnisse von Merkmalsausprägungen bestimmt werden. Die Merkmalsausprägungen sind reelle Zahlen, die eine Dimensionsangabe besitzen.

Nominal- und ordinal skalierte Merkmale werden als qualitative Merkmale bezeichnet. Beide Skalen kennen keine Abstände, und die Ausprägungen sind qualitativ und nicht numerisch, auch wenn sie durch Ziffern oder Rangzahlen verschlüsselt werden.

Merkmalsart	qualitative Merkmale		quantitative Merkmale
	nominal i.O n.i.O	ordinal	stetig oder diskret 0 30
Skalentyp	Nominalskala	Ordinalskala	Kardinalskala/ metrische Skala
Beispiele Merkmalträger	Werkstück (Lagerbock)	Oberfläche eines Werkstücks	Werkstück (Lagerbock)
Merkmal	Einhaltung der Toleranz des Boh-rungsmaßes 40^{H8}	Eigenschaften der Oberfläche	Abstand zwischen der Hauptbohrung und den Bohrungen im Flansch
Merkmalswert/ -ausprägung	i.O., n.i.O.	glatt, rau, sehr rau	Maßzahl, Anzahl
Beispiele für statistische Kennwerte	Häufigkeit, Modalwert	Häufigkeit, Modalwert, Quartile, Median	Häufigkeit, Modalwert, Quartile, Median Standardabweichung, Mittelwert

Bild 5.1-1:   Merkmal- und Skalentypen

Ein kardinal skaliertes Merkmal wird auch als quantitatives Merkmal bezeichnet. Es ist diskret, wenn die Menge seiner Ausprägungen abzählbar ist (z.B. Zählung fehlerhafter Teile). Es wird als stetig bezeichnet, wenn jede reelle Zahl eines gegebenen Bereiches als Ausprägung angenommen werden kann, z. B. bei einem beliebig genauen Messvorgang [Bam 96], [Rin 95].

Im Folgenden werden Auswertungsmethoden für quantitative Merkmale vorgestellt. Bezüglich der Auswertung qualitativer Merkmale sei auf [DIN 2859], [DIN 53804], [DIN 55350], [Rin 95] verwiesen.

5.1.1.1   Beschreibung einer Datenmenge durch eine Häufigkeitsverteilung

Eine einfache Übersicht über eine Datenmenge stellt die Auflistung der Häufig-keiten der verschiedenen Merkmalswerte in der Datenmenge dar. **Bild 5.1-2** zeigt eine solche Häufigkeitsverteilung für ein *diskretes* Merkmal. Zugrunde liegt die

Prüfung von 10 Stichproben mit je 16 Beispielwerkstücken (Lagerbock) auf unbrauchbare Werkstücke. Dabei sind unbrauchbare Werkstücke durch die Nichteinhaltung des Bohrungsmaßes 40^{H8} gekennzeichnet, was beispielsweise durch eine Lehrung geprüft werden kann. Die Anzahl der unbrauchbaren Werkstücke der Stichprobe stellt hierbei ein quantitatives Merkmal dar, das diskrete Werte annehmen kann. Das Prüfergebnis ist in der Tabelle und im Stabdiagramm wiedergegeben. Neben der absoluten Häufigkeit ist die relative Häufigkeit angegeben, die berechnet wird, indem die absolute Häufigkeit auf die Gesamtzahl der Merkmalswerte bezogen wird.

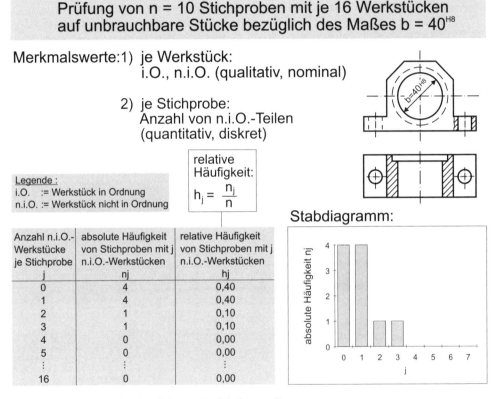

Bild 5.1-2:   Beispiel für eine diskrete Häufigkeitsverteilung

Zur Darstellung einer Häufigkeitsverteilung eines *stetigen* Merkmals muss der Wertebereich in Intervalle, sogenannte Klassen, eingeteilt werden. Hierzu empfiehlt es sich im Allgemeinen, für *n* Messwerte $k = \sqrt{n}$ Klassen zu wählen. Die Klassenbreite sollte dabei immer größer sein als die Unsicherheit eines einzelnen Messwerts [Dut 84].

In **Bild 5.1-3** ist die Häufigkeitsverteilung eines stetigen Merkmals dargestellt. Diesem Beispiel liegen die Messungen des Abstands zwischen zwei Bohrungen an 75 Beispielwerkstücken (Lagerbock) zugrunde. Die um das Sollmaß 40 mm streuenden Werte sind in 8 Klassen gleicher Breite eingeordnet. Neben der ermittelten absoluten Häufigkeit ist die relative Häufigkeit angegeben. Der Graph zeigt die absolute Häufigkeitsverteilung. Er kann nicht mehr als Stabdiagramm bezeichnet werden, da in einem Stabdiagramm jeder Merkmalsausprägung eine Häufigkeit zugeordnet ist, während in diesem Fall die Häufigkeit mehrerer Merkmalsausprägungen in Klassen zusammengefasst wird. Die Aufstellung eines Stabdiagramms bei einem stetigen Merkmal ist nicht zweckmäßig, da alle Merkmalsausprägungen i.A. verschieden sind.

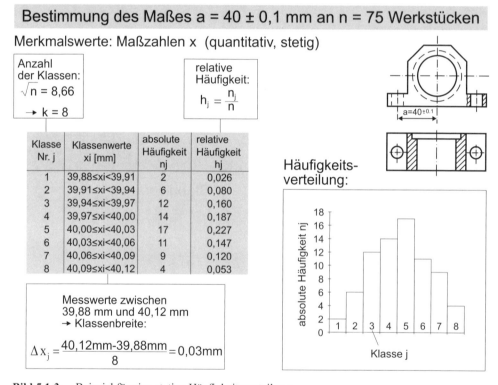

Bild 5.1-3: Beispiel für eine stetige Häufigkeitsverteilung

Die Verteilung der relativen Häufigkeit dieses Beispiels zeigt das obere Diagramm in **Bild 5.1-4**. Bei stetigen Merkmalen ist die Darstellung als Histogramm (mittleres Diagramm) vorteilhaft. Beim Histogramm werden über den Klassenbreiten Rechtecke eingezeichnet, deren Flächen den relativen Häufigkeiten proportional sind. Die Breite der Rechtecke entspricht der Klassenbreite und die Höhe der Häufigkeitsdichte. Dabei berechnet sich die Häufigkeitsdichte aus dem Verhältnis von relativer Häufigkeit zu Klassenbreite. Indem die relativen Häufigkeiten nacheinander aufsummiert werden, ergibt sich die Summenhäufigkeit. Das untere Diagramm in **Bild 5.1-4** zeigt die Summenhäufigkeitsverteilung, die auch als kumulierte Häufigkeitsverteilung bezeichnet wird. Die Darstellung der relativen Häufigkeit und der Summenhäufigkeit ist auch bei diskreten Merkmalen zweckmäßig, während eine Häufigkeitsdichte bei diskreten Merkmalen nicht bestimmbar ist, da es keine Klassenbreite gibt.

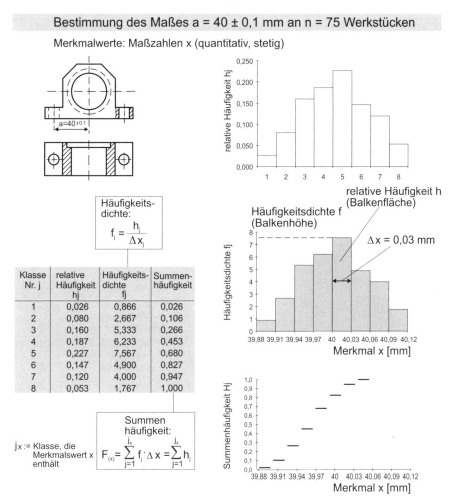

Bild 5.1-4: Häufigkeitsdichte und Summenhäufigkeit

5.1.1.2 Beschreibung einer Datenmenge durch Lage- und Streuungsparameter

In **Bild 5.1-5** ist über das Diagramm der Verteilung der Häufigkeitsdichte eine Ausgleichskurve gezeichnet, was im Folgenden noch erläutert wird. Darüber hinaus sind in der Abbildung die wichtigsten Lage- und Streuungsparameter angegeben. Mit ihnen geht die Zusammenfassung der Daten noch einen Schritt weiter als mit der Darstellung durch eine Häufigkeitsverteilung.

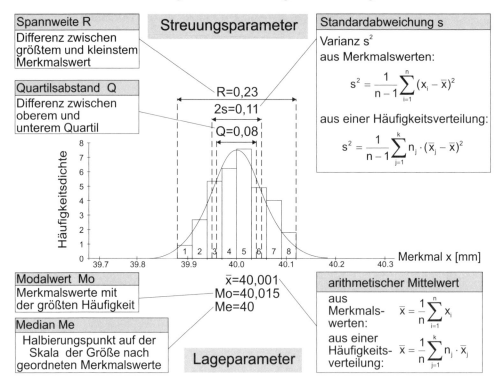

Bild 5.1-5:   Lage- und Streuungsparameter

Lageparameter

Lageparameter lokalisieren die Datenmenge. Der bekannteste Lageparameter ist der *arithmetische Mittelwert*, im Folgenden kurz Mittelwert genannt, der häufig auch als Durchschnittswert bezeichnet wird. Bei Wachstumsvorgängen ist anstelle des arithmetischen Mittels das geometrische Mittel zu verwenden. Hierzu sei u.a. auf [Sta 70] verwiesen. Der (oder die) *Modalwert*(e) markieren den (oder die) Merkmalswert(e) mit der größten Häufigkeit. Bei in gleichbreite Klassen eingeteilten Daten wird als Modalwert die Klassenmitte derjenigen Klasse mit der größten Häufigkeit definiert [Har 95]. Der *Median* ist dadurch charakterisiert, dass mindestens 50 % der Werte kleiner oder gleich bzw. mindestens 50 % der Werte größer oder gleich dem Wert des Medians sind. Der Median liegt also genau „in der Mitte" der der Größe nach geordneten Merkmalswerte. Liegt eine ungerade Zahl von Werten, oder eine gerade Zahl an Klassen vor, so ist der Median eindeutig bestimmt. Bei einer geraden Zahl von Werten erfüllen die beiden mittleren Werte die Bedingungen für den Median. In diesem Fall wird häufig der Mittelwert dieser beiden Werte als Median verwendet [Bam 96].

Streuungsparameter

Aus der Angabe der Lageparameter kann nicht entnommen werden, ob die Merkmalswerte im Wesentlichen in der Nähe dieser Lageparameter oder aber weiter davon entfernt liegen. Zur vollständigen Beschreibung einer Datenmenge sind die Lageparameter hierzu durch die Angabe von Streuungsparametern, die diesen Sachverhalt beschreiben, zu ergänzen. Ein einfaches Streuungsmaß stellt die *Spannweite* dar. Sie ist die Differenz zwischen dem größten und dem kleinsten Merkmalswert. Der *Quartilsabstand* gibt die Größe des Bereiches zwischen *unterem* und *oberen Quartil* (Viertel) an. Er umfasst den Bereich der mittleren 50 % der der Größe nach geordneten Merkmalswerte. Lassen sich die Merkmalswerte aufgrund ihrer Anzahl (z. B. 75 Merkmalswerte) nicht in 4 Gruppen einteilen, ist der Quartilsabstand so zu wählen, dass mindesten 50 % der Merkmalswerte innerhalb des Quartilsabstands liegen [Har 95]. Die *Varianz* wird nach der in **Bild 5.1-5** angegebenen Formel berechnet. Die Standardabweichung ist die Wurzel aus der Varianz. Auch sie kennzeichnet, sofern die Merkmalswerte einer bestimmten Verteilungsfunktion gehorchen, einen bestimmten Bereich von Merkmalswerten. Dies wird im Abschnitt 5.1.2 eingehender erläutert.

Ein weiteres wichtiges Streuungsmaß stellen die *Quantile* einer Verteilung dar. Quantile geben nach Vorgabe eines Anteils der Verteilung den maximalen bzw. minimalen Wert des Merkmals an, das noch zu diesem Anteil gehört. Das α-Quantil der standardisierten Normalverteilung (näheres dazu im Abschnitt 5.1.2.2) in **Bild 5.1-6** kennzeichnet dabei diejenige Grenze u_α des normierten Merkmalswerts u, bei der alle Merkmalswerte, die kleiner oder gleich u_α sind, mit einer Wahrscheinlichkeit bzw. relativen Häufigkeit α auftreten. Das $1 - \alpha$-Quantil hingegen markiert die Grenze $u_{1-\alpha}$. Alle links von dieser Grenze liegenden Merkmalswerte treten zusammen mit einer Wahrscheinlichkeit von $1-\alpha$ auf. Wird die vorliegende Verteilung an beiden Seiten gleichzeitig beschnitten, spricht man vom $\alpha/2$-Quantil (rechte Grenze) und $1 - \alpha/2$-Quantil (linke Grenze). Quantile werden oft auch als Perzentile oder Fraktile bezeichnet und sind für verschiedene Verteilungen z.B. in [Har 95] oder [Rin 95] in Tabellen vertafelt. Da es sich in **Bild 5.1-6** um eine theoretische stetige Verteilung handelt, wird die Wahrscheinlichkeitsdichtefunktion φ anstelle der relativen Häufigkeitsdichte eingesetzt. Die

Verteilungsfunktion Φ als Ersatz für die Summenhäufigkeit wird durch Integration der Dichtefunktion ermittelt. Die Quantile stellen somit den Funktionswert der Umkehrfunktion einer Verteilungsfunktion dar.

Neben den in den Bildern **Bild 5.1-5** und **Bild 5.1-6** erwähnten Kennwerten gibt es noch weitere. In diesem Zusammenhang sei u.a. noch die *Schiefe*, die eine Aussage über die Symmetrie der Verteilung macht, und die *Wölbung*, die ein Maß für die Steilheit der Verteilung ist, erwähnt. Nähere Erläuterungen hierzu finden sich z.B. in [Har 95] und [Sta 70].

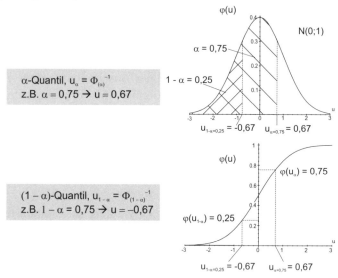

Bild 5.1-6:   Quantile (auch Perzentile oder Fraktile)

Ausreißer

Unterscheiden sich die Merkmalswerte innerhalb der untersuchten Gruppe nur wenig, und weicht ein einzelner Merkmalswert extrem von den übrigen ab, so wird dieser als Ausreißer bezeichnet. Ist die Ursache für den extrem abweichenden Merkmalswert bekannt, so dass er eindeutig die zu untersuchende Grundgesamtheit nicht kennzeichnet, kann der Ausreißer eliminiert werden. Bei einer Untersuchung, die mindestens aus 10 Merkmalswerten besteht, kann ein Wert als Ausreißer verworfen werden, wenn er außerhalb des Bereiches $\bar{x} - 4s \leq x \leq \bar{x} + 4s$ liegt, wobei Mittelwert $\bar{x}$ und Standardabweichung s ohne den ausreißerverdächtigen Wert berechnet werden [Dut 84]. Neben dieser „Faustformel" gibt es in der Literatur z.B. in [Dut 84] und [Har 95] zahlreiche Testverfahren zur Ermittlung von Ausreißern.

Solche Ausreißer wirken sich unterschiedlich auf die einzelnen Lage- und Streuungsparameter aus. Die Spannweite ist sehr einfach zu berechnen aber sehr

ausreißerempfindlich. Ausreißer beeinflussen neben der Spannweite die Standardabweichung und den Mittelwert. Modalwert, Median und Quartilsabstand werden
dagegen von Ausreißern nicht beeinflusst, sie sind ausreißerfest.

5.1.1.3   Mehrdimensionale Datenmengen

Wenn zwei oder mehr Merkmale an den gleichen Merkmalsträgern erfasst werden,
können die oben genannten Verfahren zu Darstellung und Verdichtung der Daten
auf diese Merkmalswerte angewendet werden, indem die einzelnen Merkmale
getrennt behandelt werden. Die typische Fragestellung nach dem Zusammenhang
zwischen den Merkmalen kann auf diese Weise jedoch nicht analysiert werden. Ein
solcher Zusammenhang kann durch eine einzige Maßzahl (Korrelationskoeffizient)
oder durch einen funktionalen Zusammenhang (Regressionsanalyse) beschrieben
werden. Dies wird im Folgenden für den Fall zweier Merkmale behandelt.

Der (Pearsonsche-) Korrelationskoeffizient r **(Bild 5.1-7)** ist ein Maß für den
linearen Zusammenhang zwischen zwei Merkmalen, die hier als x und y bezeichnet
werden. Die Werte des Korrelationskoeffizienten liegen zwischen -1 und 1. Eine
Korrelation in der Nähe von $+1$ bedeutet, dass hohe x-Werte zumeist mit hohen y-
Werten und niedrige x-Werte mit niedrigen y-Werten auftreten. Eine negative
Korrelation tritt auf, wenn hohe y-Werte mit niedrigen x-Werten und umgekehrt
auftreten. Die Extremfälle $r = +1$ bzw. $r = -1$ treten genau dann auf, wenn die
Merkmalswerte auf einer Geraden mit positiver bzw. negativer Steigung liegen.
Anschaulich spiegelt sich der Korrelationskoeffizient im Längenverhältnis der
Achsen der Ellipse wieder, die die Merkmalswerte einhüllt. Im Fall $r = 0$ heißen
die beiden Merkmalswerte unkorreliert; die Merkmalswerte bilden dann im
Diagramm eine „regellose Punktwolke", die von einem Kreis eingehüllt wird **(Bild
5.1-7)**.

Wenn der Wert des Korrelationskoeffizienten einen linearen Zusammenhang ver-
muten lässt, kann dieser Zusammenhang durch eine lineare Regressionsanalyse
näher bestimmt werden. Der lineare Zusammenhang zwischen x und y wird durch
die Gleichung $y = a + bx$ beschrieben. Die Koeffizienten a und b werden mit den in
Bild 5.1-8 angegebenen Formeln bestimmt. Dabei wird die Summe der quadrierten
Abstände zwischen der Geraden und den Merkmalswerten in y-Richtung
minimiert. Um ein Maß für die Güte der Anpassung der Geraden an die
Merkmalswerte zu erhalten, wird die Reststreuung bestimmt. Im dargestellten
Beispiel wurde der lineare Zusammenhang zwischen der Schlittenposition eines
Koordinatenmessgeräts und der Längenmessabweichung untersucht. Mehr als 60 %
der Streuung der Längenmessabweichung in diesem Beispiel ist durch die
Regression erklärt. Dieser lineare Zusammenhang ist typisch für
Koordinatenmessgeräte (Abschnitt 4.4).

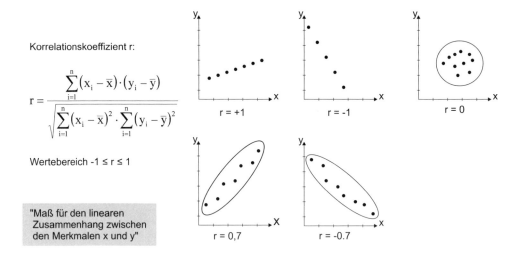

Korrelationskoeffizient r:

$$r = \frac{\sum_{i=1}^{n}(x_i - \bar{x}) \cdot (y_i - \bar{y})}{\sqrt{\sum_{i=1}^{n}(x_i - \bar{x})^2 \cdot \sum_{i=1}^{n}(y_i - \bar{y})^2}}$$

Wertebereich $-1 \le r \le 1$

"Maß für den linearen
Zusammenhang zwischen
den Merkmalen x und y"

Bild 5.1-7:   Korrelationskoeffizient

Wenn der Korrelationskoeffizient nicht gleich +1 oder −1 ist, lassen sich aus den Daten zwei verschiedene Regressionsgeraden bestimmen – sie entsprechen der Regression von *y* auf *x* (Minimierung der Abstände in y-Richtung) und der Regression von *x* auf *y* (Minimierung der Abstände in x-Richtung). Liegt eine kausale Richtung vor, so ist die Wahl der Regressionsgeraden eindeutig. Die Abstände in Richtung der abhängigen Variablen (Regressand) müssen dann minimiert werden. Im Beispiel der Schlittenposition eines Koordinatenmessgeräts ist die Längenmessabweichung abhängig von der Schlittenposition, so dass eine Regressionsgerade eindeutig bestimmt werden kann. Liegt kein kausaler Zusammenhang vor, so lässt sich mit dieser Methode keine eindeutig best-eingepasste Gerade finden [Ehr 86].

Eine Lösung dieses Problems bietet die Minimierung des lotrechten Abstands zwischen den Merkmalswerten und der Geraden. Dieses Verfahren der sogenannten orthogonalen Regression ist allerdings bei der Untersuchung von Merkmalswerten mit verschiedenen Maßeinheiten nicht anwendbar. Gibt es Grund zu der Annahme, dass der Zusammenhang zwischen den Merkmalswerten nicht linear ist, so kann mit Methoden der nichtlinearen Regressionsrechnung eine Beziehung ermittelt werden, die den Zusammenhang beschreibt. Diese Methoden sind z.B. in [Har 95] beschrieben.

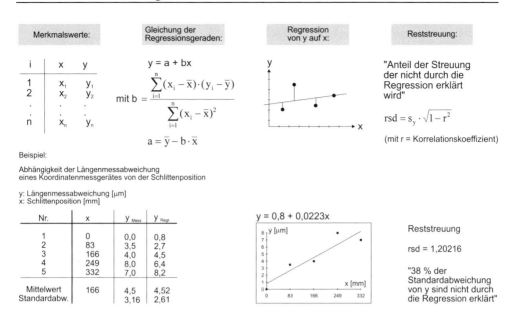

Bild 5.1-8: Lineare Regression

5.1.2 Verteilungen

Beobachtete Häufigkeitsverteilungen können durch mathematische Formeln näherungsweise beschrieben werden. Diese Formeln werden auf der Grundlage von idealisierten Zufallsvorgängen (Zufallsmodellen) konstruiert. Sie beschreiben die Wahrscheinlichkeit für das Eintreten eines Ereignisses, worunter hier das Auftreten eines Merkmalswerts verstanden wird. Aus der beobachteten Häufigkeit lassen sich Parameter für eine Formel bestimmen, die die beobachteten Daten beschreibt. Handelt es sich um eine Stichprobe, so beschreibt die Formel – sofern die Daten dem zugrunde gelegten Modell gehorchen – die Wahrscheinlichkeit, mit der die Merkmalsausprägungen zu erwarten sind. Mit einer Vergrößerung der Stichprobe kann die Genauigkeit der Voraussagen über die Grundgesamtheit entsprechend vergrößert werden (Abschnitt 5.1.3). In diesem Sinne konvergiert die relative Häufigkeit gegen die Wahrscheinlichkeit [Bam 96].

Die Wahrscheinlichkeitsrechnung bildet die Basis zur Beschreibung von Daten mit Hilfe von Verteilungsmodellen. Bei den hier diskutierten Anwendungen kann die Wahrscheinlichkeit in Bezug auf die rechnerische Bearbeitung der hier beobachteten Daten als relative Häufigkeit interpretiert werden.

5.1.2.1   Verteilungen diskreter Merkmale

Beide im Folgenden vorgestellten Verteilungen diskreter Merkmale setzen voraus, dass die Ereignisse (Auftreten eines Merkmalswerts) unabhängig voneinander, unregelmäßig und mit konstanter durchschnittlicher relativer Häufigkeit bzw. Wahrscheinlichkeit auftreten [Ehr 86]. Dies ist bei Fragestellungen aus der Fertigungsmesstechnik (z.B. Anzahl fehlerhafter Teile in einer Stichprobe) i.A. gegeben.

Die Beschreibung der Daten aus **Bild 5.1-2** mithilfe einer *Poissonverteilung* zeigt **Bild 5.1-9**. Sie wird zur Beschreibung seltener Ereignisse verwendet. Die mittlere relative Häufigkeit bzw. Wahrscheinlichkeit *p*, die sich aus dem Quotienten der Anzahl von Ereignissen (Gesamtanzahl fehlerhafter Teile) und der Gesamtanzahl untersuchter Merkmalsträger (Stichprobenanzahl *a* mal Stichprobenumfang *n*) berechnet, ist ein Maß zur Beurteilung, ob eine Verteilung der seltenen Ereignisse vorliegt.

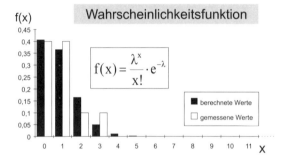

Stichproben Nr.	fehlerhafte Teile T
1	0
2	1
3	2
4	1
5	0
6	1
7	0
8	1
9	3
10	0
Summe	9
Mittelwert Erwartungswert	0.9

λ = Erwartungwert = Varianz

$$p = \frac{\sum T}{n \cdot a} = 0.05625$$

n = 16 (Stichprobenumfang)

a = 10 (Stichprobenanzahl)

Bild 5.1-9:   Poissonverteilung

Für $p \leq 0,1$ ist eine Beschreibung durch die Poissonverteilung zweckmäßig [Bam 96], [Dut 84]. Sie stellt dann eine Approximationsmöglichkeit der *Binomialverteilung* (s.u.) dar. Der Mittelwert sollte dabei ungefähr gleich der Varianz sein.

Die Wahrscheinlichkeitsfunktion, die auch als Häufigkeitsfunktion bezeichnet werden kann, beschreibt den Verlauf der Wahrscheinlichkeit bzw. relativen Häufigkeit in Abhängigkeit von den Merkmalswerten x. Dabei wird der Parameter λ aus dem Mittelwert (auch Erwartungswert genannt) bzw. der Varianz der Daten berechnet. Mit $\lambda = 0{,}9$, dem Mittelwert der Daten in diesem Beispiel, ergeben sich theoretische Häufigkeitswerte, die annähernd mit den beobachteten Häufigkeitswerten übereinstimmen. Die Verteilungsfunktion beschreibt den Verlauf der Summenhäufigkeit bzw. den Verlauf der Wahrscheinlichkeit, dass Merkmalswerte auftreten, die kleiner oder gleich einem Merkmalswert x sind. Sie wird durch fortlaufendes Aufsummieren der Wahrscheinlichkeiten bzw. relativen Häufigkeiten bestimmt.

Treten die betrachteten Ereignisse häufiger auf, also die Eintrittswahrscheinlichkeit einer vorliegenden Datenmenge ist $p > 0{,}1$, so werden die Daten mithilfe der Binomialverteilung untersucht. Dies schließt jedoch nicht aus, dass auch Daten mit $p \leq 0{,}1$ mit der Binomialverteilung zu beschreiben sind. In **Bild 5.1-10** ist die Wahrscheinlichkeits- bzw. Häufigkeitsfunktion einer Binomialverteilung für das Beispiel aus **Bild 5.1-2** wiedergegeben. Die Funktion hat zwei Parameter: den Stichprobenumfang n und die mittlere Wahrscheinlichkeit bzw. Häufigkeit p.

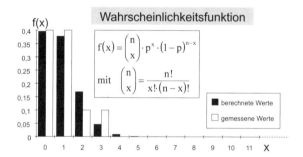

Stichproben Nr.	fehlerhafte Teile T
1	0
2	1
3	2
4	1
5	0
6	1
7	0
8	1
9	3
10	0
Summe	9
Mittelwert n·p (Erwartungswert)	0.9
Varianz n·p·(1−p)	0.85

mit:

$$p = \frac{\sum T}{n \cdot a} = 0{,}05625$$

n = 16 (Stichprobenumfang)
a = 10 (Stichprobenanzahl)

Bild 5.1-10: Binomialverteilung

Es ergibt sich fast das gleiche Bild wie bei der Poissonverteilung. Dies macht deutlich, dass die Poissonverteilung eine gute Approximation der Binomialverteilung ist, wenn der Wert für die mittlere Wahrscheinlichkeit *p* kleiner als der angegebene Grenzwert ist. Diese Approximation wird häufig verwendet, da der Rechenaufwand bei der Poissonverteilung geringer ist. Mittelwert bzw. Erwartungswert und Varianz der Binomialverteilung werden mit den im Bild angegebenen Formeln bestimmt. Die Verteilungsfunktion ergibt sich, wie bei der Poissonverteilung beschrieben. Beide Verteilungen können durch geeignete Wahl der entsprechenden Parameter unterschiedlichen empirischen Häufigkeitsverteilungen angepasst werden.

5.1.2.2 Verteilungen stetiger Merkmale

Für zahlreiche praktische Fälle stellt die Normalverteilung (häufig auch als Gaußverteilung bezeichnet) ein geeignetes statistisches Modell zur Auswertung beobachteter stetiger Merkmale dar [Sta 70]. In **Bild 5.1-11** ist die Wahrscheinlichkeits- bzw. Häufigkeitsdichtefunktion und die Verteilungsfunktion der Daten aus **Bild 5.1-3** dargestellt.

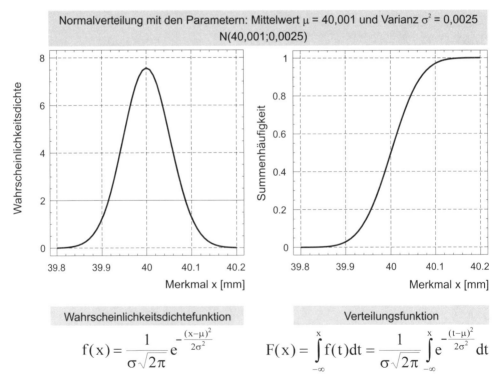

Bild 5.1-11: Normalverteilung

Die Normalverteilung wird durch zwei Parameter charakterisiert: den Mittelwert bzw. Erwartungswert und die Varianz (für die Grundgesamtheit μ und σ^2, für Stichproben $\bar{x}$ und s^2). Als abgekürzte Schreibweise für eine solche Verteilung wird üblicherweise die Bezeichnung $N(\mu, \sigma^2)$ verwendet. Wenn nur die Daten einer Stichprobe bekannt sind, geben die Kennwerte $\bar{x}$ und s^2 der Stichprobe Näherungswerte für die Parameter μ und σ^2 der Grundgesamtheit an.

Die Wahrscheinlichkeitsdichtefunktion entspricht den relativen Häufigkeitsdichten der beobachteten Häufigkeitsverteilung. Dabei stellt die Fläche unter der Dichtefunktion ein Maß für die Wahrscheinlichkeit bzw. relative Häufigkeit dar. Die Angabe einer Wahrscheinlichkeit für eine Merkmalsausprägung wie bei diskreten Merkmalen ist nicht sinnvoll, da sich für eine Merkmalsausprägung immer der Wert 0 ergäbe – eine Wahrscheinlichkeit kann bei einem stetigen Merkmal nur für ein Intervall angegeben werden. Die Verteilungsfunktion Φ wird durch Integration der Dichtefunktion φ bestimmt. Da dieses Integral nur numerisch bestimmt werden kann, werden die Funktionswerte mit Hilfe von Rechnern oder aus Tabellen für die standardisierte Normalverteilung, in die sich jede Normalverteilung transformieren lässt, ermittelt.

Die entsprechende Transformationsvorschrift, mit der sich die Normalverteilung standardisieren lässt, ist in **Bild 5.1-12** angegeben. Für die standardisierte Normalverteilung ergeben sich die Parameter μ und σ^2 zu $\mu = 0$ und $\sigma^2 = 1$. Dementsprechend wird die standardisierte Normalverteilung abgekürzt als N(0,1) bezeichnet. Die Werte der standardisierten Normalverteilung lassen sich aus Tabellen z.B. in [Bam 96], [Dut 84] oder [Har 95] bestimmen. Mithilfe der beschriebenen Transformation können die Funktionswerte jeder $N(\mu, \sigma^2)$-Verteilung ermittelt werden.

Zur Ermittlung der Wahrscheinlichkeit P, mit der sich die Merkmalsausprägung eines Merkmals x innerhalb eines Intervalls $[a, b]$ befindet, werden zunächst die Intervallgrenzen nach der gleichen Rechenvorschrift transformiert. Anschließend können die Werte der Verteilungsfunktion an den transformierten Intervallgrenzen a' und b' aus Tabellen ermittelt werden. In diesen Tabellen finden sich häufig nur die Funktionswerte für positive Werte von u, da die Verteilungsfunktion punktsymmetrisch zum Punkt $\Phi(u = 0) = 0,5$ ist und somit $\Phi(-u) = 1 - \Phi(u)$ gilt. Die in den Tabellen angegebenen Wahrscheinlichkeitswerte geben die Wahrscheinlichkeit dafür an, dass eine Merkmalsausprägung kleiner oder gleich dem Funktionswert ist. Entsprechend können diese Werte auch als Flächenmaßzahlen der Flächen unter der Dichtefunktion angesehen werden. Die Wahrscheinlichkeit für Merkmalswerte innerhalb des Intervalls $[a, b]$ bzw. $[a', b']$ lässt sich durch Subtraktion der Wahrscheinlichkeit der oberen Intervallgrenze von der Wahrscheinlichkeit der unteren Intervallgrenze berechnen. In **Bild 5.1-12** ist dieser Vorgang für das Intervall $[-1, 1]$ der standardisierten Normalverteilung gezeigt. Dieser Bereich kennzeichnet, da bei der Standardnormalverteilung $\sigma = 1$ ist, den Bereich $\pm 1\,\sigma$. Auf der Höhe der Standardabweichung liegen die Wendepunkte der Dichtefunktion. In dem Bereich zwischen den Wendepunkten sind 68,3 % der Merkmalswerte zu erwarten.

Wahrscheinlichkeits- / Häufigkeitsdichtefunktion

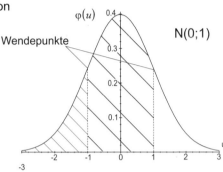

$$\varphi(u) = \frac{1}{\sqrt{2\pi}}\, e^{-\frac{u^2}{2}}$$

mit der Transformation:

$$u = \frac{x - \mu}{\sigma}$$

Verteilungsfunktion

$$\Phi(u) = \int_{-\infty}^{u} \varphi(t)\,dt = \frac{1}{\sqrt{2\pi}} \int_{-\infty}^{u} e^{-\frac{t^2}{2}}\, dt$$

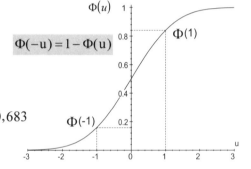

$$\Phi(-u) = 1 - \Phi(u)$$

Wahrscheinlichkeit / Häufigkeit

$$P_{(a \le u \le b)} = \Phi(b) - \Phi(a)$$

z.B.: $P_{(-1 \le u \le 1)} = \Phi(1) - \Phi(-1) = 2\Phi(1) - 1 = 0{,}683$

(d. h. 68,3 % aller Merkmalswerte liegen in diesem Intervall)

Bild 5.1-12: Standardisierte Normalverteilung

Normalverteilung und Standardnormalverteilung haben insbesondere aufgrund des *zentralen Grenzwertsatzes der Statistik* eine herausragende Bedeutung. Dieser allgemeingültige Satz besagt, dass die Verteilung einer aus Summation von *n* Zufallsgrößen gebildeten Variablen sich mit wachsendem *n* immer mehr der Normalverteilung nähert. Die Begründung dafür ist, dass bei der Summation von zwei Zufallsgrößen die Faltung von deren Verteilungsdichten vorgenommen wird. Die Faltung zweier Funktionen oder einer Funktion mit sich selbst entsteht durch Spiegelung der einen Funktion an der Ordinate und Verschiebung um einen Offset *t*. Der Wert der Faltung bzw. des Faltungsintegrals an der Stelle *t* entspricht dem im Bereich von 0 bis *t* integrierten Produkt aus Funktion 1 und der gespiegelten Funktion 2. Der zentrale Grenzwertsatz der Statistik gilt selbst dann, wenn die aufsummierten Zufallsgrößen nicht normalverteilt sind [Gim 91], [Har 95].

Das Modell der Normalverteilung ist nur dann verwendbar, wenn die Merkmalswerte normalverteilt sind bzw. die Abweichung von der Normalverteilung vernachlässigbar ist, was gegebenenfalls mit einem statistischen Test überprüft werden sollte (Abschnitt 5.1.3). In der Fertigungsmesstechnik finden sich viele stetige Merkmale, die nicht normalverteilt sind. Bei Merkmalen, die Form- bzw. Lageabweichungen beschreiben, handelt es sich um Betragswerte. Beispielsweise wird bei einer Rundheitsprüfung (**Bild 5.1-13**) die Abweichung von einem idealen Kreis ermittelt, wobei die Abweichungen ohne Vorzeichen und damit als Betrag ermittelt werden. Eine Häufigkeitsverteilung würde eine linkssteile Verteilung ergeben mit einem Mittelwert nahe null. Für eine solche Verteilungsform ist die Normalverteilung kein geeignetes Modell.

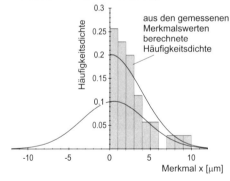

Merkmale sind "linkssteil verteilt"

Transformation durch den Messvorgang: y = |x| (Erfassung der Beträge von ursprünglich normalverteilten, vorzeichenbehafteten Merkmalswerten)

Häufigkeitsdichte: $f(x) = \dfrac{1}{\sigma\sqrt{2\pi}}\left(e^{-\frac{(x-\mu)^2}{2\sigma^2}} + e^{-\frac{(x+\mu)^2}{2\sigma^2}}\right)$

Beispiel: Rundheitsmessung

aus den gemessenen Merkmalswerten berechnete Häufigkeitsdichte

Erwartungswert μ_{fl} und Varianz σ_{fl}^2 der Betragsverteilung erster Art lassen sich aus dem Erwartungswert μ und der Varianz σ^2 der Normalverteilung berechnen:

$$\mu_{fl} = \mu\left[\phi\left(\frac{\mu}{\sigma}\right) - \phi\left(-\frac{\mu}{\sigma}\right)\right] + 2\frac{\sigma}{\sqrt{2\pi}}\exp\left(-\frac{1}{2}\left(\frac{\mu}{\sigma}\right)^2\right)$$

$$\sigma_{fl}^2 = \sigma^2 + \mu^2 - \mu_{fl}^2$$

Bild 5.1-13: Betragsverteilung

Die betragsmäßige Erfassung – wie z.B. bei der Rundheitsmessung – von normalverteilten Messwerten kann aber aus der Normalverteilung hergeleitet werden. Die Wahrscheinlichkeitsdichtefunktion der Normalverteilung wird am Nullpunkt gefaltet und es entsteht eine sogenannte Betragsverteilung erster Art. Die hier beschriebene Faltung am Mittelwert der Normalverteilung (Nullpunkt) stellt eine Sonderform der Betragsverteilungen erster Art dar. Grundsätzlich kann die Normalverteilung an einem beliebigen Punkt $x \leq \mu$ gefaltet werden, so dass durch Überlagerung der Werte links vom Faltungspunkt mit denen rechts vom Faltungspunkt eine Betragsverteilung erster Art entsteht [Die 95].

In **Bild 5.1-13** ist die Auswertung einer exemplarischen Rundheitsmessung mithilfe der Betragsverteilung erster Art dargestellt. Durch die Angabe des Verlaufs der Dichtefunktion der Betragsverteilung und der Dichtefunktion der normalverteilten Daten wird der Faltungsvorgang deutlich – durch die Normierung wird hier ein Mittelwert von null und damit diese Form der Betragsverteilung erreicht. Neben der Betragsverteilung erster Art gibt es eine Betragsverteilung zweiter Art, die sich zur Beschreibung vektorieller Größen (z.B. Koaxialität) eignet. Hinsichtlich der Berechnungsgrundlagen der Betragsverteilung erster und zweiter Art sei z.B. auf [Ang 92] verwiesen.

Über die hier vorgestellten Verteilungen hinaus gibt es noch viele weitere Verteilungsformen. Mit den hier erläuterten Verteilungen lässt sich jedoch bereits eine Vielzahl der in der Fertigungsmesstechnik auftretenden Merkmale beschreiben.

In **Bild 5.1-14** sind Verteilungen für die Auswertung stetiger Fertigungsmerkmale angegeben. Hinsichtlich der Auswahl eines geeigneten Verteilungsmodells ist in jedem Fall zu beachten, dass das statistische Modell die technologischen Entstehungsursachen der Merkmale berücksichtigt.

Merkmal		Auswerteverfahren	Merkmal		Auswerteverfahren
Längenmaße		N	Lagetoleranzen		
Formtoleranzen			Symbol	tolerierte Eigenschaft	
Symbol	tolerierte Eigenschaft		∥	Parallelität	B1
—	Geradheit	B1	⊥	Rechtwinkligkeit	B1
▱	Ebenheit	B1	∠	Neigung (Winkligkeit)	B1
○	Rundheit	B1	⊕	Position	B1
⌀	Zylinderform	B1	◎	Koaxialität, Konzentrizität	B2
⌒	Linienform	B1	⩵	Symmetrie	B1
⌓	Flächenform	B1	⟋⟋	Rundlauf	B1/B2 Formabw./ Lageabw.
Rauheit		N	Planlauf		B1

Legende: N: normalverteilt, B1: betrags-normalverteilt (1. Art), B2: betrags-normalverteilt (2. Art)

Bild 5.1-14: Stetige Verteilungen für die Auswertung von Fertigungsmerkmalen (Quelle: [Ang 92])

5.1.3 Induktive Statistik

Da in vielen Anwendungsfällen eine vollständige Datenerhebung nicht möglich ist, ist es oftmals erforderlich, von den Daten, die durch eine Stichprobe gewonnen wurden, Rückschlüsse auf die Grundgesamtheit zu ziehen. Dabei ist es häufig das Ziel, für aus der Stichprobe ermittelte Kennwerte (z.B. Mittelwert und Standardabweichung) ein Intervall anzugeben, in dem die Kennwerte von Grundgesamtheit und Stichprobe als statistisch übereinstimmend gewertet werden. Da bei der Datenerhebung mit Stichproben Kennwerte immer nur mit einer statistischen Unsicherheit angegeben werden können, sind diese als Vertrauens- oder Konfidenzbereiche bezeichneten Intervalle mit besonderer Sorgfalt anzugeben. Ein weiteres Ziel der induktiven Statistik stellt die Überprüfung einer bezüglich der Grundgesamtheit bestehenden Grundannahme anhand von Stichprobenergebnissen dar (z.B. „Die Merkmalswerte sind normalverteilt.").

5.1.3.1 Vertrauensbereiche

Bei der Schätzung von Kennwerten der Grundgesamtheit aus Stichprobendaten werden in der Regel wenige reale Stichproben entnommen – daneben könnten theoretisch auch sehr viele weitere Stichproben entnommen werden. Die ermittelten, wie auch die theoretischen Kennwerte folgen einem Verteilungsmodell, das abhängig vom zu ermittelnden Kennwert gewählt werden muss. In diesem Verteilungsmodell wählt man nun mithilfe der Quantile (Abschnitt 5.1.1.2) einen Bereich, in dem mit einer vorgegebenen Wahrscheinlichkeit der Wert der realen Stichprobe liegen muss, damit dem Ergebnis der Stichprobe „vertraut" werden kann. Die Wahrscheinlichkeit, dass der durch die Stichprobe ermittelte Kennwert in diesem Vertrauensbereich liegt, wird Vertrauensniveau genannt und mit dem Term $1 - \alpha$ beschrieben. Die Wahrscheinlichkeit für das Gegenteil ist α und wird als Irrtumswahrscheinlichkeit bezeichnet. Das Vertrauensniveau und die Irrtumswahrscheinlichkeit können als Flächen unter der Dichtefunktion anschaulich dargestellt werden.

Die Vertrauensbereiche stellen somit den Zusammenhang zwischen den Stichprobenkennwerten und der Grundgesamtheit her. Dabei liefern die Stichprobenkennwerte Schätzwerte für die Parameter der Grundgesamtheit, die durch einen Vertrauensbereich ergänzt werden – Grenzen also, innerhalb deren Abweichungen des ermittelten Parameters toleriert werden. Neben den hier vorgestellten Verfahren zur Bestimmung des Vertrauensbereiches von Stichprobenkennwerten gibt es in der Literatur z.B. in [Bam 96], [Har 95] und [Sta 70] noch zahlreiche weitere Verfahren, die andere Voraussetzungen berücksichtigen.

Das Vorgehen wird in **Bild 5.1-15** anhand der Verteilung des Parameters Mittelwert verdeutlicht. Bei einem geringen Stichprobenumfang folgen die Mittelwerte dem Modell der t-Verteilung (auch Student-Verteilung), einer Testverteilung, deren standardisierte Form hier wiedergegeben ist. Der Erwartungswert der Verteilung der Mittelwerte ist gleich dem der Grundgesamtheit. Die Form der t-Verteilung wird von einem als Freiheitsgrad bezeichneten Parameter f bestimmt, der sich aus der Differenz zwischen der Anzahl der Daten (Stichprobenumfang n) und der Anzahl der aus den Daten berechneten Parameter (ein Parameter: Mittelwert $\rightarrow$ $r = 1$) ergibt. Für große Stichprobenumfänge ($n > 30$) sind die Mittelwerte annähernd normalverteilt. Dies ist eine Konsequenz des zentralen Grenzwertsatzes der Statistik (Abschnitt 5.1.2.2). In **Bild 5.1-15** ist das daran zu erkennen, dass sich der Graph der t-Verteilung für $f = 30$ nicht mehr von der Normalverteilung unterscheiden lässt. Wenn die Grundgesamtheit normalverteilt ist, sind die Mittelwerte unabhängig vom Stichprobenumfang immer normalverteilt. Allerdings sollte auch in diesem Fall die t-Verteilung zur Beschreibung der Verteilung der Mittelwerte herangezogen werden (die Standardabweichung ist nicht bekannt und der Stichprobenumfang ist kleiner als 30).

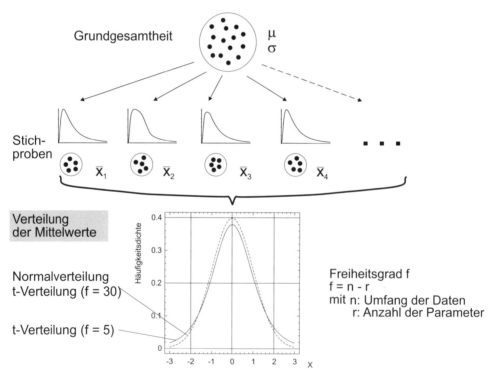

Bild 5.1-15: Verteilung der Mittelwerte, Auswirkung des zentralen Grenzwertsatzes der Statistik

Im **Bild 5.1-16** ist der Vertrauensbereich des Mittelwerts in Form einer Ungleichung formuliert, die sich aus der Normierung der Verteilung herleitet [Bam 96]. Mittelwert $\bar{x}$ und Standardabweichung s werden aus den Daten der Stichprobe mit dem Stichprobenumfang n bestimmt. Ist die Standardabweichung der Grundgesamtheit bekannt, ist diese zu verwenden. Der Faktor t_f ist ein Quantil der standardisierten t-Verteilung und damit dasjenige t, das bei einer zuvor festgelegten Irrtumswahrscheinlichkeit α bzw. Vertrauensniveau $1 - \alpha$ den Vertrauensbereich begrenzt. Er bestimmt sich somit als Quantil von $1 - \alpha/2$ aus Tabellen z.B. in [Har 95], [Bam 96] oder [Rin 95]. Da die t-Verteilung symmetrisch ist, gilt $t(1 - \alpha) = -t(\alpha)$. Die Werte für die obere und untere Intervallgrenze haben den gleichen Betrag und unterscheiden sich nur im Vorzeichen. In **Bild 5.1-16** wird der Vertrauensbereich des Mittelwerts für zwei verschiedene Vertrauensniveaus ermittelt. Dabei ist deutlich zu erkennen, dass der Vertrauensbereich für ein höheres Vertrauensniveau und damit für eine geringere Irrtumswahrscheinlichkeit größer wird.

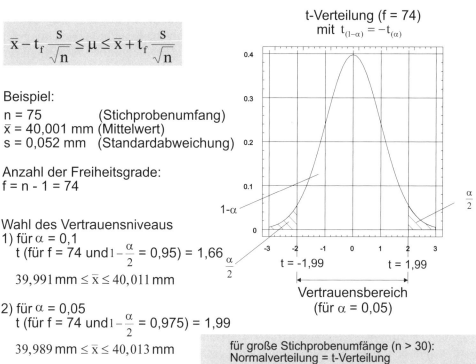

$$\bar{x} - t_f \frac{s}{\sqrt{n}} \leq \mu \leq \bar{x} + t_f \frac{s}{\sqrt{n}}$$

t-Verteilung (f = 74)
mit $t_{(1-\alpha)} = -t_{(\alpha)}$

Beispiel:

n = 75 (Stichprobenumfang)
x̄ = 40,001 mm (Mittelwert)
s = 0,052 mm (Standardabweichung)

Anzahl der Freiheitsgrade:
f = n - 1 = 74

Wahl des Vertrauensniveaus
1) für α = 0,1
t (für f = 74 und $1 - \frac{\alpha}{2}$ = 0,95) = 1,66

$39{,}991\,\text{mm} \leq \bar{x} \leq 40{,}011\,\text{mm}$

2) für α = 0,05
t (für f = 74 und $1 - \frac{\alpha}{2}$ = 0,975) = 1,99

$39{,}989\,\text{mm} \leq \bar{x} \leq 40{,}013\,\text{mm}$

t = -1,99   t = 1,99

Vertrauensbereich
(für α = 0,05)

für große Stichprobenumfänge (n > 30):
Normalverteilung = t-Verteilung

für α = 31,74% t = 1 (Normalverteilung) $\sigma_x = \frac{s}{\sqrt{n}}$
→ Standardabweichung von $\bar{x}$

Bild 5.1-16: Vertrauensbereich des Mittelwerts

Häufig wird eine sogenannte Standardabweichung des Mittelwerts angegeben. Diese Angabe stellt einen Spezialfall der erläuterten Beziehung für den Vertrauensbereich dar. Zur Bestimmung des Faktors t_f werden hierbei statt der Quantile der t-Verteilung die Quantile der Normalverteilung verwendet, was bei Stichproben mit mehr als 30 Teilen zweckmäßig ist.

Es wird eine Irrtumswahrscheinlichkeit $\alpha = 31,74\,\%$ gewählt, was einem Vertrauensniveau $1 - \alpha = 68,26\,\%$ entspricht. Das zu bestimmende $(1 - \alpha/2)$-Quantil liegt in diesem Fall genau auf der Höhe der Standardabweichung, so dass der Vertrauensbereich dem $\pm 1\sigma$-Bereich entspricht. Bei der Angabe der Standardabweichung des Mittelwerts muss berücksichtigt werden, dass der Vertrauensbereich aufgrund der hohen Irrtumswahrscheinlichkeit im Vergleich zu den Vertrauensbereichen mit den gebräuchlichen Irrtumswahrscheinlichkeiten von $\alpha = 0,1$ oder $\alpha = 0,05$ sehr schmal ist.

Im Fall einer normalverteilten Grundgesamtheit kann auch bei kleinerem Stichprobenumfang ($n < 30$) mit den Quantilen der Standardnormalverteilung gerechnet werden. Allerdings sollte in diesem Fall die Standardabweichung der Grundgesamtheit bekannt sein. Liegt nur eine Schätzung für die Standardabweichung der Grundgesamtheit in Form der Standardabweichung der Stichprobe vor, sollten die Quantile der t-Verteilung zur Berechnung der Vertrauensbereiche herangezogen werden.

Für die Standardabweichung kann in analoger Weise ein Vertrauensbereich ermittelt werden, dessen Intervall in **Bild 5.1-17** in Form einer Ungleichung angegeben ist, die sich aus der Normierung der Verteilung herleitet [Bam 96]. Die Standardabweichungen der Stichproben folgen einer χ^2-Verteilung, die wie die t-Verteilung eine Testverteilung ist. Ihre Form hängt ebenfalls von dem Parameter f (Freiheitsgrad) ab. Auch hier wird nur ein aus den Daten berechneter Parameter – die Standardabweichung – betrachtet, so dass sich bei gleichem Stichprobenumfang die gleiche Anzahl von Freiheitsgraden ergibt, wie bei der Ermittlung des Vertrauensbereiches des Mittelwerts.

In die Formel zur Bestimmung der Intervallgrenzen geht neben der Standardabweichung s der Stichprobe die Anzahl der Freiheitsgrade f unmittelbar ein. Die Quantile der χ^2-Verteilung werden für ein gewähltes Vertrauensniveau bzw. eine Irrtumswahrscheinlichkeit in Abhängigkeit des vorliegenden Freiheitsgrades aus Tabellen bestimmt, z.B. aus [Har 95], [Bam 96] oder [Rin 95]. Hier ist zu berücksichtigen, dass die Verteilung nicht symmetrisch ist, und daher die Quantile sowohl für die obere als auch die untere Intervallgrenze einzeln bestimmt werden müssen. Ab einem Stichprobenumfang $n > 30$ kann die χ^2-Verteilung durch eine Normalverteilung angenähert werden. Die beiden Beispiele in **Bild 5.1-17** zeigen deutlich, dass durch eine größere Irrtumswahrscheinlichkeit das Konfidenzintervall verkleinert wird.

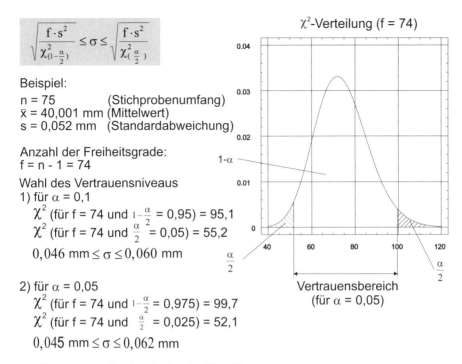

$$\sqrt{\frac{f \cdot s^2}{\chi^2_{(1-\frac{\alpha}{2})}}} \leq \sigma \leq \sqrt{\frac{f \cdot s^2}{\chi^2_{(\frac{\alpha}{2})}}}$$

Beispiel:

n = 75	(Stichprobenumfang)
$\bar{x}$ = 40,001 mm	(Mittelwert)
s = 0,052 mm	(Standardabweichung)

Anzahl der Freiheitsgrade:
f = n - 1 = 74

Wahl des Vertrauensniveaus
1) für α = 0,1

χ^2 (für f = 74 und $1-\frac{\alpha}{2}$ = 0,95) = 95,1

χ^2 (für f = 74 und $\frac{\alpha}{2}$ = 0,05) = 55,2

$0,046$ mm $\leq \sigma \leq 0,060$ mm

2) für α = 0,05

χ^2 (für f = 74 und $1-\frac{\alpha}{2}$ = 0,975) = 99,7

χ^2 (für f = 74 und $\frac{\alpha}{2}$ = 0,025) = 52,1

$0,045$ mm $\leq \sigma \leq 0,062$ mm

Bild 5.1-17: Vertrauensbereich der Standardabweichung

5.1.3.2 Statistische Tests

Häufig existieren bezüglich der Eigenschaften einer Grundgesamtheit bestimmte Vorstellungen. In diesem Fall liegt eine sogenannte Hypothese über die Grundgesamtheit vor, in der Erfahrung, Vermutungen oder theoretische Überlegung zum Ausdruck kommen. Diese Hypothese kann auf der Basis von Stichprobendaten mithilfe statistischer Tests überprüft werden.

Die grundsätzliche Vorgehensweise bei einem solchen Test ist in **Bild 5.1-18** erläutert. Zunächst wird die sogenannte Nullhypothese H_0 bezüglich einer Eigenschaft der Grundgesamtheit, z.B. die Angabe des Erwartungswerts μ, formuliert. Oftmals wird in diesem Zusammenhang auch eine sogenannte Gegenhypothese H_1 aufgestellt, worauf hier im Folgenden verzichtet wird, wenn die Gegenhypothese die Verneinung der Nullhypothese darstellt. Nach Aufstellung der Nullhypothese H_0 wird aus den Stichprobendaten eine Prüfgröße ermittelt. Bei dieser Größe kann es sich entweder um einen Stichprobenkennwert (z.B. Mittelwert $\bar{x}$) handeln oder um eine speziell konstruierte Größe. Die Prüfgröße folgt, unabhängig davon, ob die Hypothese richtig oder falsch ist, einer bestimmten Testverteilung. Im Anschluss an die Festlegung der Prüfgröße wird für das Signifikanzniveau α ein Bereich, der sogenannte Annahmebereich, in dem mit der Wahrscheinlichkeit $1 - \alpha$ die

Prüfgröße zu erwarten ist, bestimmt. Übliche Werte für α sind 0,01 oder 0,05. Innerhalb dieses Annahmebereiches ist die Mehrzahl der Werte zu erwarten. Je nach Sachlage wird der Bereich einseitig durch eine Grenze (einseitiger Test) oder beidseitig durch Grenzen (zweiseitiger Test) gekennzeichnet. Diese Grenzen sind Quantile der entsprechenden Testverteilung.

1) Hypothese H_0 über eine Eigenschaft der Grundgesamtheit  z.B.: μ

2) Bestimmung einer Prüfgröße u aus den Daten einer Stichprobe z.B.: $\bar{x}$

3) Bestimmung von Grenzen u_α, $u_{1-\alpha}$, $u_{\alpha/2}$, $u_{1-\alpha/2}$ z.B.: Bestimmung eines
für ein Signifikanzniveau (Irrtumswahrscheinlichkeit) α   Vertrauensbereiches

4) Vergleich der Grenzen und der Prüfgröße:

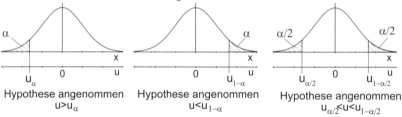

Fehler:	Test-entscheidung	tatsächlicher Zustand	
		H_0 richtig	H_0 falsch
	H_0 wird abgelehnt	Fehler 1. Art (α-Fehler)	richtige Entscheidung
	H_0 wird angenommen	richtige Entscheidung	Fehler 2. Art (β-Fehler)

Bild 5.1-18: Statistischer Test

Bei statistischen Tests wird davon ausgegangen, dass die Hypothese richtig ist, wenn die Prüfgröße der Stichprobe innerhalb des Annahmebereiches liegt. Liegt dagegen die Prüfgröße außerhalb, so wird die Hypothese verworfen. In diesem Fall wird von einem bezeichnenden (signifikanten) Unterschied zwischen Stichprobe und Grundgesamtheit ausgegangen. Dabei kann es zur Ablehnung der Hypothese kommen, obwohl sie real richtig ist, wenn eine Stichprobe gezogen wurde, deren Prüfgröße einen Wert annimmt, der außerhalb des Annahmebereiches liegt. Die Wahrscheinlichkeit für einen solchen Fehler 1. Art, der auch als α-Fehler bezeichnet wird, ist gleich α, da dieser Wert die Wahrscheinlichkeit des Verwerfungsbereiches kennzeichnet. Aus diesem Grund wird α auch als Irrtumswahrscheinlichkeit bezeichnet. Wird die Irrtumswahrscheinlichkeit bzw. das Signifikanzniveau verkleinert, so vergrößert sich der Annahmebereich entsprechend. Damit steigt die Gefahr, dass der Prüfwert einer Stichprobe innerhalb des Annahmebereiches liegt, obwohl die Hypothese falsch ist. Ein solcher Fehler wird als Fehler 2. Art oder auch als β-Fehler bezeichnet. Er ist aus dem Signifikanzniveau nicht direkt ableitbar. Zur vollständigen Beschreibung eines Tests hinsichtlich der Wahrscheinlichkeit für Fehler 1. und 2. Art dient die Gütefunktion, die z.B. in [Bam 96] oder [Har 95] erläutert wird.

Bei der Durchführung statistischer Tests ist die Wahl des richtigen Signifikanzniveaus problematisch. Häufig werden zwei Signifikanzniveaus verwendet. Liegt die Prüfgröße bei einem Signifikanzniveau von 0,05 innerhalb des Annahmebereiches, so wird die Hypothese angenommen. Liegt sie im Verwerfungsbereich, wird geprüft, ob sie auch bei einem Signifikanzniveau von 0,01 noch im Verwerfungsbereich liegt. Ist dies der Fall, so wird die Hypothese verworfen. Liegt die Prüfgröße bei diesem Niveau aber im Annahmebereich, so ist der Unterschied weder zufällig noch signifikant. In diesem Fall muss eine größere Stichprobe gezogen werden, da die Informationsmenge der Stichprobe nicht ausreicht [Dut 84], [Slö 94].

Test auf Vorliegen einer bestimmten Verteilung

Beim grafischen Test auf Normalverteilung mithilfe eines Wahrscheinlichkeitsnetzes unterscheidet sich die Vorgehensweise gegenüber der zuvor Geschilderten dadurch, dass in diesem Fall keine Prüfgröße verwendet wird. Im Wahrscheinlichkeitsnetz wird die Summenhäufigkeit über den Merkmalswerten aufgetragen. Die Achse der Summenhäufigkeit ist dabei im Wahrscheinlichkeitsnetz – im Unterschied zu einem Diagramm mit linear geteilten Achsen – derart geteilt, dass sich eine Gerade ergibt, wenn die zugrundeliegenden Daten normalverteilt sind. **Bild 5.1-19** zeigt das mithilfe einer Software für die rechnergestützte Prüfdatenauswertung erstellte Wahrscheinlichkeitsnetz der Daten aus **Bild 5.1-3**.

Die senkrechte Achse der Darstellung entspricht der Merkmalsachse, die waagerechte Achse der nicht linear geteilten Achse der Summenhäufigkeit. Bei der Summenhäufigkeit von 50 % kann mithilfe der Ausgleichsgeraden auf der Merkmalsachse der Mittelwert abgelesen werden. Die Merkmalswerte der Ausgleichsgeraden, die sich bei $1s$, $2s$ und $3s$ ablesen lassen, sind Quantile des einfachen, zweifachen und dreifachen Wertes der Standardabweichung. Rechts neben dem Wahrscheinlichkeitsnetz ist die Verteilung der absoluten Häufigkeiten abgebildet. Die geringe Abweichung zwischen den Summenhäufigkeitswerten und der Ausgleichsgeraden bestätigt die Hypothese, dass die Daten normalverteilt sind. Eine detailliertere Beschreibung der Vorgehensweise bei der Datenanalyse mit einem Wahrscheinlichkeitsnetz für normalverteilte Merkmalswerte kann beispielsweise [DIN 5479] entnommen werden.

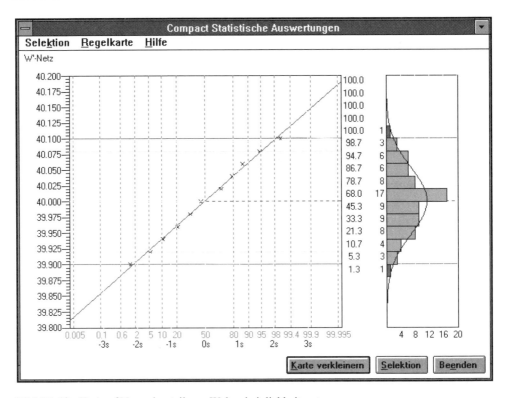

Bild 5.1-19: Test auf Normalverteilung: Wahrscheinlichkeitsnetz

Ob die Häufigkeitssummenwerte in einem Wahrscheinlichkeitsnetz die Hypothese über die Verteilungsform bestätigen oder nicht, ist häufig vom subjektiven Eindruck abhängig. Mithilfe eines rechnerischen Tests ist eine objektivere Beurteilung der Daten hinsichtlich ihrer Verteilungsform möglich.

Mit dem χ^2-Test lässt sich rechnerisch prüfen, ob eine aus gemessenen Merkmalswerten ermittelte Verteilung einer theoretisch erwarteten Verteilung entspricht. Die Hypothese bei diesem Test ist eine Aussage über die Art des Verteilungsmodells. Für die Durchführung dieses Tests sind die Daten so zu klassieren, dass die absolute Häufigkeit in jeder Klasse größer als vier ist [Bam 96]. Als Prüfgröße wird die Quadratsumme der Differenzen zwischen den Häufigkeiten der beobachteten Daten und den Häufigkeiten, die aus dem theoretischen Verteilungsmodell berechnet werden, verwendet. Dieser Test beschränkt sich daher nicht auf die Normalverteilung sondern kann auch für beliebige andere Verteilungsformen verwendet werden. Die Prüfgröße folgt dem Modell einer χ^2-Verteilung, die bereits bei der Ermittlung des Vertrauensbereiches der Standardabweichung verwendet wurde. Ihre Form hängt von dem Parameter f, dem Freiheitsgrad ab. Bei einem Anpassungstest ergibt sich der Freiheitsgrad zu

$f = k - r - 1$. Dabei bezeichnet k die Anzahl der Klassen und r die Anzahl der Parameter der Verteilung. Beim Anpassungstest handelt es sich um einen einseitigen Test. Nur wenn die Prüfgröße und damit die Differenz zwischen der beobachteten Verteilung und der theoretischen Verteilung sehr groß wird, ist die Hypothese über die Verteilungsform abzulehnen. Ein sehr kleiner Wert der Prüfgröße dagegen spricht für die Annahme der Hypothese. Die Grenze bestimmt sich nach Festlegung eines Signifikanzniveaus α aus dem α-Quantil der χ^2-Verteilung. Beim Vergleich der Grenze mit der Prüfgröße wird entsprechend geprüft, ob der Prüfwert kleiner ist als die Grenze. In diesem Fall kann die Hypothese angenommen werden, andernfalls ist sie zu verwerfen.

Im **Bild 5.1-20** ist die Vorgehensweise bei einem χ^2-Test anhand der Daten aus **Bild 5.1-3** dargestellt. Dabei wurden die Klassen 1 und 2 sowie 7 und 8 zusammengefasst, um eine Klassenbesetzungszahl größer vier zu erhalten. Die entsprechende Hypothese lautet: Die Daten sind normalverteilt. Aus den Messdaten wurden Mittelwert und Standardabweichung bestimmt. Diese Werte sind die Parameter des theoretischen Verteilungsmodells, der Normalverteilung. Die Werte für die absolute Häufigkeit des theoretischen Modells werden aus den Klassenmitten bestimmt. Dazu werden die Klassenmitten standardisiert, so dass sich ihre standardisierte Häufigkeitsdichte berechnen lässt bzw. aus Tabellen bestimmt werden kann. Die Häufigkeitsdichte wird daraufhin mittels Division der standardisierten Werte durch die Standardabweichung ermittelt. Durch Multiplikation mit der Klassenbreite ergibt sich die relative Häufigkeit bzw. Wahrscheinlichkeit P_i, aus der durch Multiplikation mit der Gesamtanzahl der Merkmalswerte n die theoretische absolute Häufigkeit berechnet wird [Sta 70]. Die Prüfgröße errechnet sich gemäß der angegebenen Formel. Zur Beschreibung der Normalverteilung sind $r = 2$ Parameter (Mittelwert und Standardabweichung) erforderlich. Mit der Klassenanzahl von $k = 6$ berechnet sich demzufolge die Anzahl der Freiheitsgrade zu $f = 3$. Die Grenze ergibt sich gemäß des gewählten Signifikanzniveaus $\alpha = 0,05$ als $(1 - \alpha)$-Quantil der χ^2-Verteilung zu $\chi^2_{1-\alpha} = 7,8$. Da die Prüfgröße kleiner als die Grenze ist, kann die Hypothese angenommen werden.

Mit einer zweiten – im Allgemeinen unabhängig von der ersten Stichprobe gezogenen – Stichprobe können zusätzliche Informationen über die Grundgesamtheit gewonnen werden. In diesem Fall ist es erforderlich zu prüfen, ob die Eigenschaften der Grundgesamtheit gleich geblieben sind, so dass die zweite Stichprobe die Informationsbasis tatsächlich erweitert. Die im Folgenden erläuterten Tests können nur verwendet werden, wenn die Grundgesamtheit normalverteilt oder wenigstens näherungsweise normalverteilt ist.

Hypothese: Die Merkmalswerte sind normalverteilt.

Prüfgröße: $\chi^2 = \sum\limits_{j=1}^{k} \dfrac{(n_j - n \cdot P_j)^2}{n \cdot P_j}$

Beispiel: - Anzahl der Merkmalswerte n = 75
          - Anzahl der Klassen k = 6
              (Klassenumfang > 4)

absolute Häufigkeit		Testwert
theoretische $n*P_j$	beobachtete n_j	$\dfrac{(n_j - n \cdot P_j)^2}{n \cdot P_j}$
7,47	8	0,03760375
11,67	12	0,00933162
16,47	14	0,37042502
16,65	17	0,00735736
12,07	11	0,09485501
7,98	13	3,15794486
		Σ3,67751762

Bestimmung der Grenzen:
Anzahl geschätzter Parameter r = 2
(Mittelwert und Standardabweichung)

→ Anzahl Freiheitsgrade
    f = k - r - 1 = 3

Beispiel: f = 3, Signifikanzniveau α = 0,05 → $\chi^2_{grenz} = \chi^2_{1-\alpha}$ = 7,8

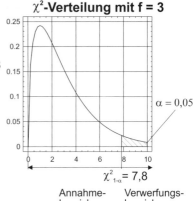

χ^2-Verteilung mit f = 3

$\chi^2_{1-\alpha}$= 7,8

Annahme-   Verwerfungsbereich   bereich

Vergleich der Grenzen und der Prüfgröße:

$$\chi^2 = 3,7 < \chi^2_{grenz} = 7,8$$

→ **Hypothese angenommen**

Bild 5.1-20: Anpassungstest: χ^2-Test

Test bezüglich der Mittelwerte

Bei dem im einleitenden **Bild 5.1-18** vorgestellten Test handelt es sich um einen Einstichproben-Gaußtest. Bezüglich der Grundgesamtheit besteht die Hypothese, dass der Mittelwert den Wert μ habe. Prüfgröße ist dann der Mittelwert einer Stichprobe. Sofern die Grundgesamtheit normalverteilt ist, sowie ihr Mittelwert μ und ihre Standardabweichung σ bekannt sind, kann mit Hilfe der Quantile der Normalverteilung ein Vertrauensbereich für den Mittelwert bestimmt werden. Dieser Vertrauensbereich bildet den Annahmebereich des statistischen Tests. Nun wird geprüft, ob der Mittelwert der Stichprobe innerhalb des Vertrauensbereiches liegt oder nicht. Für den Fall, dass er innerhalb des Bereiches liegt, wird die Hypothese angenommen, andernfalls ist sie zu verwerfen. Der beschriebene Einstichproben-Gaußtest bildet die Grundlage für die statistische Prozessregelung (SPC) mit Hilfe von Mittelwertkarten (Abschnitt 5.2).

Einen Vergleich zweier Stichprobenmittelwerte ermöglicht der sogenannte t-Test. Die Hypothese lautet, dass die Mittelwerte einer gemeinsamen Grundgesamtheit angehören, wenn sich die Mittelwerte der Stichproben nicht signifikant unterscheiden. Voraussetzung für diesen Test ist, dass die Standardabweichungen beider Stichproben sich nicht signifikant unterscheiden. Die Prüfgröße wird mit der in **Bild 5.1-21** angegebenen Formel berechnet. Sie folgt dem Modell einer t-Verteilung, die bereits bei der Bestimmung des Vertrauensbereiches des Mittelwerts verwendet wurde. Der Parameter Freiheitsgrad bestimmt sich aus der um zwei (Anzahl der zu untersuchenden Mittelwerte) reduzierten Summe der Stichprobenumfänge ($n_1 + n_2$). Die Grenzen ergeben sich aus den Quantilen der t-Verteilung in Abhängigkeit vom gewählten Signifikanzniveau. Da die t-Verteilung symmetrisch ist, ist es ausreichend, den Betrag der Prüfgröße zu bestimmen und ihn nur mit der positiven Grenze, dem $(1 - \alpha/2)$-Quantil zu vergleichen.

In dem hier dargestellten Beispiel mit 123 Freiheitsgraden können die Quantile der t-Verteilung durch die Quantile der Normalverteilung approximiert werden. Der t-Test darf nicht mit dem Einstichproben-Gaußtest verwechselt werden, der die Kenntnis über Mittelwert und Standardabweichung der Grundgesamtheit voraussetzt. Oftmals wird der t-Test auch als Zweistichproben-t-Test bezeichnet.

Hypothese: Mittelwerte $\bar{x}_1$ und $\bar{x}_2$ von 2 Stichproben (Umfang n_1 und n_2, Standardabweichung $s_1 \approx s_2{}^*$) gehören zu einer gemeinsamen Grundgesamtheit

$\bar{x}_1, s_1, n_1 \quad \bar{x}_2, s_2, n_2$

Prüfgröße: $t = \dfrac{\left|\bar{x}_1 - \bar{x}_2\right|}{s_d}$ mit $s_d^2 = \dfrac{(n_1-1)s_1^2 + (n_2-1)s_2^2}{n_1+n_2-2} \cdot \dfrac{n_1+n_2}{n_1 \cdot n_2}$

Beispiel: zwei Stichproben mit $\bar{x}_1 = 40{,}001$ mm, $\bar{x}_2 = 39{,}99$ mm
$s_1 = 0{,}052$ mm, $s_2 = 0{,}058$ mm
$n_1 = 75$, $n_2 = 50$

→ $s_d = 0{,}00994$ und $t = 1{,}11$

Bestimmung der Grenzen: geschätzte Parameter $(\bar{x}_1, \bar{x}_2)$

Beispiel: f = 123, Signifikanzniveau $\alpha = 0{,}05$
→ $t_{grenz} = t_{1-\frac{\alpha}{2}} = -t_{\frac{\alpha}{2}} = 1{,}98$

→ Anzahl Freiheitsgrade:
f = $n_1 + n_2 - 2$

t-Verteilung für f = 123 $(t_\alpha = -t_{1-\alpha})$

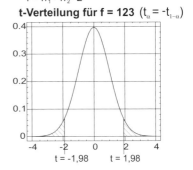

Vergleich der Grenzen und der Prüfgröße:

$t = 1{,}11 < t_{grenz} = 1{,}98$

→ **Hypothese angenommen**

(Da die Verteilung symmetrisch ist und nur der Betrag der Differenz der Mittelwerte verglichen wird, ist der Vergleich mit der oberen Grenze ausreichend.)

*(Überprüfung mit dem F-Test)

Bild 5.1-21: t-Test: Vergleich zweier Mittelwerte

Test bezüglich der Streuung

Zur Überprüfung, ob zwei Varianzen bzw. Standardabweichungen sich signifikant unterscheiden, was wie bereits erwähnt die Voraussetzung für die Durchführung des t-Tests darstellt, kann der F-Test herangezogen werden. Als Hypothese wird beim F-Test formuliert, dass die Varianzen der Stichproben statistisch überein-stimmen, sich also nicht signifikant unterscheiden. Die F-verteilte Prüfgröße F berechnet sich, wie in **Bild 5.1-22** angegeben, aus dem Quotient der beiden Varianzen.

Hypothese: Varianz s_1^2 und s_2^2 von 2 Stichproben
(Umfang n_1 und n_2) stimmen überein.

Prüfgröße: $F = \dfrac{s_1^2}{s_2^2}$

Beispiel: zwei Stichproben mit $s_1 = 0,052$ mm, $s_2 = 0,058$ mm
$n_1 = 75,$ $n_2 = 50$ → $F = 0,804$

$\bar{x}_1, s_1, n_1$ $\bar{x}_2, s_2, n_2$

Bestimmung der Grenzen: Anzahl Freiheitsgrade: $f_1 = n_1 - 1$, $f_2 = n_2 - 1$

Beispiel: $f_1 = 74$ und $f_2 = 49$, Signifikanzniveau $\alpha = 0,05$ → $F_{grenz(\alpha/2)} = 0,595$; $F_{grenz(1-\alpha/2)} = 1,72$

Vergleich der Grenzen und der Prüfgröße:

$F_{grenz(\alpha/2)} = 0,595 < 0,804 < F_{grenz(1-\alpha/2)} = 1,72$

→ **Hypothese angenommen**

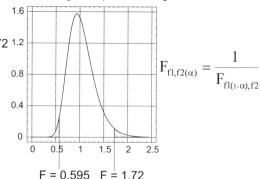

F-Verteilung mit $f_1 = 74$ und $f_2 = 49$

$$F_{f1,f2(\alpha)} = \frac{1}{F_{f1(1-\alpha),f2}}$$

F = 0,595   F = 1,72

Bild 5.1-22: F-Test: Vergleich zweier Varianzen

Bei der F-Verteilung handelt es sich wie bei der χ^2- und der t-Verteilung um eine Testverteilung. Mit den Freiheitsgraden f_1 und f_2, die sich aus den Umfängen der untersuchten Stichproben n_1 und n_2 bestimmen, ist die F-Verteilung durch zwei Parameter charakterisiert. Nach Festlegung eines Signifikanzniveaus α können die Grenzen des Annahmebereiches aus den Quantilen der F-Verteilung bestimmt werden. Dabei ist zu beachten, dass sich das Quantil bei der Vertauschung der Reihenfolge der Freiheitsgrade aus dem Kehrwert des ursprünglichen Quantils ergibt, d.h. $F(f_1, f_2)_\alpha = 1 / F(f_2, f_1)_{1-\alpha}$. Für eine Bewertung der Hypothese ist zu prüfen, ob die Prüfgröße im Verwerfungsbereich oder im Annahmebereich liegt. In **Bild 5.1-22** ist der F-Test für das Beispiel aus **Bild 5.1-21** durchgeführt. Die Hypothese wird in diesem Fall angenommen, so dass auch das Ergebnis des t-Tests bestätigt wird.

Liegen drei oder mehr Stichproben vor, so kann die Varianzanalyse für eine entsprechende Auswertung verwendet werden. Bei der Durchführung der Varianzanalyse wird die Gesamtvarianz in Einzelvarianzen zerlegt. Die sogenannte einfache Varianzanalyse teilt die Gesamtvarianz in zwei Varianzen, die Varianz innerhalb der Stichproben und die Varianz zwischen den Stichproben, auf. Damit eine Varianzanalyse durchgeführt werden kann, müssen die Merkmalswerte normalverteilt oder annähernd normalverteilt sein. Bei k Stichproben, die von $j = 1$ bis $j = k$ nummeriert sind und jeweils den Umfang n_j haben, werden die Abweichungsquadrate Q innerhalb der Stichprobe bzw. zwischen den Stichproben mit den in **Bild 5.1-23** angegebenen Formeln berechnet.

Varianzanalyse: Zerlegung der Gesamtvarianz in Einzelvarianzen

einfache Varianzanalyse: Trennung der Varianz in die Varianz zwischen den Stichproben und die Varianz innerhalb der Stichproben

k Stichproben (j = 1 bis j = k), je Stichrobe n_j-Werte $x_{i,j}$ (i = 1 bis n_j), Messwerte $x_{i,j}$ normalverteilt

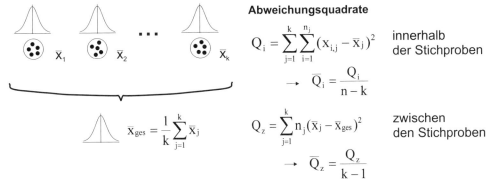

Abweichungsquadrate

$$Q_i = \sum_{j=1}^{k} \sum_{i=1}^{n_j} (x_{i,j} - \bar{x}_j)^2 \qquad \text{innerhalb der Stichproben}$$

$$\rightarrow \quad \bar{Q}_i = \frac{Q_i}{n - k}$$

$$\bar{x}_{ges} = \frac{1}{k} \sum_{j=1}^{k} \bar{x}_j$$

$$Q_z = \sum_{j=1}^{k} n_j (\bar{x}_j - \bar{x}_{ges})^2 \qquad \text{zwischen den Stichproben}$$

$$\rightarrow \quad \bar{Q}_z = \frac{Q_z}{k - 1}$$

Statistischer Test:

Hypothese: Alle Stichproben haben den gleichen Erwartungswert.

Prüfgröße: $F = \dfrac{\bar{Q}_z}{\bar{Q}_i}$

Bestimmung der Grenze: Anzahl der Freiheitsgrade $f_1 = k - 1$, $f_2 = n - k$, $\alpha \rightarrow F_{grenz(1-\alpha)}$

Vergleich der Grenze und der Prüfgröße: Hypothese wird angenommen falls $F < F_{grenz(1-\alpha)}$

Bild 5.1-23: Varianzanalyse

Die mittleren Abweichungsquadrate $\bar{Q}$ berechnen sich, indem das Abweichungsquadrat innerhalb der Stichproben durch die Differenz zwischen der Gesamtanzahl der Merkmalswerte aller Stichproben und der Anzahl der Stichproben geteilt wird und das Abweichungsquadrat zwischen den Stichproben durch die um eins verringerte Anzahl der Stichproben k geteilt wird. Mithilfe der mittleren Abweichungsquadrate werden die Varianzen abgeschätzt.

Ist die Streuung zwischen den Stichproben erheblich größer als die Streuung innerhalb der Stichproben, liegt die Vermutung nahe, dass die Erwartungswerte der Stichproben unterschiedlich sind bzw. die Stichproben nicht alle einer gemeinsamen Grundgesamtheit angehören. Dies kann in der Form eines statistischen Tests überprüft werden. Die Hypothese besagt, dass alle Stichproben den gleichen Erwartungswert haben. Als Prüfgröße F wird der Quotient aus dem mittleren Abweichungsquadrat innerhalb der Stichproben und dem mittleren Abweichungsquadrat zwischen den Stichproben verwendet. Diese Prüfgröße folgt dem Modell der F-Verteilung, die bereits beim F-Test erläutert wurde. Die beiden Parameter bzw. Freiheitsgrade der Verteilung bestimmen sich gemäß der in **Bild 5.1-23** angegebenen Formeln. Der Annahmebereich ist nur nach oben begrenzt. Ein sehr kleiner Wert der Prüfgröße, d.h. wenn die Streuung innerhalb der Stichproben wesentlich größer ist als zwischen den Stichproben, deutet daraufhin, dass die Hypothese richtig ist. Die Grenze ist daher bei einem bestimmten Signifikanzniveau α gleich dem $(1 - \alpha)$-Quantil der F-Verteilung. Um eine Aussage über die Richtigkeit der Hypothese zu erhalten, wird geprüft, ob die Prüfgröße kleiner oder größer als die Grenze ist.

Die Varianzanalyse eignet sich auch zur Analyse der Wirkzusammenhänge zwischen mehreren Einflussgrößen und Zielgrößen eines Fertigungsprozesses. In diesem Zusammenhang stellt sie eine Technik der statistischen Versuchsmethodik dar, mit deren Hilfe Fertigungsprozesse untersucht und optimiert werden können [Gim 91].

Neben den hier vorgestellten Verfahren und Techniken gibt es noch eine Fülle weiterer Möglichkeiten, Daten aus der Fertigungsmesstechnik statistisch zu untersuchen. Dazu sei u.a. auf die jeweils bereits genannte weiterführende Literatur verwiesen. Bei der Auswahl derartiger Verfahren und Techniken ist jedoch immer zu beachten, dass eine sinnvolle, den Daten angepasste Beschreibungsmethode gefunden wird, die den technologischen Entstehungsprozess der Daten berücksichtigt.

5.2   Statistische Prozessregelung

Die im vorherigen Abschnitt behandelten statistischen Grundlagen bilden die Basis zum Verständnis sowie zur Anwendung der eingangs beschriebenen Methoden einer umfassenden und aussagefähigen Prüfdatenauswertung, welche neben der reinen Qualitätsüberwachung zusätzlich die Möglichkeit zur Einleitung prozesskorrigierender Maßnahmen bietet. Im Folgenden werden einige Verfahren der statistischen Prozessregelung (SPC) näher erläutert.

5.2.1 Stichprobenprüfpläne

Vornehmlich mit dem Ziel, den bestehenden Prüfaufwand zu reduzieren, wurden bereits zu Beginn der vierziger Jahre Stichprobenprüfpläne für einen kontinuierlich fließenden Strom von Produkteinheiten entwickelt [Rin 95]. Die Grundlage dieser Konzepte bildet der sogenannte *Continuous Sample Plan 1* (CSP-1), von dessen Ablauf alle weiteren Stichprobenprüfpläne als Modifikationen abgeleitet wurden **(Bild 5.2-1)**.

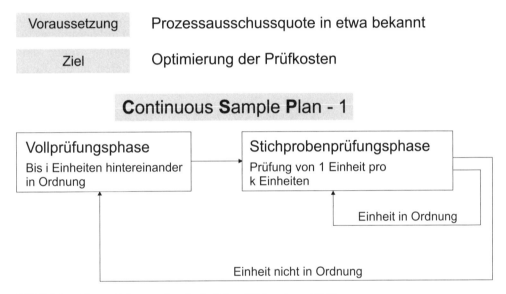

Bild 5.2-1: Konstruktion von kontinuierlichen Stichprobenprüfplänen

Voraussetzung für die Anwendung des CSP-1 ist eine in etwa bekannte Ausschussquote. Grundsätzlich wird zwischen den Phasen Vollprüfung und Stichprobenprüfung unterschieden. Es wird stets mit einer Vollprüfungsphase begonnen. Die Stichprobenprüfung beginnt erst, wenn zuvor i geprüfte Einheiten hintereinander als fehlerfrei bewertet wurden. In dieser Phase wird von k aufeinanderfolgenden Einheiten jeweils eine Einheit geprüft und bewertet. Wird hierbei eine fehlerhafte Einheit erfasst, erfolgt umgehend der Übergang in die Vollprüfungsphase.

Der Stichprobenprüfplan wird durch folgende Angaben festgelegt:

- Ausschussquote P

- Anzahl i der erforderlichen fehlerfreien Einheiten zum Übergang in die Stichprobenprüfungsphase

- Anzahl k der Einheiten, von denen in der Stichprobenphase jeweils eine geprüft wird

Anhand dieser Werte lassen sich einige Kennzahlen, wie die mittleren Längen der Prüfungsphasen $u(P|i)$ bzw. $v(P|k)$ sowie der mittlere Durchschlupf an fehlerhaften Einheiten $AOQ(P|i;k)$ ermitteln, die wiederum Aufschluss über den zu erwartenden Verlauf des Prüfplans geben **(Bild 5.2-2)**. Die in diesem Bild ebenfalls dargestellten Zahlenbeispiele mit unterschiedlichen Parameterkombinationen verdeutlichen, dass bei der Auslegung von Stichprobenprüfplänen äußerste Sorgfalt anzuwenden ist. Einerseits sind unnötig hohe Prüfkosten zu vermeiden, andererseits ist aber der Fehlerdurchschlupf so gering wie möglich zu halten. Prinzipiell ist ein Optimum aus den gegenläufigen Faktoren Aufwand und Fehlererkennungswahrscheinlichkeit zu bestimmen. Mit Parametern, die ausschließlich unter dem Gesichtspunkt der Kostenminimierung gewählt werden, resultieren in der Regel geringe Aufdeckungswahrscheinlichkeiten in einem nicht vertretbaren Bereich.

	Ausschussquote P = 1% $i = 100, k = 50$	Ausschussquote P = 5% $i = 100, k = 10$
Mittlere Länge der Vollprüfungsphase $u(P|i) = \dfrac{1 - (1 - P)^i}{P(1 - P)^i}$	173 Einheiten	3358 Einheiten
Mittlere Länge der Stichprobenprüfungsphase $v(P|k) = \dfrac{k}{P}$	5000 Einheiten	200 Einheiten
Mittlerer Durchschlupf an fehlerhaften Einheiten $AOQ(P|i;k) = \dfrac{(k - 1)\,P(1 - p)^i}{1 + (k - 1)(1 - P)^i}$	0,94%	0,25%

Bild 5.2-2:   Kenngrößen und Zahlenbeispiel für kontinuierliche Stichprobenprüfpläne

5.2.2   Aufbau, Design und Anwendung von ShewartQualitätsregelkarten

Die statistische Prozessregelung verfolgt das Ziel, den Verlauf eines Prozesses anhand der Prüfung und Bewertung von Stichproben möglichst exakt zu beschreiben sowie eventuell auftretende Abweichungen unmittelbar zu korrigieren. Da diese Korrekturen in der Regel durch den Maschinenbenutzer eingeleitet werden, sind die Prüfresultate in einer geeigneten, möglichst einfachen Form aufzubereiten und zu visualisieren. Hierzu werden in der Praxis Qualitätsregelkarten (QRK) eingesetzt **(Bild 5.2-3)** [Kir 94]. Die Regelkartentechnik wurde bereits um 1940 von dem Amerikaner W.A. Shewart entwickelt.

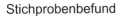

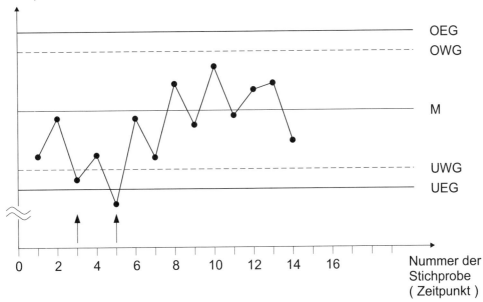

Bild 5.2-3:   Aufbau zweiseitiger Shewart-Qualitätsregelkarten (Quelle: [Rin 95])

Die aus den Einzelprüfungen ermittelten Stichprobenbefunde werden entweder direkt weiterverwendet oder in Form einer Stichprobenfunktion $g(x)$ in Abhängigkeit von der Zeit bzw. der Stichprobennummer in die Qualitätsregelkarte eingetragen. Diese wird entweder als Formblatt oder mittels Rechnerunterstützung geführt. Das so definierte Koordinatensystem enthält in der Regel zusätzlich eine Mittellinie *M*, die den Sollwert des überwachten Merkmals auf der Ordinate in Form einer abszissenparallelen Geraden kennzeichnet. Eine besondere Bedeutung besitzen die eingetragenen Eingriffsgrenzen (OEG, UEG) und Warngrenzen (OWG, UWG). Während die Warngrenzen nicht zwingend erforderlich sind, müssen die Eingriffsgrenzen zur Entscheidungsfindung über das Prozessverhalten bzw. einen korrigierenden Eingriff unbedingt vor der Entnahme der ersten Stichprobe eingetragen werden.

Beim Einsatz von Qualitätsregelkarten ist grundsätzlich zwischen der Design- und der Führungsphase zu unterscheiden **(Bild 5.2-4)**. In der Designphase erfolgt zunächst die Festlegung der in der QRK geführten Stichprobenfunktion. Hierbei sind insbesondere die Aussagefähigkeit des Kennwerts sowie der Aufwand zur Ermittlung der Funktion zu berücksichtigen. Durch die Vorgabe der Merkmalssollwerte sowie die Festlegung von Aufdeckungswahrscheinlichkeiten werden anschließend die Eingriffs- und Warngrenzen berechnet. Weiterhin ist die Festlegung von Prüfzeitpunkt und Stichprobenumfang von Bedeutung im Hinblick auf die Aussagefähigkeit der Regelkarte.

Während der Führungsphase einer QRK werden die Stichproben zu den vorgegebenen Zeitpunkten aus der Grundgesamtheit entnommen und mit dem entsprechenden Messmittel geprüft. Die anschließende Verdichtung der Prüfresultate zur Bestimmung der Stichprobenfunktion erfolgt heute zumeist rechnergestützt. Nach dem Eintragen der Werte kann der Prüfentscheid vom Anwender unmittelbar abgelesen werden.

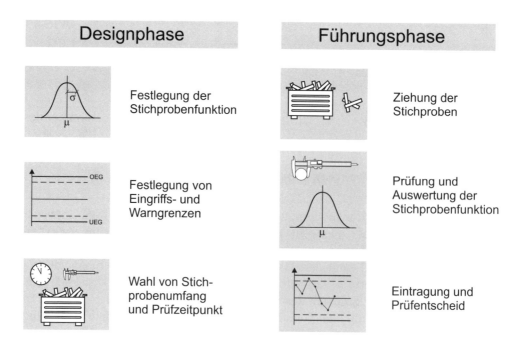

Bild 5.2-4:   Phasen beim Einsatz von Qualitätsregelkarten

Bei der Anwendung einer Regelkarte, die neben den notwendigen Eingriffsgrenzen zusätzlich Warngrenzen aufweist, tritt mit jedem eingetragenen Stichprobenbefund exakt eines von drei möglichen Ereignissen ein [Mit 93] **(Bild 5.2-5)**.

Um einen reibungslosen Prozessablauf gewährleisten zu können, muss exakt festgelegt werden, wie der Maschinenbenutzer auf das Eintreten der jeweiligen Ereignisse zu reagieren hat. In der Regel wird nach dem folgenden Entscheidungsschema verfahren.

Der Wert kann zunächst innerhalb der Warngrenzen liegen. In diesem Fall wird davon ausgegangen, dass der Prozess ungestört verläuft. Ein korrigierender Eingriff ist daher nicht erforderlich.

Für den Fall, dass der Stichprobenbefund zwischen Warn- und Eingriffsgrenzen liegt, ist der Verdacht auf Eintritt einer Störung gegeben. Als Reaktion ist unmittelbar eine weitere Stichprobe gleichen Umfangs zu entnehmen und zu bewerten. Liegt der zusätzliche Befund innerhalb der Warngrenzen, so wird angenommen, dass keine Störung vorliegt und daher auch kein Eingriff in den laufenden Prozess vorzunehmen ist. Ein weiterer Wert außerhalb der Warngrenzen zeigt hingegen mit hoher Wahrscheinlichkeit eine Störung an, auf die der Anwender durch eine Korrektur reagieren muss.

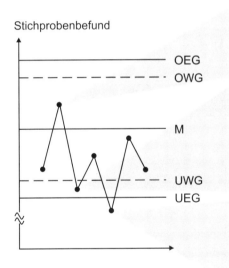

	Stichprobenbefund innerhalb der Warngrenzen
	- Prozess unter statistischer Kontrolle
	- keine Aktionen erforderlich
	- Prozess läuft weiter

Stichprobenbefund zwischen Warn- und Eingriffsgrenzen
- Verdacht auf Eintritt einer Störung
- Ziehung zusätzlicher Stichproben
 a) Befund innerhalb der Warngrenzen
  ⟹ Prozess läuft weiter
 b) Befund außerhalb der Warngrenzen
  ⟹ Prozess muss korrigiert werden

Stichprobenbefund außerhalb der Eingriffsgrenzen
- Prozess nicht unter statistischer Kontrolle
- korrigierender Eingriff erforderlich
- 100% Kontrolle der letzten produzierten Einheiten

Bild 5.2-5: Bedeutung von Eingriffs- und Warngrenzen

Ein Befund außerhalb der Eingriffsgrenzen weist schließlich eindeutig auf eine aufgetretene Abweichung vom idealen Prozessverhalten hin. Als Reaktion ist eine unmittelbare Unterbrechung des Prozesses sowie die anschließende Analyse und Korrektur vorgeschrieben.

Die Regelkartentechnik lässt sich sowohl auf die zählende als auch auf die messende Prüfung anwenden. Im Rahmen dieses Abschnitts wird jedoch lediglich die zur Überwachung von Produktionsprozcssen häufiger verwendete messende Prüfung behandelt. Im Wesentlichen werden hierzu fünf unterschiedliche Stichprobenfunktionen für die Verdichtung der Messdaten einer Stichprobenentnahme eingesetzt **(Bild 5.2-6)** [Pf 96].

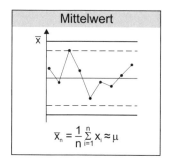 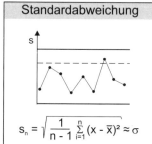 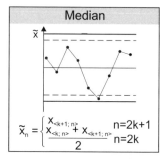

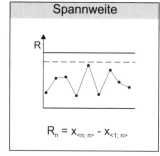 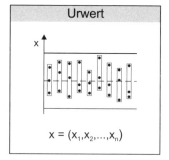

Bild 5.2-6:   Beispiele für häufig verwendete Stichprobenfunktionen

Der arithmetische Mittelwert der Einzelproben gilt bei ausreichender Stichprobenanzahl als geeignete Näherung für den Erwartungswert der Normalverteilung, die generell beim Einsatz von Regelkarten als beschreibende Verteilungsform der Grundgesamtheit vorausgesetzt wird. Hierdurch wird somit eine Überwachung der Fertigungslage ermöglicht. Analog hierzu beschreibt die Standardabweichung als Näherungswert des Verteilungsparameters σ die Breite der Verteilung und somit die Streuung des Prozesses.

Einen weiteren Kennwert zur Beurteilung der Fertigungslage bildet der Stichprobenmedian. Dieser ergibt sich aus dem mittleren Wert aller Einzelproben. Die

Prozessstreuung lässt sich weiterhin über die Stichprobenspannweite beschreiben, die aus der Differenz zwischen größtem und kleinstem Wert der Einzelproben resultiert.

Zur Überwachung sowohl der Fertigungslage als auch der Streuung eignet sich die Führung der sogenannten Urwertkarte. Die Resultate der Prüfung werden hierbei einzeln über der Zeitachse aufgetragen. An der Breite und Lage der so entstehenden Balkendarstellung kann das Prozessverhalten unmittelbar abgelesen werden.

5.2.3   Statistischer Hintergrund

Die einfache Form der grafischen Darstellung einzelner Stichprobenbefunde verleitet häufig zu der Annahme, dass die Qualitätsregelkarte lediglich ein Hilfsmittel zur Visualisierung mit willkürlich gewählten Eingriffs- und Warngrenzen darstellt. Dies wird leider durch die in der Praxis häufig zu beobachtende Anwendung von Regelkarten ohne Kenntnis des theoretischen Hintergrunds unterstrichen. Tatsächlich beruht jedoch insbesondere die Festlegung der Grenzen auf grundlegenden statistischen Überlegungen. Eine Nichtbeachtung der notwendigen Voraussetzungen führt zwangsläufig dazu, dass die QRK eine falsche Entscheidungsgrundlage für den Maschinenbenutzer liefert.

Die Anwendung einer Qualitätsregelkarte basiert stets auf der Durchführung eines Parametertests **(Bild 5.2-7)** [Her 96]. Ein derartiger statistischer Test ermöglicht die Feststellung, ob ein vorgelegter Stichprobenbefund, der in der Regel durch die Stichprobenfunktion beschrieben wird, mit einer zuvor aufgestellten Nullhypothese H_0 übereinstimmt (Abschnitt 5.1.3.2).

Auf den Anwendungsfall der Qualitätsregelkarte bezogen wird die Nullhypothese stets für einen korrekten Prozessverlauf, d.h. einen Prozess unter statistischer Kontrolle, formuliert. Dies impliziert eine Gegenhypothese H_1, die für einen gestörten Prozessverlauf angenommen wird. Die Entnahme der Stichprobe sowie die Eintragung der Stichprobenfunktion in die Regelkarte entsprechen somit einer Prüfung auf Verträglichkeit mit der Nullhypothese. Hieraus wird anschließend eine eindeutige Entscheidung über das Prozessverhalten abgeleitet.

Ein statistischer Parametertest basiert stets auf einem Stichprobenbefund und somit auf einem zufallsabhängigen Ereignis. Er kann die aufgestellte Hypothese daher nicht verifizieren, d.h. ihren Wahrheitsgehalt eindeutig nachweisen. Infolge der im Vergleich zu einem Beweis abgeschwächten Aussagefähigkeit des statistischen Tests ist in jedem Fall eine Fehlentscheidung möglich. Grundsätzlich sind bei der Anwendung der Qualitätsregelkarte, wie bei jedem statistischen Test, zwei Arten einer möglichen falschen Schlussfolgerung zu unterscheiden (Abschnitt 5.1.3.2).

Zunächst kann die Hypothese aufgrund der Auswertung einer Stichprobe verworfen werden, obwohl sie tatsächlich zutrifft. Die irrtümliche Ablehnung einer zutreffenden Entscheidung gilt als Fehler 1. Art. Da seine maximale Eintrittswahrscheinlichkeit i.d.R. mit α bezeichnet wird, spricht man auch von einem α-Fehler. Bei der Fertigungsüberwachung entspricht dies dem Eingreifen in einen eigentlich intakten Produktionsprozess (blinder Alarm). Der Fehler charakterisiert somit das Produzentenrisiko, da er einen unnötigen Aufwand verursacht.

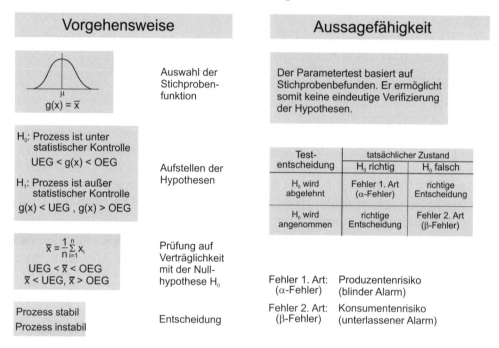

Bild 5.2-7:   Testtheoretische Grundlagen (Parametertest)

Die andere mögliche Fehlentscheidung besteht darin, eine zutreffende Hypothese zu verwerfen. Analog wird hier von einem Fehler 2. Art oder β-Fehler gesprochen. Er hat zur Folge, dass eine eingetretene Störung des Prozesses nicht erkannt wird (unterlassener Alarm) und entspricht somit dem Konsumentenrisiko.

Der beschriebene Sachverhalt lässt sich an einem einfachen Beispiel verdeutlichen **(Bild 5.2-8)**. Hierzu wird ein Fertigungsprozess betrachtet, der lediglich in einem von zwei möglichen Zuständen produzieren kann. Die Qualitätsmerkmale, die im erwünschten Zustand gefertigt werden, sind mit einem Erwartungswert $\mu = 40{,}00$ mm sowie einer Standardabweichung von $\sigma = 0{,}01$ mm normalverteilt. Im unerwünschten Zustand wird hingegen mit $\mu = 40{,}05$ mm bei gleicher Prozessstreuung produziert. Für den Parametertest lassen sich hieraus die beiden Hypothesen

H_0: $\mu = 40,00$ mm (erwünschter Prozess)

H_1: $\mu = 40,05$ mm (unerwünschter Prozess)

ableiten, die mit der Stichprobenfunktion des arithmetischen Mittelwerts $\bar{x}$ getestet werden. Bei Gültigkeit von H_0 ist $\bar{X}_n \sim N(40,00; 0,0001/n)$, ansonsten gilt $\bar{X}_n \sim N(40,05; 0,0001/n)$.

Werden beide Verteilungen des Qualitätsmerkmals in einer gemeinsamen Grafik aufgetragen, so wird unmittelbar deutlich, dass alle Werte von $\bar{x}$ infolge der Überlagerung der Funktionen stets unter jeder der beiden Hypothesen möglich sind, jedoch mit unterschiedlichen Wahrscheinlichkeiten. Zur Formulierung des Tests gehört daher eine Aufteilung des Variationsbereiches der Prüfgröße in einen Annahmebereich $\overline{CR}$ und einen Verwerfungsbereich CR für die Nullhypothese. Hierzu ist eine Zahl K zwischen den Erwartungswerten der Verteilungen zur Trennung der beiden Bereiche zu definieren. Durch die Definition der Zahl K werden zusätzlich die Wahrscheinlichkeiten für das Auftreten der Fehlentscheidungen 1. und 2. Art festgelegt.

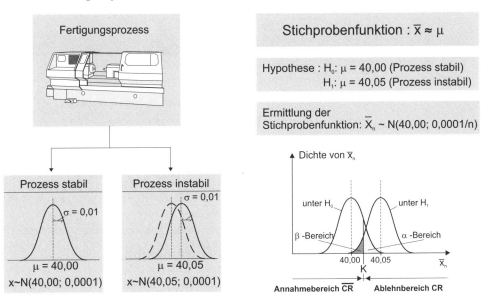

Bild 5.2-8: Beispiel für den Ablauf von Parametertests

Eine gleichzeitige Minimierung beider Fehlerwahrscheinlichkeiten ist, wie die Grafik aufzeigt, nicht möglich. Eine Verringerung des α-Fehlers führt beispielsweise stets zu einer Erhöhung des β-Risikos.

Gemäß einer allgemeinen Konvention werden die Eingriffsgrenzen beim Design von Qualitätsregelkarten so bestimmt, dass die Wahrscheinlichkeit für das Auftreten eines α-Fehlers 1 % beträgt **(Bild 5.2-9)**. Für zweiseitige Qualitätsregelkarten beträgt das Produzentenrisiko somit bei Überschreitung bzw. Unterschreitung der Eingriffslinien jeweils $\alpha / 2 = 0,5\,\%$. Die α-Fehlerwahrscheinlichkeit bei Überschreitung der Warngrenzen beträgt 5 %.

Unter Berücksichtigung dieser Konventionen kann die Lage der Grenzen für jede Stichprobenfunktion exakt bestimmt werden. Für den arithmetischen Mittelwert sind hierzu beispielsweise der Wert der Perzentilfunktion der Standardnormalverteilung bei der Wahrscheinlichkeit $1 - \alpha/2$, der entsprechenden Tabellen entnommen werden kann, sowie der Stichprobenumfang n vorzugeben. Weiterhin werden die Sollwerte von Erwartungswert und Standardabweichung der prozessbeschreibenden Normalverteilung benötigt.

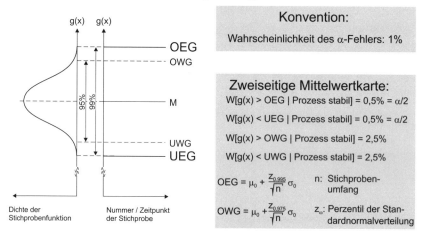

Bild 5.2-9: Festlegung von Eingriffs- und Warngrenzen

5.2.4 Praktischer Einsatz der Regelkartentechnik

Beim Einsatz von Qualitätsregelkarten sind zunächst grundsätzliche Überlegungen hinsichtlich der Überwachungsstrategie anzustellen. Insbesondere muss geklärt werden, in welcher Form sich der betrachtete Prozess unzulässig verändern kann und durch welche Stichprobenfunktion diese mögliche Abweichung am günstigsten zu erfassen ist.

Prinzipiell ist zwischen zwei möglichen Arten von Prozessstörungen zu unterscheiden (**Bild 5.2-10**). Zunächst kann sich die Lage der prozessbeschreibenden
Verteilung im Toleranzfeld von der Mitte zu den Grenzen hin verschieben. Nach
der Überschreitung der Eingriffslinien wird angezeigt, dass ein unzulässig hoher
Anteil des Qualitätsmerkmals mit einem nicht spezifikationskonformen Maß gefertigt wird. Dies kann ebenfalls dadurch hervorgerufen werden, dass sich die Form
der Verteilung, die durch den Streuungsparameter beschrieben wird, verändert.

Die Überwachung des Fertigungsprozesses mit nur einer Stichprobenfunktion
reicht somit in der Regel zur eindeutigen Bewertung nicht aus. Vielmehr ist eine
gleichzeitige Beobachtung von Fertigungslage und -streuung durchzuführen. Die
Beurteilung der Lage kann neben dem Stichprobenmittelwert sowohl durch die
Erfassung des Medians als auch der Urwerte erfolgen. Eine Streuungsbewertung ist
durch die Führung einer Standardabweichungs-, Spannweiten- oder Urwertkarte
möglich.

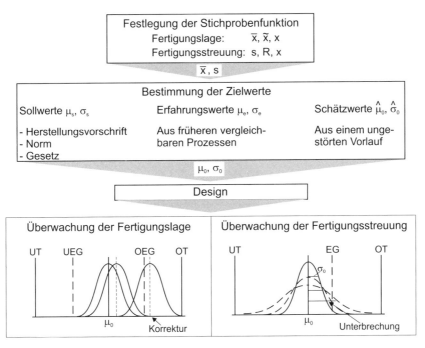

Bild 5.2-10: Simultane Überwachung von Prozesslage und -streuung

Nach der Festlegung der geeigneten Stichprobenfunktionen sind zur Bestimmung
der Eingriffs- und Warngrenzen die Zielwerte dieser Größen vorzugeben. Idealer-
weise werden diese Daten den aus Herstellungsvorschriften, Normen oder
Gesetzen abgeleiteten Sollvorgaben (μ_s, σ_s) entnommen. Existieren derartige Richtlinien nicht, wird häufig auf Erfahrungswerte (μ_e, σ_e) aus früheren vergleichbaren

Prozessen zurückgegriffen. Scheidet auch diese Möglichkeit aus, so müssen geeignete aussagefähige Schätzwerte ermittelt werden. Hierzu werden insbesondere in der Massenfertigung umfangreiche Prozessvorläufe durchgeführt. Nach der Fertigung von bis zu 100 Teilen bei einem ungestörten Prozessverlauf erfolgt eine Einzelprüfung sowie die Ermittlung der benötigten Verteilungsparameter. Nach Abschluss des anschließenden Regelkartendesigns wird die simultane Überwachung prozessbegleitend durchgeführt.

Eine Abweichung von der idealen Prozesslage kann i.A. vom Maschinenbenutzer, beispielsweise durch einen Werkzeugwechsel, korrigiert werden. Die Ursachen für eine Veränderung der Prozessstreuung sind hingegen zumeist weitaus komplexer. Als Reaktion hierauf verbleiben fast ausschließlich eine sofortige Unterbrechung der Bearbeitung sowie eine umfangreiche Analyse der ursächlichen Wirkmechanismen.

Neben der Überschreitung der Warn- und Eingriffsgrenzen existiert eine Vielzahl von Testkriterien, um das Auftreten nichtzufälliger Ereignisse bei der Führung von Qualitätsregelkarten zu erkennen **(Bild 5.2-11)**.

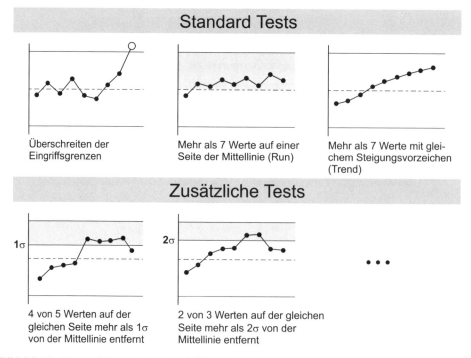

Bild 5.2-11: Testverfahren auf nicht zufällige Verläufe in Regelkarten

Es kann beispielsweise eine Störung angezeigt werden, wenn mehr als sieben aufeinander folgende Werte auf einer Seite der Mittellinie liegen (Run) oder in aufsteigender bzw. abfallender Reihenfolge auftreten (Trend). Die Wahrscheinlichkeit dafür, dass ein derartiges Verhalten tatsächlich auf eine Prozessstörung und nicht auf ein zufälliges Ereignis zurückzuführen ist, liegt ebenfalls bei über 99 %.

Zusätzlich zu diesen Standardkriterien kann getestet werden, ob unnatürlich viele aufeinander folgende Stichprobenbefunde in der Nähe der Mittellinie oder der Grenzen liegen. Über die hier beschriebenen Kriterien hinaus existieren mehr als 30 weitere Testverfahren. Aus Gründen der Übersichtlichkeit empfiehlt sich jedoch für den Anwender eine Beschränkung auf die beschriebenen und in der Praxis verbreiteten Methoden.

Zur Reduzierung des Aufwands bei der Erstellung von Regelkarten werden diese mittlerweile fast ausnahmslos rechnergestützt geführt. Ein Beispiel für eine derartige Grafik ist in **Bild 5.2-12** für eine gleichzeitige Überwachung von Mittelwert und Standardabweichung dargestellt.

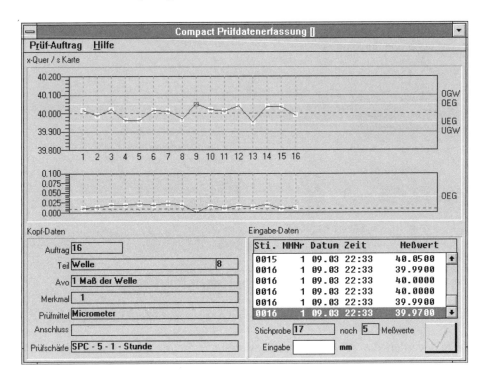

Bild 5.2-12: Beispiel rechnergeführter Qualitätsregelkarten

5.2.5   Neuere Typen von Qualitätsregelkarten

Die im vorangegangenen Abschnitt behandelten klassischen Qualitätsregelkarten beruhen auf dem von W.A. Shewart entwickelten Prinzip, nach dem die Entscheidung über einen prozesskorrigierenden Eingriff allein anhand des Befunds der aktuellen Stichprobe getroffen wird. Seit einiger Zeit existieren jedoch weitere Verfahren der Prozessüberwachung auf Stichprobenbasis, die bei der Bewertung zusätzlich die Resultate zurückliegender Stichproben einbeziehen. Der Vorteil dieser Ansätze liegt vor allem in der oftmals empfindlicheren Reaktion der Stichprobenfunktionen auf eintretende Störungen begründet, d.h., es wird bereits in der Anfangsphase eines unerwünschten Abdriftens von Prozesslage und -streuung die Notwendigkeit eines korrigierenden Eingriffs angezeigt [Mit 93]. Die derzeit bekannteste Anwendung dieser auch als „Qualitätsregelkarten mit Gedächtnis" bezeichneten Verfahren bildet die KUSUM-Mittelwertkarte **(Bild 5.2-13)**.

KUSUM-Mittelwertkarte

Stichprobenfunktion

$$Y_t = \sum_{j=1}^{t} (\bar{x}_{jn} - \mu_0)$$

t: Anzahl der Stichproben
seit Prozessbeginn,
bzw. Prozesseingriff

Erwartungswert

$$E(Y_t) = \sum_{j=1}^{t} [E(\bar{x}_{jn} - \mu_0)]$$

$$= \sum_{j=1}^{t} (\mu_j - \mu_0) = (\mu - \mu_0)t$$

Der Erwartungswert der kumulierten Abweichungssumme ist bei konstantem Fertigungsniveau eine lineare Funktion von t

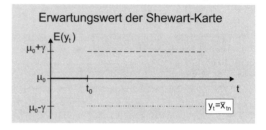

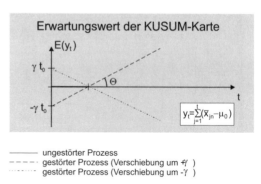

——— ungestörter Prozess
– – – – gestörter Prozess (Verschiebung um +γ)
·········· gestörter Prozess (Verschiebung um -γ)

Bild 5.2-13: Qualitätsregelkarten mit Gedächtnis (in Anlehnung an [Rin 95])

Hierbei werden die Abweichungen zwischen dem j-ten Mittelwert $\bar{x}_{in}$ und dem Zielwert μ_0 über alle seit Prozessbeginn oder seit dem letzten Prozesseingriff gezogenen Stichproben j summiert und zur Stichprobenfunktion Y_t zusammengefasst. Für den Erwartungswert der so definierten Prüfstatistik folgt:

$$E(Y_t) = (\mu - \mu_0) \cdot t \tag{5.2-1}$$

Der Erwartungswert der kumulierten Abweichungssumme bildet somit bei konstantem Fertigungsniveau eine lineare Funktion von t, wobei die zugehörige Gerade die Steigung $\mu - \mu_0$ aufweist. Wird die Stichprobenfunktion über der Stichprobennummer t dargestellt, so ergibt sich für einen ungestörten Prozess ein um die t-Achse oszillierender Verlauf. Bereits kleine Störungen führen jedoch dazu, dass sich die Prüfgröße im Mittel mit einer Niveauverschiebung der Steigung $\mu - \mu_0$ von der Nulllinie entfernt. Im Gegensatz zu Shewart-Regelkarten, die achsparallele Grenzen aufweisen, muss der Kurvenzug einer KUSUM-Mittelwertkarte daher anhand seiner Steigung beurteilt werden. Hierzu existieren zwei unterschiedliche Verfahren [Rin 95].

Die grafische Auswertung mit der sogenannten V-Maske wurde gegen Ende der fünfziger Jahre von Barnard entwickelt **(Bild 5.2-14)**. Der Test erfolgt hierbei mithilfe einer Schablone, deren Geometrie durch die Leitdistanz d sowie den Öffnungswinkel 2Θ gekennzeichnet ist. Die Werte von d und Θ werden anhand der maximal zulässigen Prozessniveauverschiebungen analog zu den Warn- und Eingriffsgrenzen der Shewart-Karte unter Vorgabe der statistischen Randbedingungen ermittelt.

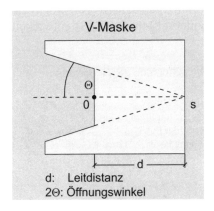
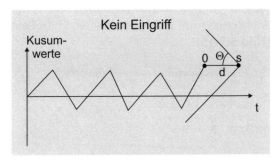
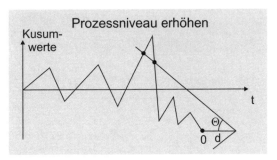

Bild 5.2-14: Grafische Auswertung von KUSUM-Mittelwertkarten

Soll der bis zum Prüfzeitpunkt t ermittelte Streckenzug der KUSUM-Regelkarte untersucht werden, so wird der Punkt 0 der V-Maske mit dem entsprechenden Wert der Stichprobenfunktion Y_t zur Deckung gebracht. Verläuft der gesamte KUSUM-Graph, also die bis zum Prüfzeitpunkt durch Streckenzüge verbundene Punktefolge innerhalb des Öffnungswinkels, so ist mit hoher Wahrscheinlichkeit davon auszugehen, dass sich die Fertigungslage nicht zu stark vom Sollwert μ_0 entfernt hat. Ein korrigierender Eingriff ist somit nicht erforderlich.

Schneidet der Kurvenzug einen der beiden Schenkel des Öffnungswinkels, so wird angenommen, dass sich der Prozessverlauf zu irgendeinem Zeitpunkt unzulässig verschoben hat und korrigiert werden muss. Je nachdem, ob der obere oder der untere Schenkel geschnitten werden, ist das Prozessniveau zu erhöhen bzw. zu senken.

Wie die Beschreibung dieses Prüfverfahrens verdeutlicht, gestaltet sich die Auswertung von KUSUM-Mittelwertkarten mit einer V-Maske überaus umständlich sowie unanschaulich. Eine Akzeptanz dieser Methode beim Anwender, also dem Maschinenbenutzer ist somit kaum zu erreichen, wenngleich die Möglichkeit besteht, den Test durch Einsatz von Rechnern erheblich zu vereinfachen. Aus diesem Grunde wurde ebenfalls bereits in den fünfziger Jahren von Page die Auswertung mit dem sogenannten Entscheidungsintervallschema (EIS) entwickelt **(Bild 5.2-15)**.

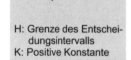
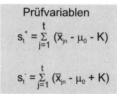

Testparameter	Prüfvariablen	Führung der Regelkarte
H: Grenze des Entscheidungsintervalls K: Positive Konstante	$s_t^+ = \sum_{j=1}^{t} (\bar{x}_{jn} - \mu_0 - K)$ $s_t^- = \sum_{j=1}^{t} (\bar{x}_{jn} - \mu_0 + K)$	- Keine Führung für: $s_t^+ \leq 0$ bzw. $s_t^- \geq 0$ - Beginn der Führung für: $s_t^+ > 0$ bzw. $s_t^- < 0$ - Ende der Führung für: $s_t^+ \leq 0$ bzw. $s_t^- \geq 0$ - Eingriff bei: $s_t^+ > H$ bzw. $s_t^- < -H$

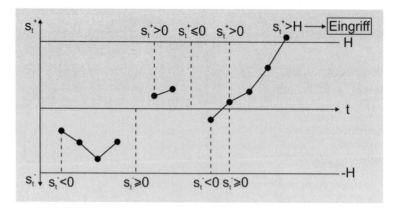

Bild 5.2-15: Auswertung von KUSUM-Mittelwertkarten nach dem EIS-Verfahren

Die auf der Basis des EIS geführten KUSUM-Karten besitzen, analog zur Aus-
wertung mit der V-Maske, ebenfalls zwei positive Parameter. Der Wert H, der die
Grenzen des Entscheidungsintervalls bildet sowie eine positive Konstante K. Beide
Parameter werden ebenfalls nach Vorgabe der statistischen Annahmen berechnet.
Hierbei wird nicht die konventionelle Stichprobenfunktion ermittelt, sondern zwei
hieraus abgeleitete Prüfvariablen S_t^+ und S_t^-, die aus Y_t durch Addition bzw.
Subtraktion von K gebildet werden.

Für den Fall, dass die Bedingungen

$$\bar{x}_{jn} - \mu_0 - K \leq 0 \quad \text{und} \tag{5.2-2}$$

$$\bar{x}_{jn} - \mu_0 + K \geq 0 \tag{5.2-3}$$

gleichzeitig erfüllt sind, werden keine Werte in der entsprechenden Karte geführt.
Für

$$\bar{x}_{jn} - \mu_0 - K > 0 \tag{5.2-4}$$

wird die Summe S_t^+, die je nach Größe der hinzukommenden Summanden wächst
oder fällt, gebildet. Sinkt der Wert erneut unter Null oder erreicht er die obere
Grenze H, so endet die Summenbildung. Bei Überschreitung der Eingriffslinie ist
das Prozessniveau durch einen Eingriff zu senken. Entsprechend wird die
Prüfvariable S_t^- gebildet, sobald sich für den Test

$$\bar{x}_{jn} - \mu_0 + K < 0 \tag{5.2-5}$$

ergibt. Auch hier endet die Bildung der Prüfvariablen, sobald sich ein positiver
Wert einstellt oder die negative Grenze überschritten wird. Die Überschreitung von
$-H$ zeigt in diesem Fall die Notwendigkeit einer Prozessniveauerhöhung an
[Rin 95].

Wenngleich das beschriebene Schema recht umständlich wirkt, ist eine automatisierte Führung derartiger Karten problemlos möglich. Der besondere Vorteil
für den Anwender liegt in der guten Anschaulichkeit und Ähnlichkeit im Vergleich
zu klassischen Regelkarten.

5.2.6   Randbedingungen für den Einsatz von Regelkarten

Wie die bisherigen Ausführungen gezeigt haben, ist die prozessbegleitende
Führung von Qualitätsregelkarten stets mit mehr oder weniger hohem Aufwand
verbunden. Dieser Aufwand wird jedoch durch die Möglichkeiten der
Prozessbeurteilung, die sich hierdurch bieten, gerechtfertigt. Die Aussagefähigkeit
der Regelkarten ist jedoch nur dann gegeben, wenn einige grundsätzliche

Anforderungen an die SPC-Eignung des betrachteten Merkmals erfüllt sind **(Bild 5.2-16)**.

Zunächst ist die Korrelation des Qualitätsmerkmals zu den übrigen Merkmalen des Bauteils zu untersuchen. Es muss geklärt werden, inwieweit ein notwendiger Eingriff die Ausprägung der übrigen Größen beeinflusst. Ein Beispiel hierfür bildet die Zustellung des Drehmeißels bei der gleichzeitigen Bearbeitung mehrerer Wellenabsätze. Ist dieser Einfluss gegeben, so sind geeignete Führungsmerkmale zu bestimmen und zu regeln.

Ein weiteres wesentliches Kriterium bildet die Messbarkeit des Merkmals. Hier ist vor allem sicherzustellen, dass zur Prüfung ein Messverfahren mit einer ausreichend geringen Messunsicherheit eingesetzt wird. Als Folge der Verwendung ungenauer Messmittel werden die Stichprobenbefunde falsch interpretiert, so dass die Verlässlichkeit ihrer Aussage nicht gegeben ist und sowohl das Produzenten- als auch das Konsumentenrisiko unnötig erhöht wird. Der Auswahl geeigneter Messmittel ist daher bei der Durchführung der SPC große Bedeutung beizumessen.

Schließlich sind auch die Materialeigenschaften der untersuchten Bauteile zu berücksichtigen. Häufig ist eine Zeitabhängigkeit der Messgröße infolge von Temperaturschwankungen oder Materialschrumpfungen zu beobachten. Auch hierdurch wird, insbesondere bei eng tolerierten Qualitätsmerkmalen, eine falsche Bewertung des Prozessverlaufs hervorgerufen. Diese Abhängigkeiten müssen vor Anlauf des Prozesses ermittelt und bei der Überwachung berücksichtigt werden.

	Korrelation zu anderen Merkmalen	Messbarkeit	Materialeigenschaften
Problem	Regelung eines Merkmales beeinflusst andere Merkmale Merkmal wird durch vorhergehende Merkmale beeinflusst	Messverfahren besitzt keine ausreichend geringe Messunsicherheit, Stichprobenbefunde werden falsch interpretiert, Verlässlichkeit der Aussage ist nicht gegeben	Die Messgröße ist zeitabhängig, z.B. infolge von Materialschrumpfung oder Temperaturveränderungen
Lösung	Führungsmerkmale ermitteln und regeln	Geeignete Messverfahren bzw. Messgeräte bereitstellen	Abhängigkeiten feststellen und reproduzierbaren Standardablauf definieren

Bild 5.2-16: Kriterien für die SPC-Eignung eines Merkmals

5.3   Fähigkeit von Fertigungsprozessen

Infolge der unterschiedlichsten Einflussfaktoren im Umfeld der Produktion treten bei der Fertigung der Qualitätsmerkmale stets mehr oder weniger stark ausgeprägte Abweichungen von den Sollvorgaben auf. In den Prozessverläufen führt dieser Effekt zu einer Streuung der Merkmalsausprägungen innerhalb oder außerhalb des Toleranzbereiches. Dies wird durch statistische Verteilungen beschrieben. Die Ausprägung von Lage und Form der Verteilung wiederum ist von entscheidender Bedeutung im Hinblick auf die produzierte Anzahl von Ausschussteilen.

In **Bild 5.3-1** sind die möglichen Ausprägungen prozessbeschreibender Verteilungen dargestellt. Der obere linke Teil zeigt zunächst einen Verlauf, für den alle gefertigten Maße innerhalb des Toleranzbereiches liegen und in beide Richtungen gleichmäßig um den vorgegebenen Sollwert streuen. Man spricht in diesem Fall von einem fähigen Prozess. Im oberen rechten Bildteil ist ein von der Form her identischer Verlauf zu erkennen, der jedoch zum Sollwert um einen festen Betrag verschoben ist. Diese Verschiebung führt zu einem hohen Anteil produzierter Ausschussteile. Im Bild unten links ist ein Prozessverlauf dargestellt, für den das Maximum zwar mit dem Sollwert übereinstimmt, der jedoch wesentlich breiter streut, so dass auch hierbei ein hoher Ausschussanteil erzeugt wird. Der untere rechte Bildteil zeigt schließlich eine Überlagerung der beschriebenen Effekte.

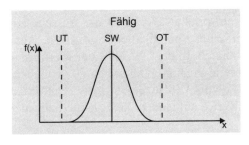
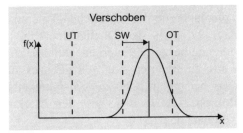
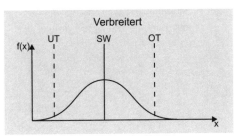
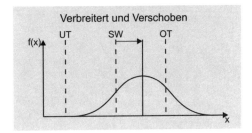

Bild 5.3-1:   Fähigkeit von Prozessen

Fähigkeitsindizes

Zur Beschreibung des realen Prozessverhaltens ist es aus Gründen der Anschaulichkeit sinnvoll, Kenngrößen zu definieren, die unabhängig von den spezifischen geometrischen Ausprägungen des Merkmals eine eindeutige Aussage über die Fähigkeit ermöglichen. Dies erfolgt in der Praxis durch die Ermittlung von Fähigkeitsindizes für die Fertigungseinrichtung und den Prozess **(Bild 5.3-2)** [Bos 91], [Chr 91], [Die 95]. Man unterscheidet zwischen potenziellen und tatsächlichen Fähigkeitsindizes. Potenzielle Fähigkeitsindizes bewerten nur die Streuung, da implizit ein ideal zentrierter Prozess angenommen wird. Die tatsächlichen Fähigkeitsindizes (gekennzeichnet durch ein indiziertes k) bewerten dagegen Prozesslage und -streuung. Während die Prozesslage in der Regel durch kleine Eingriffe in den Prozess, wie beispielsweise die Verwendung eines Werkzeugs mit verändertem Durchmesser bei der Herstellung einer Bohrung, korrigiert werden kann, sind, zur Verringerung der Prozessstreuung umfangreichere Maßnahmen bis hin zum Austausch der Bearbeitungsmaschine erforderlich.

Für die Bestimmung der Fähigkeitsindizes wird die Breite des Toleranzintervalls (OT – UT) auf die sogenannte natürliche Toleranz $6s$ bei angenommener Normalverteilung bezogen. Der Wert s entspricht hierbei dem durch eine Stichprobe ermittelten Schätzwert für den Parameter σ – die Standardabweichung. Der Bereich der natürlichen Toleranz beinhaltet ca. 99,73 % der Gesamtfläche der Wahrscheinlichkeitsdichtefunktion. Ein potenzieller Fähigkeitsindex von 1, für den die Toleranzbreite der natürlichen Toleranz $6s$ entspricht, lässt somit die Aussage zu, dass 99,73 % des Qualitätsmerkmals mit einer spezifikationskonformen Ausprägung hergestellt werden. Der Merkmalsbereich, in dem 99,73 % der Merkmalswerte zu erwarten sind, wird Prozessstreubreite genannt. Daraus ist zu schließen, dass bei einem potenziellen Fähigkeitsindex von 1, also einem ideal zentrierten Prozess, jeweils 0,135 % der Merkmalswerte auf jeder Seite außerhalb der Toleranz liegen.

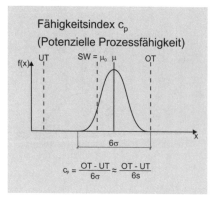 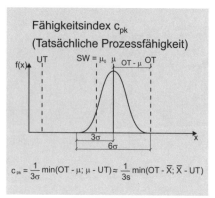

Bild 5.3-2:   Fähigkeitsindizes: Kenngrößen zur Beschreibung der Maschinen- und Prozessfähigkeit

Die Ermittlung der verschiedenen Fähigkeitsindizes erfolgt nach der gleichen Berechnungsvorschrift, hat aber jeweils unterschiedliche Datenmengen als Basis. Die Maschinenfähigkeitsindizes c_m und c_{mk} werden aus den Daten einer Kurzzeitstudie berechnet. Grundlage ist eine Stichprobe zur Bestimmung der Streuungskomponenten der Maschine. Die typische Anwendung für den Maschinenfähigkeitsindex ist die Abnahme einer Werkzeugmaschine beim Hersteller. Die vorläufige Prozessfähigkeit p_p und p_{pk} wird im Rahmen einer Vorlaufuntersuchung bestimmt. Grundlage ist hier ein Mindestumfang von 100 Teilen bzw. ein prozessgerechter Umfang. Die tatsächliche Prozessfähigkeit c_p und c_{pk}, wird während des Serienlaufs durch die Entnahme von Stichproben aus dem Prozess bestimmt.

Prozess und Maschinenqualifikation

Die DIN EN ISO 9001 verlangt bei der Planung von Produktionsvorgängen, dass diese unter beherrschten Bedingungen abzulaufen haben. Um dieser Forderung in der gesamten Prozesskette nachzukommen, sind Lieferanten häufig gehalten, Elemente des Qualitätsmanagementsystems mit ihren Kunden abzustimmen, d.h. Qualitätsdaten offenzulegen und Qualitätsstandards einzuhalten. Das schließt insbesondere Qualitätsdaten in Form von Fähigkeitsnachweisen der Prozesse und Maschinen ein. Die beschriebenen Fähigkeitsindizes kommen bei der allgemeinen Vorgehensweise zur Qualifikation eines Prozesses und dessen Fertigungseinrichtung (Werkzeugmaschine) nach VDA 4.1 zum Einsatz. Kernpunkt ist eine mehrstufige Vorgehensweise, wie sie in **Bild 5.3-3** beschrieben ist.

Unternehmensspezifisch ist das Vorgehen einigen Variationen unterworfen, was in einzelnen Unternehmensrichtlinien zum Ausdruck kommt (z.B. [Bos 91], [Chr 91], [For 91a], [Mer 91], [Ope 96], [Psa 91], [Sie 93], und [Vol 95]).

Grundlage der Maschinenbeschaffung und Maschinenauswahl ist der Maschinenfähigkeitsindex. Die Maschinenabnahme erfolgt auf Basis der Maschinenfähigkeit noch beim Hersteller der Werkzeugmaschine. Vor Serienanlauf sind in einer Voruntersuchung zunächst alle bekannten systematischen Einflüsse abzustellen und das Verteilungsmodell des betrachteten Prozesses zu bestimmen. Anschließend wird die vorläufige Prozessfähigkeit ermittelt. Auf dieser Basis kann die Maschinenabnahme beim Anwender erfolgen. Prozessbegleitend wird dann nach Serienanlauf die (Langzeit-) Prozessfähigkeit bestimmt. Dabei muss sichergestellt sein, dass alle prozessbestimmenden Faktoren (Mensch, Maschine, Material, Methode und Umwelt) wirksam sind.

Mindestanforderungen an die potenzielle und tatsächliche Prozessfähigkeit legt in der Regel der Kunde fest, die zum Teil sehr viel größere c_p- und c_{pk}-Werte erzwingen. Für c_p-Werte größer oder gleich 1 wird auf einen fähigen Prozess geschlossen, als Nebenbedingungen sind aber immer die Kundenanforderung einzuhalten. Stark abweichende oder gar den kundenspezifischen Grenzwert (minimal 1) unterschreitende c_{pk}-Werte erfordern eine Zentrierung des Prozesses.

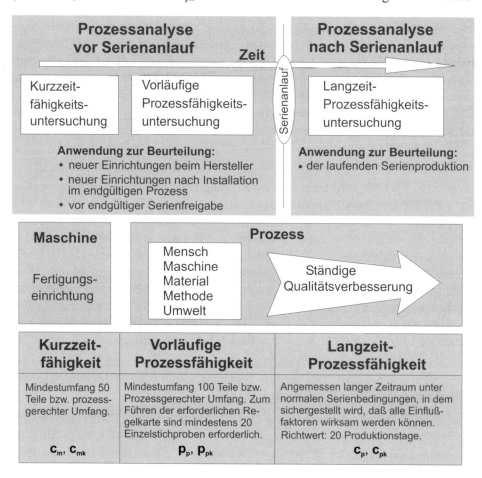

Bild 5.3-3:   Vorgehensweise zur Ermittlung der Prozessfähigkeit nach VDA 4.1

Prozessmodell

Für die korrekte Einschätzung eines Prozesses ist es erforderlich, das statistische Verhalten mit einem geeigneten Modell möglichst exakt zu beschreiben. Zur Modellbeschreibung werden die von einer Fertigungseinrichtung hergestellten Teile – ein fähiges Messverfahren und ausreichend große Stichproben vorausgesetzt – gemessen. Mithilfe der in Abschnitt 5.1 vorgestellten statistischen Verfahren (Wahrscheinlichkeitsnetz, χ^2-Test) kann nun basierend auf diesen Messdaten das als Hypothese vorgegebene mathematische Modell des Prozesses geprüft werden. Anhand des ausgewählten Modells kann dann ein Schätzwert für die Prozessstreubreite und die Prozesslage angegeben werden. Verschiedene Prozessmodelle sind in **Bild 5.3-4** aufgeführt. Prozessmodell A ist der klassische Shewart-Prozess, Modell B ist die Darstellung für einseitig begrenzte Merkmale (physikalisch oder durch Rechnung). Bei Prozessmodell C tritt Nicht-Normalverteilung durch abweichende Streuung auf, bei den Modellen D und E durch abweichende Lage. Die Kombination von abweichender Lage und Streuung sowie abweichende Stichprobenverteilungen führt zu Prozessmodell F.

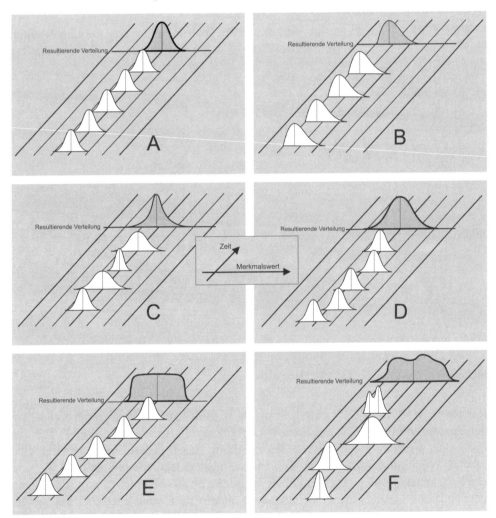

Bild 5.3-4:   Häufig auftretende Prozessmodelle

Für den Fall des normalverteilten Prozesses vereinfacht sich die Berechnung der Fähigkeitsindizes gemäß **Bild 5.3-2**. Es wird aus dem Quotienten des minimalen Abstands zwischen Toleranzgrenzen und Erwartungswert mit der halben natürlichen Toleranz $3s$ gebildet. Allerdings haben die Resultate einer umfassenden Untersuchung von 1000 Prozessen bei einem Automobilhersteller ergeben, dass in 95 % der Fälle eine Mischverteilung vorliegt. Die Annahme einer Normalverteilung traf nur in 2 % der Fälle zu [Die98].

Bedeutung der Fähigkeitsindizes

In **Bild 5.3-5** ist die Lage der Verteilung im Toleranzfeld eines normalverteilten Qualitätsmerkmals für verschiedene Werte der Prozessfähigkeitsindizes c_p und c_{pk} dargestellt.

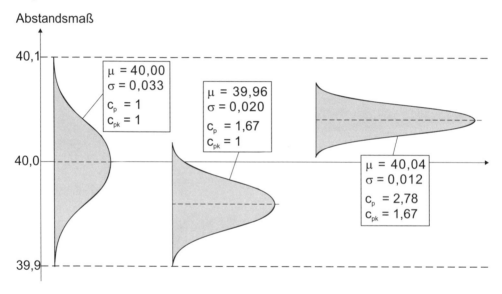

Bild 5.3-5:   Bedeutung der Fähigkeitskennwerte

Bei einem Wert von 1 für beide Kennwerte wird der gesamte Toleranzbereich von der Prozessstreubreite ($6s$) ausgenutzt. Dies entspricht dem Grenzfall eines fähigen Prozesses. Bereits eine minimale Verschiebung des Prozessniveaus bewirkt eine erhöhte Produktion von Ausschussteilen und muss entsprechend korrigiert werden. Auch für einen verhältnismäßig hohen c_p-Index von 1,67 ist nicht zwangsläufig ein einwandfreier Prozessverlauf sichergestellt, da die Verteilung auch hier infolge der Verschiebung an die Grenzen des Toleranzintervalls stoßen kann. Ein sicher beherrschter Prozess stellt sich im betrachteten Fall lediglich für die rechts dargestellte Verteilung ein. Für diesen Zustand resultieren Fähigkeitsindizes von $c_p = 2{,}77$ bzw. $c_{pk} = 1{,}67$. Eine weitere Prozessverbesserung kann in diesem Fall durch die Zentrierung des Prozesses, d.h. durch eine Verschiebung der Prozesslage erreicht werden, so dass die Prozessfähigkeitsindizes den Wert $c_p = c_{pk} = 2{,}77$ annehmen.

Die einfach definierten und somit anschaulichen Prozessfähigkeitsindizes verdeutlichen oftmals nicht die hiermit verbundenen extremen Anforderungen. Da ein Kennwert von 1 einen gerade fähigen Prozess symbolisiert, werden seitens der Kunden gewisse Sicherheiten gefordert, die sich in c_p- und c_{pk}-Werten von 1,33 bis 2 ausdrücken. Die Bedeutung dieser Vorgaben wird seitens der Hersteller häufig unterschätzt. Einen besseren Eindruck über die so beschriebenen Qualitätsansprüche vermitteln die hieraus abgeleiteten maximalen Ausschussquoten, die i.A. in der Einheit ppm (parts per million) angegeben werden **(Bild 5.3-6)**.

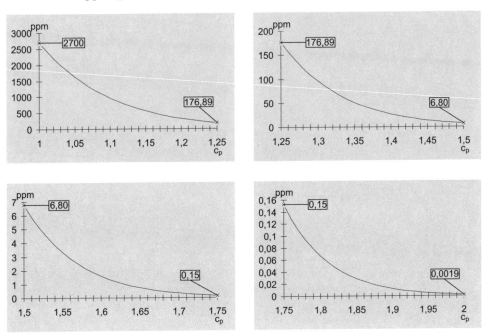

Bild 5.3-6:   Zusammenhang zwischen Fähigkeitskennwerten und ppm-Raten

Es ist zu erkennen, dass die zugelassenen ppm-Raten in Abhängigkeit vom c_p-Index exponentiell abfallen. Ein c_p-Index von 1 lässt eine Produktion von ca. 2700 Ausschusseinheiten zu. Dies ist für das betrachtete Qualitätsmerkmal von einem gut ausgelegten Prozess in der Regel realisierbar. Bereits ein c_p-Wert von 1,5 stellt mit maximal 6 Ausschusseinheiten jedoch extreme Anforderungen. Für einen Wert von 2 wird praktisch über die gesamte Produktlebensdauer kein Ausschuss zugelassen. Dieser Sachverhalt verdeutlicht, dass die produzierenden Unternehmen heutzutage einem extremen Druck ausgesetzt sind, da auch nur die annähernde

Einhaltung der vor allem von der Automobilindustrie festgesetzten Forderungen einen extremen Aufwand sowohl präventiv als auch hinsichtlich der Überwachung hervorruft.

Aufgrund der Anforderungen der Praxis (ideale Zentrierung ist nicht zu gewährleisten) werden Prozesse erst ab einem potenziellen Fähigkeitsindex oberhalb von $c_p = 1,33$ als fähig betrachtet (**Bild 5.3-7**). Liegt dazu der tatsächliche Fähigkeitsindex c_{pk} auf einem vergleichbaren Wert, wird von einem beherrschten Prozess gesprochen. Der Prozess ist in diesem Fall nahezu ideal zentriert. Die gleiche Unterteilung wird ebenfalls bei unfähigen Prozessen vorgenommen.

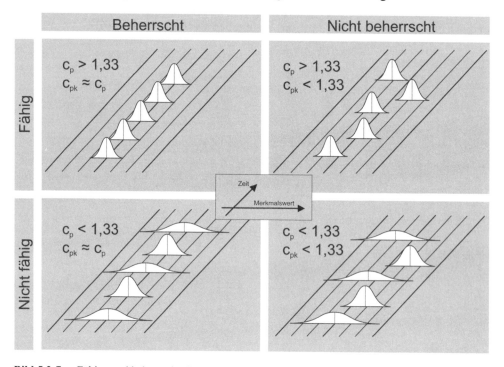

Bild 5.3-7: Fähige und beherrschte Prozesse

Schrifttum

[Ang 92]	Anghel, C.; Hausberger, H.; Streintz, W.: Unsymmetriegrößen erster und zweiter Art richtig auswerten. In: Qualität und Zuverlässigkeit 37 (1992) 12, S. 755-758 und 38 (1993) 1, S. 37-40
[Bam 96]	Bamberg, G.; Baur, F.: Statistik. München, Wien: R. Oldenbourg Verlag, 1996
[Die 95]	Dietrich, E.; Schulze, A.: Statistische Verfahren zur Maschinen- und Prozessqualifikation. München, Wien: Carl Hanser Verlag, 1995
[Die 98]	Dietrich, E.; Schulze, A.: Richtlinien zur Beurteilung von Messsystemen und Prozessen, Abnahme von Fertigungseinrichtungen, Carl Hanser Verlag, September 1998.
[Dut 84]	Dutschke, W.; Illig, W.: Statistische Auswertemethoden. In: Warnecke, H.-J.; Fertigungsmesstechnik. Berlin, Heidelberg, New York, Tokyo: Springer Verlag, 1984
[Ehr 86]	Ehrenberg, A.: Statistik oder der Umgang mit Daten (Titel der Orginalausgabe: A Primer in Data Reduction). Weinheim: VCH Verlagsgesellschaft, 1986
[Gim 91]	Gimpel, G.: Qualitätsgerechte Optimierung von Fertigungsprozessen. Dissertation RWTH Aachen, Düsseldorf: VDI-Verlag, 1991
[Har 95]	Hartung, J.; Elpelt, B.; Klösener, K.-H.: Statistik, Lehr- und Handbuch der angewandten Statistik. München, Wien: R. Oldenbourg Verlag, 1995
[Her 96]	Hering, E.; Triemel, J.; Blank, H. P.: Qualitätsmanagement für Ingenieure. Düsseldorf: VDI-Verlag, 1996
[Kai 99]	Kaiser, B.; Nowack, H.: Nur scheinbar instabil. QZ 44 (1999) 6, S. 761-765.
[Kir 94]	Kirschling, G.: Qualitätsregelkarten. In: Masing, W.: Handbuch Qualitätsmanagement. München, Wien: Carl Hanser Verlag, 1994
[Mit 93]	Mittag, H.-J.: Qualitätsregelkarten. München, Wien: Carl Hanser Verlag, 1993
[Pf 96]	Pfeifer, T.: Qualitätsmanagement. München, Wien: Carl Hanser Verlag, 1996
[Rin 95]	Rinne, H.; Mittag, H.-J.: Statistische Methoden der Qualitätssicherung. München, Wien: Carl Hanser Verlag, 1995
[Slö 94]	Schlötel, E.: Auswertungsverfahren. In: Masing W.: Handbuch Qualitätsmanagement. München, Wien: Carl Hanser Verlag, 1994
[Sta 70]	Stange, K.: Angewandte Statistik Teil 1 Eindimensionale Probleme. Berlin, Heidelberg, New York: Springer Verlag, 1970

Normen und Richtlinien

DIN 53804	DIN 53804: Statistische Auswertungen (Teil 1, 2, 3, 4). Köln, Berlin: Beuth-Verlag, 1982 bis 2002
DIN 55350	DIN 55350: Begriffe zu Qualitätsmanagement und Statistik (Teil 11, 33). Köln, Berlin: Beuth-Verlag, 1993 bis 2008
DIN 2859	DIN ISO 2859: Annahmestichprobenprüfung anhand der Anzahl fehlerhafter Einheiten oder Fehler / Attributprüfung (Teil 1–4, 10). Köln, Berlin: Beuth-Verlag, 1993 bis 2005

DIN 5479   DIN ISO 5479: Tests auf Normalverteilung. Köln, Berlin: Beuth-
                    Verlag, 2004

QS-9000   Chrysler Corp.; Ford Motor Comp.; General Motors Corp.: Quality
                    System Requirements QS-9000, 1994

VDA 4 Teil 1   VDA 4 Teil 1: Sicherung der Qualität vor Serienansatz –
                    Partnerschaftliche Zusammenarbeit, Abläufe, Methoden. Frankfurt:
                    Verband der Automobilindustrie e. V. (VDA), 1996

VDMA 8669   VDMA – Verband Deutscher Maschinen- und Anlagenbau e.V. –
                    VDMA 8669: Fähigkeitsuntersuchung zur Abnahme spanender
                    Werkzeugmaschinen. Beuth-Verlag GmbH, Berlin, 1995.

[Bos90]   Robert Bosch GmbH, Schriftenreihe „Qualitätssicherung in der
                    Bosch-Gruppe Nr. 9", Technische Statistik Maschinen- und
                    Prozessfähigkeit. Stuttgart, 1990.

[Chr 91]   Chrysler Corp.; Ford Motor Comp.; General Motors Corp.:
                    Fundamental Statistical Process Control. Reference Manual, 1991

[Chr 94]   Chrysler Corp., Ford Motor Co., General Motors Corp., Quality
                    System Requirements, QS-9000. 1994.

[Chr 95]   A.I.A.G. – Chrysler Corp., Ford Motor Co., General Motors Corp.,
                    Measurement Systems Analysis, Reference Manual. Michigan, USA,
                    1995.

[For91a]   Ford AG: EU 882, Richtlinie für Untersuchungen der vorläufigen und
                    fortdauernden Prozessfähigkeit. Köln, 1991.

[For91b]   Ford Motor Co. / Q-DAS GmbH, Ford Testbeispiele, Beurteilung von
                    SPC Software. Birkenau, 1991.

[For92]   Ford AG: Fertigungseinrichtungen Richtlinie zu Leistungsbeurteilung.
                    Köln, Januar 1992, Auswertung von Positionstoleranzen. Köln,
                    Februar 1995.

[Mer91]   Mercedes Benz AG, Statistische Prozessregelung (SPC) – Leitfaden
                    zur Anwendung. Stuttgart, 1991.

[Ope96]   Opel, Vauxhall, General Motors, Ergänzung der GM Richtlinie B-01
                    – Abnahme von Messmitteln für PT und Chassis-Werke –
                    Qualitätsabnahme von Fertigungseinrichtungen LVQ-1. Rüsselsheim,
                    November 1996.

[Psa91]   PSA Peugeot, Citroën, Renault, CNOMO Norm E41.32.110.N,
                    Produktionsmittel, Zulassung der Funktionsfähigkeit von
                    Produktionsmitteln zur Ausführung von Merkmalen entsprechend
                    einem Normalgesetz. Juli 1991.

[Sie93]   Siemens AG, Maschinen- und Prozessqualifikation. München, 1993.

[Vol95]   Volkswagen AG – Audi AG: BV 1.01 – Betriebsmittel-Vorschriften.
                    Mai 1995.

6   Prüfmittelmanagement

In den letzten Jahren haben sich viele Unternehmen bezüglich ihrer Qualitätsfähigkeit nach Richtlinien und Normen zertifizieren lassen. Dies erfolgte vor dem Hintergrund, dass langfristig ausschließlich qualitativ hochwertige Produkte und Unternehmensprozesse zur Sicherung und zum Ausbau der Marktstellung eines Unternehmens beitragen und andererseits viele Kunden von Zulieferfirmen den Nachweis eines gesicherten Qualitätsmanagements explizit fordern [Die 97], [Gei 97], [Rin 95].

Für die wirtschaftliche Produktion qualitativ hochwertiger Produkte muss die Qualität der Fertigungsprozesse und Produkte geeignet überwacht und kontinuierlich optimiert werden. Ausgangspunkt dieser Maßnahmen ist eine geeignete Erfassung von Qualitätsmerkmalen mit Prüfmitteln.

Im Rahmen der DIN EN ISO 9000ff ist die Prüfmittelüberwachung im "Qualitätselement Prüfmittel" Teil des betrieblichen Qualitätsmanagementsystems. Die QS-9000 fordert für die Untersuchung von Messsystemen: "Es sind angemessene statistische Untersuchungen zur Beurteilung von Messsystemen und Prüfeinrichtungen durchzuführen".

Des Weiteren ist es im Rahmen einer zunehmenden Globalisierung der Märkte und weiter abnehmenden Fertigungstiefen erforderlich, dass Prüf- und Messergebnisse weltweit unternehmensin- und extern miteinander vergleichbar sind. Der Begriff "Traceability" (Rückführung auf nationale bzw. internationale Normale) gewinnt in diesem Zusammenhang zunehmend an Bedeutung [Tra 96].

Zentrale Aufgabe des Prüfmittelmanagementes ist es, die Genauigkeit, Zuverlässigkeit und Einsatzfähigkeit der in einem Unternehmen eingesetzten Mess- und Prüfmittel zu jedem Zeitpunkt zu gewährleisten [Dut 96], [DIN ISO 10012-1]. Hierbei sind die Prüfmittel als Referenz zu verstehen, an der die Qualität der Produkte gemessen wird. Um die tatsächliche Merkmalausprägung an einem Werkstück unter Berücksichtigung wirtschaftlicher Aspekte zu ermitteln, muss der einwandfreie Zustand der verwendeten Prüfmittel zum Zeitpunkt der Prüfung gewährleistet sein [Pf 96]. Die Notwendigkeit einer Prüfmittelüberwachung leitet sich aus der Situation ab, dass fehlerhafte Prüfmittel bzw. Prüfprozesse, deren Verhalten nicht hinreichend bekannt ist, zu Fehlentscheidungen bei der Beurteilung der aktuellen Produkt- oder Fertigungsprozessqualität führen.

Bezogen auf die Produktqualität kann ein positives Prüfurteil gefällt werden, obwohl ein Ausschussteil geprüft wurde. Auf der anderen Seite existiert für den Hersteller eines Produktes das Risiko, Gutteile zu Ausschuss zu erklären oder sie unnötig nachzuarbeiten [Pf 96], [Rin 95]. Die auf diese Weise getroffenen Fehlentscheidungen werden verursacht durch fehlerhafte Qualitätsdaten sowic ihre verdichteten Kennwerte und führen in ihrer Konsequenz zu erhöhten Produktkosten.

Da die Qualität gefertigter Produkte direkt durch die Qualität der Fertigungsprozesse beeinflusst wird, ist es erforderlich, Produktionsprozesse zu überwachen und eventuell regelnd in diese Prozesse einzugreifen [Pf 97], [Die 95], [Rin 95] (Abschnitt 5.2). Um einen Rückschluss auf die Fertigungsprozessqualität zu ermöglichen, muss die Eignung der zur Qualitätsprüfung eingesetzten Mess- und Prüfgeräte gewährleistet sein. Hier sind die mit einem Messgerät ermittelten Messwerte lediglich beobachtete Werte eines Qualitätsmerkmals, das in einem Fertigungsprozess erzeugt wurde. Dem gefertigten Qualitätsmerkmal werden während der Messung die systematischen und statistischen Einflüsse des Messprozesses überlagert. Deshalb ist es notwendig, systematische und zufällige Einflüsse auf die Prüfung unter realen Prüfbedingungen zu erkennen und zu quantifizieren [Pf 96], [Bos 95].

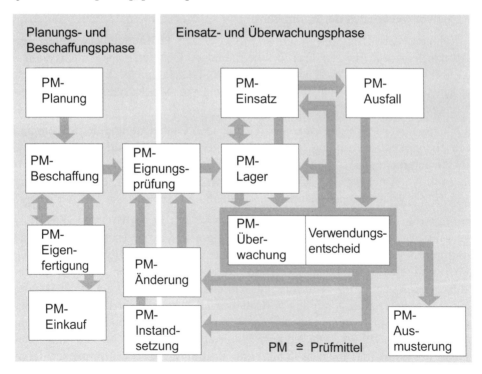

Bild 6-1:   Integration der Prüfmittelüberwachung in das Prüfmittelmanagement

Die sich im Rahmen des Prüfmittelmanagements ergebenden Aufgaben lassen sich in drei Bereiche untergliedern:

- Prüfmittelüberwachung

- Prüfmittelplanung und -beschaffung

- Prüfmittelverwaltung

Die Prüfmittelplanung und -beschaffung beinhaltet die Planung der Verwendung, Eigenschaften, Anforderungen, Spezifikationen und das Einsatzfeld von Prüfmitteln als Teil der Fertigungsplanung und deren Beschaffung bzw. Eigenfertigung [Pf 96]. In der sich an die Beschaffung anschließenden Eignungsprüfung wird ermittelt, ob alle vorgegebenen Forderungen an das Prüfmittel (Pflichtenheft, Zeichnungen, Normen, Vorschriften) erfüllt werden. Nach der Freigabe für die betriebliche Verwendung, werden die Prüfmittel nach Erfassung der Prüfmitteldaten einem Lager zugeführt. Während des Prüfmitteleinsatzes im Betrieb bzw. im Lager werden sie in zeitlich definierten Zyklen einer Überwachungsprüfung unterzogen. Unbeanstandete Prüfmittel werden für den weiteren Einsatz freigegeben.

Beanstandete Prüfmittel bzw. im Einsatz ausgefallene Prüfmittel werden einer Verwendungsentscheidung unterzogen. Dabei wird festgelegt, ob ein Prüfmittel

- bedingt weiterverwendet,

- für andere oder ähnliche Prüfaufgaben geändert, oder

- durch Instandsetzungsmaßnahmen wiederhergestellt

werden kann, (**Bild 6-1**).

Im folgenden Abschnitt sollen die grundlegenden Prinzipien der Prüfmittelüberwachung sowie die hierbei eingesetzten Techniken, ihre Vor- und ihre Nachteile vorgestellt werden. Hierbei beschränkt sich die Prüfmittelüberwachung auf die in der geometrischen Mess- und Prüftechnik eingesetzten Prüfmittel. Im zweiten Teil des Abschnitts erfolgt ein Überblick über die Einbindung der Prüfmittelplanung/ -beschaffung und der Prüfmittelverwaltung in das betriebliche Prüfmittelmanagement.

6.1 Prüfmittelüberwachung

Um die Fähigkeit eines Fertigungsprozesses, seine Lage und Stabilität beurteilen und bei eventuellen Abweichungen von den Sollvorgaben regelnd in den Prozess eingreifen zu können, müssen die Genauigkeit und die Stabilität des Messprozesses gewährleistet sein. Die Konsequenz hieraus ist, dass die den Messprozess beeinflussenden Eigenschaften eines Prüfmittels bekannt sein müssen. Aufgabe der Prüfmittelüberwachung ist es, diese sich zeitlich ändernden Eigenschaften periodisch zu überprüfen und sicherzustellen. Die charakteristischen Eigenschaften eines Prüfmittels können wie folgt beschrieben werden [Die 95], [Bos 95], (**Bild 6.1-1**).

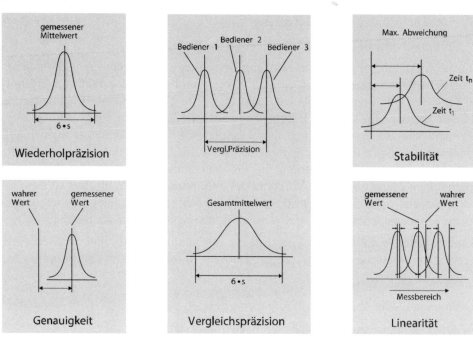

Bild 6.1-1:   Eigenschaften eines Prüfmittels

Genauigkeit

Die Abweichung zwischen dem Mittelwert einer Messwertreihe bei wiederholtem Messen des gleichen Merkmals und dem wahren bzw. als wahr angenommenen Wert des Merkmals wird als Genauigkeit bezeichnet.

Wiederholpräzision

Als Wiederholpräzision wird die Eigenschaft bezeichnet, wie präzise ein ermittelter Messwert in einer Messreihe wiederholt wird. Ein Maß für die Wiederholpräzision ist die Standardabweichung oder die Spannweite einer Messreihe.

Vergleichspräzision

Um den Einfluss einer Randbedingung wie z.B. Bediener, Prüfort oder eingesetztes Prüfmittel zu quantifizieren kann die Vergleichspräzision herangezogen werden.

Stabilität

Das zeitliche Verhalten eines Prüfmittels wird mit dem Begriff Stabilität charakterisiert. Hierzu werden in festgelegten Intervallen Messreihen durchgeführt und Unterschiede der statistischen Kennwerte verglichen.

Linearität

Die Eigenschaft, dass mit zunehmendem Messwert die Messabweichung in erster Näherung durch eine Gerade bekannter Steigung beschrieben werden kann, wird Linearität genannt.

Bei der Überwachung von Prüfmitteln können zwei Prinzipien angewendet werden:

- Die *prüfmittelbezogene Überwachung* betrachtet die Eigenschaften eines Prüfmittels, ohne hierbei auf seine Eignung spezielle Prüfaufgaben zu lösen einzugehen. Diese Prüfungen finden häufig nach gerätebezogenen Normen und Richtlinien unter idealen Umgebungsbedingungen durch geschultes Personal statt (Abschnitt 6.1.2).

- Im Gegensatz hierzu bezieht sich die *prüfaufgabenbezogene Überwachung* auf die Eignung eines Prüfmittels, eine einzelne, genau definierte Messaufgabe unter den spezifischen Prüfbedingungen (z.B. in der Fertigungsumgebung mit schwankenden Temperaturverhältnissen) zu erfüllen (Abschnitt 6.1.3.).

6.1.1 Rückführbarkeit

Die Rückführung und Überwachung eines Messmittels (allgemeiner: Prüfmittel) erfolgt durch den Vergleich mit einem Normal, das den als richtig vorausgesetzten Wert der Messgröße repräsentiert und durch eine ununterbrochene Kette derartiger Vergleichsnormale an das nationale Normal angeschlossen ist. Referenz-, Bezugs- und Gebrauchsnormale sind derartige Normale. Nationalen Normale zur Darstellung der SI-Einheiten werden in der Bundesrepublik Deutschland durch die Physikalisch-Technische-Bundesanstalt PTB bereitgestellt, die außerdem den Anschluss an die internationalen Normale ermöglicht [Pf 96], [DKD 92].

Kalibrierkette

Da Bezugsnormale für die Prüfmittelkalibrierung selten direkt an die PTB angeschlossen sind, werden in der sogenannten Kalibrierkette oftmals eine oder mehrere Zwischenstufen zur Rückführung der Messgeräte und Maßverkörperungen zwischengeschaltet. Hierbei ist zu beachten, dass Messeinrichtungen und Normale mit einer Unsicherheit behaftet sind (**Bild 6.1-2**).

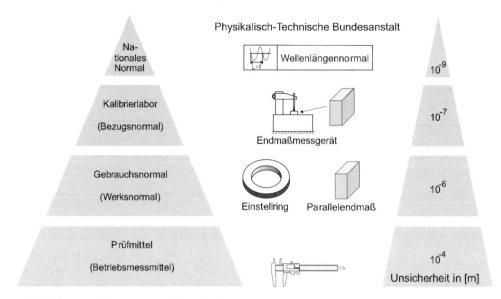

Bild 6.1-2: Rückführung eines Messschiebers

Bei der Kalibrierung eines Messschiebers wird der angezeigte Messwert mit dem bekannten Maß des Parallelendmaßes bzw. des Einstellringes verglichen [VDI/VDE 2617]. Alle Normale, die zur Kalibrierung oder Überwachung von Prüfmitteln eingesetzt werden, müssen zum Zeitpunkt ihres Einsatzes rückgeführt sein. Die Unsicherheit der Maßangaben der Gebrauchsnormale (Einstellring und Parallelendmaß) beträgt hier 1/100 der Unsicherheit des zurückzuführenden Prüfmittels (Messschiebers). Die im Unternehmen eingesetzten Gebrauchsnormale können mit einem geeigneten Prüfverfahren entweder unternehmensintern oder durch ein DKD-Kalibrierlabor kalibriert werden. Das Prüfmittel wird durch die ununterbrochene Kette von Kalibriervorgängen auf das nationale Normal rückgeführt.

Kalibrierdienst

Geschlossen wird die Kalibrierkette durch den Deutschen Kalibrierdienst DKD, die Industrie oder andere Institutionen (Forschungseinrichtungen, TÜV), die die Kalibrierung als Serviceleistung anbieten. Hierbei ist es die Aufgabe des DKD, den Anschluss der Mess- und Prüfeinrichtungen des industriellen Messwesens an die staatlichen Normale bzw. Normalmesseinrichtungen sicherzustellen [DKD 92].

In den letzten Jahren ist in der Bundesrepublik Deutschland ein neuer Dienstleistungsbereich entstanden, der einen Kalibrierdienst für die Prüfmittel kleiner und mittlerer Betriebe bzw. für Sonderprüfmittel anbietet. Dies sind zum Teil Messlabore, die für spezielle Mess- und Kalibrieraufgaben gegründet wurden.

Diese Überwachungsaufgaben werden aber auch von Prüfmittel- oder Messgeräteherstellern angeboten. Hierbei kann von den Anbietern dieser Serviceleistungen auch die Prüfmittelverwaltung und die automatische Benachrichtigung für den Überwachungstermin eines Prüfmittels übernommen werden. Die Kalibrierstellen des DKD werden von der PTB bestätigt und in einer PTB-Mitteilung veröffentlicht, aus der hervor geht, für welche Messgrößen und -verfahren, Messbereiche und Messunsicherheiten die Bestätigung erfolgt ist [DKD 92]. Die durch akkreditierte Kalibrierlabore ausgestellten DKD-Kalibrierscheine sind ein Nachweis für die Rückführung der kalibrierten Messgeräte und Maßverkörperungen auf nationale Normale, wie er von den Normenfamilien DIN EN ISO 9000ff und DIN EN 45 001 gefordert wird.

6.1.2   Prüfmittelbezogene Überwachung

Unter der prüfmittelbezogenen Überwachung, auch gerätespezifische Prüfmittelüberwachung genannt, wird die Prüfung eines Prüfmittels bezüglich seiner gerätebezogenen Eigenschaften verstanden. Für einige in der Industrie häufig eingesetzte Prüfmittel existieren im Rahmen der prüfmittelbezogenen Überwachung einige Richtlinien, die die durchzuführenden Maßnahmen einer solchen Prüfung sehr genau spezifizieren. Hier sind insbesondere Richtlinien für Handmessmittel [VDI/VDE/DGQ 2618] und Koordinatenmessgeräte (KMG) [VDI/VDE 2617], [DIN EN ISO 10360-2] zu nennen. Die im Rahmen dieser Richtlinien und Normen durchgeführten Prüfmittelüberwachungen finden zumeist unter idealen Umgebungsbedingungen statt.

Oft werden diese Prüfmaßnahmen im Rahmen einer Eignungs- oder Abnahmeprüfung angewendet, um zunächst die durch den Hersteller des Prüfmittels zugesicherten Eigenschaften, insbesondere die Genauigkeit und die Wiederholbarkeit der Messergebnisse, nachzuweisen. Während des späteren Prüfmitteleinsatzes werden die Prüfmittel periodisch überwacht, um die Einsatzfähigkeit der Prüfmittel sicherzustellen. Die während der Überwachungsprüfung einzuhaltenden Randbedingungen, z.B. der zulässige Temperaturbereich, werden durch die Hersteller bzw. durch die Richtlinien und Normen festgelegt.

Handprüfmittel

Zur Überwachung in Unternehmen häufig eingesetzter Prüfmittel wurde in einem Gemeinschaftsausschuss der VDI/VDE-Gesellschaft Mess- und Automatisierungstechnik (GMA) und der Deutschen Gesellschaft für Qualität e.V. (DGQ) die Richtlinie VDI/VDE/DGQ 2618 "Prüfanweisungen zur Prüfmittelüberwachung" erstellt. Die Richtlinie besteht aus 27 Blättern und enthält eine Einführung sowie in Checklistenform zusammengestellte Prüfanweisungen, die eine standardisierte Beurteilung neuer oder gebrauchter Prüfmittel ermöglichen. Ziel dieser Richtlinie ist es, den Herstellern und Anwendern von Prüfmitteln eine gemeinsame Grundlage für die Prüfmittelüberwachung zur Verfügung zu stellen.

Die Prüfanweisungen können als Prüf- oder Arbeitsplan zur Wareneingangsprüfung und zur periodischen Überwachung der im Einsatz befindlichen Prüfmittel verwendet werden. Ihr Inhalt und Aufbau entspricht den Anforderungen der betrieblichen Praxis. Bei den Prüfanweisungen handelt es sich um Empfehlungen, die unternehmensintern oder nach Vereinbarungen zwischen Abnehmern und Zulieferern zweckentsprechend variiert werden können. In der Prüfanweisung eines zu überwachenden Prüfmittels sind im Wesentlichen folgende Punkte beschrieben (**Bild 6.1-3**):

- die zur Vorbereitung der Prüfmittelüberwachung erforderlichen Arbeitsgänge,
- die zu prüfenden Merkmale und die zugehörigen zulässigen Abweichungen,
- die zur Überprüfung der Prüfmittel zu verwendenden Arbeits- oder Prüfmittel
- sowie Auswerte-, Prüfentscheid- und Dokumentationshinweise.

Die Richtlinien enthalten Prüfanweisungen für lehrende und messenden Prüfmittel sowie Maßverkörperungen.

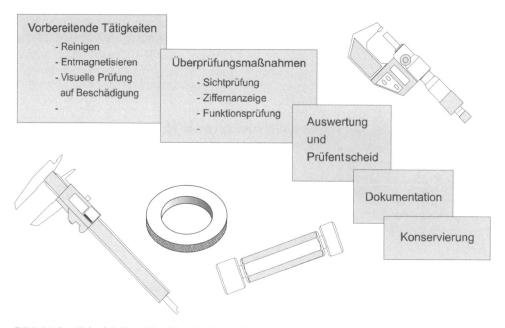

Bild 6.1-3:   Prinzipieller Ablauf der Prüfmittelüberwachung nach VDI/VDE/DGQ 2618

Eine vollständige Liste verfügbarer Prüfanweisungen findet sich in Blatt 1 der Richtlinie VDI/VDE/DGQ 2618:

- Lehrende Prüfmittel z.B. Lehrdorne, Rachenlehren, Kegellehren

- Messende Prüfmittel   z.B. Messschieber, Messuhren,
                               Bügelmessschrauben

- Maßverkörperungen   z.B. Parallelendmaße, Einstellringe

Die zulässigen Abweichungen, die in den Richtlinien angegeben werden, orientieren sich an in Normen, Normentwürfen und wissenschaftlichen Veröffentlichungen festgelegten Angaben für handelsübliche Prüfmittel. Hierbei beziehen sich die in den Normen angegebenen zulässigen Abweichungen auf den Neuzustand eines Prüfmittels, so dass festzulegende Werte dem Verschleiß gebrauchter Prüfmittel Rechnung tragen müssen. Nicht für alle Prüfmittel existieren entsprechende Vorgaben.

Üblicherweise ist die Prüfmittelüberwachung durch einen geringeren Aufwand gekennzeichnet als die Abnahme- bzw. Eignungsprüfung, bei der alle charakteristischen Eigenschaften bzw. durch den Hersteller garantierte Eigenschaften eines Prüfmittels überprüft werden.

Koordinatenmessgeräte

Für die Überwachung von Koordinatenmessgeräten wurde die Richtlinie DIN EN ISO 10360-2 herausgegeben, die auf den Richtlinien VDI/VDE 2617 basiert. Sie stellen dem Anwender Prüfanweisungen zur Verfügung, mit denen eine reproduzierbare Überwachung der Eigenschaften eines Koordinatenmessgerätes, aber auch eine Abnahme beim Anwender eines solchen Gerätes, durchgeführt werden kann. Die in den Richtlinien definierten Kennwerte ermöglichen einen quantitativen Vergleich unterschiedlicher Koordinatenmessgeräte.

Von besonderem Interesse ist es, mit welcher Messunsicherheit bei der Durchführung einer Messaufgabe zu rechnen ist. Der Wert für die Messunsicherheit, die allgemein mit u bezeichnet wird, ist abhängig von der Messaufgabe und wird in der Koordinatenmesstechnik als längenabhängige Messunsicherheit beschrieben:

$$u_i = A_i + K_i \cdot L < B_i \qquad (6.1\text{-}1)$$

Hierin bezeichnen A_i, B_i und K_i messaufgabenspezifische Konstanten, L ist die gemessene Länge. Der Index i kann die Werte $i = 1,2,3$ annehmen und sagt aus, ob es sich um eine ein-, zwei- oder dreidimensionale Längenmessung handelt. Die beim Messen mit Koordinatenmessgeräten auftretenden Messabweichungen können mit unterschiedlichen Messverfahren bestimmt werden [Pf 92], [Tra 96], [Neu 93], [DIN EN ISO 10360-2]. Hierbei eingesetzte Verfahren und Prüfkörper sind z.B. die Laserinterferometrie sowie mit geringer Messunsicherheit kalibrierte Normale, wie z.B. Kugelplatte, Stufenendmaße oder Parallelendmaße (**Bild 6.1-4**).

Bild 6.1-4:   Kugelplatte auf einem Universalkoordinatenmessgerät

Eine Kugelplatte besteht aus einer geometrisch langzeitstabilen Grundplatte, in der hochgenaue Antastelemente (Keramikkugeln) in definierten Abständen voneinander befestigt sind. Die Positionen der Keramikkugeln zueinander sind durch einen staatlichen Kalibrierdienst bestimmt worden und sind die Referenzwerte für die mit der Kugelplatte durchgeführten Untersuchungen. Die während einer Überwachungsprüfung am Koordinatenmessgerät angezeigten Messwerte dürfen lediglich in den durch den Hersteller spezifizierten Grenzen von den kalibrierten Werten der Prüfkörper bzw. den durch das Laserinterferometer gemessenen Werten abweichen. Die erfassten Abweichungen können in einem Längenmessunsicherheits-Diagramm grafisch dargestellt werden.

6.1.3   Prüfaufgabenbezogene Überwachung

Aufgrund der vielfältigen Einflussparameter auf den zu überwachenden Prüfprozess ergeben sich Defizite der prüfmittelbezogenen Überwachung von Prüfmitteln und -geräten, die hauptsächlich darin begründet sind, dass die Überwachungssituation häufig nicht der Einsatzsituation der Prüfmittel entspricht. Einflussparameter, die ein Messergebnis beeinflussen können, sind z.B. der Prüfer, die Temperatur des Werkstücks oder des Prüfmittels sowie Verschmutzungen des Werkstücks.

Des Weiteren ist die Prüfaufgabe oftmals nicht direkt mit den Prüfaufgaben der prüfmittelbezogenen Überwachungsmaßnahmen vergleichbar. Dies wird besonders im Bereich der Koordinatenmesstechnik deutlich. Die dort existierenden, auf den oben genannten Richtlinien basierenden Überwachungsverfahren, weisen lediglich die Fähigkeit eines Koordinatenmessgerätes nach, Längen (Abstände) im Raum zu messen. Eine Aussage über die Genauigkeit (bzw. Messunsicherheit) komplexer Messaufgaben, z.B. im Getriebebau kann mit diesen Verfahren nicht getroffen werden.

Neben der Genauigkeit, die quantitativ durch die Messunsicherheit beschrieben wird, sind weitere Eigenschaften des Prüfmittels wie z.B. die Wiederholpräzision und die Vergleichspräzision unter realen Einsatzbedingungen zu bestimmen und zu überwachen [Die 91], [Ang 97]. Hierbei ist bei der Untersuchung von Prüfmitteln analog zur SPC zwischen einer Analysephase (während der Planung und Beschaffung eines Prüfmittels), in der die prinzipielle Eignung (Fähigkeit) des Messverfahrens festgestellt wird und der kontinuierlichen Überwachung am Einsatzort während des Einsatzes zu unterscheiden. Für eine prüfaufgabenbezogene Überwachung existieren derzeit firmeninterne Richtlinien von größeren Unternehmen der Automobil- bzw. der Automobilzulieferindustrie oder von Qualitätsmanagementgesellschaften [Die 95], [Bos 95], [For 91], [Die 97].

Fähigkeitsindizes

Da der Prüfvorgang als Prozess aufgefasst werden kann, ist es sinnvoll, analog zur Bestimmung der Fähigkeit eines Fertigungsprozesses eine Prüfprozessfähigkeit (langfristige Stabilität von Streuung und Lage des Prüfprozesses) zu ermitteln. Zu diesem Zweck werden in periodischen Intervallen die Fähigkeitsindizes c_g und c_{gk} berechnet und in einer Regelkarte dokumentiert. Die Definition der Fähigkeitsindizes c_g und c_{gk} variiert je nach Anwender [For 91], [Bos 95]. Hierbei werden die Toleranzweite OT-UT eines Merkmals oder die Prozessstreuweite $s_{Prozess}$ mit der Streuung des Messmittels $s_{Messmittel}$ zueinander in Beziehung gesetzt und mit einem Faktor bewertet [Pf 96], [Die 95], [Die 91]. Zur Ermittlung der Messwerte wird ein kalibriertes Merkmal eines Meisterwerkstücks oder Einstellnormals mit dem zu untersuchenden Messmittel bzw. -verfahren 50-mal gemessen (**Bild 6.1-5**). Eine geringere Anzahl der Messungen reduziert die statistische Aussagefähigkeit der Untersuchungen. Der kalibrierte Merkmalswert kann in Voruntersuchungen mit einem zum untersuchten Messverfahren vergleichsweise genaueren Messverfahren bestimmt werden. Mit Hilfe der bekannten Formeln werden nach der Durchführung der Messreihe der arithmetische Mittelwert $\overline{x}_{Messmittel}$ und die Standardabweichung $s_{Messmittel}$ ermittelt. Um die Prüfmittelfähigkeitsindizes c_g und c_{gk} zu berechnen, wird neben den Kennwerten $\overline{x}_{Messmittel}$ und $s_{Messmittel}$ außerdem die Standardabweichung des Fertigungsprozesses $s_{Prozess}$ benötigt [For 91]. Anstelle der Standardabweichung eines Fertigungsprozesses kann auch die Toleranzfeldbreite des Merkmals eingesetzt werden [Bos 95]. Der Unterschied der beiden ähnlichen Verfahren besteht darin, dass sich das erste Verfahren auf den Fertigungsprozess und das zweite Verfahren auf die Merkmaltoleranz bezieht, ohne den Fertigungsprozess hierbei zu berücksichtigen.

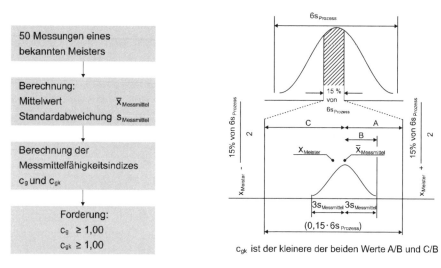

nach : Ford

Bild 6.1-5:   Prüfmittelfähigkeitskennwerte c_g und c_{gk} [For 91]

Je nach Unternehmen (bzw. Vorschrift) werden bei der Ermittlung des Fähigkeitsindex c_g unterschiedliche Faktoren bei der Multiplikation mit dem Verhältnis von Toleranzfeldbreite $T = OT\text{-}UT$ (bzw. Standardabweichung $s_{Prozess}$) und Prüfmittelstreuung $s_{Messmittel}$ genutzt. Des Weiteren werden durch die Unternehmen unterschiedliche Mindestanforderungen an die Fähigkeitsindizes gestellt, z.B. c_g bzw. $c_{gk} \geq 1{,}0$ oder 1,33.

R&R-Studie

Neben der Untersuchung der Prüfmittelfähigkeitsindizes c_g und c_{gk} hat sich in der Industrie in den letzten Jahren ein Verfahren zur Beurteilung der Wiederhol- und Vergleichspräzision eines Messverfahrens, die *R&R-Studie* (Repeatability & Reproducibility-Study) [For 91], [Bos 95], durchgesetzt (**Bild 6.1-6**). Dieses Verfahren ermöglicht eine Aussage darüber, wie gut ein Messverfahren in der Lage ist, Unterschiede zwischen den Produkten zu finden [Gim 94], [Whe 86], [For 91]. Bei der R&R-Studie werden in der Regel 10 Teile von 3 Prüfern mit 3 Wiederholungen unter realen Bedingungen mit dem zu untersuchenden Messmittel geprüft. Eine Reduzierung des Aufwandes auf z.B. 5 Teile, 3 Prüfer und 2 Wiederholungen ist in Ausnahmefällen zulässig.

Um den Einfluss des Prüfers auf das Messergebnis zu verdeutlichen, werden die Untersuchungen mit ein und demselben Messmittel durchgeführt. Variable Einflussgrößen können aber auch unterschiedliche Prüfeinrichtungen oder der Einsatz eines Prüfmittels an unterschiedlichen Orten sein. Hierbei ist zu beachten, dass nur eine Einflussgröße variiert werden darf und alle anderen Einflussgrößen konstant zu halten sind [Die 97].

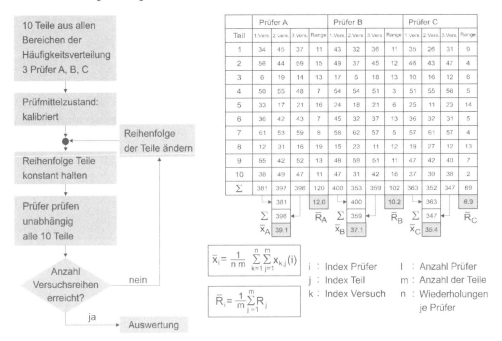

Bild 6.1-6:   R&R-Studie

Zur deutlicheren Darstellung der R&R-Studie (**Bild 6.1-6**) wurde eine breite Schwankungsbreite der Messwerte ausgewählt. Die durch das Messmittel angezeigten bzw. die von den Prüfern von der Anzeige abgelesenen Messwerte des untersuchten Merkmals werden in Tabellen dokumentiert. Nach der 1. und der 2. Versuchsreihe wird die Reihenfolge der Teile geändert. Die während der Messreihen ermittelten Einzelergebnisse werden zu einer mittleren Spannweite $\overline{R}_i$ und der mittleren Abweichung $\overline{x}_i$ der Messungen eines Prüfers verdichtet:

$$R_j = x_{j,\max} - x_{j,\min} \tag{6.1-2}$$

$$\bar{R}_i = \frac{1}{m} \cdot \sum_{j=1}^{m} R_j \qquad\qquad\qquad\qquad\qquad (6.1\text{-}3)$$

$$\bar{x}_i = \frac{1}{n \cdot m} \sum_{j=1}^{n} \sum_{k=1}^{m} x_{k,j} \qquad\qquad\qquad\qquad (6.1\text{-}4)$$

hierin bezeichnen:

i	: Index Prüfer	l	: Prüfer
j	: Index Teil	m	: Teile
k	: Index Versuch	n	: Wiederholungen je Prüfer

Durch die arithmetische Mittelung der mittleren Spannweite $\bar{R}_i$ und die Bestimmung der maximalen Differenz der Mittelwerte $\bar{x}_i$ der einzelnen Prüfer kann eine weitere Verdichtung der Prüfdaten erfolgen. Da die Anzahl der Messreihen (3 Wiederholungen) bzw. der Prüfer begrenzt ist, müssen beide prüferspezifischen Kennwerte mit einem zusätzlichen Faktor korrigiert werden, so dass sich die Wiederhol- bzw. die Vergleichspräzision (*WP* und *VP*) des untersuchten Prüfprozesses folgendermaßen berechnen lassen:

$$WP = K_1 \cdot \bar{\bar{R}} \qquad\qquad\qquad \text{mit} \qquad \bar{\bar{R}} = \frac{1}{l} \cdot \sum_{i=1}^{l} \bar{R}_i \qquad (6.1\text{-}5)$$

$$VP = K_2 \cdot x_{Diff} \qquad\qquad \text{mit } x_{Diff} = \text{max. Differenz } \bar{x}_i \qquad (6.1\text{-}6)$$

Bei einem Vertrauensniveau von 99,00% bzw. 99,73% finden sich in der Literatur die Korrekturfaktoren K_1 und K_2 [Die 95], [Die 97] (**Tabelle 6.1-1**).

Tabelle 6.1-1   Korrekturfaktoren für eine R&R-Studie

Vertrauensniveau	99,00 %	99,73 %
K_1 (Anzahl der Wiederholungen)		
2	4,56	5,32
3	3,05	3,54
K_2 (Anzahl der Prüfer)		
2	3,65	4,28
3	2,70	3,14

Die Wiederholpräzision *WP* beinhaltet hierbei die Streuung des Messergebnisses durch die zufälligen Einflüsse des Messprozesses und des Prüfers, während die Vergleichspräzision *VP* deren Einfluss auf die Lage des Messergebnisses verdeutlicht. Die Wiederholpräzision *WP* und die Vergleichspräzision *VP* können zu einer Gesamtstreuung S_m zusammengefasst werden:

$$S_m = \sqrt{WP^2 + VP^2} \tag{6.1-7}$$

Die Gesamtstreuung eines Messprozesses kann mit der 6-fachen Fertigungsprozessstreuung $6s_{Prozess}$ bzw., wenn diese nicht bekannt ist, mit der Toleranzfeldbreite *T* ins Verhältnis gesetzt werden.

$$S_{m\%} = S_m \cdot 100 \cdot T \tag{6.1-8}$$

Die Beurteilung der Messprozessfähigkeit erfolgt in drei Klassen:

$$0\,\% \quad < S_{m\%} < 20\,\% \qquad \text{einsetzbar}$$
$$20\,\% \quad < S_{m\%} < 30\,\% \qquad \text{bedingt einsetzbar}$$
$$30\,\% \quad < S_{m\%} \qquad\qquad \text{nicht einsetzbar}$$

Praxisbeispiel

Mit den Verfahren der messaufgabenbezogenen Prüfmittelüberwachung kann die Einsatzfähigkeit eines Vielstellenmessgerätes mit einem Meisterwerkstück nachgewiesen werden (**Bild 6.1-7**). Das Vielstellenmessgerät dient zur gleichzeitigen Erfassung mehrerer Durchmesser einer Welle mittels paarweise angeordneter induktiver Längenaufnehmer.

Während die einzelnen Längenaufnehmer in Anlehnung an die Richtlinie VDI/VDE/DGQ 2618 Blatt 26 zur gerätespezifischen Prüfmittelüberwachung überwacht werden können, ist das Zusammenwirken der einzelnen Aufnehmer in der gesamten Prüfvorrichtung von entscheidender Bedeutung. Die Eignung der Prüfvorrichtung kann mit Hilfe der Fähigkeitsindizes c_g und c_{gk} nachgewiesen werden. Hierbei wird die Meisterwelle, deren Maße auf einem genaueren Messgerät ermittelt wurden, 50-mal gemessen und die oben beschriebene Auswertung vorgenommen. Dieses Verfahren zur Prüfmittelüberwachung ist werkergerecht und kann im Fertigungsumfeld durchgeführt werden. Die Differenz zwischen kalibriertem Wert und erfasstem Mittelwert kann zur Korrektur des Vielstellenmessgerätes genutzt werden. Dieses Verfahren ist sowohl für die Eignungsprüfung als auch für die periodische Überwachungsprüfung und den Einsatz von Regelkarten für das Vielstellenmessgerät einsetzbar.

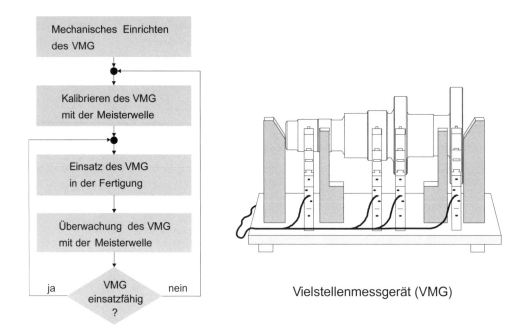

Bild 6.1-7:   Einrichtung und Kalibrierung eines Vielstellenmessgerätes

6.1.4   Dynamisierung der Prüfmittelüberwachung

Systeme für die Prüfmittelüberwachung arbeiten bei der Festlegung des Überwachungszeitraumes häufig mit festen (statischen) Perioden T_{Stat}. Wenn die Prüfmittel im Unternehmen als Individuen identifizierbar sind, können sie aber auch einer dynamischen Überwachungsstrategie unterworfen werden, die die Art und Dauer ihrer Nutzung berücksichtigt [Pf 96], [Dut 96]. Das hier vorhandene Rationalisierungspotenzial ist dann wirtschaftlich von besonderem Interesse, wenn die Anzahl der Prüfmittel im Unternehmen erheblich und der logistische Aufwand eines Systems zur Dynamisierung der Prüfmittelüberwachung gering ist. Um mit einer dynamischen Prüfmittelüberwachung Kosten für die Überwachung zu reduzieren, sind die Einsatzbedingungen eines Prüfmittels individuell festzuhalten und zu bewerten.

Folgende Einsatzbedingungen können zur Berechnung des nächsten Überwachungstermins herangezogen werden:

• echte Einsatzdauer des Prüfmittels und

• Einsatzumgebung des Prüfmittels

Der Einsatzumgebung des Prüfmittels wird durch Einführung eines sogenannten Umweltfaktors Rechnung getragen, der eine kostenstellenspezifische Belastung charakterisiert und im Laufe erster Erfahrungen an die Praxis angepasst werden kann. Liegen keine Anhaltspunkte für die Angabe eines sinnvollen Kalibrierintervalls vor, müssen Erfahrungen bezüglich der Langzeitstabilität des Prüfmittels erst gesammelt werden. In einem solchen Fall sind die Überwachungsprüfungen in kurzen Zeitabständen zu wiederholen.

Trotz des Einsatzes einer dynamisierten Prüfmittelüberwachung müssen die einzelnen Prüfmittel spätestens nach einem festgelegten Sicherheitsprüftermin überwacht werden.

6.2 Prüfmittelplanung und -bereitstellung

Für durchzuführende Qualitätsprüfungen kommen aufgrund der unterschiedlichen Prüfaufgaben verschiedenartige Prüfmittel in Frage. Die zentrale Aufgabe der Prüfmittelplanung und -beschaffung ist die anforderungsgerechte Auswahl und die fristgerechte Beschaffung (Anschaffung bzw. Fertigung) der in einem Unternehmen benötigten Prüfmittel. Im Rahmen der Bereitstellungsphase werden Eignungsprüfungen durchgeführt und Prüfanweisungen für die periodische Überwachung erstellt (**Bild 6.2-1**):

Bild 6.2-1: Prüfmittelplanung und -beschaffung

Prüfmittelplanung

Die Prüfmittelplanung hat zum Ziel, für jedes Prüfmerkmal ein optimales Prüfmittel zu finden [Dut 96]. Während der Ermittlung des Prüfmittelbedarfs werden die an ein Prüfmittel zu stellenden Anforderungen in einem Pflichtenheft oder einer Anforderungsliste zusammengefasst. Die an ein Prüfmittel zu stellenden Anforderungen ergeben sich z.B. aus Fertigungszeichnungen oder Prüfplänen, die

die zu prüfenden Qualitätsmerkmale enthalten aber auch aus den Gegebenheiten der Umgebung, in der ein Prüfmittel eingesetzt werden soll. Da Prüfaufgaben häufig durch mehrere Prüfmittel gelöst werden können, ist neben der erreichbaren Messunsicherheit auch die Betrachtung der bei der Beschaffung bzw. während des Betriebes entstehenden Kosten entscheidend. Der Aufwand beim Prüfen sollte prinzipiell nur so hoch sein, wie es aufgrund der Prüfaufgabe unbedingt erforderlich ist [Pf 96]. Zu den entstehenden Kosten beim Einsatz eines Prüfmittels gehören

- die Anschaffungskosten,

- die Betriebskosten,

- die Instandhaltungskosten sowie

- die Reparaturkosten.

Sowohl messtechnische als auch wirtschaftliche Gesichtspunkte führen in der Phase der Prüfplanung zu einer Entscheidung, welches Prüfmittel für eine Prüfaufgabe optimal geeignet ist. Aufgrund der Komplexität der zu beachtenden Randbedingungen bei der Auswahl eines Prüfmittels gestaltet sich die automatisierte Prüfmittelauswahl mit Hilfe eines CAQ-Systems schwierig [Dut 96]. Hier können vorschlagende Systeme zum Einsatz kommen, die Prüfaufgaben ein oder mehreren Prüfmitteln zuordnen. Die Entscheidung, welches Prüfmittel verwendet werden soll, wird weiterhin manuell durch einen Experten getroffen.

Beschaffung

Sind erforderliche Prüfmittel nicht im Unternehmen verfügbar, werden sie entweder anhand von Katalogen von Prüfmittelherstellern ausgewählt oder, soweit es sich um spezielle Vorrichtungen für die Prüfung eines oder mehrerer Qualitätsmerkmale handelt, konstruiert und gefertigt. Bei den speziell für komplexe oder seltene Prüfaufgaben zu bauenden Sonderprüfmitteln ist nach technologischen und wirtschaftlichen Randbedingungen zu entscheiden, ob ein Prüfmittel in Eigen- oder Fremdfertigung herzustellen ist.

Bereitstellung

Nachdem in einer Eignungs- bzw. Abnahmeprüfung nachgewiesen wurde, dass ein Prüfmittel die durch den Hersteller zugesicherten Eigenschaften erfüllt bzw. dass es fähig ist, ein bestimmtes Qualitätsmerkmal zu überprüfen, kann es in die betrieblichen Abläufe übernommen werden. Die hier üblicherweise angewendeten Methoden einer prüfmittel- bzw. einer prüfaufgabenbezogenen Prüfmittelüberwachung wurden bereits erläutert (Abschnitt 6.1).

In dieser Phase müssen geeignete Prüfanweisungen auf der Basis von Normen, nationalen und internationalen aber auch betrieblichen Richtlinien bereitgestellt werden.

6.3   Prüfmittelverwaltung

Die Prüfmittelverwaltung umfasst sämtliche verwaltungstechnischen Aufgaben, die zur Verwaltung eines Prüfmittels erforderlich sind [Pf 96], [Dut 96].

Bei der Einführung einer systematischen Prüfmittelverwaltung werden alle vorhandenen und in näherer Zukunft erforderlichen Prüfmittel in einem Katalog zusammengetragen. Hierbei ist die Gesamtheit der Prüfmittel zu analysieren mit dem Ziel, sie zu identifizieren, ihre charakteristischen Merkmale zu beschreiben und sie ggf. zu klassifizieren. Zur Beschreibung aller relevanten Prüfmittelmerkmale müssen die dafür erforderlichen Beschreibungskriterien vor der eigentlichen Beschreibung definiert werden. Die aus der Literatur zur Prüfmittelüberwachung bekannten Beschreibungskriterien sind durch weitere Gesichtspunkte, nach denen Prüfmittel zu beschreiben und zu ordnen sind, zu ergänzen. Der erste Schritt beim Aufbau einer Prüfmittelverwaltung und der damit verbundenen Entwicklung eines Beschreibungsmodells der Prüfmittel eines Unternehmens ist die eindeutige Identifizierung der Prüfmittel. Nur so ist es möglich, die Prüfmittelüberwachung effizient und entsprechend der betrieblichen Anforderungen durchzuführen. Neben der eindeutigen Identifizierung eines Prüfmittels muss sein Kalibrierzustand zu jedem Zeitpunkt eindeutig zu erkennen sein. Hierzu ist auf einer geeigneten Kennzeichnung (z.B. ähnlich einer TÜV-Plakette) der nächste Überwachungstermin verzeichnet.

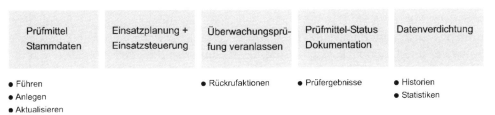

Bild 6.3-1:   Aufgaben der Prüfmittelverwaltung

Die Aufgaben der Prüfmittelverwaltung können folgendermaßen gegliedert werden (**Bild 6.3-1**):

- Dokumentation der Stammdaten

  Nach dem Anlegen prüfmittelspezifischer Stammdaten wie Prüfmittelart, Bezugsquelle, Beschaffungskosten usw. werden diese Daten während der Lebensdauer eines Prüfmittels geführt und gegebenenfalls aktualisiert.

- Logistische Aufgaben

  Zu den logistischen Aufgaben der Prüfmittelverwaltung gehören die Einsatzplanung und -steuerung des Prüfmittels im Unternehmen, d.h. die Planung wann ein Prüfmittel für welchen Auftrag an welchem Ort eingesetzt wird. Insbesondere sind die Veranlassung von Überwachungsprüfungen und Kalibrierterminen sowie die hiermit verbundenen Rückrufaktionen Teil der logistischen Aufgaben.

- Dokumentation der Historiedaten

  Um die Eignung eines Prüfmittels zu einem späteren Zeitpunkt nachweisen zu können, ist es erforderlich, die Ergebnisse der Prüfmittelüberwachungen eines Prüfmittels zu dokumentieren. Durch eine Verdichtung der Prüfergebnisse zu Kennwerten und das Führen von Statistiken und Regelkarten wird die Eignung eines Prüfmittels langfristig beurteilbar.

Rechnerunterstützte Prüfmittelverwaltung

Der Verwaltungsaufwand eines vernünftigen Prüfmittelmanagements ist für die meisten Unternehmen nur mit Hilfe eines EDV-gestützten Informationssystems vertretbar. Die Vorteile einer Rechnerunterstützung in der Prüfmittelverwaltung ergeben sich aus den zum großen Teil monotonen und automatisierbaren Arbeiten, wie dem Führen von Dateien, dem Erfassen und Speichern von Daten, Verwaltungs- und Verteilungstätigkeiten sowie Terminüberwachungen. Entsprechende Software- und Datenbanksysteme sind für die durchzuführenden Aufgaben und die zu verarbeitenden prüfmittelspezifischen Informationen bereits von einigen Anbietern auf dem Markt erhältlich bzw. in bestehenden CAQ-Systemen integriert. Durch geeignete Schnittstellen und Datenformate können so prüfmittelbezogene Daten anderen betrieblichen Abteilungen aber auch Bereichen an anderen Standorten eines global operierenden Unternehmens zur Verfügung gestellt werden.

Mit Hilfe der Rechnerunterstützung wird die Datenverwaltung übersichtlicher und rationeller realisierbar. Durch selektive Funktionen ist ein gezieltes Abrufen von Informationen möglich. Hier bieten die Funktionalitäten von Datenbanken interessante Möglichkeiten, da sie zum einen das strukturierte Abspeichern von Daten und zum anderen den gezielten Datenzugriff erlauben. Durch die EDV-gestützte

Statusführung ist der aktuelle Zustand der Prüfmittel jederzeit und - bei geeigneter Vernetzung - an jedem Ort des Unternehmens feststellbar. Auf diese Weise werden eine höhere Verfügbarkeit der Prüfmittel und eine transparentere Datenhaltung erreicht, Rückruf- und Mahnlisten lassen sich in kürzester Zeit erstellen.

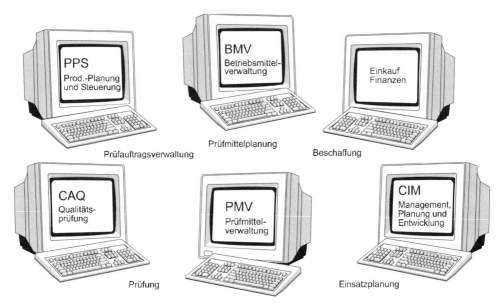

Bild 6.3-2:   Integration der rechnergestützten Prüfmittelverwaltung

Durch die Automatisierung von Vorgängen und die Fehlerreduzierung ergibt sich eine höhere Zuverlässigkeit der Prüfmittelverwaltung und eine Reduzierung der Kosten aufgrund der Effizienzsteigerung durch eine optimale Auslastung der betrieblichen Prüfmittel. Aktuelle Bestandslisten aller betrieblichen Prüfmittel lassen sich mit Hilfe eines Systems zur Prüfmittelüberwachung schnell erzeugen und z.B. der Prüfmittelplanung bereitstellen. Gerade im Verbund mit anderen computergestützten Komponenten (Vernetzung, IntraNet, InterNet) eines Unternehmens wird der Vorteil der rechnerunterstützten Prüfmittelüberwachung deutlich.

Ein Beispiel für die Kommunikation zwischen den unterschiedlichen Bereichen eines Unternehmens ist die Produktionsplanung und Steuerung PPS, die mit dem Qualitätssicherungssystem CAQ und der Prüfmittelverwaltung PMV Informationen austauschen muss. Parallel zum Fertigungsauftrag wird durch das CAQ-System ein Prüfauftrag erstellt. Während der Prüfdurchführung wird ein kalibriertes Prüfmittel eingesetzt, über dessen aktuellen Standort und Nutzungsgrad die Prüfmittelverwaltung informiert sein muss.

Datenstrukturen

Die Datenstruktur eines zu verwaltenden Prüfmittels ist davon abhängig, welche Funktionen des Prüfmittelmanagements realisiert werden sollen und welche Informationen hierfür erforderlich sind. Allgemein sollte sie sich an den spezifischen Anforderungen eines Unternehmens orientieren und sich an die Aufgabenbereiche der Prüfmittelverwaltung anlehnen. Ein Datenmodell für die Prüfmittelverwaltung kann folgendermaßen strukturiert sein:

- Stammdaten

- Logistikdaten

- Historiedaten

Zu den Stammdaten gehören z.B. identifizierende Daten, die das Prüfmittel hinsichtlich organisatorischer Belange beschreiben. Hierzu zählen in erster Linie Benennung, Typ sowie die Identifizierung eines Prüfmittels. Des Weiteren werden die für den Einsatz des Prüfmittels benötigten Informationen zusammengefasst. Zu diesen Daten zählen nicht nur geometrische Größen wie Angaben über den Messbereich eines Messmittels, sondern auch Angaben über die Rüst- und Einsatzkosten pro Messung mit diesem Prüfmittel. Auch die Zuordnung von Prüfmitteln und Vorrichtungen kann hier abgebildet sein, da so eine rationelle Prüfmittel- und Vorrichtungs-Auswahl gewährleistet wird. Zu den für die Prüfmittelüberwachung benötigten Informationen gehören technische Informationen zum Überprüfungsvorgang wie die Beschreibung von zu prüfenden Merkmalen sowie deren Toleranzgrenzen oder Verweise auf entsprechende Prüfspezifikationen und Richtlinien.

Die Logistik- bzw. Bewegungsdaten enthalten ausschließlich aktuelle, kurzlebige Daten der einzelnen Individuen. Sie geben Auskunft über den augenblicklichen Standort, den verantwortlichen Prüfer und den Nutzungsgrad eines Prüfmittels. Die hier vorhandenen aktuellen Daten und zukünftigen Nutzungsinformationen ermöglichen eine optimale Planung und effiziente Nutzung vorhandener Prüfmittel. Auch die dynamische Prüfmittelüberwachung kann mit Hilfe der Logistikdaten ermöglicht werden, indem der Nutzungsgrad nach vorgegebenen Algorithmen aufsummiert und bei Erreichen einer definierten Gesamtnutzung eine Überwachungsprüfung bzw. eine Rekalibrierung veranlasst wird.

Die Historiedaten umfassen alle Informationen, die über längere Zeit dokumentiert werden müssen, wie z.B. der Lebenslauf eines Prüfmittels. Ein Teil der Logistikdaten wird so dauerhaft aufgezeichnet so dass auch zu einen späteren Zeitpunkt nachvollziehbar ist, wo welches Prüfmittel wann eingesetzt wurde. Neben der dauerhaften Dokumentation der Logistikdaten werden aber auch die Ergebnisse der Überwachungsprüfungen dokumentiert und statistisch ausgewertet.

Schrifttum

[Ang 97]   Anghel, C.: Messgerätefähigkeit im Prozess, in: Qualität und Zuverlässigkeit 42 (1997) 4, Carl Hanser Verlag, München

[Bos 95]   N.N.: Robert Bosch GmbH: Schriftenreihe Qualitätssicherung in der Bosch-Gruppe Nr. 10, Technische Statistik, Fähigkeit von Messeinrichtungen, Stuttgart 1995

[Die 91]   Dietrich, E.; Schlosser, D.; Schulze, A.: Fähige Messverfahren – Die Basis der statistischen Prozesslenkung, in : Qualität und Zuverlässigkeit 36 (1991) 3 Carl Hanser Verlag, München

[Die 95]   Dietrich, E.; Schulze, A.: Statistische Verfahren zur Maschinen und Prozessqualifikation, Carl Hanser Verlag, München 1995

[Die 97]   Dietrich, E.; Schulze, A.: Die Beurteilung von Messsystemen, in: Qualität und Zuverlässigkeit 42 (1997) 2, Carl Hanser Verlag, München

[DKD 92]   N.N.: Deutscher Kalibrierdienst, Ziele, rechtliche Grundlagen Akkreditierungsverfahren und -kriterien, Organisationsstruktur und Publikationen des Deutschen Kalibrierdienst (DKD), Braunschweig: PTB 1992

[Dut 96]   Dutschke, W.: Fertigungsmesstechnik, 3., vollst. überarb. und erw. Aufl., Teubner Verlag, Stuttgart 1996

[For 91]   N.N.: Ford Motor Co.: EU 1880A und B. Fähigkeit von Messsystemen und Messmitteln, Köln 1991

[Gei 97]   Geiger, W.: Was bringt die neue ISO 9000-Familie?, in: Qualität und Zuverlässigkeit 42 (1997) 8, Carl Hanser Verlag, München

[Gim 94]   Gimpel, B.: Analyse von Messprozessen, Arbeitsunterlagen der GfQS-Gesellschaft für Qualitätssicherung mbH, Aachen 1994

[Neu 93]   Neumann, H.J. (Hrsg.): Koordinatenmesstechnik, (Kontakt und Studium, Bd. 426) Expert-Verlag Ehningen 1993

[Pf 92]   Pfeifer, T. (Hrsg.): Koordinatenmesstechnik für die Qualitätssicherung, VDI Verlag 1992

[Pf 96]   Pfeifer, T.: Qualitätsmanagement: Strategien, Methoden, Techniken, 2., vollst. überarb. und erw. Aufl., Carl Hanser Verlag, München 1996

[Pf 97]   Pfeifer, T.: Ohne Messtechnik geht nichts, in: Qualität und Zuverlässigkeit 42 (1997) 9, Carl Hanser Verlag, München

[Rin 95]   Rinne H.; Mittag H.-J.: Statistische Methoden der Qualitätssicherung, 3., überarbeitete Auflage, Carl Hanser Verlag, München 1995

[Tra 96]   Trapet, E.; Wäldele, F.: Rückführbarkeit der Messergebnisse von Koordinatenmessgeräten, VDI-Berichte Nr. 1258, VDI Verlag GmbH, Düsseldorf 1996

[Whe 86]   Wheeler, D.J; Chambers, D.S.: Understanding Statistical Process Control, Statistical Process Control, Inc. Knoxville, Tennessee 1986

Normen und Richtlinien

DIN EN ISO 9000ff   N.N.: DIN EN ISO 9000ff: Normen zum Qualitätsmanagement und zur Qualitätssicherung/QM-Darlegung, Beuth-Verlag, Berlin 1992 bis 1994

DIN EN ISO 10360-2   N.N.: DIN EN ISO 10360-2: Coordinate metrology Part 2 Performance assessment of coordinate measuring machines, Reference number ISO 10360-2 :1994

DIN EN 45001   N.N.: DIN EN 45001 ff: Normen zum Betreiben, Beurteilen und Akkreditieren von Prüflaboratorien, Beuth-Verlag, Berlin 1990 bis 1995

DIN ISO 10012-1   N.N.: DIN ISO 10012-1: Forderungen an die Qualitätssicherung für Messmittel - Bestätigungssystem für Messmittel, Beuth-Verlag, Berlin 1992

QS-9000   N.N.: QS-9000 Chrysler Corp.; Ford Motor Comp.; General Motors Corp.: Quality System Requirements QS-9000, 1994

VDI/VDE/DGQ 2618   N.N.: VDI/VDE/DGQ 2618, Blatt 1-27, Prüfanweisungen zur Prüfmittelüberwachung, Beuth-Verlag, Berlin 1991

VDI/VDE 2617   N.N.: VDI/VDE 2617 Blatt 1-6: Genauigkeit von Koordinatenmessgeräten - Kenngrößen und deren Prüfung, Beuth Verlag, Berlin und Köln 1983 bis 1997

Stichwortverzeichnis

2D-Bildverarbeitung 198
2D-Laser-Lichtschnittverfahren 226
3D-Formerfassung 207
3D-Koordinaten 205
3D-Streifenprojektionsverfahren 208
Abbildungseigenschaften 169
Abmaß 75
  oberes 75
  unteres 75
Absorption 353
Abstandsfühler 150
Abstandshülsen 182
Abtastplatte 39, 40
Abweichung 74, 251
  Form- 74, 83, 87, 97, 101
  Gestalt- 80
  Lage- 74, 87, 101
  Maß- 74, 101
  Standard- 62
Achromat 169
Annahmebereich 399, 417
Antaststrategie 31
Antastung
  1-Punkt- 31
  2-Punkt- 32
  3-Punkt- 32
äquidistante Streifenmuster 208
Auflichtverfahren 162
Auflösung 60
Ausgleichselement 252, 259
Ausreißer 384
Ausrichtung
  fluchtend 60
Austauschbarkeit 21
Austauschbau 5
Autofokusverfahren 218, 299

Autokollimationsfernrohr 42, 241
Autokorrelationsfunktion 195
Automatisierung 314
BAS-Signal 180
Bedingung
  Hüll- 82, 97, 98, 99
  Maximum-Material- 96
  Minimum-Material- 96
  Reziprozitäts- 96
Beleuchtung
  Durchlicht- 186
Beobachtungswert
  unberichtigter 63
Berührungslose Abstandsbestimmung 142
Besselpunkte 56
Bezug 82
  gemeinsamer 31
Bezugs
  -dreieck 82
  -element 82, 87
  -kennzeichnung 81
  -linie 81
  -pfeil 81
  -rahmen 82
Bezugsflächentastsystem 296
Bezugssystem 253
Bildfilterung 187
Bildverarbeitung 177
  Grundlagen *183*
  morphologische *191*
Bildverarbeitungsoperator
  globaler 195
Bildverarbeitungssystem 184
Bildverbesserung 177
Binärbilder 185

Brückenspannung 143
Bundesanstalt
  Physikalisch-Technische 23
CAQ 124
CCD-Bildaufnehmer 173
CCIR/PAL-Fernsehnorm 180
CCIR-Norm 180
CCTV-Objektiv 181
Charge Coupled Device 178
Chromatische Sensoren 344
C-Mount 181
Code
  Dual- 44
  Gray- 45
Codierte Maßverkörperungen 165
Compton-Effekt 353
Continuous Sample Plan 409
Cooccurenz-Matrizen 197
c_p-Wert 11
Defekterkennung 361
Designphase 412
Dielektrizitätskonstante 149
Differentialdrossel 147
Differentialphotoempfänger 171
Differentialtransformator 147
Differenzdruck-Messung 152
Digitalisierungstiefe 185
Dilatation 191
DIN EN ISO 9000ff 8
Doppelbrechung 169
Drahtpotenziometer 140
Dreipunktauflage 56
Druck-Messverfahren 152
Durchfluss-Messverfahren 152
Durchlichtverfahren 162
Durchschallungsverfahren 156
Ebenenübergreifender Regelkreis 11
Eichen 28
Eingangsprüfung 9
Eingriffsgrenzen 411
Einheiten 21
  abgeleitete 22
  SI- 22
  -system 21
Einheits
  -bohrung 79

  -welle 79
Einkufentastsystem 295
Einzelpunktantastung 269
Element
  Ersatz- 101
  Referenz- 83, 87, 97
  theoretisch genaues 82
  toleriertes 82
Endmaß 33
  Parallel- 30, 33, 37
  Stufen- 35
  Winkel- 37
Endprüfung 9
Entscheidungsintervallschema 424
Entscheidungsregel 99
Erosion 191
Ersatzelement 252
Erwartungswert 391
Erweiterungsfaktor 54, 65, 68
Ethernet 317
Fähigkeit 427
  Fähigkeitsindex 428
  Maschinenfähigkeit 429
  Prozessfähigkeit 429
  Vorläufige Prozessfähigkeit 429
Fähigkeitsindizes 447
Fähigkeitsuntersuchungen 17
Faltung 392
Farbbilder 185
Farbkamera 176, 179
Farbraum 185
Faser
  Gradientenindex- 331
  Singlemode- 331
  Stufenindex- 331
Faser-Bragg-Gitter 335
Faser-Taster 343
Fehler
  erster Ordnung 58
  -fortpflanzungsgesetz 65
  -grenze 47, 68
  zweiter Ordnung 59
Fehler 1. Art 400, 416
Fehler 2. Art 401, 416
Feinmessraum 272
Feuchtigkeit 51

FFT 195
Filteroperationen
    lokale-zweidimensionale 187
Fizeau-Objektiv 287
Flächenaufnehmer 150
Flächendetektor 171
Fluchtungsfernrohr 238
Fokussierung 169
Formprüfinterferometer 234
    mit Phasenschiebung 236
Formprüfinterferometrie 284
Formprüftechnik 276
Formprüfung 212, 278
Formtoleranz 279
Foucault'sches Schneidenprinzip 219
Fouriertransformation 195
Fraktil 383
Frame-Grabber 176, 178, 179
Frame-Transfer-Prinzip 176
Freiheitsgrad 396
Fremdlichteinflüsse 224
Führungsphase 412
Füllstandsmessung 157
Funktionsprüfung 2
Gaußfilter 190
Gegenhypothese 399
Genauigkeit 440
Geometrieelemente 252
Geometriekodierung 167
Geometrieprüfung 2
Gesamtlauftoleranz
    in beliebiger Richtung 94
    in vorgeschriebener Richtung 94
Gestaltabweichungen 254
Glasfaser 330
Glasmaßstäbe 163
Grauwertbilder 185
Grauwertvarianz 197
Graycode 209
Grenze
    Maximum-Material- 75
    Minimum-Material- 75
Grenzmaße
    ISO-System für 77
Grenzwertsatz 396
    zentraler Grenzwertsatz 392

Größe
    Basis- 21
    Einfluss- 49
    physikalische 21
    realisierte 48
    zu messende 21
Grundgesamtheit 376
GUM 61
Halbbild 176
Häufigkeit 378
    absolut 379
    Häufigkeitsverteilung 378
    relativ 379
    Summenhäufigkeit 381
Hertz'sche Pressung 55
Heterodyn-Interferometer 231
Histogramm 186
    bimodales 186
Hochpassfilter 187
Höhenmessgeräte 128
Hologramm
    computergeneriertes 289
    synthetisches 288
Hough-Transformation 193
Impuls-Echo-Verfahren 156
Inductosyn 158
Induktionsgesetz 141
Induktive Sensoren 141
Induktiver Messtaster 146
Inkrement 39
inkrementale Maßverkörperung 158
Intensitätskompensation 172
Interfacekarte 177
Interferenzsignal
    Modulationsgrad 229
Interferometer 339
Interferometrie
    schräge Inzidenz 289
Interferometrische Verfahren 227
Interlace-Verfahren 176
Interpolationsschaltung 163
Irrtumswahrscheinlichkeit 395
Ishikawa-Diagramm 49
Istgeometrie 251, 252, 255
Justieren 28
Kalibrierdienst 442

Kalibrieren 28
Kalibrierkette 441
Kameramesstechnik 177
    Gerätetechnische Grundlagen 177
Kapazitive Abstandsfühler 150
Kapazitive Sensoren 149
Kapazitiver Flächenaufnehmer 150
Kardinalskala 377
Klassifikationsverfahren 196
Klassifikatoren
    geometrische 197
    Maximum-Likelyhood 197
    Minimum-Distance 197
Kleiner Regelkreis 10
Klimatisierung 71, 72
Koaxialität 90
Kollimation 169
Komparatorprinzip 266
Komparatorverfahren 261
Kompensation 69
Komponentenabweichungen 267
Konfidenzbereich 395
Konfidenzintervall 398
Konfokales Mikroskop 246
Konsumentenrisiko 416
Kontrastanhebung 177, 186
Konturpunktverkettung 192
Konzentrizität 90
Koordinatenmessgerät 250
    Bauarten 262
    Lernprogrammierung 271
    Messunsicherheit 260
    Off-Line-Programmierung 271
    Programmierung 270
    Systemkomponenten 262, 265
    virtuelles 261
    Vorteile 273
Koordinatenmesstechnik 249
    Einsatzbereiche 271
    Integration 274
    Wirtschaftlichkeit 273
Korrektion 48, 63, 67
Korrelation
    Pearsonscher Korrelationskoeffizient
        385
Korrelationsanalyse 195

Kreuzkorrelation 195
KUSUM-Mittelwertkarte 422
Lage
    theoretisch genaue 90
Lageparameter 382
Längen
    -änderung 52
    -ausdehnungskoeffizient 52, 53
    -einheiten 75
    -maß 24
    -messabweichung 55
    -messtechnik 52
Längeneinheit 5
Längenmessende Interferometrie 230
Laplacefilter 190
Laserinterferometer
    Anwendungsbeispiele 232
    Aufbau 227
Lasermesstechnik 214
Laser-Richtstrahlverfahren 221
    Integration 225
Laserscanner 237
Lasertriangulation
    Abstandsmessende 214
Lauftoleranz
    in beliebiger Richtung 93
    in vorgeschriebener Richtung 93
Laufzeitverfahren 217
Lawinen-Photodiode 171
Lehre 37
Lehren 303
    Lehrende Prüfung 303
Lehrung 305
    Formlehrung 307
    Grenzlehrung 310
    Lagelehrung 308
    Maßlehrung 306
    Sonderlehrung 311
    virtuelle Lehrung 312
Lenkung von Qualitätsaufzeichnungen 9
Licht
    -geschwindigkeit 24
    -wellenlänge 43
Lichtschnittsensor
    Aufbau 227
Lichtwellenleiter 330

Linearisierung 143
Linearität 441
Linienverdünnung 192
Luftfeuchte 69, 71
Luftspalt 143
Maschinenabnahme 429
Maschinenqualifikation 429
Maskenfilter 187
Maß 74, 75
  Grenz- 75
  Höchst- 75
  Ist- 75
  Ketten- 94
  Maximum-Material- 95
  Mindest- 75, 96
  Minimum-Material- 96
  Nenn- 75
  -system 21
  theoretisch genaues 82, 90, 94
Massenfertigung 5
Maßstab
  Accupin- 41
  Glas- 39
  Inductosyn- 41
  kapazitiver 42
  magnetischer 41
  Strich- 39
Maßstabs
  -codierung 45
  -platte 39, 40
Maßverkörperung 33, 53, 57
  absolut codiert 44
  immateriell 33, 43
  inkremental 38
  materiell 24, 33
  mechanisch 43
Maximum-Material-Prinzip 308
Median 383
Medianfilter 190
Merkmal
  Merkmalsausprägung 377
  Merkmalsträger 377
  qualitativ 378
  quantitativ 378
  stetig 380
Merkmalextraktion 196

Messabweichung 46, 47, 49, 57
  systematische 49
Messabweichungen 364
Messen 25
Messergebnis 27, 48, 62
  vollständiges 46, 48, 62
Messgenauigkeit 47
Messgerät 28
Messgeräte-Koordinatensystem 256
Messgröße 25, 46, 62
  Spezifikation der 47, 69
Messmethode 28, 31
  Ausschlag- 30
  Differenz- 28
  direkte 29
  indirekte 30
  Nullabgleich- 28, 30
  Vergleichs- 28
Messmikroskop 242
Messprinzip 28, 31, 61
Messraum 53, 69
Messschieber 128
Messschrauben 131
Messstrategie 21
Messung 46
  Wiederhol- 63, 67
Messunsicherheit 27, 47, 48, 62, 68, 100
  Abschätzung der 61, 62
  erweiterte 65, 99
  RCT 364
Messverfahren 28, 31
Messwertaufnehmer 138
Meter 23
  Definition 5
Metrologie
  Wörterbuch der 25
Michelson
  -Interferometer 43
Michelson-Interferometer 43, 228, 339
Mikroskop 245
Mittelwert 48
  arithmetischer 62, 382
Mobiles Streifenprojektionssystem 212
Modalwert 382
Modell 62
Moiré-Effekt 179

Moiré-Streifen 41
Moiré-Verfahren 208
Morphologischer Kantendetektor 191
MOS-Kondensator 173
Nominalskala 377
Normal 441
NTSC-Norm 180
Nullhypothese 399
Nullmethode 171
Oberflächenecho 156
Oberflächengüte 74
Oberflächenprüftechnik 292
Off-Line-Qualitätssicherung 8
On-Line-Qualitätssicherung 8
Optoelektronik 170
Optoelektronische Elemente 168
Ordinalskala 377
Ortsfrequenzraum 195
PAL-Norm 180
Parallaxe 51
Parallelversatz 58
Passsystem 78
Passteile 5
Passung 78
    Auswahl 79
    Press- 78
    Spiel- 78
    Übergangs- 78
PCI-Bus 183
Pendeltastsystem 296
Perzentil 383
Photodiode 170
Photo-Effekt 353
Photogrammetrie 204
pin-Photodiode 171
Pixel 173
Pixeljitter 183
Pneumatische Längenmessung 154
Pneumatischer Wegaufnehmer 151
Polarisation 169
Polarisationsänderung 169
Polygonspiegel 42
Positionsempfindliche Diode 171
Positionserkennung
    automatische 202
Potenzialtopf 175

Potenziometer 138
Potenziometeraufnehmer 138
Prinzip
    Abbe'sches 58
    Komparator- 58
    Maximum-Material- 82, 95
    Minimum-Material- 82
    Unabhängigkeits- 98, 99
Prisma 169
Produzentenrisiko 416
Profilprojektor 242
Profilschnitt 292
Projektor 205
Prozessbeurteilung 9
Prozessfähigkeitsuntersuchung 9
Prozessmodell 430
Prozessqualifikation 429
Prüfdatenauswertung 13, 16, 375
Prüfdatenerfassung 13, 15, 127, 373
Prüfdynamisierung 12
Prüfen 26
    maßlich 26
Prüfmittel
    Bereitstellung 454
    Beschaffung 454
    optoelektronisch 167
    Planung 453
    Verwaltung 455
Prüfmittelmanagement 437
Prüfmittelüberwachung 9, 18, 439
    Dynamisierung 452
Prüfplanung 13, 14, 107
    Aufgaben 109
    Prüfart 115
    Prüfmerkmal 111
    Prüfmittel 118
    Prüfort 118
    Prüfpersonal 118
    Prüfplanerstellung 110
    Prüfplankopfdaten 111
    Prüftext 121
    Prüfumfang 116
    Prüfzeitpunkt 114
Prüfstatus 9
Prüfungen 9

PSD 171
  duo-lateral 173
  tetra-lateral 173
PUMA-Methode 62
Punktoperation 186
QRK 412
Quadrantenphotoempfänger 171
Qualitätsmanagement
  präventives 376
Qualitätsmanagementsystem 8
Qualitätsregelkarte 411
Qualitätsregelkreise 4
Qualitätsverbesserungsmaßnahmen 4
Quantil 383, 395
Quartil
  Quartilsabstand 383
Querankeraufnehmer 142
R&R-Studie 448
Rangordnungsfilter 190
Rapid Prototyping 213
Rauheit 292
Rauheitskenngrößen 292
Referenzbild 212
Referenzmarke 38
  abstandscodiert 38
Regelkarte 412
Regelkreis
  Qualität 375
Regelkreisstruktur 10
Regression 386
Regressionsgleichung 259
Rekonstruktion 359
Resolver 148
Retroreflektor 169
RGB 176
RGB-Farbkanäle 180
Richtungssignal 38
Röntgen-Computertomografie 346
Röntgendetektor 356
Röntgenröhre 349
Röntgenstrahlung 347
Rotorspule 148
RS-170/NTSC-Fernsehnorm 180
RS-232-Schnittstelle 315
Rückführbarkeit 441
Run 420

Rundheit 393
Rundheitsprüfung 280, 342
Scanning-Verfahren 269
Schallgeschwindigkeit 158
Schallimpedanzen 155
Schärfentiefe 182
Schätzen 27
Schätzwert
  bester 63
Scheimpflugprinzip 216
Schichtpotenziometer 140
Schiefe 384
Schwellwertverfahren 186
Schwingung 51, 69, 72
Segmentierung 360
Sehen
  natürliches 184
Sensitivitätskoeffizienten 64
Shewart 411
Signifikanzniveau 399
Sinuslineal 37
SI-Vorsätze 22
Sobelfilter 188
Sollgeometrie 251, 253
SOLL-IST-Vergleich 362
Spannweite 383
SPC 409
Spezifikation 100
Spiegel 168
  teildurchlässig 170
Spiel
  Höchst- 78
  Mindest- 78
Stabilität 441
Standardabweichung 383
Standardunsicherheit
  kombinierte 64
Standmessschraube 6
Stationäres Streifenprojektionssystem
  211
Statistik 376
  deskriptive 377
  induktive 377, 395
  Statistischer Test 399
Statistische Prozessregelung 14, 17, 409

Statistischer Test
    Einstichproben-Gaußtest 404
    F-Test 406
    Test auf Verteilung 401
    t-Test 404
    Varianzanalyse 407
    χ^2-Test 402
Statorspulen 148
Stichprobe 376
Stichprobenprüfplan 409
Strahlformung 223
Strahlführung 168
Strahlteiler 170, 338
Streuungsparameter 382
Strichmaßstab
    elektrisch 41
Sub-Pixeling 179
Tastkugelradius-Korrektur 256
Tastschnittgerät
    elektrisches 295
    optisches 299
Tastsysteme 267
    messende 268
    optische 268
    schaltende 268
Tauchankeraufnehmer 144
Taylorscher Grundsatz 304
TCP/IP 317
Technische Sichtprüfung 198
Teilungsfehler 163
Telezentrisches Objektiv 182
Temperatur 51, 69
    Bezugs- 52
    -einfluss 51, 53
    -gradient 53
    -messung 54
Temperaturschwankung
    räumliche 52
    zeitliche 52
template matching 196
Texturmerkmal 185
Tiefpassfilter 188
Toleranz 21, 24, 68, 74, 427
    Allgemein- 76, 98
    -bereich 76
    Ebenheits- 84

    -feld 77
    Fertigungs- 75
    Form- 80, 83, 84, 95, 96, 98
    Geradheits- 84
    Gesamtplanlauf- 94
    Gesamtrundlauf- 93
    -grad 77
    -grenzen 68
    -klasse 78
    -kombination 89
    -kurzzeichen 76
    Lage- 80, 84, 85, 87, 95, 96, 98
    Lauf- 81, 92
    Maß- 74, 75, 95, 96, 98
    Neigungs- 89, 94
    Orts- 81
    Parallelitäts- 87
    Pass- 78
    Planlauf- 92
    Positions- 89, 94
    Profilform- 86, 94
    -rahmen 81
    Rechtwinkligkeits- 88
    Richtungs- 81
    Rundheits- 85
    Rundlauf- 92
    Symmetrie- 91
    -wert 81, 94
    -zone 83, 84
    Zylinderform- 86
Toleranzfeld
    Pass- 78
Toleranzzone
    nutzbare 100
    projizierte 82, 95
Tolerierung
    explizite 76
    Grundsätze 98
    Lage- 97
    vektorielle 101
Total Quality Management 8
Totalreflexion 330
Trend 421
Triangulation 204
Triangulationsprinzip 215
Triangulationssensor 268

Triangulationsverfahren 214
Triangulationswinkel 215
Überdeckungswahrscheinlichkeit 68
Übereinstimmung 100
  Nicht- 100
Übermaß
  Höchst- 78
  Mindest- 78
Überwachung
  prüfaufgabenbezogene 446
  prüfmittelbezogene 443
Ultraschallfrequenzen 155
Ultraschallmessverfahren 154
Ultraschallprüfverfahren 155
Umkehrspanne 60
Urmeter 5
V.24-Schnittstelle 315
Varianz 383, 391
Vergleichbarkeit 21
Vergleichspräzision 440
Verschmutzung 51, 73
Verteilung 387
  Betragsverteilung 393
  Binomial 389
  diskret 388
  F-Verteilung 406
  Gauß 390
  Normal 65, 390
  Poisson 388
  Rechteck 68
  standardisierte Normalverteilung 391
  stetige 390
  Student-Verteilung 395
  t-Verteilung 395, 405
  χ^2-Verteilung 398
Verteilungsfunktion 384
Vertrauensbereich 395
Vertrauensniveau 395
Verwerfungsbereich 401, 417

Verzahnungsmessgerät 273
Verzeichnungen 205
Videosignal 174
Vielstellenmessvorrichtungen 320
Wahrscheinlichkeitsdichte 383
Wanddickenmessungen 157
Warngrenzen 411
Weißlichtinterferometer 300
Weißlichtinterferometrie 338
Wellenfilter 292
Welligkeit 292
Werkstattprüfmittel 127
Werkstoffprüfung 2
Werkstückgeometrie 251
Werkstück-Koordinatensystem 255
Wert
  richtiger 46
  wahrer 47
Wiederholpräzision 440
Winkelmesser 136
Winkelverkörperung 41, 42, 43, 45
Wirbelstromaufnehmer 145
Wölbung 384
Wollaston-Prisma 170
Wortangabe
  ergänzende 82
Zählen 26
Zeichnung
  technische 74
Zeilenkamera 179
Zerstörungsfreie Materialprüfung 156
Zerstörungsfreie Werkstoffprüfung 154
Zweikufentastsystem 296
Zwischenprüfung 9
α-Fehler 416
β-Fehler 416
$\lambda/2$-Platte 170
$\lambda/4$-Platte 169